U0939221

高等职业教育机电类专业教学改革规划教材

机械图样识读与测绘

主　编　李典灿
参　编　韩慧仙　雷超英　郑　红

机 械 工 业 出 版 社

本书是将原有的“机械制图”课程和“机械制图测量测绘”课程有机整合，按工作任务中知识要求和技能要求，设置与工作任务相对应的学习内容，将理论教学与测绘实践教学有机地结合在一起，打破“机械制图”课程原有的知识体系，将各知识点遵循“解构、重构”的教学原则融入机械图样识读与平面图形绘制、几何体三视图的绘制、零件图识读与绘制以及装配图识读与绘制四个学习情境中。

本书是编者所在院校的课题组成员近三年来教学改革的成果。本书对教学资源与师生的教学方法提出了相关的要求，将每个知识点放入一个学习情境中，强调教、学、做统一，重视对学生读图能力与动手测绘能力的培养。

本书采用最新的“技术制图”、“机械制图”等国家标准。可作为高职高专院校机械制图课程的使用教材，也可作为职工大学、函授大学、中职学校机械制图课程的参考用书。

本书还有配套习题集以及电子教案。

图书在版编目（CIP）数据

机械图样识读与测绘/李典灿主编．—北京：机械工业出版社，2009.8（2019.3 重印）

高等职业教育机电类专业教学改革规划教材

ISBN 978-7-111-28045-3

Ⅰ.机… Ⅱ.李… Ⅲ.①机械图-识图法-高等学校：技术学校-教材 ②机械制图-高等学校：技术学校-教材 Ⅳ.TH126

中国版本图书馆 CIP 数据核字（2009）第 144164 号

机械工业出版社（北京市百万庄大街 22 号　邮政编码 100037）

策划编辑：边　萌　责任编辑：边　萌　版式设计：霍永明

责任校对：张晓蓉　封面设计：鞠　杨　责任印制：李　昂

中国农业出版社印刷厂印刷

2019 年 3 月第 1 版第 9 次印刷

184mm×260mm · 14.25 印张 · 348 千字

26001—27500 册

标准书号：ISBN 978-7-111-28045-3

定价：35.00 元

凡购本书，如有缺页、倒页、脱页，由本社发行部调换

电话服务	网络服务
服务咨询热线：010－88379833	机 工 官 网：www.cmpbook.com
读者购书热线：010－88379649	机 工 官 博：weibo.com/cmp1952
	教育服务网：www.cmpedu.com
封面无防伪标均为盗版	金 书 网：www.golden-book.com

高等职业教育机电类专业教学改革规划教材
湖南省高职高专精品课程配套教材

编写委员会

主 任 委 员： 刘茂福

副主任委员： 谭海林　张秀玲

委　　　员： 汤忠义　张若锋　张海筹　罗正斌
欧阳波仪　阳祎　李付亮　黄新民
皮智谋　欧仕荣　彭梦龙　钟振龙
钟　波　钱　毅　何恒波　蔡　毅
谭　锋　陈朝晖　谢圣权　皮　杰

前　言

为了适应当前高职教育的发展需要，3年来，我们课程组成员对高职机械类专业的机械制图课程的知识体系与教学方法进行了教学改革，并针对高职高专学生学习特点，于2006年夏天编写了校本教材，结合教师与学生的使用情况，在2007年、2008年分别进行了两次校本教材的修订，现在再次修订，并由机械工业出版社正式出版，推向市场。

本教材具有如下特点。

一、参编教师结合自己多年的教学经验，对教学改革进行深层次的思索，打破传统的知识体系，将原有的“机械制图”课程和“机械制图测量测绘”课程有机整合，按工作任务中的知识要求和技能要求，设置与工作任务相对应的学习内容，将理论教学与测绘实践课程有机地结合在一起，将各知识点遵循“解构、重构”的教学原则融入机械图样识读与平面图形绘制、几何体三视图的绘制、零件图识读与绘制以及装配图识读与绘制四个学习情境中。如在识读与测绘轴类零件图时，重在训练学生掌握断面图、局部剖视图的画法，并对涉及的形位公差加强理解与标注练习。

二、对教学资源与师生的教学提出相关的要求，将每个知识点放入一个学习情境中，强调教、学、做统一，重视对学生读图能力与动手测绘能力的培养。如绘制几何体三视图章节中要求学生能利用正投影的特性、视图的投影规律，建立较好的空间想象，并正确分析基本几何体的投影规律，掌握识读与绘制组合体三视图的方法与步骤，训练学生熟练运用绘图工具进行绘图练习，使学生熟练地使用测绘工量具——钢板尺、高度尺、游标卡尺、圆弧规，同时初步学会内、外卡钳的使用方法。

三、进行了教学设计，强调教学实施时进行几何体制作、绘图、测量三位一体训练。如在几何体三视图部分，要求学生读图，利用橡皮泥制作三维实体，再进行视图补画。同时，要求测绘与制图训练同步进行，以达到“在做中学，在学中做”的目的。

本教材共分为四个部分：学习情境1，机械图样识读与平面图形绘制；学习情境2，几何体三视图的绘制；学习情境3，零件图识读与绘制；学习情境4，装配图识读与测绘。学习情境1包括认识机械图样和绘制平面几何图形；学习情境2包括绘制基本几何体三视图和绘制组合几何体三视图；学习情境3包括零件图识读与绘制；学习情境4则包括有代表性的三个装配体与装配体测绘。

参加本教材编写的人员主要有湖南机电职业技术学院的李典灿、韩慧仙、雷超英和郑红。其中学习情境1与2由李典灿编写，学习情境3由韩慧仙、郑红编写，学习情境4由雷超英编写，同时李典灿负责统稿和定稿，并对全书的所有图片进行审核修订。在近3年的教学改革与教材编写过程中得到了学院各级领导与同行的大力支持。如学院批建了本课程一体化教室，机械工程系刘茂福主任对编写教材内容安排提出了宝贵的建议，并大力支持本课程组进行教学改革，还有张瑞娥、崔璨、曾广奎、庹前进等同行教师的大力支持和帮助，在此一并表示衷心感谢！

由于教学改革正处于经验积累和不断求索改进的过程中，编者水平有限，书中难免存在疏漏和不足，希望同行专家和读者能给予批评指正，不胜感谢！

编者

2009年5月于长沙

目　录

学习情境1　机械图样的识读与平面图形的绘制

1.1　识读机械图样

1.1.1　机械图样分类、作用与基本内容

一、教学场地的准备

（1）专用制图室，配多媒体。

（2）机械图样及挂图。

二、活动安排及教学步骤

【活动安排】

（1）由教师准备装配实物与机械零件图、装配图各一份（见图1-1、图1-2、图1-3），讲授本课程的考核方式与对学生的要求，并提出本任务：识读机械图样。

（2）首先要求学生对比异同：由教师引导，学生分组讨论概括每类图样的特点。

由图1-2、图1-3可发现，所有的内容在一个图框内。图1-2是齿轮泵体零件工作图，图框右下角有长方框，其中注有齿轮泵体、材料、比例、重量、件数等内容；还有一组标有尺寸和符号的图形；图中还有“技术要求”的文字及相关内容。

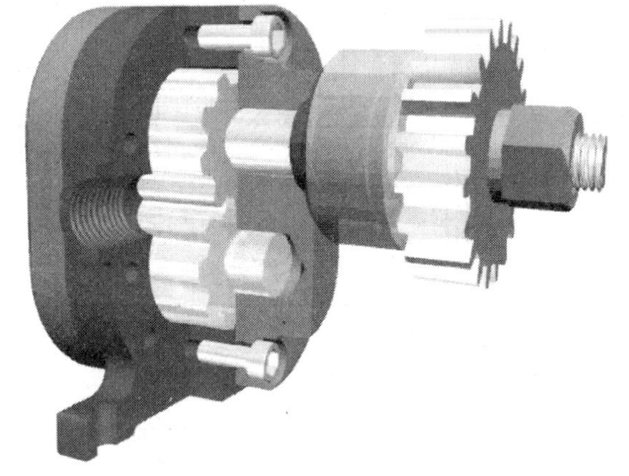

图1-1　齿轮泵实物图

图1-3所示是齿轮泵的装配图，相比零件图，图框右下角的长方框上方还有体现齿轮泵的各组成零件的名称、数量、材料等内容；有一组标有尺寸、符号的图形，同时还有序号；也有“技术要求”及相关内容。

（3）教师结合学生讨论的结果进行知识点的总结。

【知识链接】

（1）机器　我们日常见到的汽车、发动机等都是机器。机器由零件和部件组成的可以做功或有特定作用的装置或设备。

（2）机械图样　在机械工程技术中，按一定的投影方法和有关标准的规定，把物体的形状用图形画在图纸上或存储在磁盘等介质上，并用数字、文字和符号标注出物体的大小、材料和有关制造的技术要求、技术说明等，该图样称工程图样。在机械工程设计中，图样用来表达和交流技术思想；在生产中，图样是加工制造、检验、调试、使用、维修等方面的主要依据。因此，机械工程图样常被誉为“工程界技术语言”。机械图样主要有零件图与装

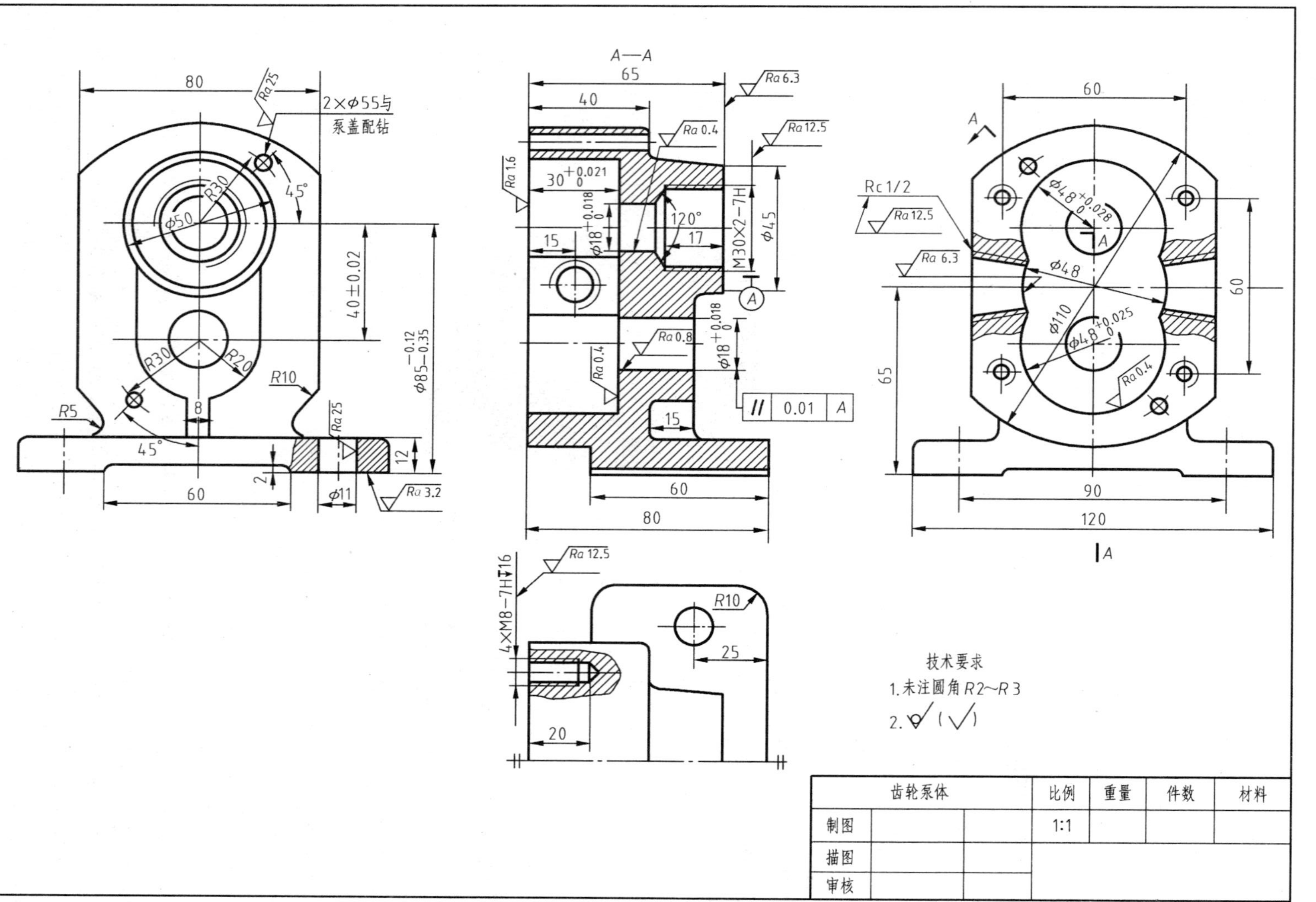

图 1-2 齿轮泵体零件工作图

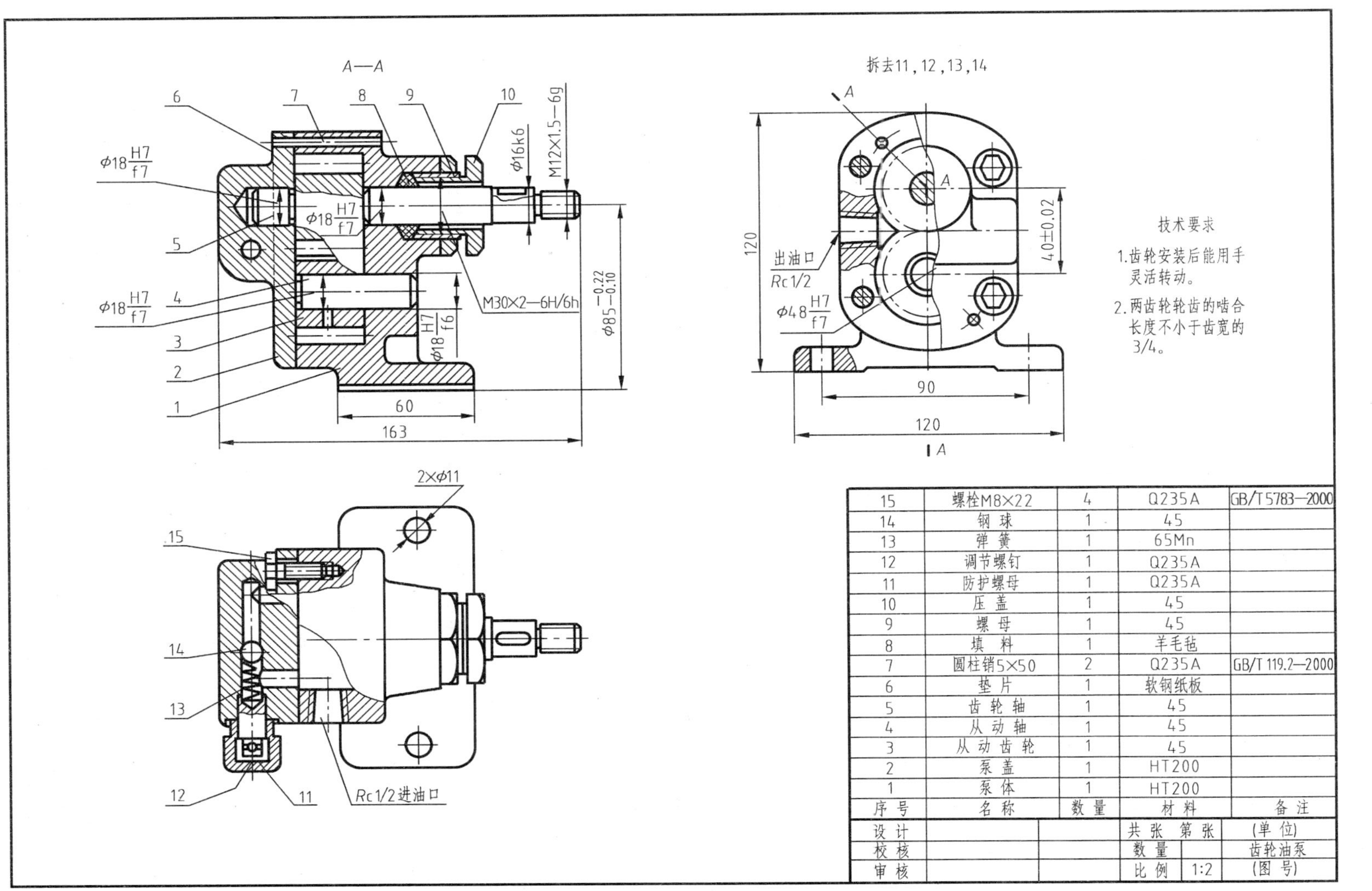

序号	名称	数量	材料	备注
15	螺栓M8×22	4	Q235A	GB/T 5783—2000
14	钢球	1	45	
13	弹簧	1	65Mn	
12	调节螺钉	1	Q235A	
11	防护螺母	1	Q235A	
10	压盖	1	45	
9	螺母	1	45	
8	填料	1	羊毛毡	
7	圆柱销5×50	2	Q235A	GB/T 119.2—2000
6	垫片	1	软钢纸板	
5	齿轮轴	1	45	
4	从动轴	1	45	
3	从动齿轮	1	45	
2	泵盖	1	HT200	
1	泵体	1	HT200	

设计		共 张 第 张	(单位)
校核		数量	齿轮油泵
审核		比例 1:2	(图号)

图 1-3　齿轮泵装配图

配图。

(3) 零件图　零件是组成机器或部件的基本单位。零件图是用来表示零件的结构形状、大小及技术要求的图样，是直接指导制造和检验零件的重要技术文件。

图框右下角的长方框称标题栏，填写零件名称、材料、比例、单位名称及设计、审核、批准等有关人员的签字，每张图纸都应有标题栏；图形称视图，可完整、清晰地表达零件的结构和形状；标注的是零件全部尺寸，表达零件各部分的大小和各部分之间的相对位置关系；还有些符号与文字称为技术要求，表示或说明零件在加工、检验过程中所要满足的要求。

(4) 装配图　表达机器或部件的图样。机器或部件都是由若干零件按一定的相互位置、联接方式、配合性质组合而成的装配体，因此，装配图也是表达装配体的图样。

装配图在科研和生产中起着十分重要的作用。在设计产品时，通常是根据设计任务书，先画出符合设计要求的装配图，再根据装配图画出符合要求的零件图。在制造产品时，要根据装配图制定装配工艺规程进行装配、调试和检验产品。在使用产品时，要从装配图上了解产品的结构、性能、工作原理及保养、维修的方法和要求。

在装配图中视图表达机器或部件的工作原理、装配关系、传动路线、联接方式及零件的基本结构，其标题栏上方还有明细栏，注明各种零件的序号、代号、名称、数量、材料、重量、备注等内容，以便识读图样、图样管理及进行生产准备、生产组织工作，尺寸只表示机器或部件的性能、规格、外形大小及装配、检验、安装所需的要求，技术要求是用符号或文字标注或写明机器或部件在装配、检验、调试和使用等方面的要求、规则和说明等，还有序号是组成机器或部件的每一种零件（结构形状、尺寸规格及材料完全相同的为一种零件）按一定的顺序编上序号。

有关零件图与装配图的基本内容的具体要求与相关知识点，将在后面的学习中进一步了解掌握。

【小试身手】

(1) 课堂思考：零件图与装配图的主要区别是什么？

(2) 由教师另备机械图样，请学生判定是装配图还是零件图，并说明理由。

【评价】

教师对学生参与活动表现积极与否、判定正确与否、说明的理由是否充分、正确进行评价。

1.1.2　识读与绘制机械图样的国家标准

一、教学场地准备

(1) 专用制图室，配多媒体、绘图桌椅。

(2) 机械图样及挂图。

(3) 学生准备绘图仪器。

二、活动安排及教学步骤

【活动安排】

(1) 教师引导学生观察图样中各内容都是有一定的标准，引出《机械制图》国家标准，强调在我们识读与绘制机械图样时都应严格按《机械制图》国家标准进行。

(2) 由教师讲解《机械制图》国家标准。

(3) 教师演示指导学生利用绘图工具与仪器进行字体、图线、尺寸标注练习。

【知识链接】

《机械制图》国家标准 为便于企业的生产管理和技术交流，国家质量技术监督局制订并颁布了一系列国家标准，其中《技术制图》与《机械制图》是有关制图方面的两个重要标准。我国国家标准（简称国标）的代号为“GB”，例如，GB/T 14689—2008《技术制图 图纸幅面和格式》，即表示制图标准中对图纸幅面和格式的规定。其中T为推荐性标准（若无T，则为强制执行的标准），14689为发布顺序号，2008是年号。要注意的是，《机械制图》标准适用于机械图样，而《技术制图》标准则适用于工程界各种专业的技术图样。

接下来摘要介绍制图标准中的图纸幅面、比例、字体、尺寸标注和图线等基本规定。

（一）图纸幅面

(1) 图纸幅面 为了使图纸幅面统一，便于装订与管理，并符合缩微复制的要求，必须按下列要求选用图纸幅面。

1）优先采用表1-1中规定的基本幅面尺寸，表中边框 a、c、e 尺寸如图1-4所示。基本幅面有5种，其尺寸关系如图1-5所示（A0为整个幅，示标注）。

2）必要时允许使用加长幅面，其尺寸必须是由基本幅面的短边成整数倍增加得到。

(2) 图框格式 在图纸上必须用粗实线画出图框，图框格式有两种：不留装订边式样和留装订边式样。图1-4a为留装订边式样，图1-4b为不留装订边式样，同一种产品图样只能采用一种格式。

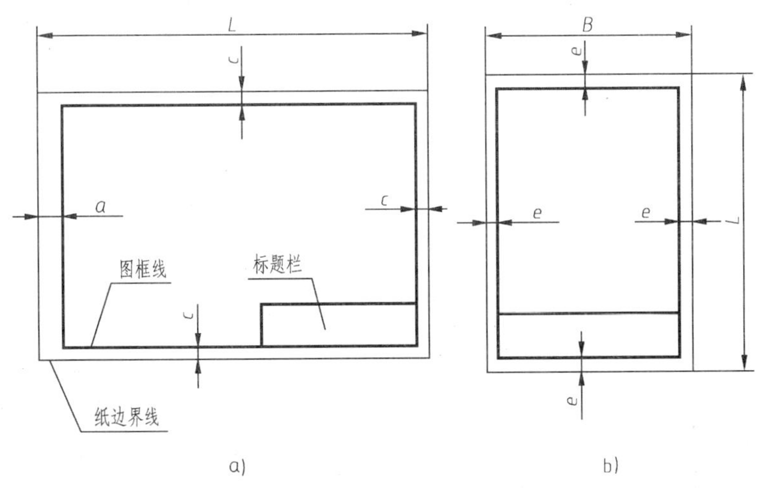

图1-4 图框格式

表1-1 基本幅面尺寸

幅面代号		A0	A1	A2	A3	A4
尺寸 $B \times L$		841×1189	594×841	420×594	297×420	210×297
边框	a	25				
	c	10			5	
	e	20		10		

另外，图纸有横式和竖式，如图1-4a所示是横式，图1-4b所示是竖式。

（3）标题栏与看图方向　在图框线的右下角，必须画出标题栏，一般情况下，标题栏中文字方向即为看图方向。

国家标准（GB/T 10609.1—2008）对标题栏作了规定，如图1-6所示，建议生产中采用。在制图教学练习中，可采用如图1-7所示简化格式。

为绘制或复制图样方便，在各边长处分别画出对中符号，如图1-8a所示。

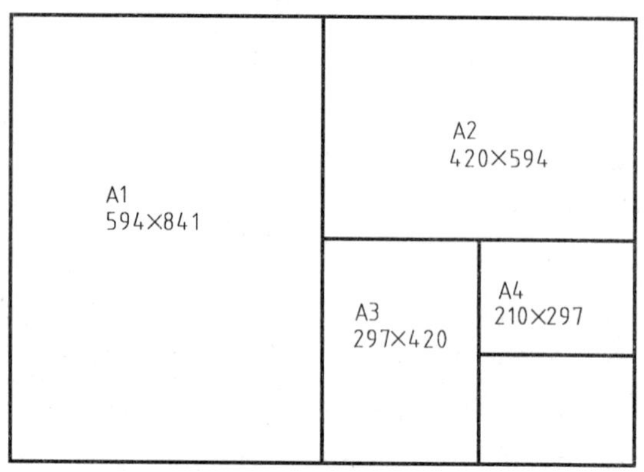

图1-5　基本幅面尺寸关系

在某些特殊情况下，看图方向与标题栏文字的方向不一致，此时应在对应中线处画上等边三角形，即表示看图方向，如图1-8b所示。

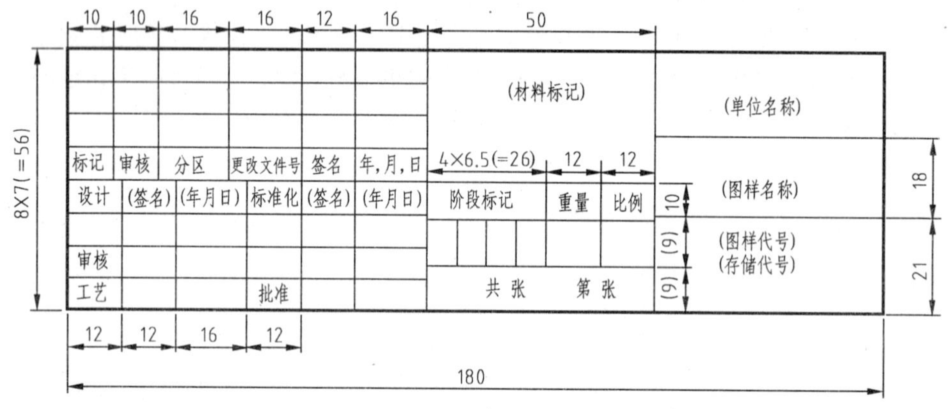

图1-6　标题栏格式（一）

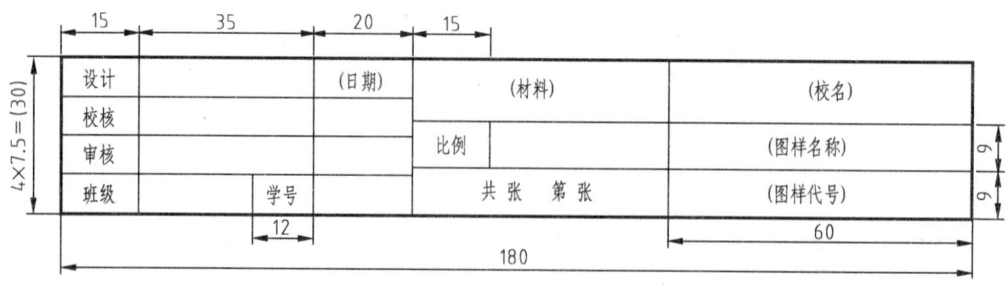

图1-7　标题栏格式（二）

（二）比例（GB/T 14690—1993）

图样中的比例是图中图形与实物相应要素的线性尺寸之比。比值为1的比例，即1:1，叫做原值比例，为绘图、看画方便，应尽可能的采用原值比例1:1画图。根据机件大小和复

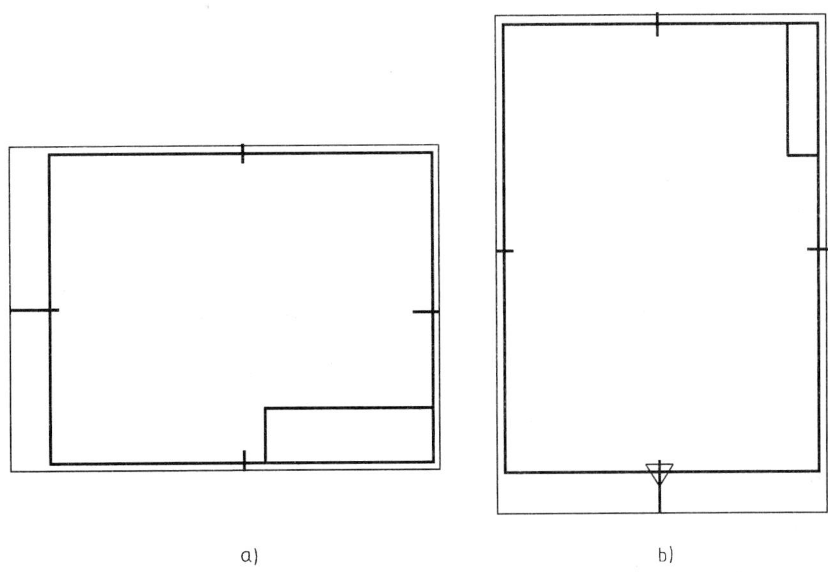

图 1-8　对中符号的应用

杂程度可放大或缩小，比值大于 1 的比例叫做放大比例，比值小于 1 的比例叫做缩小比例。表 1-2 所示为常用的比例。

表 1-2　常用比例

原值比例	1:1						
放大比例	10:1	5:1	(4:1)	(2.5:1)	2:1		
缩小比例	1:10	1:5	(1:4)	(1:3)	(1:2.5)	1:2	(1:1.5)

注：括号内比例为必要时允许选用的比例。

不论采用何种比例，图样中标注的尺寸数值必须是机械零件的实际尺寸，与图样的准确程度、比例大小无关。如图 1-9a、b、c 所示。

（三）字体（GB/T 14691—1993）

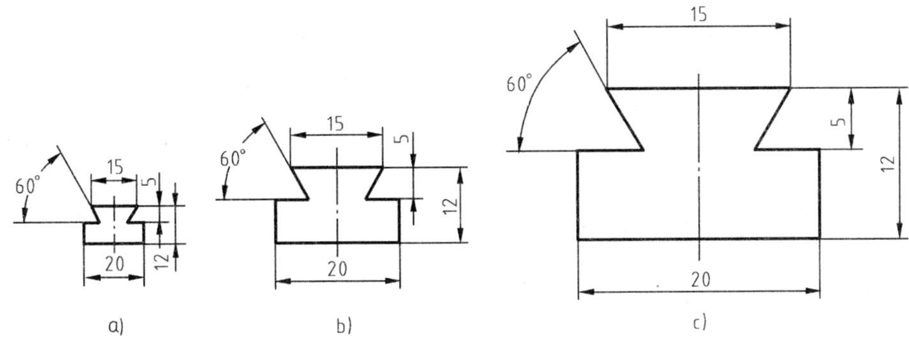

图 1-9　不同比例的图形

a）1:2 绘图　b）1:1 绘图　c）2:1 绘图

图样中书写的字体必须做到字体工整、笔画清楚、间隔均匀、排列整齐。汉字应写成长仿宋体，并应采用国家正式公布、推行的简化字。

字体示例如下所示。

（1）汉字

10号字 字体工整 笔画清楚 间隔均匀 排列整齐

7号字 横平竖直 注意起落 结构均匀 填满方格

5号字 技术制图 机械电子 汽车船舶 土木建筑

（2）阿拉伯数字

1 2 3 4 5 6 7 8 9 0

（3）大写拉丁字母

ABCDEFGHIJKLMNOPQRSTUVWXYZ

（4）小写拉丁字母

abcdefghijklmnopqrstuvwxyz

（5）罗马数字

Ⅰ Ⅱ Ⅲ Ⅳ Ⅴ Ⅵ Ⅶ Ⅷ Ⅸ Ⅹ

字体的号数，按字体的高度（用 h 表示，单位为毫米），分为 20、14、10、7、3.5、2.5、1.8（汉字字高不应小于 3.5mm）8 种，字体的宽度为 $h/\sqrt{2}$。

用作指数、分数、极限偏差、注脚等的数字及字母，一般采用小一号字体。

（四）图线（GB/T 4457.4—2002）

图线是图样中重要内容之一，图线的正确与否，不但影响图样的准确性，而且还影响图样的美观。

（1）基本线型 国家标准《技术制图 图线》（GB/T 17450—1998）规定了各种技术绘图用的 15 种线型。在机械制图中，建议 GB/T 4457.4—2002 规定采用 9 种基本线型，其用途如表 1-3 所示。

表 1-3　基本线型与应用

图线名称	图线形式	图线宽度	一般应用举例
粗实线		d	可见轮廓线
细实线		d/2	尺寸线及尺寸界线 剖面线 重合断面的轮廓线 过渡线
细虚线		d/2	不可见轮廓线
细点画线		d/2	轴线 对称中心线
粗点画线		d	限定范围表示线
细双点画线		d/2	相邻辅助零件的轮廓线 极限位置的轮廓线 轨迹线
波浪线		d/2	断裂处的边界线 视图与剖视图的分界线
双折线		d/2	断裂处的边界线
粗虚线		d	允许表面处理的表示线

（2）图线宽度　工程图样中，图线宽度 d 值（单位为 mm）必须在下列数值中选取：0.13，0.18，0.25，0.35，0.5，0.7，1.0，1.4，2。数值的大小应根据图幅的大小而定，制图作业中，粗实线的宽度取 $d=0.5\text{mm}\sim0.7\text{mm}$，细实线的宽度则取粗实线的1/2。

（3）图线的应用

1）在同一张图样中，同类图线的宽度应一致。虚线、点画线等，其线段长度、间隔应大致相同，如图 1-10 所示。

2）绘制圆的对称中心线时，其圆心相交处是线段，超出轮廓线的长度为 2mm～5mm，当圆的直径较小时，中心线可用细实线代替，如图 1-10、图 1-11 所示。

3）当虚线、点画线相交或与其他图线相交时，应是线段相交；当虚线处于粗实线的延长线上时，虚线与粗实线之间应留有空隙，如图 1-11 所示。

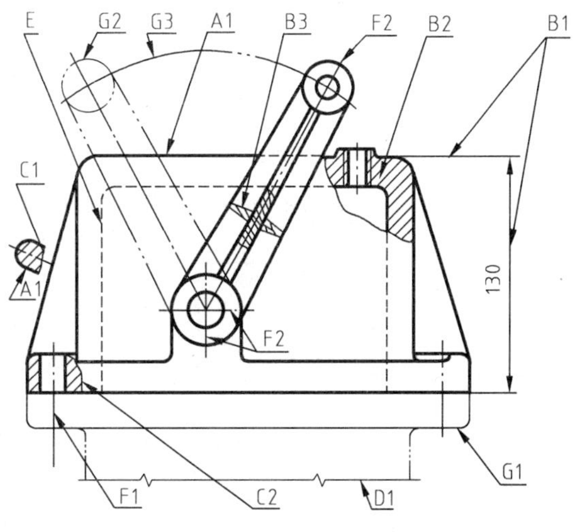

图 1-10　图线的应用（一）

A1 粗实线—可见轮廓线　B1 细实线—尺寸界线与尺寸线　B2 细实线—剖面线　B3 细实线—重合断面轮廓线　C1 波浪线—断裂处边界线　C2 波浪线—视图与剖视图的分界处　D1 双折线—断裂处边界线　E 虚线—不可见轮廓线　F1 细点画线—孔中心线（如孔很小时可用细实线代替）　F2 细点画线—对称中心线　G1 细双点画线—相邻辅助零件的轮廓线　G2 细双点画线—极限位置的轮廓线　G3 细双点画线—轨迹线

（五）尺寸标注（GB/T 4458.4—2003）

尺寸是图样中的重要内容，是生产过程中的直接依据。标注尺寸时，必须严格遵守国家标准的规定，做到正确、完整、清晰、合理。

（1）基本规定

1）机械零件的真实大小应以图样上所注尺寸数值为依据，与图形大小及准确性无关。

2）图样中的尺寸以 mm 为单位的，不注计量单位符号或名称；如用其他单位，则必须注明相应的符号。

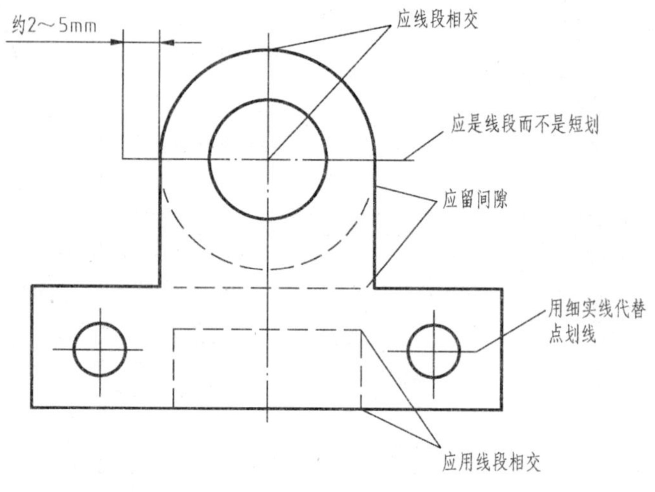

图 1-11 图线的应用（二）

3）图样中所注尺寸，为该图样所示机械零件的最后完工尺寸，否则应另加说明。

4）机械零件的每个尺寸，一般只标注一次，并应注在该结构最清晰的图上。

（2）尺寸的组成要素 一个完整的尺寸，应包括尺寸界线、尺寸线、尺寸线终端和尺寸数字。尺寸线终端一般为箭头，箭头的宽度为 d（粗实线宽），长度为 3.5mm～5mm；线性尺寸数字一般写在尺寸线的上方，与尺寸线垂直，保持字头朝上（或向上的趋向），垂直方向的尺寸数值应注写在尺寸线左侧，字头朝左，数字的字高为 h（见图 1-12）。

当画箭头的地方不足时，可用圆点代替（见表 1-4）。

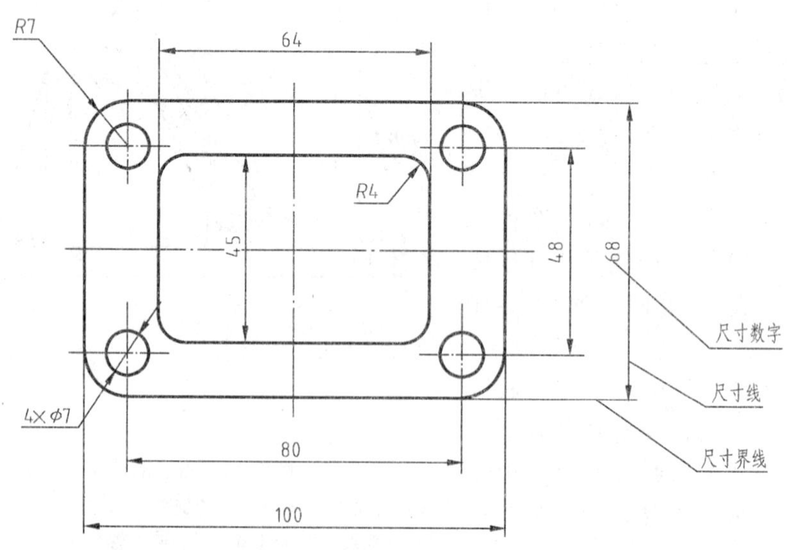

图 1-12 尺寸要素

尺寸线终端的箭头，在土木建筑图或小尺寸中用 45°斜线代替，斜线高度为 h（等于字高）。如图 1-13 所示。

（3）尺寸标注注意事项 如图 1-12 所示。

1）尺寸界线　图形的轮廓线、轴线或对称中心线及其引出线可作尺寸界线；尺寸界线与尺寸线垂直，超出尺寸线 2mm ~ 5mm。

2）尺寸线　尺寸线不能用图线代替，也不能与图线重合或画在其延长线上；尺寸线应与所标注的图线平行，尺寸线之间的距离一般不小于 7mm；尺寸线之间或与尺寸界线之间应避免交叉。

3）尺寸数字　尺寸数字可写在尺寸线的上方或中断处，不能有任何图线通过，必要时将图线断开；尽量不要在如图 1-14a 所示 30°范围内标注尺寸；当无法避免时尽量引出标注，如图 1-14b 所示。

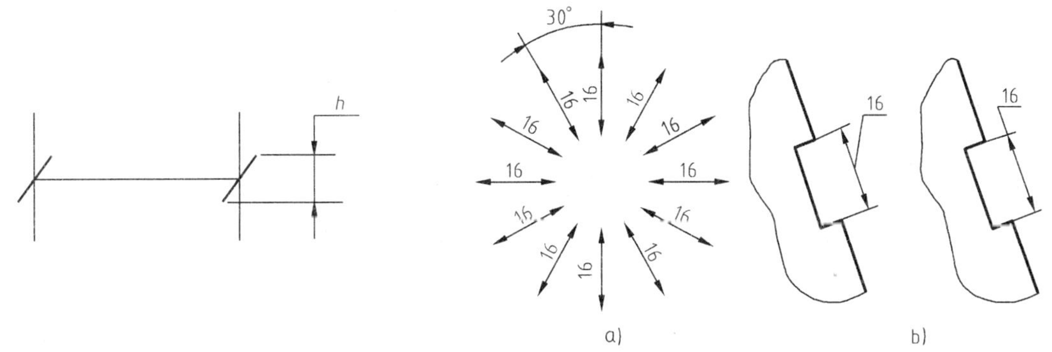

图 1-13　斜线代替箭头　　图 1-14　避免在 30°范围内标注尺寸

4）直径、圆弧半径和角度的标注示例见表 1-4。

表 1-4　直径、圆弧半径和角度的标注示例

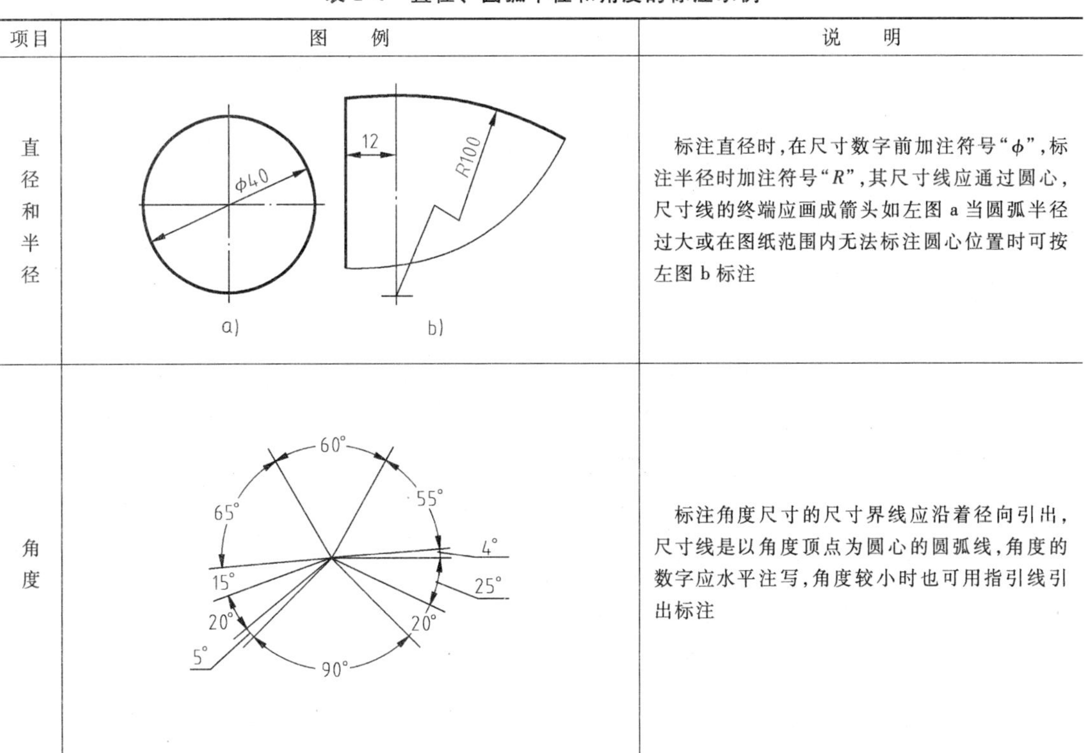

项目	图　例	说　明
直径和半径	φ40　12　R100　a)　b)	标注直径时，在尺寸数字前加注符号“φ”，标注半径时加注符号“R”，其尺寸线应通过圆心，尺寸线的终端应画成箭头如左图 a 当圆弧半径过大或在图纸范围内无法标注圆心位置时可按左图 b 标注
角度	60°　55°　65°　4°　15°　25°　20°　20°　5°　90°	标注角度尺寸的尺寸界线应沿着径向引出，尺寸线是以角度顶点为圆心的圆弧线，角度的数字应水平注写，角度较小时也可用指引线引出标注

（续）

项目	图　　例	说　　明
小尺寸	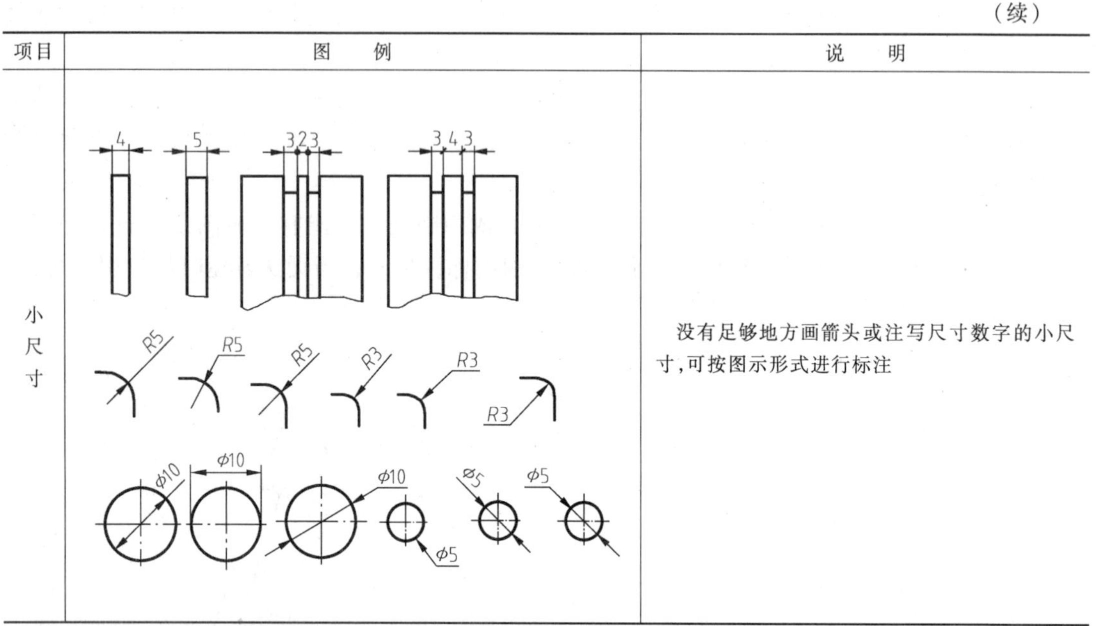	没有足够地方画箭头或注写尺寸数字的小尺寸,可按图示形式进行标注

（六）绘图工具与仪器

随着科技的发展，绘图仪器在不断地改进，绘图的速度和质量得以迅速提高，但常用的绘图工具和仪器的使用，仍是绘图工作的基础，必须了解并熟练掌握它们的使用方法。

（1）图板　图板用来铺放图纸，要求图板表面平整、光洁、软硬适中，左右硬边要平直，左边为丁字尺的导向边。要注意保护图板，防止产生变形和损坏。

（2）丁字尺和三角板　丁字尺由尺头和尺身组成，一般由塑料制造。绘图时，丁字尺的尺头要紧贴图板左边，上下移动，便可画出一系列的水平线，如图 1-15a 所示。不用时，要悬挂，以防止变形。

三角板由 45°和 30°（60°）两块组成，绘图时，单块三角板与丁字尺配合使用，可以画出 30°、45°、60°的斜线和垂直线，如图 1-15b、图 1-15c 所示；两块三角板与丁字尺配合使用，可以画出 15°、75°的斜线，如图 1-15d 所示。

画线时注意铅笔的走向，如图 1-15 中箭头所示。

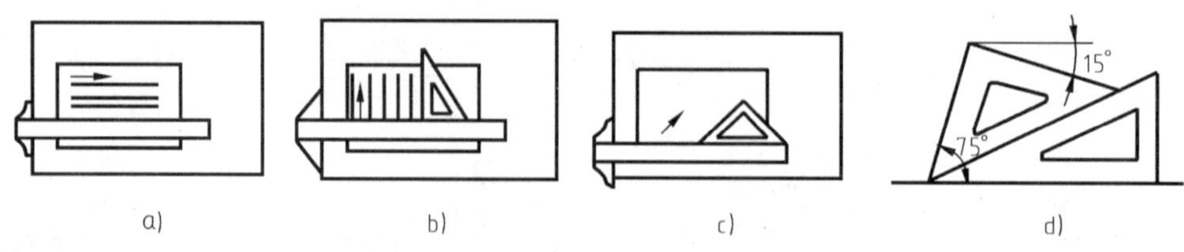

图　1-15

（3）铅笔　绘图用铅笔，其笔芯的软硬程度要合适，“H”表示硬性铅笔，“B”表示软性铅笔。一般可用 H 型铅笔画底稿，用 HB 型铅笔写字和加深图线，用圆规加深图线时使用 B 型铅笔。

铅笔应削成如图 1-16 所示形状，图 1-16a 锥形铅笔用来画细实线和写字，图 1-16b 矩形铅笔用来加深图线，其宽度即为图线的宽度。

绘图时要保持铅笔适当的斜度，并养成良好的习惯，铅笔不要来回重复画线，要及时削制铅笔，以保证图线的宽度一致。要注意铅笔的用力，以保证图线的宽度一致。要注意铅笔的用力，以保证图线的深浅一致，清晰、透亮。

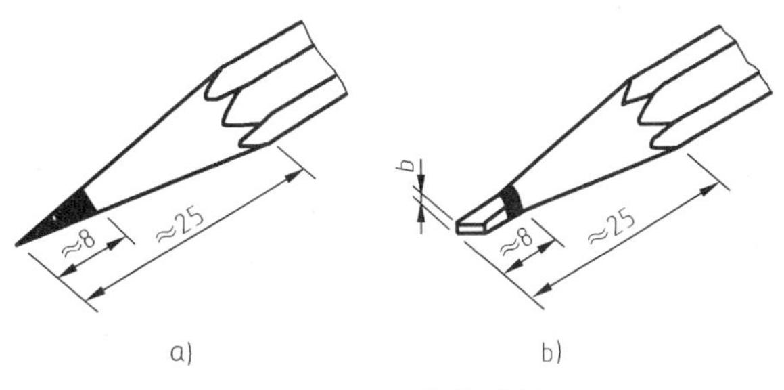

图 1-16　铅笔的削制

(4) 圆规与分规　圆规用来画圆弧线。画线时，定心针脚用有台阶的一端，以避免图纸上针孔的不断扩大。画大圆时，注意针脚与图面保持垂直状，如图 1-17a 所示。

分规用来截取线段，等分直线或圆周，如图 1-17b 所示。

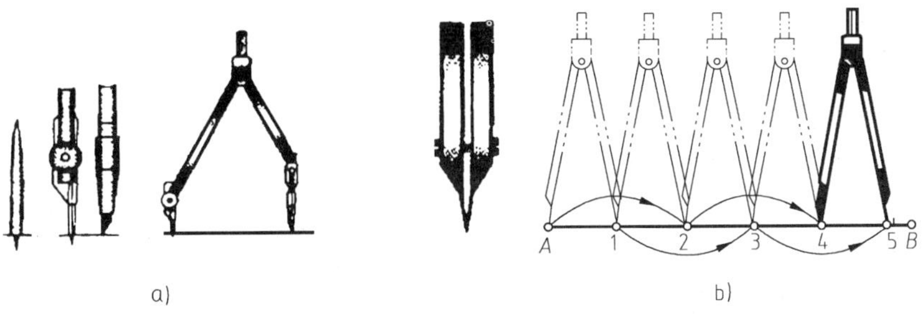

图 1-17　圆规与分规

【小试身手】

让学生利用绘图工具与仪器进行图线、字体、尺寸标注练习。

【评价】

评价学生对绘图工具与仪器使用方法掌握的情况，与练习作品（主要是字体练习、图线练习、尺寸标注练习）的质量。

1.2　绘制平面几何图形

1.2.1　画带斜度、锥度、圆弧连接等几何要素的平面图形

一、教学场地准备

(1) 专用制图室，配多媒体、绘图桌椅。

(2) 机械图样及挂图。

(3) 学生准备绘图仪器。

二、活动安排及教学步骤

【活动安排】

(1) 由教师准备如下模型（见图 1-18），明确教学任务：画带斜度、锥度、圆弧连接的平面图形。

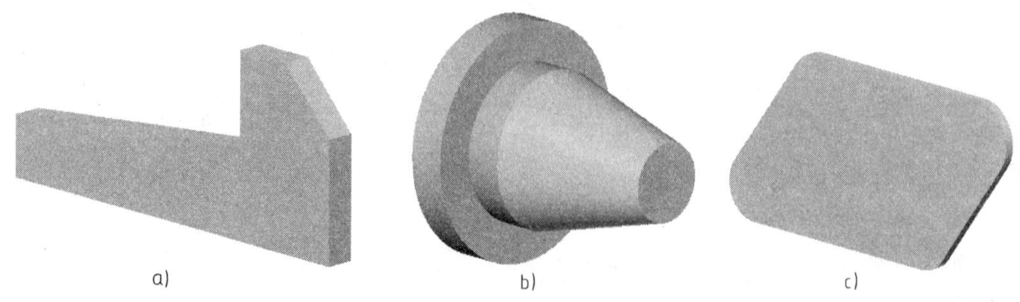

图 1-18　带斜度、锥度和圆弧连接的实物

（2）由教师引导学生从正面观模型，边测绘、边讲授并示范斜度、锥度、圆弧的画法与标注，同时演示钢直尺、游标卡尺的正确使用方法。

（3）学生进行斜度、锥度、圆弧的画法与标注练习。

【知识链接】

（一）斜度

1. 斜度的概念与标注

斜度是指一直线（或平面）对另一直线（或平面）的倾斜程度，其大小用两直线（或两平面）间的夹角的正切来表示，并把比值简化成 $1:n$ 形式，斜度符号画法如图 1-19 所示。在图样中，斜度的比例在符号的右边，斜度符号的方向应和斜度方向一致，斜度标注方法如图 1-20 所示。

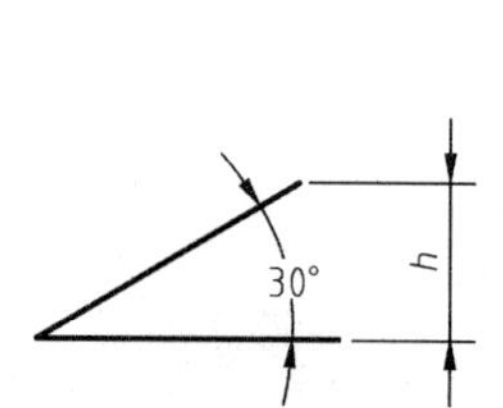

图 1-19　斜度符号的画法

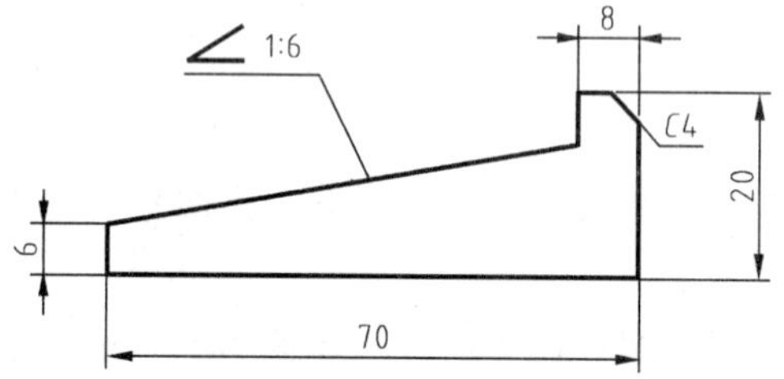

图 1-20　斜度标注

2. 斜度的画法

教师先演示游标卡尺与钢板尺的使用方法，展示如图 1-18a 所示的模型，引导学生从正面看，其正面为一七边形，并用游标卡尺与钢板尺测绘要表达的七边形的各边，对该平面上左边两条直线的相对倾斜程度用 $1:n$ 形式表达，绘制该平面图（如图 1-20 所示），演示斜度的画法。步骤如图 1-21 所示。

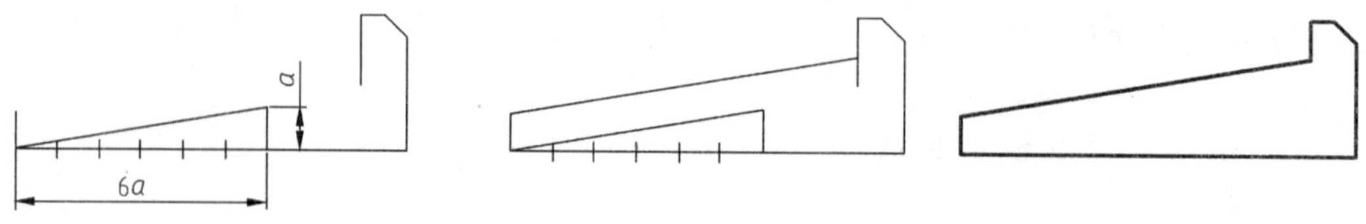

图 1-21　斜度的画法

（二）锥度

1. 锥度的概念与标注

锥度是圆锥底圆直径与轴线高度的比，在图样中一般以 1∶n 的形式标注，如 1∶5，1∶10。锥度符号的画法图 1-22 所示。锥度的比例在符号的右边，锥度符号的方向应和锥度方向一致，标注见图 1-23 所示。锥度常用于圆锥销、工具锥柄、量具塞规等轴套类零件中。

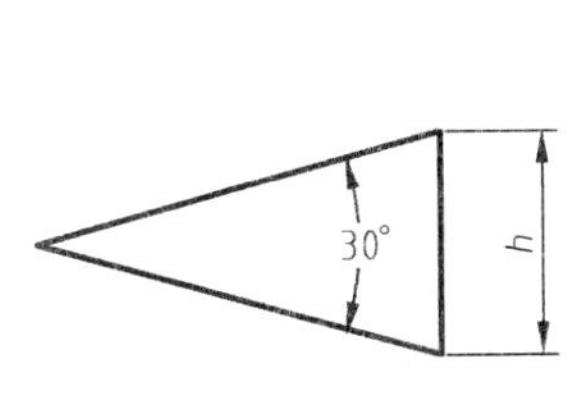

图 1-22　锥度符号画法

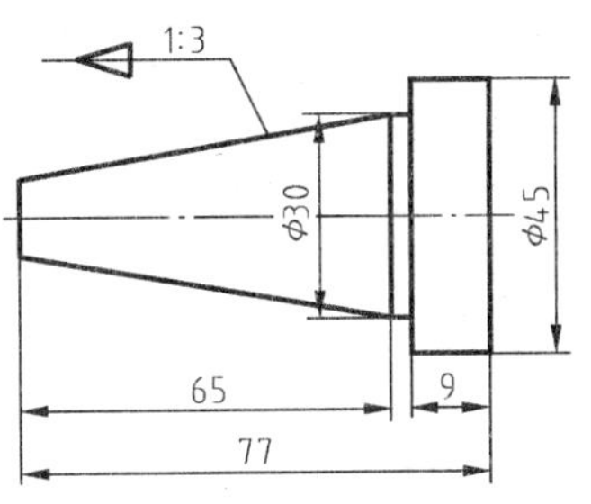

图 1-23　锥度的标注

2. 锥度的画法

教师展示如图 1-18b 所示的模型，引导学生从正面看，即正面为一梯形和两个矩形，并利用游标卡尺测锥台与圆柱的直径，用钢板尺测绘各段长度，对锥台锥度用 1∶n 形式表达，绘制该平面图（如图 1-23 所示），演示斜度的画法。步骤如图 1-24 所示。

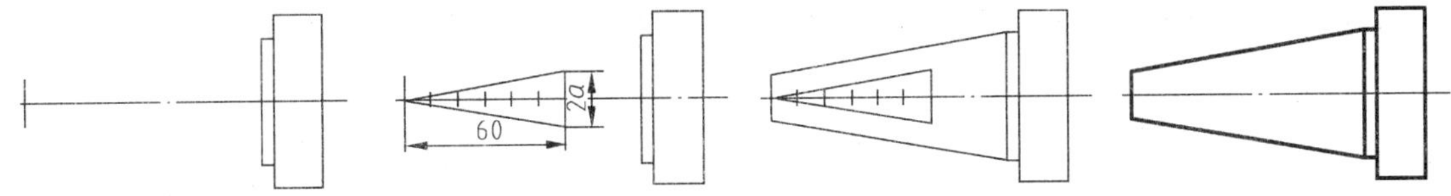

图 1-24　锥度的画法

（三）圆弧连接

1. 用弧线连接两直线

如图 1-25 所示，已知直线 AB、BC，用半径为 R 的圆弧将其连接。

作法：

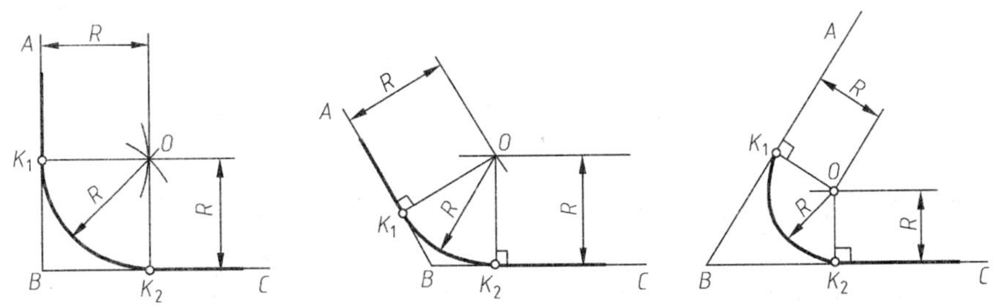

图 1-25　用弧线连接两直线

（1）作 AB 的平行线距离为 R。

（2）作 BC 的平行线，距离为 R，得两直线的交点 O。

（3）过交点 O 分别作已知直线的垂线，垂足为切点。

（4）以 O 为圆心，以 R 为半径画弧，即可将直线 AB、BC 联接。

2. 用弧线连接直线与弧线

如图 1-26 所示，已知直线 MN 和弧线 R_1，用半径为 R 的弧线将其连接。

作法：

（1）作 MN 的平行线距离为 R。

（2）以 R_1 与弧线半径 R 之差为新的半径，以 O_1 为圆心画弧与 MN 的平行线相交，得交点 O。

（3）过 O 点作 MN 的垂线；连 O_1O 延长与 R_1 弧线相交，即为垂足。

（4）以 O 为圆心，以 R 为半径画弧，即可将直线 MN 与弧线 R_1 光滑连接。

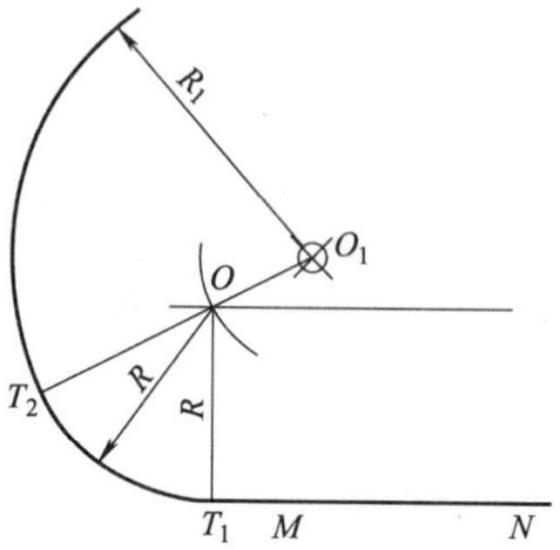

图 1-26 用弧线连接直线与弧线

3. 弧线与弧线的外切连接

如图 1-27a 所示，已知两弧线的圆心为 O_1、O_2，用半径为 R 的弧线将其外切连接。

作法：

（1）以 R 与圆心 O_1 的圆弧半径 R_1 之和为新的半径，以 O_1 点为圆心画弧；以 R 与圆心为 O_2 的圆弧半径 R_2 之和为新的半径，以 O_2 点为圆心画弧，两弧相交于 O 点。

（2）将交点 O 分别与 O_1、O_2 连接，与已知弧的交点为切点。

（3）以弧线的交点 O 为圆心，以 R 为半径画弧，即可将其光滑连接。

4. 弧线与弧线的内切连接

如图 1-27b 所示，已知两弧线 O_1、O_2，用半径为 R 的弧线将其内切连接。

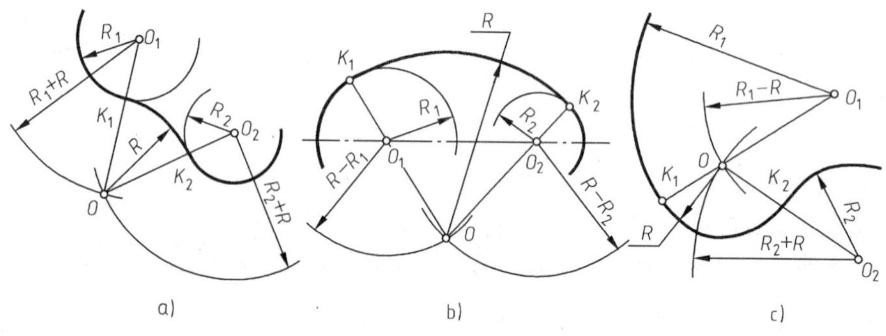

图 1-27 弧线与弧线连接

a）外切 b）内切 c）内、外切

作法：

（1）以 R 与圆心为 O_1 的圆弧半径 R_1 之差为新的半径，以 O_1 点为圆心画弧；以 R 与圆心为 O_2 的圆弧半径 R_2 之差为新的半径，以 O_2 为圆心画弧，两弧相交于 O 点。

（2）将交点 O 分别与 O_1、O_2 连接延长，与已知弧的交点为切点。

（3）以弧线的交点 O 为圆心，以 R 为半径画弧，即可将其光滑连接。

5. 弧线与弧线的内外切连接

如图 1-27c 所示为其作图过程，请学生自行完成。

6. 圆弧连接

教师演示正确测绘圆弧的方法，让学生动手测绘图 1-18c 所示的模型。

（四）钢直尺、游标卡尺的正确使用

钢直尺、游标卡尺的正确使用方法如图1-28所示，正确测绘圆弧的方法如图1-29所示。

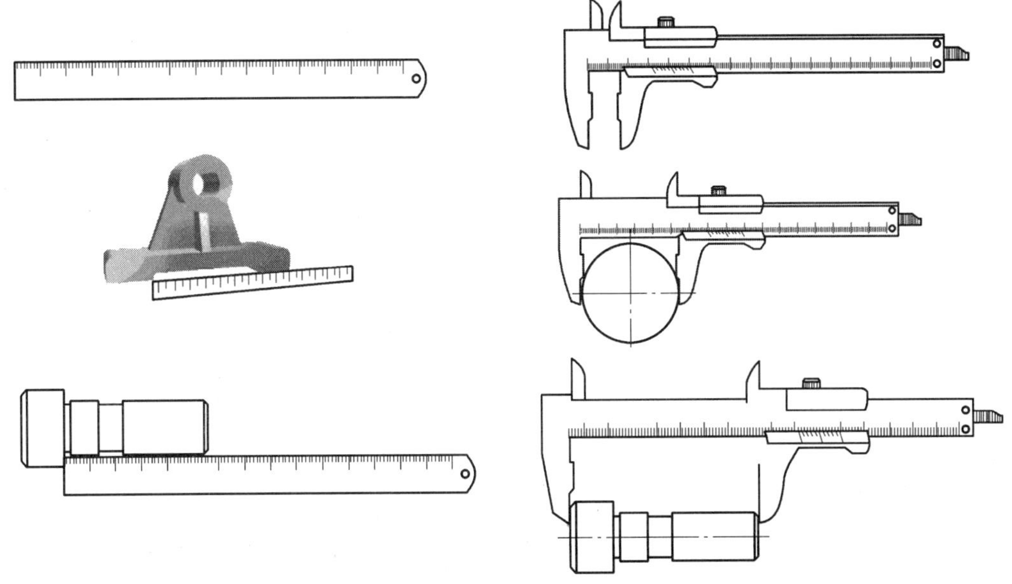

图1-28 钢直尺、游标卡尺正确使用方法

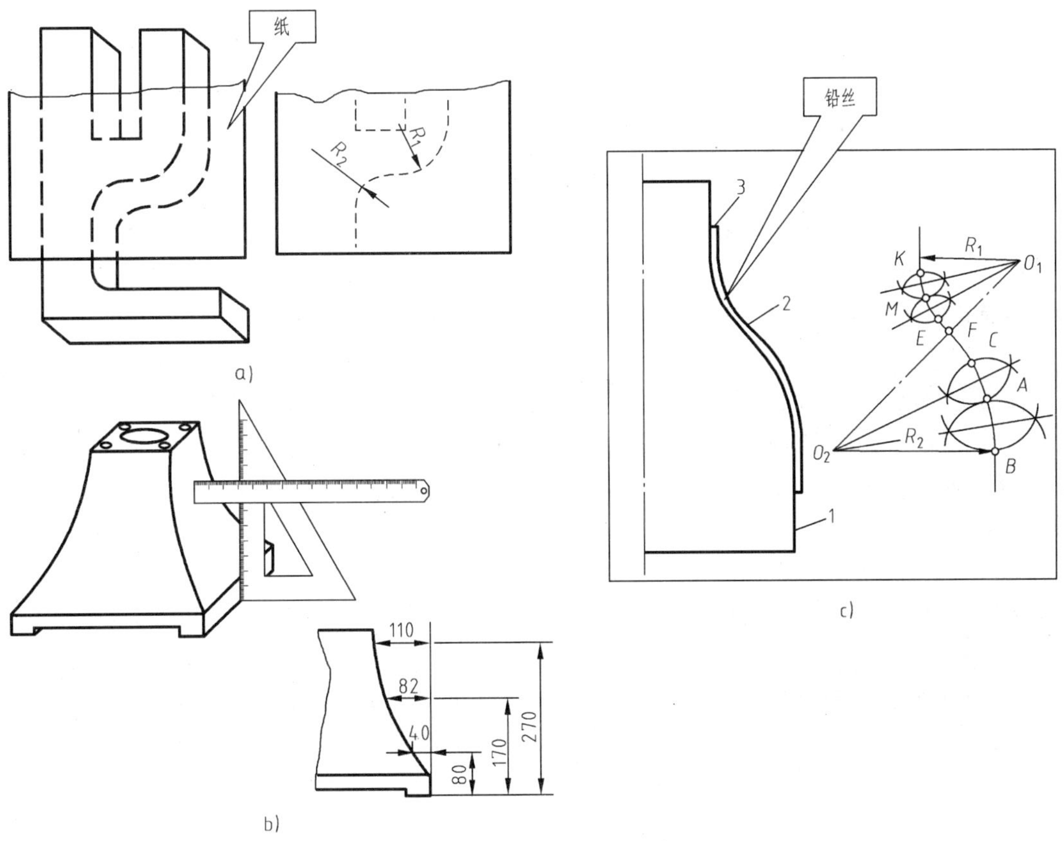

图1-29 正确测绘圆弧的方法

a）拓印法 b）坐标法 c）铅丝法

【小试身手】

分组测绘带斜度、锥度、圆弧连接的模型，进行斜度、锥度、圆弧的画法与标注练习（要求学生分工合作完成任务）。

【评价】

采用学生互评，结合教师点评。评价学生参与活动中的表现是否积极，是否能正确使用测量仪器，测绘方法、步骤是否正确，作品是否正确，线条是否规范。

1.2.2 绘制平面几何图形的方法与步骤

一、教学场地的准备

（1）专用制图室，配多媒体、绘图桌椅。

（2）机械图样及挂图。

（3）学生准备绘图仪器。

二、活动安排及教学步骤

【活动安排】

（1）由教师准备平面图形，明确教学任务：掌握绘制平面几何图形的方法与步骤。

（2）由教师讲授并示范绘制平面几何图形的方法与步骤，指导学生分析平面几何图形的尺寸与线段。

（3）训练学生从正面看模型并测量相关尺寸，绘制平面几何图形。

【知识链接】

（一）绘制平面几何图形的方法

平面几何图形是由许多线段连接而成，这些线段之间的相对位置和连接关系，靠给定的尺寸来确定。画图时，只有通过分析尺寸和线段之间的关系，才能明确画该平面几何图形应从何处着手，以及按什么顺序作图。

1. 尺寸分析

平面几何图形中的尺寸，按其作用可分为两类。

（1）定形尺寸　用于确定线段的长度、圆弧的半径（或圆的直径）和角度大小等的尺寸，称为定形尺寸。如图1-30中的$\phi5$、$\phi20$、$R10$、$R15$、$R12$、$R50$等。

（2）定位尺寸　用于确定线段在平面几何图形中所处位置的尺寸，称为定位尺寸。如图1-30中的尺寸8，确定了$\phi5$的圆心位置；75间接地确定了$R10$的圆心位置；45确定了$R50$圆心的一个坐标值。

定位尺寸通常以图形的对称线、中心线或某一轮廓作为标注尺寸的起点，这个起点叫做尺寸基准。如图1-30中的A和B。

2. 线段分析

平面几何图形中的线段（直线或圆弧），根据其定位尺寸的完整与否，可分为三类（因为直线连接的作图比较简单，所以这里只讲圆弧连接的作图问题）。

（1）已知圆弧　具有两个定位尺寸的圆弧，如图1-30中的$R10$。

（2）中间圆弧　具有一个定位尺寸的圆弧，如图1-30中的$R50$。

（3）连接圆弧　没有定位尺寸的圆弧，如图1-30中的$R12$。

在作图时，由于已知圆弧有两个定位尺寸，故可直接画出；而中间圆弧虽然缺少一个定

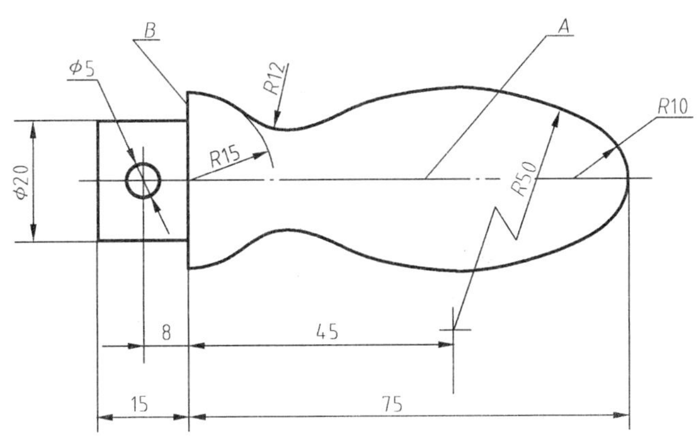

图 1-30　手柄平面图

位尺寸，但它总是和一个已知线段相连接，利用相切的条件便可画出；连接圆弧则由于缺少两个定位尺寸，因此，唯有借助于它和已经画出的两条线段的相切条件才能画出。

画圆弧图时，应先画已知圆弧，再画中间圆弧，最后画连接圆弧。

（二）绘制平面几何图形的步骤

1. 准备工作

（1）准备好图板、丁字尺、三角板、绘图工具与仪器，按要求削好铅笔，备好图纸。

（2）分析图形的尺寸及其线段。

（3）根据图形大小及比例，确定图幅，将图纸平铺在图板上，并用丁字尺找平，图纸左边和下边距图板边框各约 7cm，具体尺寸可根据图板与纸幅大小而定。

（4）拟定具体的作图顺序。

2. 绘制底稿

（1）画底稿的步骤如图 1-31 所示。

（2）画底稿时，应注意以下几点：

1）画底稿用 2H 铅笔，铅芯应常修磨以保持尖锐。

2）底稿上，各种线型均暂不分粗细，并要画得很轻很细。

3）作图力求准确。

4）画错的地方，在不影响画图的情况下，可先作记号，待底稿完成后一齐擦掉。

（3）铅笔描深底稿

1）描深底稿的步骤

① 先粗后细。一般应先描深全部粗实线，再描深全部虚线、点画线及细实线等，这样既可提高绘图效率，又可保证同一线型在全图中粗细一致，不同线型之间的粗细也符合比例关系。

② 先曲后直。在描深同一种线型（特别粗实线）时，应先描深圆弧和圆，然后描深直线，以保证图样连接圆滑。

③ 先水平、后垂斜。先用丁字尺自上而下画出全部相同线型的水平线，再用三角板自左向右画出全部相同线型的垂直线，最后画出倾斜的直线。

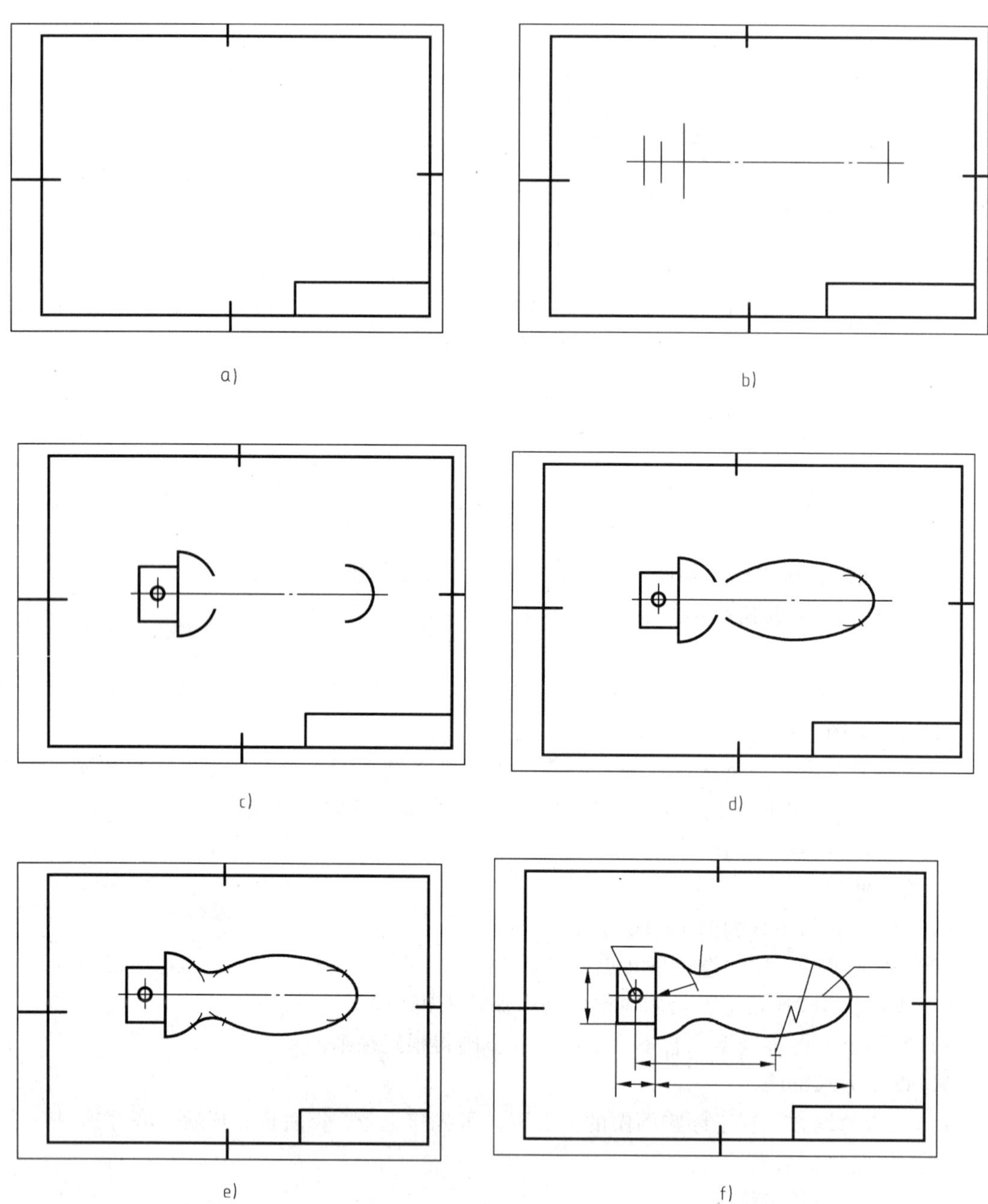

图 1-31　画底稿的步骤

a）画图框和标题栏　b）合理、匀称的布图，画出基准线　c）画已知线段

d）画出中间圆弧　e）画出连接圆弧　f）校对修改图形，画尺寸界线、尺寸线

④ 画箭头、填写尺寸数字、标题栏等，此步骤可将图纸从图板上取下来进行。

2）描深底稿的注意事项

① 在铅笔描深以前，必须全面检查底稿，修正错误，把画错的线条及作图辅助线用软

橡皮轻轻擦净。

② 分别用用 HB、B 或 2B 铅笔描深各种图线，用力要均匀一致，以免线条浓淡不匀。

③ 为避免弄脏图面，要保持双手和三角板及丁字尺的清洁。描深过程中应经常用毛刷将图纸上的铅芯浮末扫净，并应尽量减少三角板在已描深的图线上反复涂抹。

④ 描深后的图线很难擦净，故要尽量避免画错。需要擦掉时，可用软橡皮顺着图线的方向擦拭。描深后的图如图 1-30 所示。

【小试身手】

按要求分组测绘模型，绘制平面几何图形（要求学生分工合作完成任务）。

【评价】

采用学生互评结合教师点评。评价参与活动是否积极，是否能正确熟练地使用测量仪器与绘图工具，测绘方法、步骤是否正确，绘制平面几何图形时步骤是否正确，图形是否正确，线条是否规范，布图是否合理。

学习情境2　几何体三视图的绘制

2.1　绘制基本几何体的三视图

2.1.1　已知线、面的两面投影求第三面投影

一、教学场地的准备

（1）专用制图室，配多媒体。

（2）教师准备基本几何体模型、机械图样及挂图。

（3）学生准备绘图仪器。

二、活动安排及教学步骤

【活动安排】

（1）由教师准备以下基本几何体模型，并提出本次任务，已知线、面的两面投影求第三面投影。

（2）分组发放模型如图2-1所示，引导学生对模型分别从前朝后、从上往下、从左向右看，引出正投影的规律与三视图的知识。

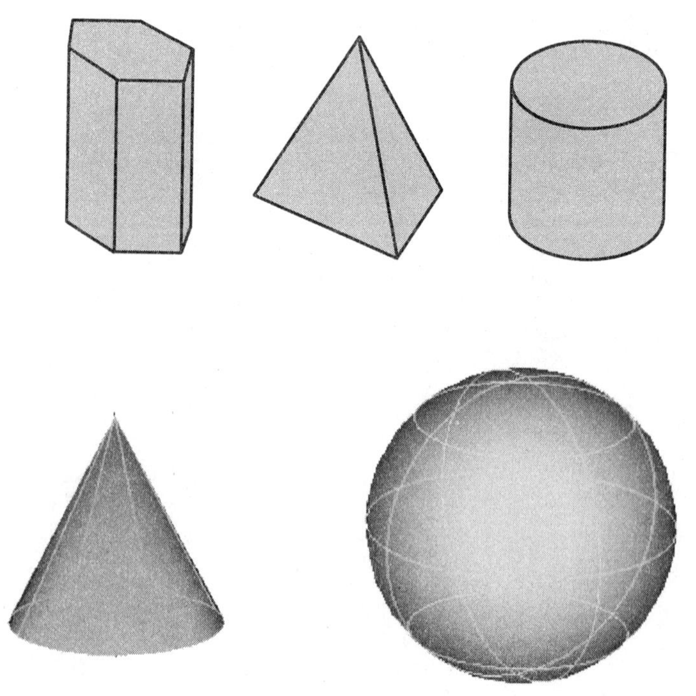

图2-1　基本几何体模型

(3) 要求学生对手中模型上的点、线、面的投影规律进行分析，教师总结。

【知识链接】

投影法与三视图

(一) 投影的概念

1. 投影法与投影

日常生活中常见物体被光线照射后，在墙壁上、地面上出现影子，这是一种自然的投影现象。

人们经过科学抽象，把光线称为投影线，墙壁或地面称为投影面，如图2-2所示，过三角形各顶点引投影射线 DA、DB、DC 并延长，与投影面得交点 a、b、c，连成三角形 abc，即为三角板在投影面上的投影。这种投影射线通过物体，向选定的面投射，并在该面上得到图形的方法，称为投影法。根据投影法所得到的图形，称为投影（投影图）。

2. 投影法的种类

投影法的种类是根据投射线的类型（平行或汇交）、投射线与投影面的相对位置（垂直或倾斜）确定的，主要分为两类。

(1) 中心投影法　如图2-2所示，投射线汇交于一点（投影中心）的投影法称为中心投影。

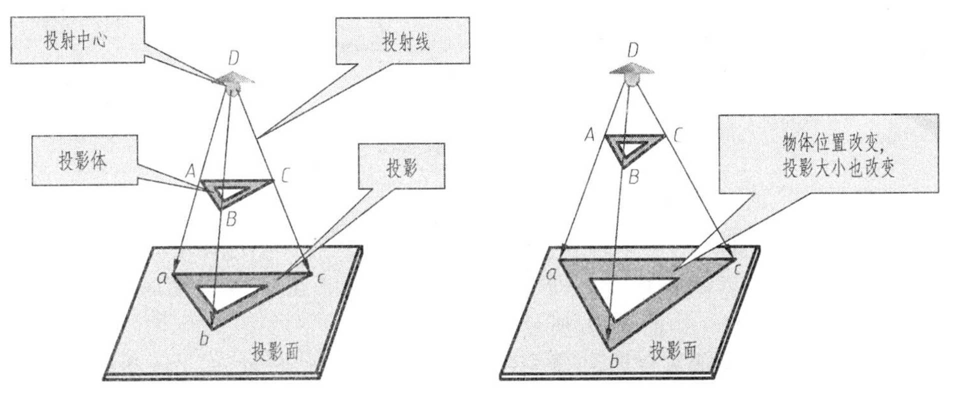

图2-2　中心投影法

中心投影法所得图形大小随着投影面、物体和投影中心三者之间不同位置而变化。工程上常用这种方法绘制建筑透视图（见图2-3），它具有较强的立体感，但作图复杂，度量性差，因此机械图样较少采用。

(2) 平行投影法　如图2-4所示，设想投影中心（即视点）移到无穷远处，这时投影线可视为互相平行，这种投射线互相平行的投射法，称为平行投影法。

1) 正投影法　投射线与投影面垂直的平行投影法，如图2-4a所示。

2) 斜投影法　投射线与投影面倾斜的平行投影法，如图2-4b所示。

由于正投影法能反映物体的真实形状和大小，度量性好，便于作图，所以，工程图样一般按正投影法绘制。

3. 正投影的基本性质

图 2-3 建筑物的透视图

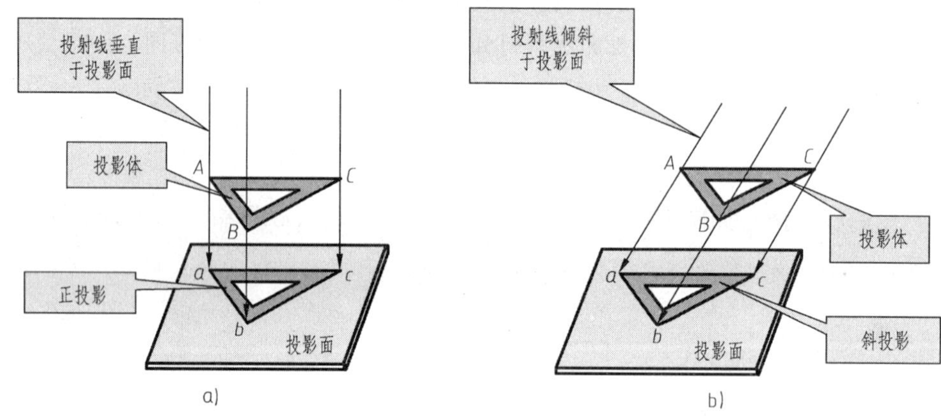

图 2-4 平行投影法

(1) 真实性 平面（或直线段）平行于投影面时，其投影反映实形（或实长），这种投影性质称为真实性或全等性，如图 2-5a 所示。

(2) 积聚性 平面（或直线段）垂直于投影面时，其正投影积聚成线段（或一点），这种投影性质称为积聚性，如图 2-5b 所示。

(3) 类似性 平面（或直线段）倾斜于投影面时，其正投变小（或变短），但投影形状与原来形状相类似，这种投影性质称为类似性，如图 2-5c 所示。

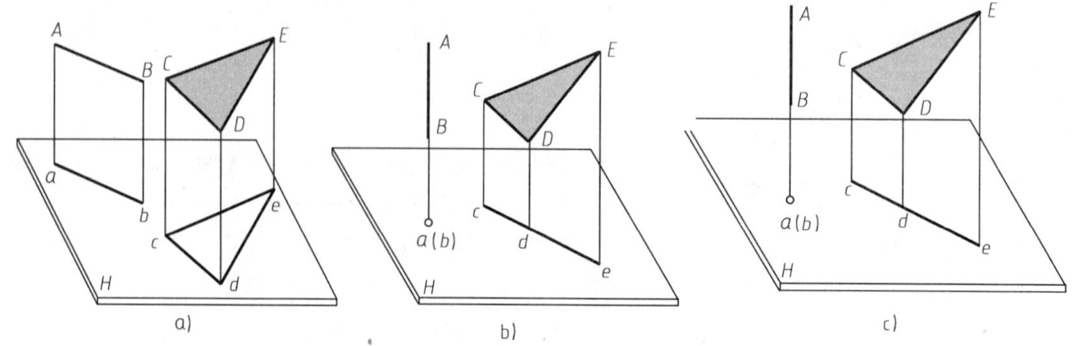

图 2-5 正投影的特性

（二）三视图的形成

用正投影法所绘制出的物体图形称为视图。一个视图一般不能唯一确定物体的空间形状，如图 2-6 所示。所以，常采用将物体向几个不同方向的投影面分别投射，综合起来才能完整地表达物体的形状。

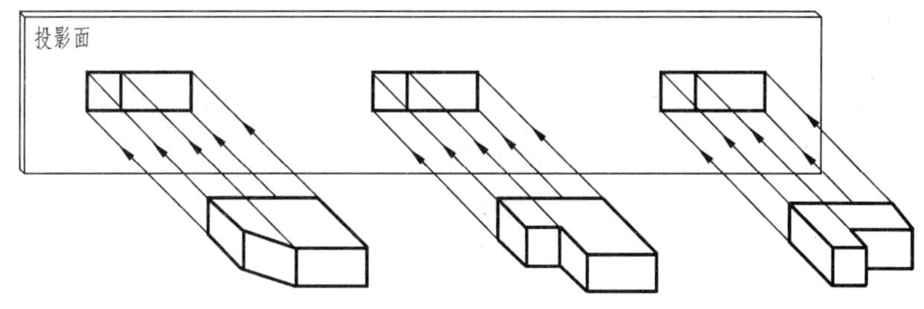

图 2-6　一个视图不能确定几何体的形状

1. 三面投影体系

如图 2-7 所示，设置了三个互为垂直（正交）的投影面，称为三面投影体系，把空间分为八个分角，把物体放在第一个分角中进行投射，这种投影方法称为第一角投影法，此时物体的位置在观察者和相应投影面之间。按国家标准规定，在图纸上除需要说明外，均采用第一角投影法，目前我国的技术制图都采用此投影法。

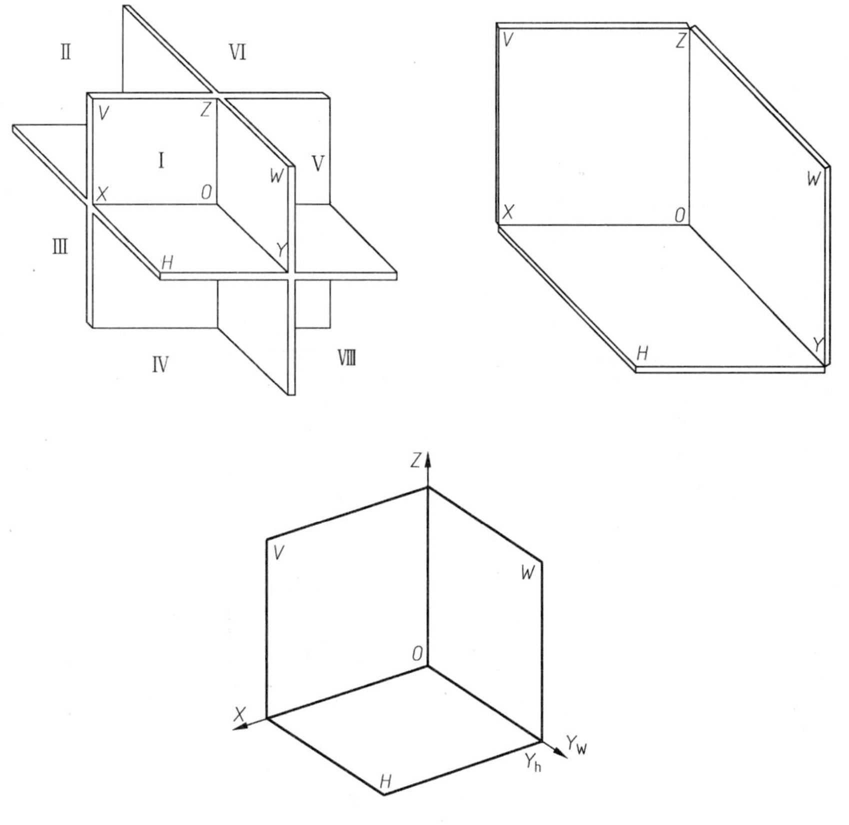

图 2-7　投影面与投影轴

三个投影面分别是：正立投影面（简称正面），用 V 表示；水平上投影面（简称水平面），用 H 表示；侧立投影面（简称左侧面），用 W 表示。三个投影面的交线称为投影轴，分别用 OX、OY、OZ 表示，简称为 X 轴、Y 轴、Z 轴。沿 X 轴度量长度尺寸和确定左右方位，沿 Y 轴度量宽度尺寸和确定前后方位，沿 Z 轴度量高度尺寸和确定上下方位。三根投影轴的交点称为原点，用字母 O 表示。

2. 三视图的形成

（1）三视图的形成　将物体置于第一分角内，并使其处于观察者与投影面之间，分别向 V、H、W 正投射，即得第一角画法的三个视图，分别称为：

主视图：由前向后投射，在 V 面上所得的视图。主视图应尽量反映物体的主要特征。

俯视图：由上向下投射，在 H 面上所得的视图。

左视图：由左向右投射，在 W 面上所得的视图。

（2）三视图的配置　按展开的规定：V 面不动，H 面绕 OX 轴向下旋转 90°，W 面绕 OZ 轴向右旋转 90°，使其与 V 面在同一平面上，即得到三视图的配置。以主视图为准，俯视图配置在它的正下方，左视图配置在它的正右方，如图 2-8 所示。

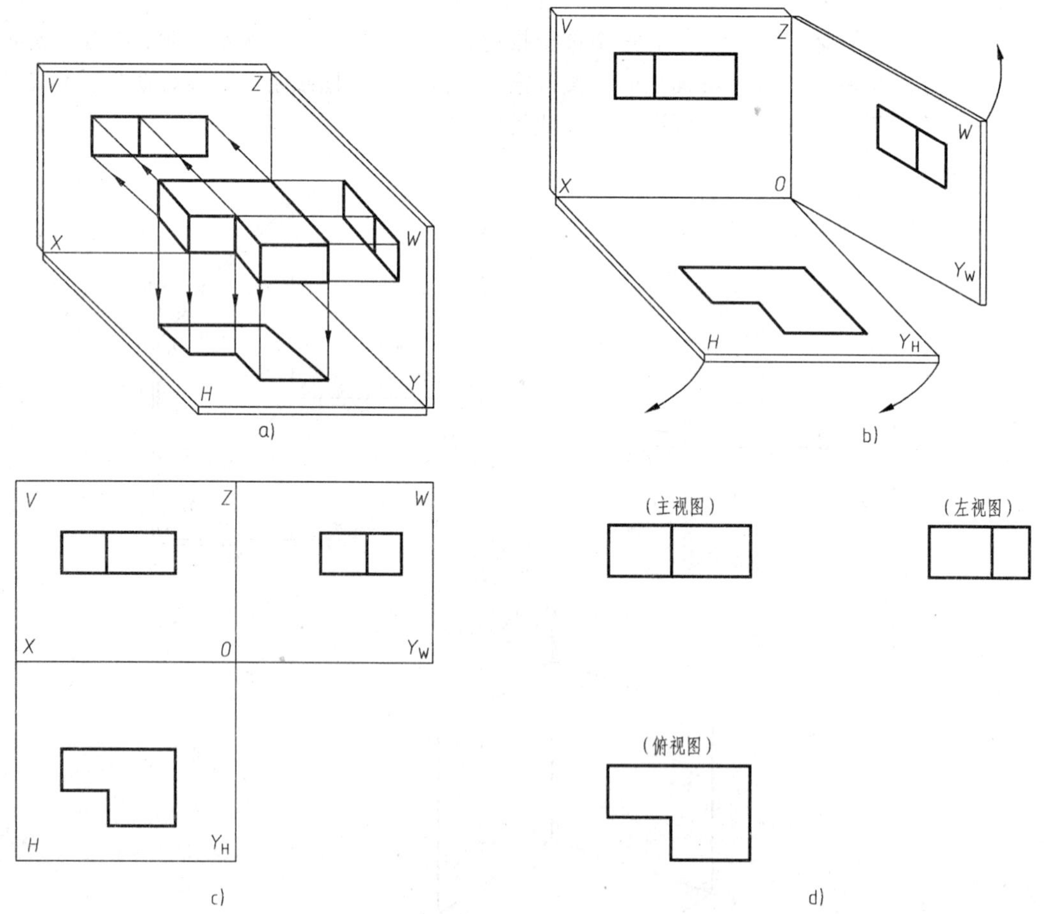

图 2-8　物体的三视图

a）直观图　b）展开投影面　c）展开后的三视图　d）三视图的位置关系

3. 三视图的对应关系

将投影面旋转展开到同一平面上后，物体的三视图存在着下列的对应关系。

（1）尺寸对应关系　物体有长、宽、高三个方向的尺寸，每个视图都反映物体的两个方向尺寸。主视图反映物体的长度和高度，俯视图反映物体的长度和宽度，左视图反映物体的宽度和高度。这样，相邻两视图同一方向的尺寸必定相等，即

主视图与俯视图长对正。

主视图与左视图高平齐。

俯视图与左视图宽相等。

三视图之间存在的“长对正、高平齐、宽相等”的“三等”尺寸关系，不仅适用于物体的整体，也适用于物体的局部，画图、读图时都应遵循和应用它（见图 2-9）。

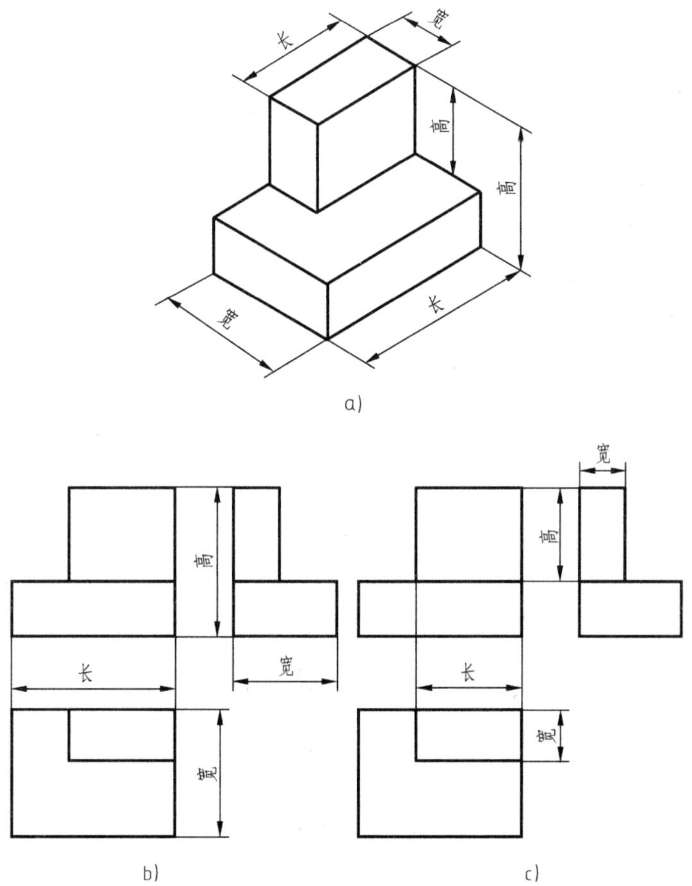

图 2-9　物体与三视图的尺寸对应关系

a）直观图　b）总体三等　c）局部三等

（2）方位对应关系　物体有上、下、左、右、前、后六个方位。主视图反映物体的上、下和左、右，俯视图反映物体的左、右和前、后，左视图反映物体的前、后和上、下。这样，俯、左视图中，靠近主视图的一侧，表示物体的后面，远离主视图的一侧，表示物体的前面，如图 2-10 所示。

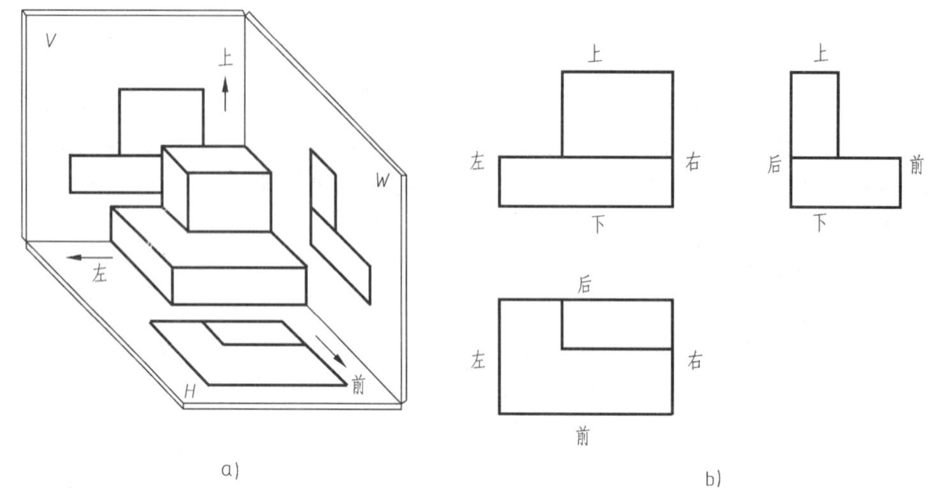

图 2-10 物体与三视图的方位对应关系

a）直观图 b）三视图的方位关系

（三）点、线、面的投影规律

1. 点的投影

点是最基本的几何要素，一切几何形状都是点的集合。因此，首先讨论点的投影。

（1）点的投影特点 点的投影仍为点。如图 2-11a 所示，在三面投影体系中有一空间点 A，过点 A 分别向三个投影面作垂线，得垂足 a、a'和 a''，即得点 A 在三个投影面的投影。按三投影面展开方式进行展开，得点 A 的三个投影图，见图 2-11b。图中 a_x、a_y、a_z 分别为点的投影 a、a'和 a''连线与投影轴 OX、OY、OZ 的交点。

（2）点的标记 空间点用大写字母标记，如 A、B、C，它们在 V 面上的投影，用相应的小写字母加一撇标记，如 a'、b'、c'；在 H 面上的投影，用相应的小写字母标记，如 a、b、c；在 W 面的投影，用相应的小写字母加两撇标记如 a''、b''、c''。

（3）点的投影规律 从图 2-11 点 A 的三面投影的形成，可得出点的三面投影规律：

点的正面投影和水平投影的连线垂直于 OX 轴（$aa' \perp OX$）。

点的正面投影和侧面投影的连线垂直于 OZ 轴（$a'a'' \perp OZ$）。

点的水平投影到 OX 轴距离，等于点的侧面投影到 OZ 轴的距离（$aa_x = a_za''$）。

此外，从图 2-11 还可看出点的三面投影到投影轴的距离，分别等于空间点到相应投影面的距离，即 $a_za' = aa_y$，反映点 A 到 W 面的距离；$a_xa' = a_ya''$，反映点 A 到 H 面的距离；$aa_x = a_za''$，反映点 A 到 V 面的距离。

根据上述点的投影规律，若已知点的两个投影，就可作出其第三个投影。

例 2-1 已知点的两面投影，求作第三面投影。如图 2-12 所示。

（4）点的直角坐标 在图 2-11a 中，如果把三面投影体系当作直角坐标系，则投影面 H、V、W 即为坐标面，投影轴 X、Y、Z 即为坐标轴，O 即为坐标原点。空间点 A 到三个投影面的距离便可分别用直角坐标值 x、y、z 表示。

点的 X 坐标（Oa_x）$= Aa'' = x$，为点 A 到 W 面的距离。

点的 Y 坐标（Oa_y）$= Aa' = y$，为点 A 到 V 面的距离。

点的 X 坐标（Oa_z）$= Aa = z$，为点 A 到 H 面的距离。

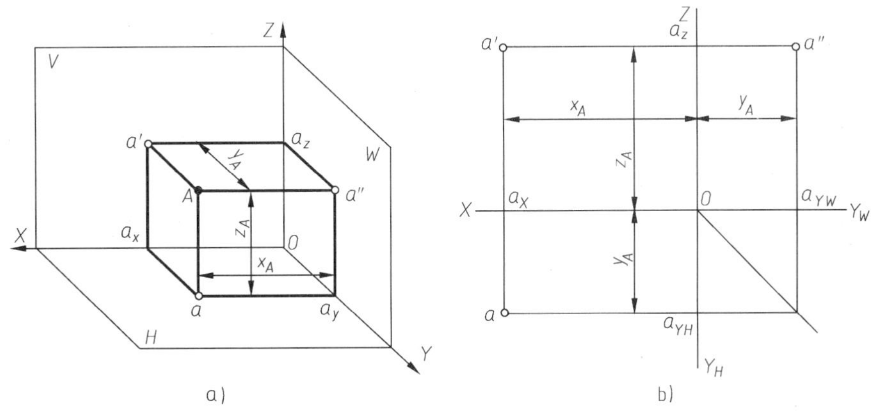

图 2-11　点的三面投影

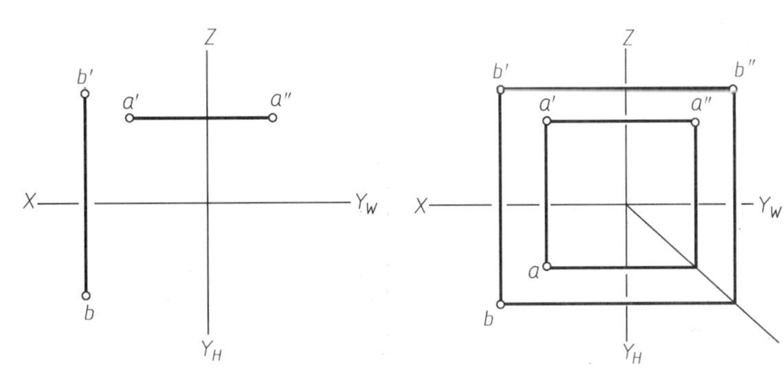

图 2-12　求点的第三面投影

点的坐标的规定书写形式为：

A（x，y，z）如 A（20，15，30）。

例 2-2　已知点 A（12，10，15），试作其三面投影。

作图方法与步骤（见图 2-13）。

第一步：作投影轴 OX、OY、OZ，在 OX 轴上量取 $Oa_x=12$，得点 a_x。

第二步：过 a_x 作 OX 的垂线，自沿 OY 轴方向量取 $Oa_y=10$，沿 OZ 方向量取 $Oa_Z=15$，得点 a' 和点 a。

第三步：由点 a' 和 a 画出投影连线，求得点 a''。

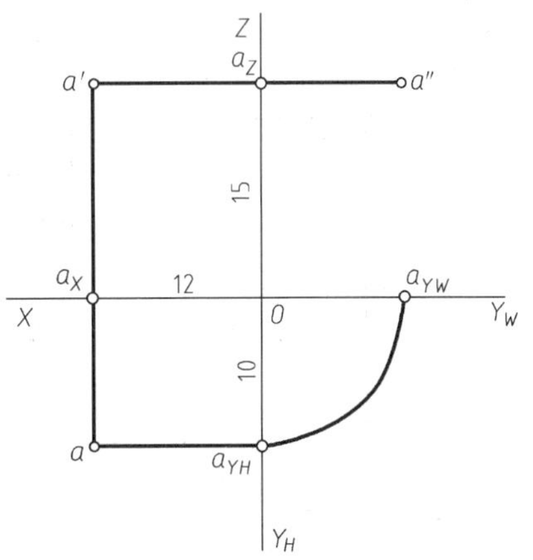

图 2-13　已知空间点的坐标求点的投影

由图 2-11 可知，点 A 的水平投影 a 由 X、Y 两坐标确定，点 A 的正面投影 a' 由 X、Z 两坐标确定，点 A 的侧面投影 a'' 由 Y、Z 两坐标确定。所以点的任两投影已经反映点的三个坐标，已完全确定点的空间位置，也就可画出该点的三面投影，反之，根据点的三面投影，就可量出该点的三个坐标。

在投影面上点，其坐标值必有一个为零（见图 2-14）。在投影轴上的点，其坐标值必有两个为零。在原点上的点，三个坐标值均为零。

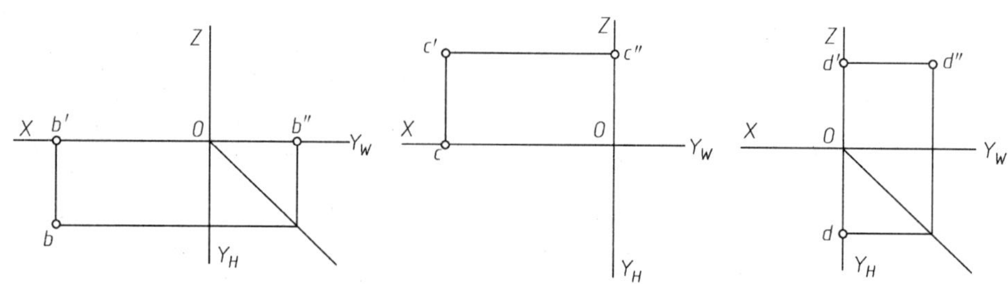

图 2-14 投影面上点的投影

（5）两点相对位置　由两点的坐标大小来确定。

1）两点的相对位置，如图 2-15 所示，两点左右相对位置，由 X 坐标确定，$x_A < x_B$，点 A 在点 B 的右方；两点前后相对位置，由 Y 坐标确定，$y_A < y_B$，点 A 在点 B 的后方；两点上下相对位置，由 Z 坐标确定，$z_A > z_B$，点 A 在点 B 的上方。

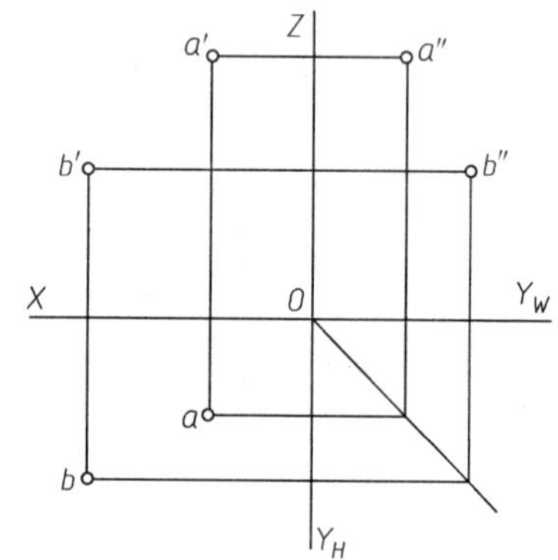

图 2-15 点的相对位置

归纳：

x 坐标值大的在左

y 坐标值大的在前

z 坐标值大的在上

2）重影点及其可见性判别。当空间两点的某两个坐标相等，即两点处在某一投影面的同一条垂线上，它们在该投影面上的投影必然重合为一点，简称重影点。沿其投射方向观察，则一点可见，另一点不可见（用圆括号表示）。其可见性需根据两点不重影的投影的坐标大小来判断，即当两点的 V 面投影重合时，y 坐标值大的点为可见；当两点的 H 面投影重合时，z 坐标值大的点为可见；当两点的 W 面投影重合时，x 坐标值大的点为可见，如图 2-16 所示。

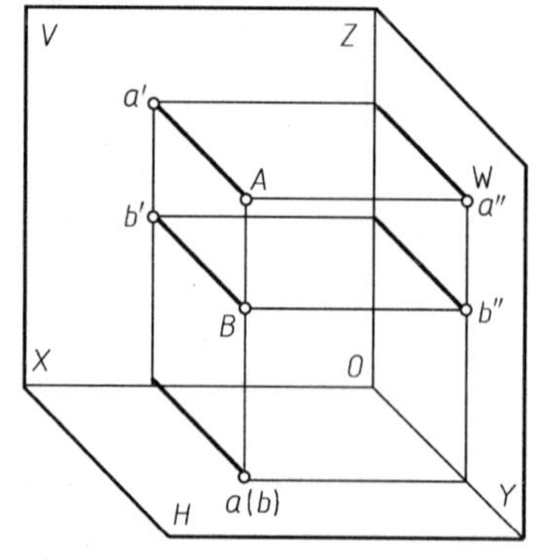

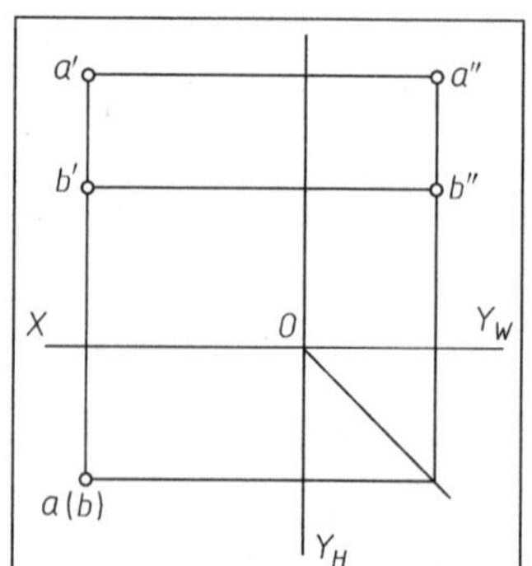

图 2-16 重影点的判别

2. 直线的投影

直线的投影一般仍为直线（当一直线垂直于某一投影面时，其在该投影面上的投影积聚为一点）。要作出直线的投影，只要作出空间直线上任意两点的投影，然后连接两点的同面投影，即可得到直线的三面投影，如图 2-17 所示。

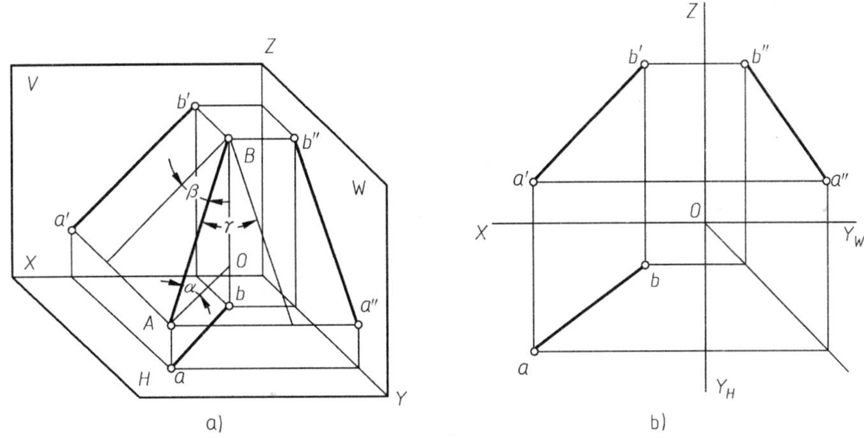

图 2-17　直线的三面投影

直线在三面投影体系中有三种位置：投影面垂直线、投影面平行线、一般位置直线。前两种直线又称为特殊位置直线。

（1）投影面垂直线的投影规律　垂直于一个投影面、平行于另外两个投影面的直线，称为投影面垂直线。

投影面垂直线有三种，垂直于 *H* 面的直线称为铅垂线，垂直于 *V* 面的直线称为正垂线，垂直于 *W* 面的直线称为侧垂线。

表 2-1 为投影面垂直线的立体图、投影图及投影特性。

表 2-1　投影面垂直线的投影特性

名称	立　体　图	投　影　图	投 影 特 性
铅垂线	Z, V, W, X, Y, H, O, A, B, a′, b′, a″, b″, a(b)	a′, a″, b′, b″, a(b)	（1）水平投影积聚成一点 a(b) （2）$a'b' = a''b'' = AB$，且 $a'b' \perp OX$，$a''b'' \perp OY$
正垂线	Z, V, W, X, Y, H, O, B, C, b′(c′), c″, b″, c, b	b′(c′), c″, b″, c, b	（1）正面投影积聚成一点 (b′c′) （2）$bc = b''c'' = BC$，$bc \perp OX$，$b''c'' \perp OZ$

（续）

名称	立体图	投影图	投影特性
侧垂线	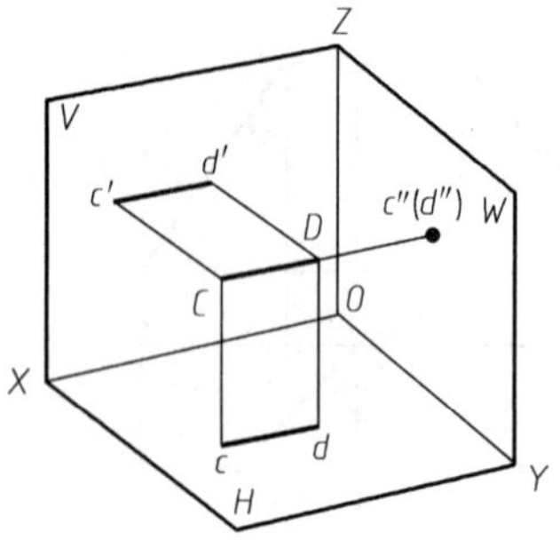 Z V d′ c′ c″(d″) W D C O X c d H Y	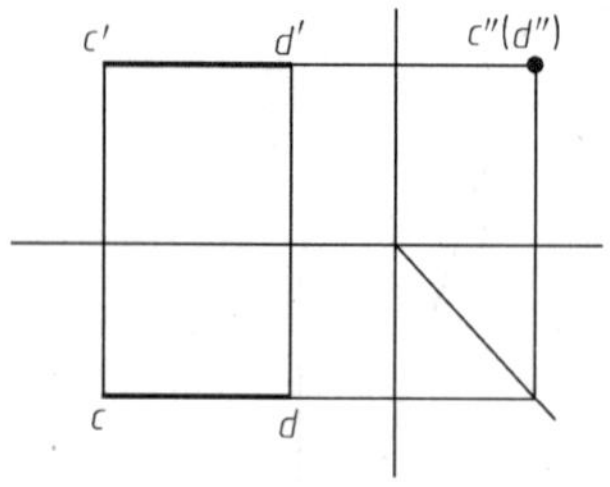 c′ d′ c″(d″) c d	（1）侧面投影积聚成一点 $c''(d'')$ （2）$cd = c'd' = CD$，且 $c'd' \perp OZ$，$cd \perp OY$
小结 1）直线在所垂直的投影面上的投影积聚成点。 2）直线在另两个投影面上的投影反映空间线段的实长，且垂直所垂直的投影面上的两根投影轴。			

（2）投影面平行线的投影规律　平行于一个投影面、倾斜于另外两个投影面的直线，称为投影面平行线。

投影面平行线有三种，平行于 *H* 面的直线称为水平线，平行于 *V* 面的直线称为正平线，平行于 *W* 面的直线称为侧平线。

直线与投影面所夹的角叫直线对投影面的倾角。α、β、γ 分别为直线对 *H* 面、*V* 面、*W* 面的倾角。

表 2-2 为投影面平行线的立体图、投影图及投影特性。

表 2-2　投影面平行线的投影特性

名称	立体图	投影图	投影特性
水平线	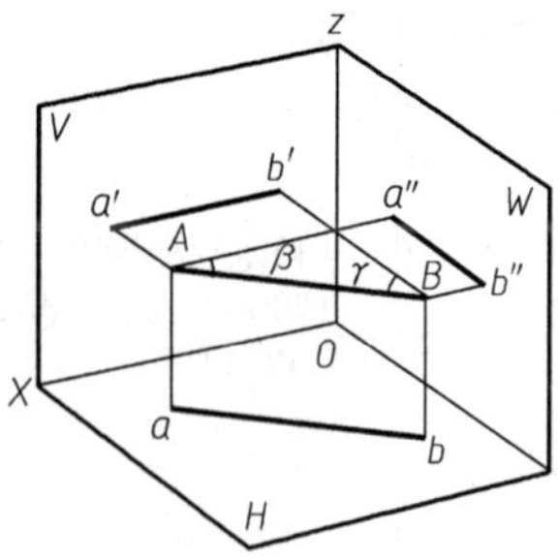 Z V b′ a′ a″ W A β γ B b″ O X a b H	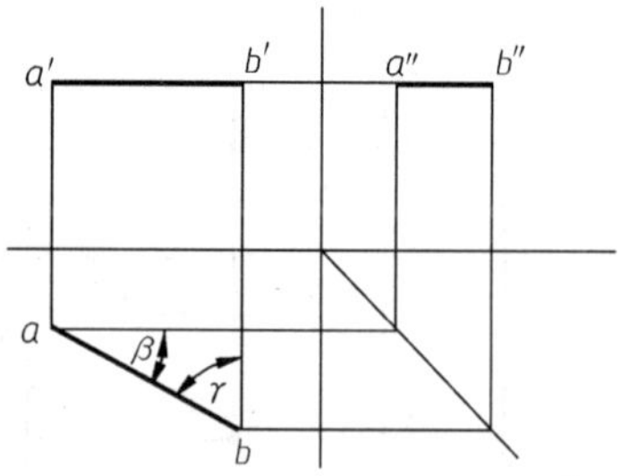 a′ b′ a″ b″ a β γ b	（1）$ab = AB$，反映空间直线 AB 实长 （2）$a'b' // OX$，$a''b'' // OY$，均比空间直线短 （3）ab 与 OX 和 OY 的夹角等于 AB 对 V、W 面的倾角 β、γ
正平线	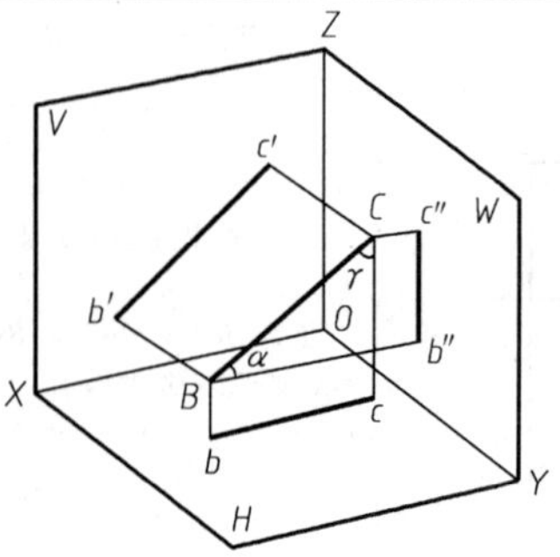 Z V c′ C c″ W γ b′ O b″ α X B c b Y H	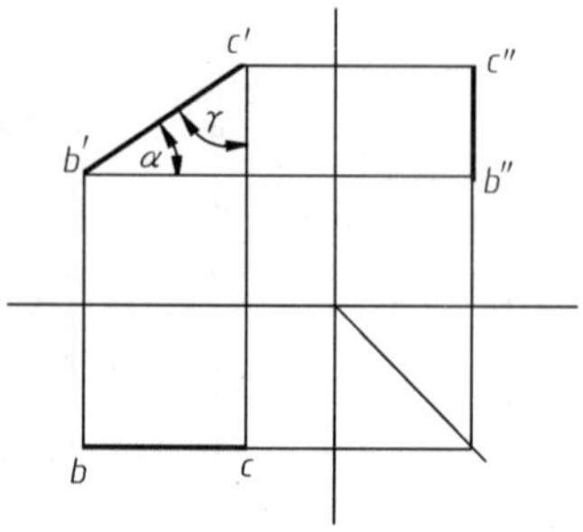 c′ c″ b′ α γ b″ b c	（1）$bc = BC$，反映空间直线 BC 实长 （2）$bc // OX$，$b''c'' // OZ$，均比空间直线短 （3）$b'c'$ 与 OX 和 OZ 的夹角等于 BC 对 H、W 面的倾角 α、γ

（续）

名称	立　体　图	投　影　图	投 影 特 性
侧平线	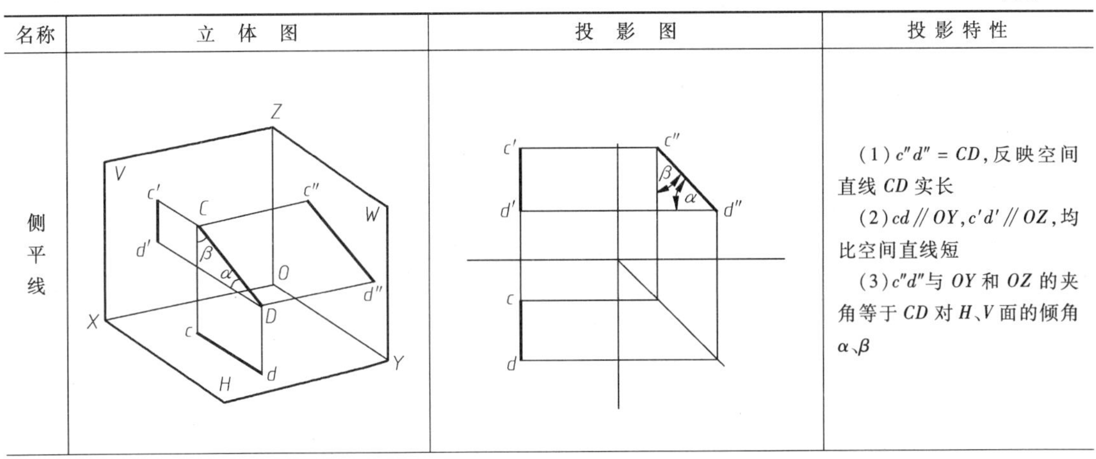		（1）$c''d''=CD$，反映空间直线 CD 实长 （2）$cd /\!/ OY$，$c'd' /\!/ OZ$，均比空间直线短 （3）$c''d''$ 与 OY 和 OZ 的夹角等于 CD 对 H、V 面的倾角 α、β

小结

1）直线在所平行的投影面上的投影反映实长。

2）直线在另两个投影面上的投影为类似性（缩短）且平行于所平行的投影面上的两根投影轴。

3）反映实长的投影与投影轴的夹角等于空间直线对投影面的倾角。

（3）一般位置线的投影规律　与三个投影面都倾斜的直线，称为一般位置线。如图2-17a所示，直线 AB 对三个投影面 H、V、W 的倾角分别为 α、β、γ（均不等于零），其在三个投影面上的投影均小于实长。

由此得出一般位置直线的投影特征是：

直线的三个投影都倾斜于投影轴，且投影长度小于实长。

直线的投影与投影轴的夹角，不反映空间直线对投影面的倾角。

3. 平面的投影

平面的投影一般仍为平面。

平面在三面投影体系中有三种位置：投影面平行面、投影面垂直面、一般位置平面。前两种平面又称为特殊位置平面

（1）平面的表示法　在投影上表示平面有两种方法。

方法一：平面可以用下列几何元素来表示，如图2-18所示。

1）不在同一直线上的三点。

2）直线及直线外的一点。

3）相交两直线。

4）平行两直线。

5）任意平面图形。

方法二：平面还可以用迹线来表示，如图2-19所示。

平面与投影面的交线，称为平面迹线。图2-19a中的 P_H、P_V、P_W 分别表示 P 平面在 H、V、W 面的迹线。

在作图中经常用迹线表示特殊位置平面，特殊位置平面常用积聚性迹线表示，如图2-19b所示，用 P_H 表示铅垂面 P，图2-19c中用 P_H 和 P_W 表示正平面 P。

（2）投影面平行面的投影规律　平行于一个投影面、垂直于另外两个投影面的平面，

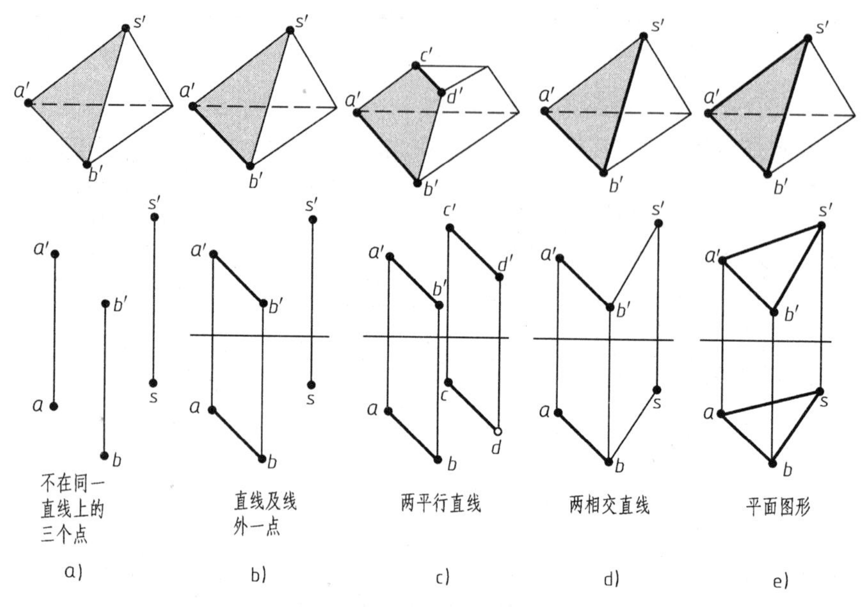

图 2-18 用几何元素表示平面

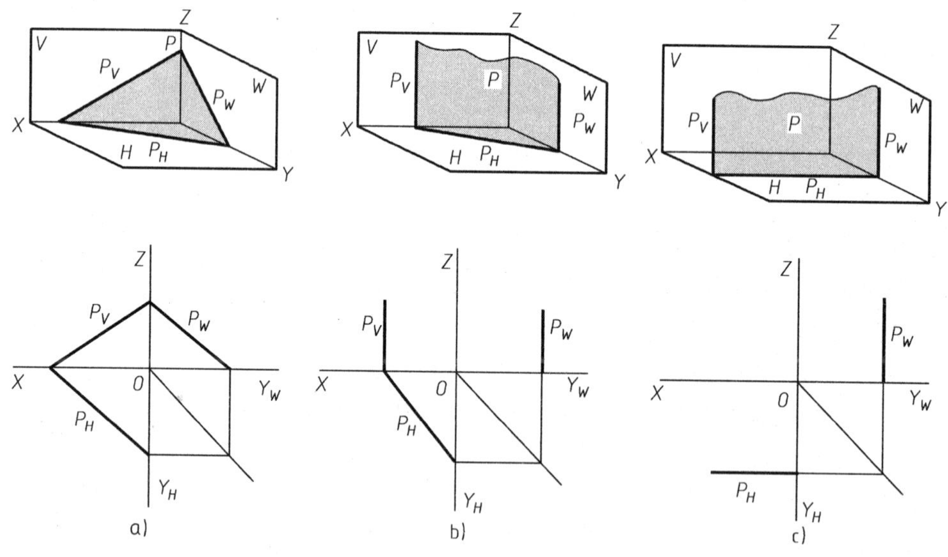

图 2-19 用迹线法表示平面

称为投影面平行面。

根据平行的投影面不同，投影面平行面有三种。

水平面　平行于 *H* 面，并垂直于 *V*、*W* 面的平面。

正平面　平行于 *V* 面，并垂直于 *H*、*W* 面的平面。

侧平面　平行于 *W* 面，并垂直于 *H*、*V* 面的平面。

投影面平行面的投影特征见表 2-3。

表 2-3　投影面平行面的投影特征

名称	立体图	投影图	投影特性
水平面	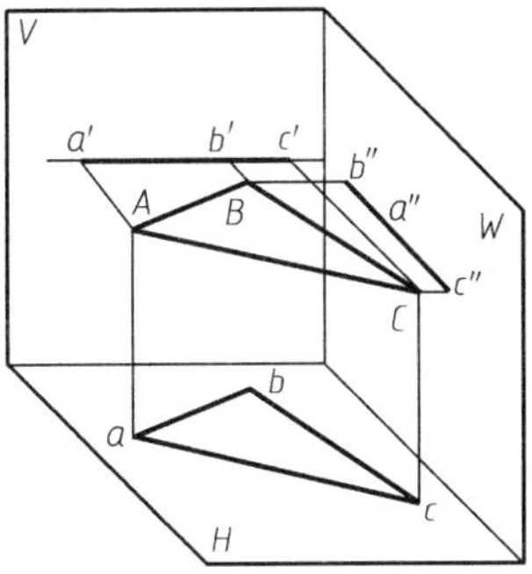 V　a′　b′　c′　b″　A　B　a″　W　c″　C　b　a　c　H	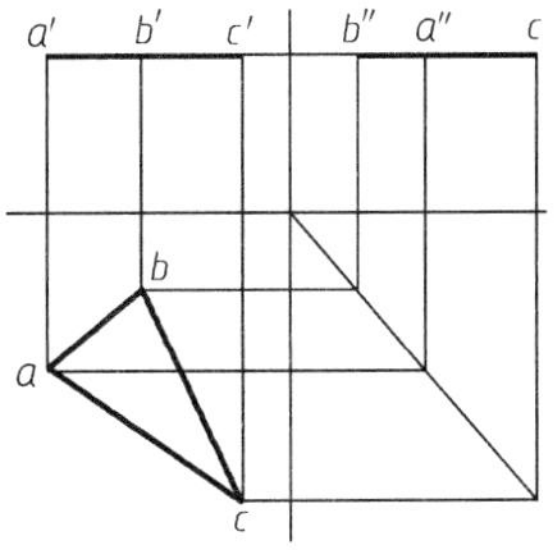 a′　b′　c′　b″　a″　c　b　a　c	(1)水平投影反映实形 (2)正面投影和侧面投影积聚为直线，且分别平行于 X 轴和 Y 轴
正平面	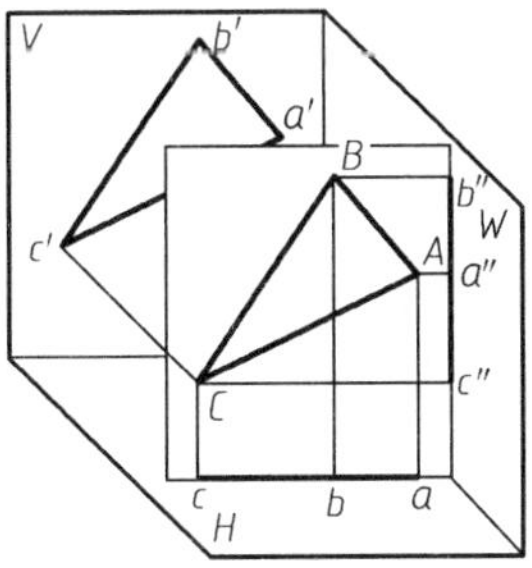 V　b′　a′　B　b″　W　c′　A　a″　C　c″　c　b　a　H	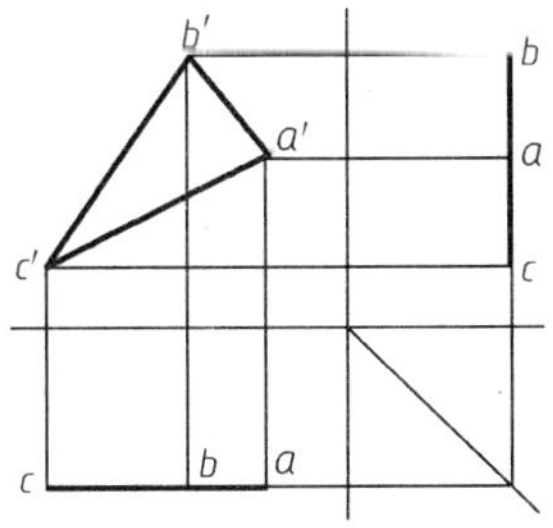 b′　b　a′　a　c′　c　c　b　a	(1)正面投影反映实形 (2)水平投影和侧面投影积聚为直线，且分别平行于 X 轴和 Z 轴
侧平面	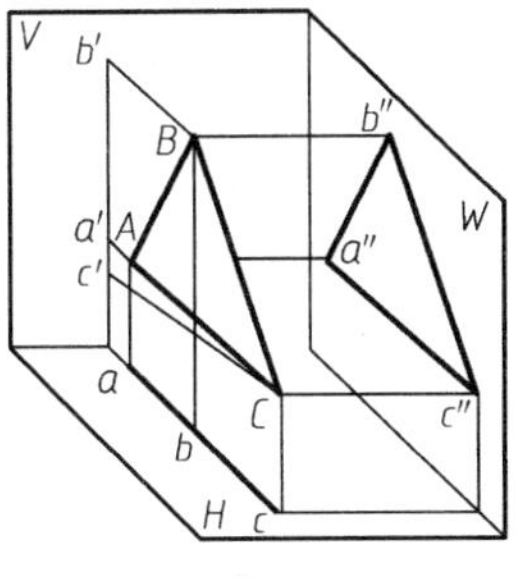 V　b′　b″　B　a′　A　W　c′　a″　a　C　c″　b　H　c	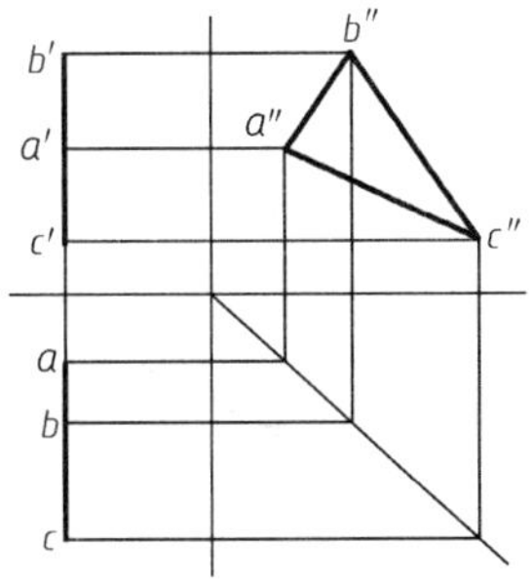 b′　b″　a′　a″　c′　c″　a　b　c	(1)侧面投影反映实形 (2)正面投影和水平投影积聚为直线，且分别平行于 Z 轴和 Y 轴

小结

1)平面在所平行的投影面上的投影反映实形。

2)平面在另两个投影面上的投影积聚为直线，并分别平行于所平行的投影面上的两根投影轴。

(3) 投影面的垂直面投影规律　垂直于一个投影面而与另外两个投影面倾斜的平面称为投影面垂直面。

根据垂直的投影面不同，投影面垂直面有三种。

铅垂面　垂直于 *H* 面，并与 *V*、*W* 面倾斜的平面。

正垂面　垂直于 *V* 面，并与 *H*、*W* 面倾斜的平面。

侧垂面　垂直于 *W* 面，并与 *H*、*V* 面倾斜的平面。

投影面垂直面的投影特征见表 2-4。

表 2-4 投影面垂直面的投影特征

名称	立体图	投影图	投影特性
铅垂面	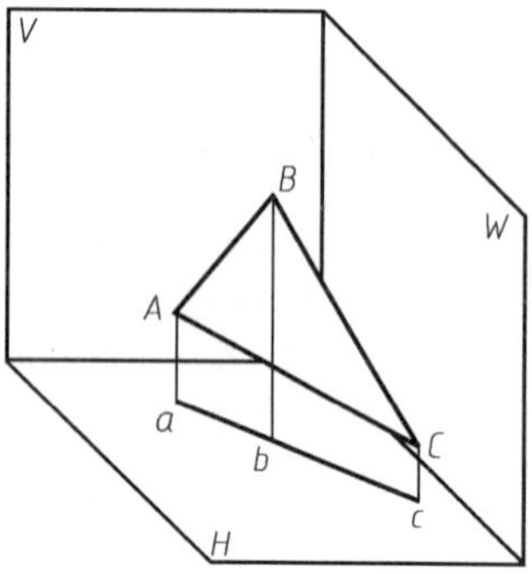	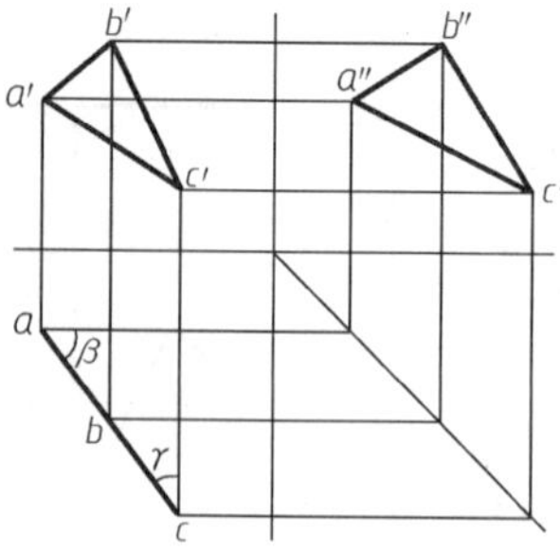	(1)水平投影积聚成直线并反映与 V、W 面的倾角 β、γ (2)正面投影和侧面投影为比原平面小的类似形
正垂面	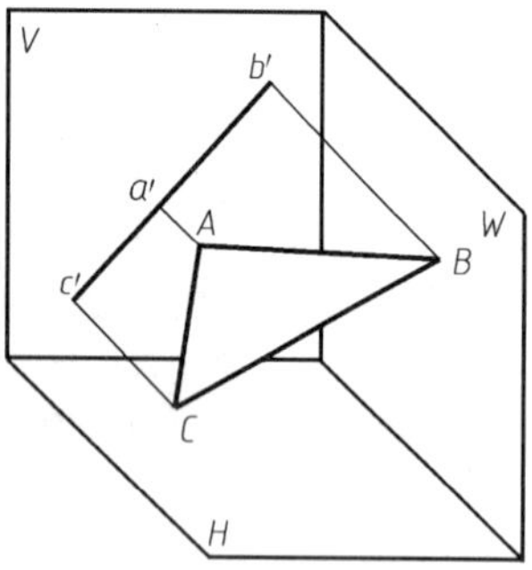	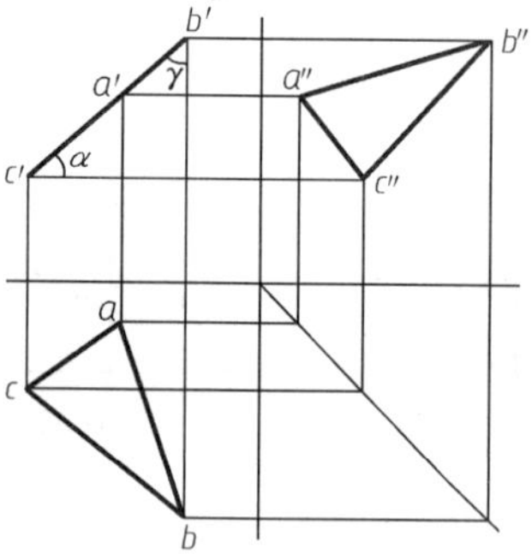	(1)正面投影积聚成直线并反映与 H、W 面的倾角 α、γ (2)水平投影和侧面投影为比原平面小的类似形
侧垂面	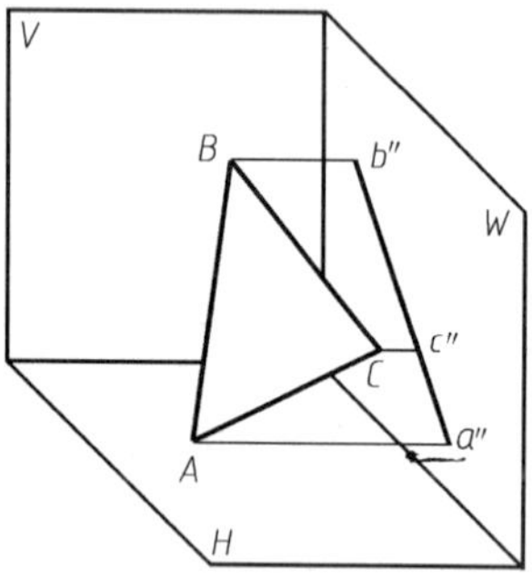	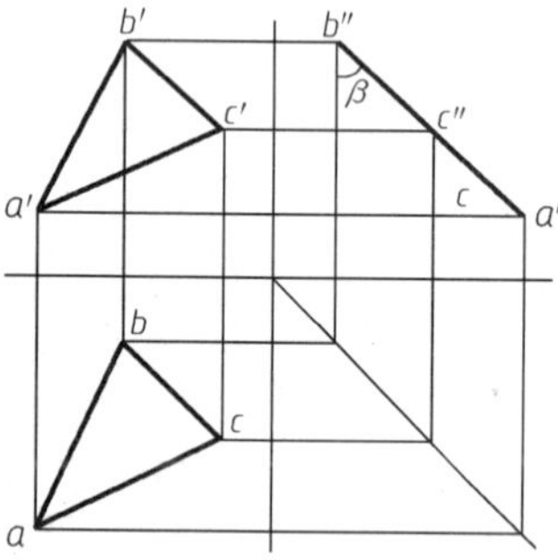	(1)侧面投影积聚成直线并反映与 H、V 面的倾角 α、β (2)水平投影和正面投影为比原平面小的类似形

小结
1)平面在所垂直的投影面上的投影积聚为一直线段,该线段与两投影轴的夹角反映平面对另两投影面的倾角。
2)平面在其余两投影面上的投影均为比原平面小的类似形。

(4) 一般位置平面的投影规律　与三个投影面都倾斜的平面，称为一般位置平面，如图 2-20 所示。

一般位置平面的投影特征如下所述：

1) 三个投影都比原形小的类似形。

2) 不反映该平面对投影面的倾角。

【小试身手】

要求学生利用点、线、面的投影规律，分别绘出手中的模型上的一点、一条边与一个面的两面视图，再利用两视图画出第三视图。

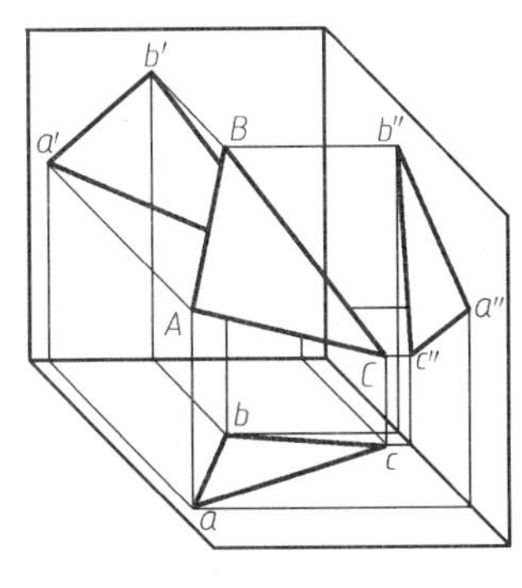

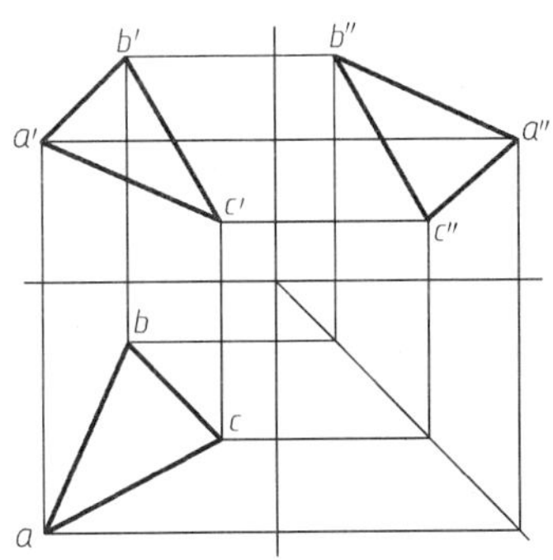

图 2-20　一般位置平面的投影特性

【评价】

看学生绘出的两面视图是否正确，对点、线、面的投影规律是否能灵活运用，并准确求出第三面视图。

2.1.2　测绘基本几何体

一、教学场地的准备

(1) 专用制图室，配多媒体、绘图桌椅。

(2) 基本几何体的模型、测量工具。

(3) 学生准备绘图仪器。

二、活动安排及教学步骤

【活动安排】

(1) 以一基本几何体模型为例，边测绘，边讲授并示范演示测绘基本几何体三视图的步骤，并演示内、外卡钳的使用方法。

(2) 引导学生根据已画成的三视图分析基本几何体的投影规律。

(3) 学生分组测绘基本几何体模型，并正确绘制三视图。

【知识链接】

基本几何体分为平面基本几何体与基本回转体。

(一) 平面基本几何体的投影特性

1. 基本概念

平面体　表面由平面构成的形体。

棱线　平面上相邻表面的交线。

画平面体视图的实质　画出所有棱线（或表面）的投影，并根据它们的可见与否，分别采用粗实线或虚线表示。

2. 棱柱、棱锥的实物投影图

棱柱有直棱柱和斜棱柱。顶面和底面为正多边形的直棱柱，称为正棱柱。

测绘正六棱柱的高与边长，见图 2-21a 所示位置放置正六棱柱，其两底面为水平面，H 面投影具有全等性；前后两面为正平面，其余四个侧面是铅垂面，它们的水平投影都积聚成直线，与六边形的边重合。

图 2-21b 所示为正棱锥实物与投影图，由学生自行分析。

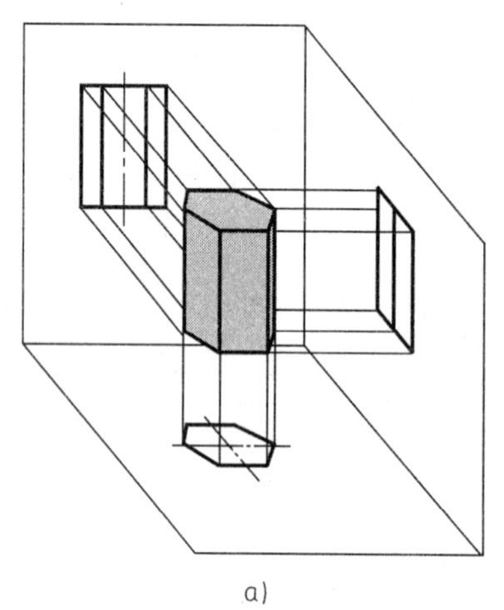

a)

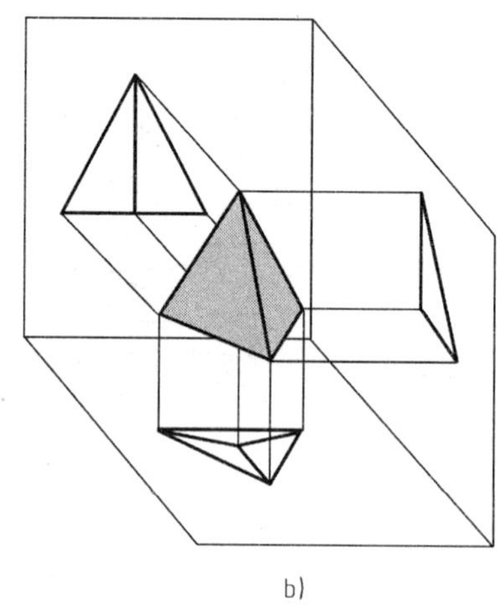

b)

图 2-21 正棱柱与正棱锥实物投影图

3. 棱柱、棱锥的三面视图画图步骤

绘图步骤：画正六棱柱的投影时，一般先画出对称中心线、对称线，再画出棱柱水平投影（如正六边形）；然后根据投影关系画出它的正面投影和侧面投影。应注意当棱线投影与对称线重合时应画粗线。(棱锥绘图步骤参考图 2-22)

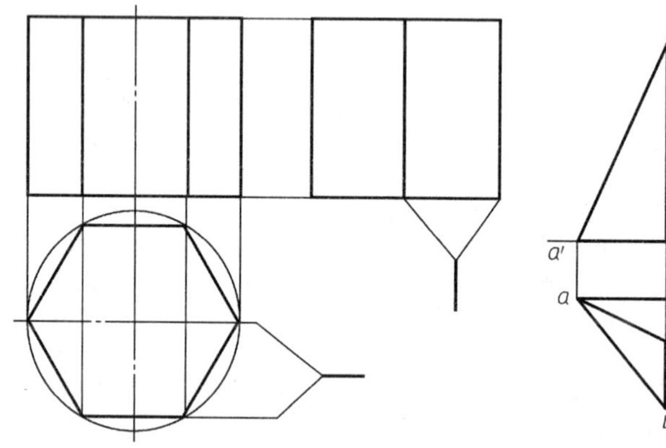

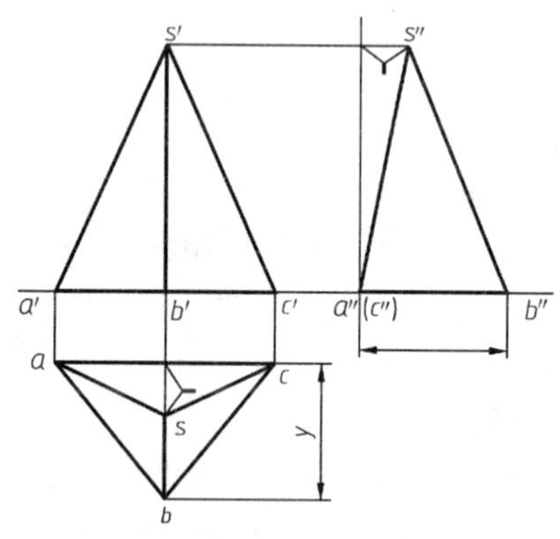

图 2-22 六棱柱、正棱锥绘图步骤

4. 棱柱、棱锥表面取点

在立体表面取点和在平面上取点的原理、方法相同。

由于正棱柱的各个表面都处于特殊位置，因此，在其表面上取点均可利用平面投影积聚性作图，并表明可见性。

点的可见性规定：若点所在的平面的投影可见，则点的投影也可见；若平面的投影积聚成直线，则点的投影也可见。已知 a'、b、(c') 投影点，求另两个投影面上点的投影，如图 2-23 所示。

由正六棱柱的投影特性分析知：a'可见，且在正六棱柱正面投影的左边线框内，则 A 点是在该棱柱的左前侧平面上，该平面在俯视图上积聚成一条线，即正六边形左前边长，根据“长对正”可马上求出该点在俯视图上的投影 a，量取 a 到正六边形水平中心线的距离 y_2，根据“高平齐”由 a' 向左视图作辅助线，并由“宽相等”求出 a''。

b 可见，则 B 点在正六棱柱水平面投影俯视图的正六边形内，即在该棱柱的上平面，此平面在主视图上积聚成最上面的一条直线，根据“长对正”可马上求出 b'，再由“高平齐”“宽相等”求出 b''。

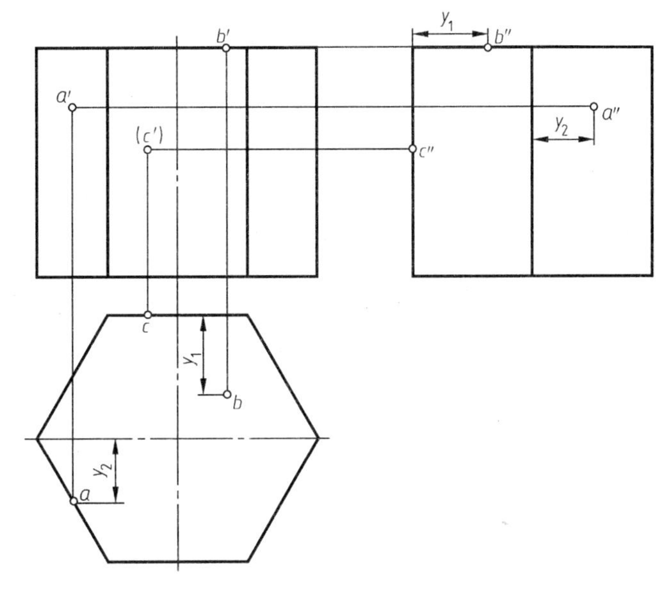

图 2-23　在六棱柱表面取点

(c') 不可见，则 C 点在正六棱柱后面的平面上，此平面在俯视图上积聚成一条线，即正六边形靠近主视图的那条水平线上，根据“长对正”可马上求出 c，同样由“高平齐”“宽相等”求出 c''。

棱锥表面取点：在图 2-24中，已知 1′和 2 的点投影，试求出这两点在其他面上的投影。辅助线法：已知 1′点的投影，可连接 s'和 1′点并延长交于棱线于 e'点，根据“长对正”可找出 e 点，连接 s、e 点，则 1 点即在 se 连线上。侧面投影根据“宽相等”“高平齐”即可求出。2 点自己分析求出。

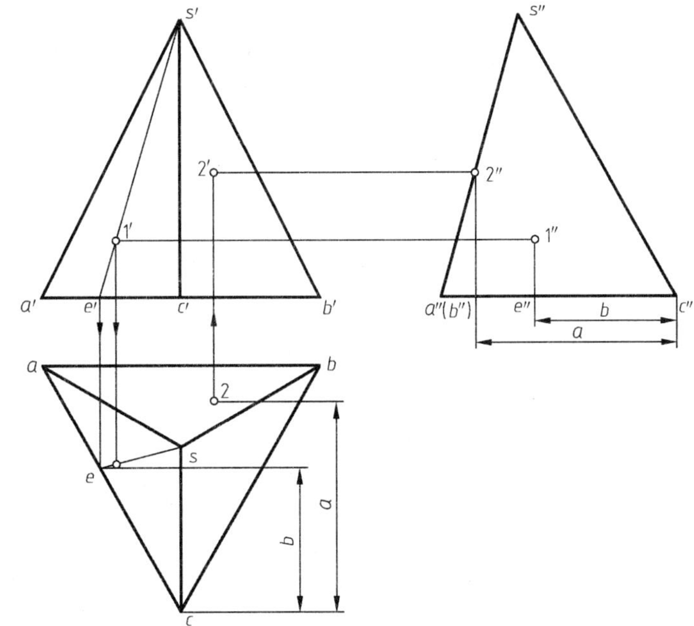

图 2-24　在棱锥表面取点

（二）基本回转体的投影特性

1. 基本概念

回转体是由回转面与平面或回转面所围成，典型的回转体有圆柱、圆锥、球、圆环，也称之为基本回转体。

图示回转体实质就是图示围成回转体的平面与回转面。在回转体表面上取点、线与在平面上取点、线的作图原理相同。欲取回转面上的点，必先过此点取该曲面上简单易画的圆或直线。欲取回转面上的线（直线、曲线），必先取该曲面上能确定此线的二个或二个以上的已知点，然后将其相连并判别可见性即可。

2. 圆柱、圆锥、球的实物投影图

利用钢直尺、游标卡尺结合内、外卡钳、高度尺测绘圆柱、圆锥的高与直径，测绘球的直径，如图 2-25 所示位置放置各回转体。

对于圆柱（见图 2-25a），圆柱体的轴线垂直于 *H* 面，俯视图为圆；主视图为矩形，矩形的上下两边为圆柱体的上下两底面的投影，左右两边为圆柱面最左最右的两条素线的投影，这两条素线将柱面分为前半个柱面和后半个柱面，前半个柱面可见，后半个柱面不可见，我们把这两条素线叫作柱面对 *V* 面的转向轮廓线；同理，左视图也为矩形，但其左右两条边的含义和主视图不同，这两条线表示柱面上最前最后两条素线的投影，即柱面对 *W* 面的转向轮廓线。

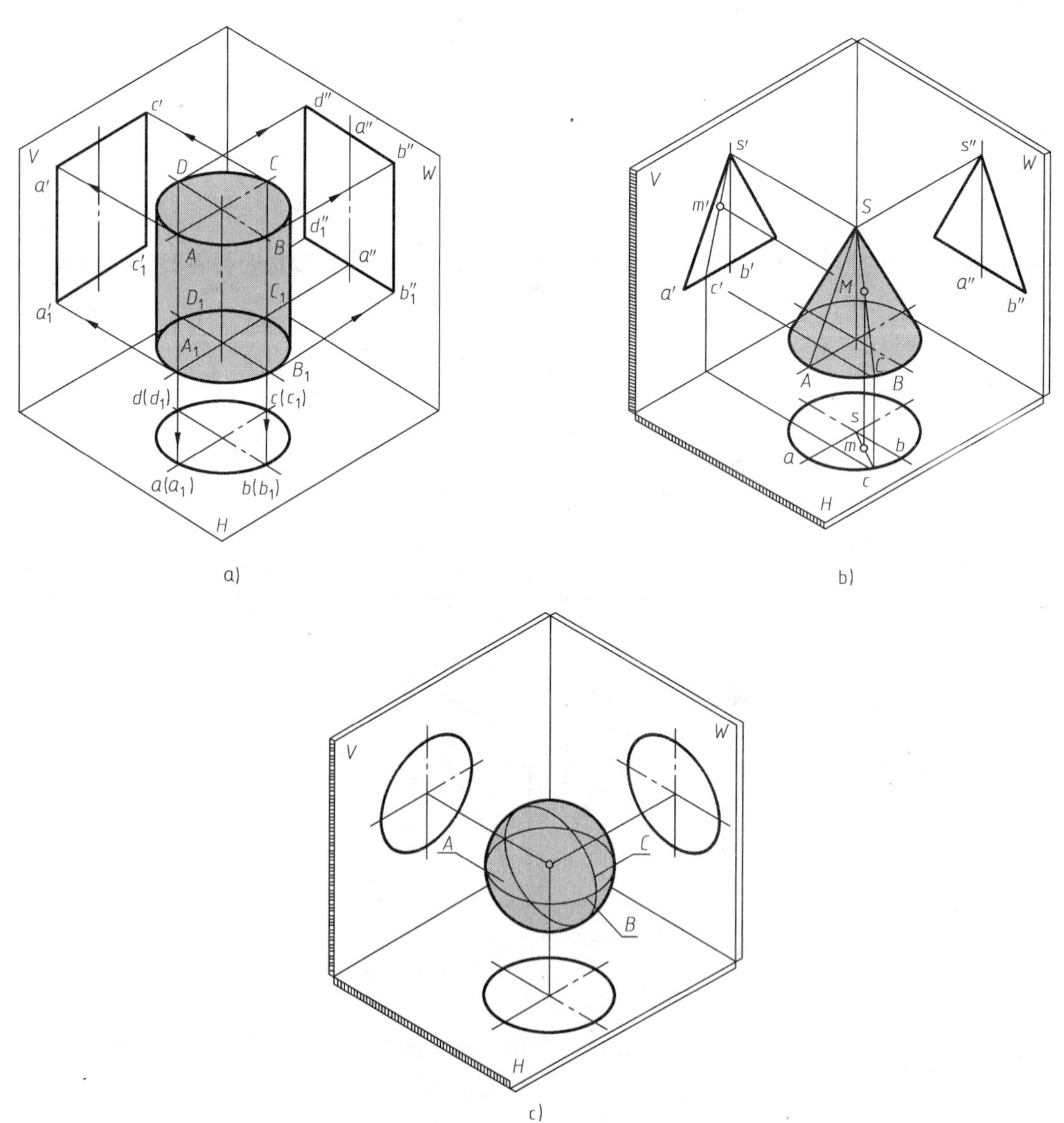

图 2-25 圆柱、圆锥、球的实物投影图

对于圆锥（见图 2-25b），圆锥体的轴线垂直于 H 面，俯视图为圆，锥尖的投影为圆心，这个圆表示圆锥体底面的投影，圆锥体表面上的点均在该圆内。主视图和左视图为等腰三角形，主视图的两腰为锥面对 V 面的转向轮廓线的投影，左视图的两腰，为锥面对 W 面的转向轮廓线的投影。

对于球（见图 2-25c），球体的三个视图均为圆，但这三个圆代表球体上三个不同方向的纬圆，这三个纬圆分别平行于三个投影面。

3. 圆柱、圆锥、球的三面视图画图步骤

画回转体的投影，不仅要画出构成回转体的平面和回转面的投影，还要画出回转体轴线的投影。

（1）画圆柱三面视图步骤（见图 2-26）

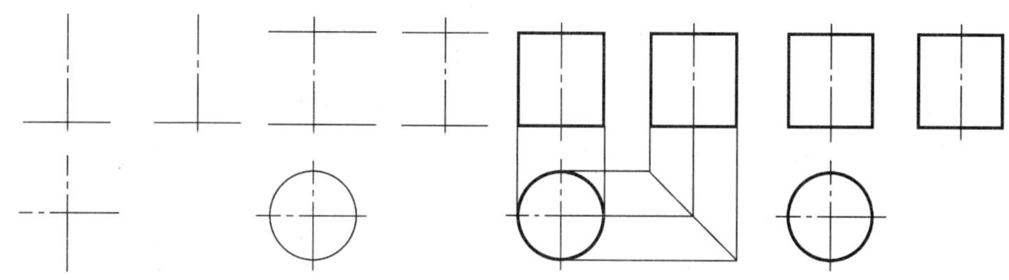

图 2-26　圆柱的绘图步骤

1）画出圆柱轴线的三面投影。

2）画出圆柱上表面和下表面的投影。圆柱上表面和下表面是水平面，故其水平投影反映实形，正面投影和侧面投影分别积聚为直线。

3）画出圆柱面的三面投影。圆柱面的水平面投影积聚为圆；正面投影和侧面投影应分别画出其转向轮廓线的投影与上下端面的积聚性投影构成矩形线框。

（2）画圆锥三面视图步骤（见图 2-27）

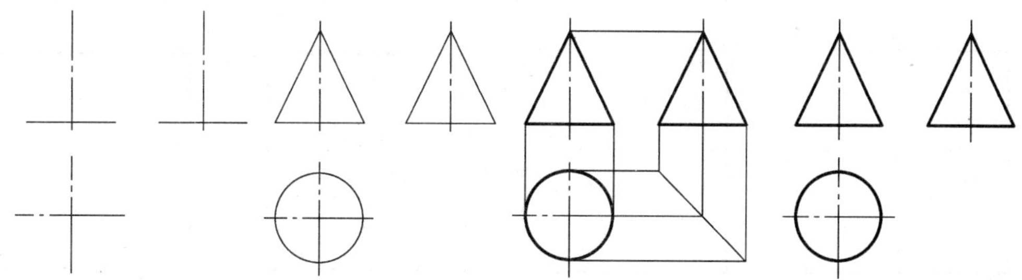

图 2-27　圆锥的绘图步骤

1）画出圆锥轴线的三面投影。

2）画出底面的三面投影。底面是水平面，其在 H 面上的投影是圆，在 V 面和 W 面的投影分别积聚为直线。

3）圆锥面的 H 投影是圆面，其在 V 面和 W 面上的投影都是三角形。

在水平投影上，圆锥面可见，在 V 投影上前半圆锥面可见，后半圆锥不可见；在 W 面投影上，圆锥左半部分可见，右半部分不可见。

（3）画球三面视图步骤（见图 2-28，也可由学生说出步骤）

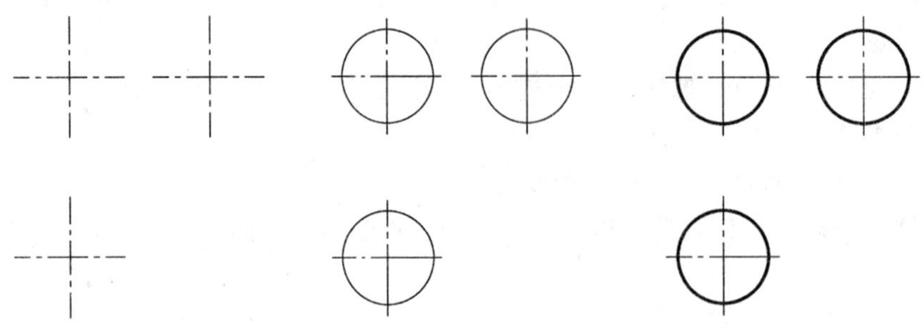

图 2-28　球的绘图步骤

4. 回转体表面上的点、线的投影特性

求回转体表面上点和线的投影，首先要确定点和线在回转体的哪个面上，然后再根据投影关系确定其位置，最后判断可见性并予以正确标注。

例 2-3　点 E、F 是圆柱表面上的点，已知它们在 V 面的投影为 e'、(f')，如图 2-29 所示，求点 E、F 在其他两投影面上的投影。

分析：用 a、a'和 a''分别表示空间点 A 在 H、V 和 W 面上的可见投影，用（a）、（a'）和（a''）分别表示空间点 A 在 H、V 和 W 面上的不可见投影。所以，从投影的标记形式，可以判断该投影所属的投影面和可见性。

（1）从 E 点的 V 面投影 e'可以判断 E 在圆柱的圆柱前表面上，圆柱表面的 H 面积聚成一个圆。故依据长对正求出水平投影 e；依据宽相等，以圆柱轴线投影为基准，确定 e 点的 W 面投影 e''。（E 在轴线前方 y_1）。

（2）F 点在圆柱后表面上，因圆柱面的 H 面投影为圆线，故 F 点的 H 面投影在圆周上。因（f'）不可见，故其 H 面投影应在后半圆柱上 f 点确定。同样，依据宽相等求出 f''。

例 2-4　EH 是圆柱表面上的一条曲线，已知它的 V 面投影 $e'h'$，如图 2-30 所示，求 EH

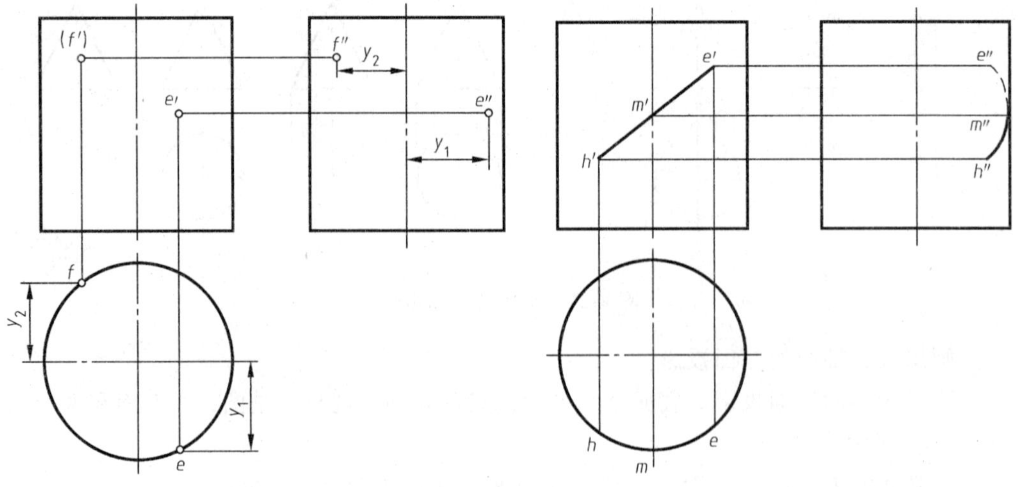

图 2-29　圆柱表面取点　　图 2-30　圆柱表面取线

在其他两投影面上的投影。

分析：求曲线的投影可先求曲线上一系列点的投影，然后光滑连接。

（1）从点 E、H、M（曲线的最前点）的 V 面投影 e'、m'、h'可以判断 E 在圆柱的圆柱前表面上，圆柱表面的 H 面积聚成一个圆。故依据长对正可作出水平投影（e）、（m）、（h）；依据宽相等，以圆柱轴线投影为基准，可确定 W 面上的投影（e''）、m''、h''。

（2）将（e）、（m）、（h）和（e''）、m''、h''用光滑的曲线连接起来即为所求。

例 2-5　已知圆锥表面上点 A、B 在 V 面上的投影（a'）和 b'，求 A、B 在其他两投影面上的投影（见图 2-31）。

分析：曲线是由点组成的，反过来，点又是某一线上的点，所以，可以利用线的投影规律来求点的投影。

依已知条件，A 在圆锥面的后表面上；B 在圆锥面的前表面上，圆锥面的水平投影是圆，圆锥面侧面投影是三角形。在圆锥面上作一条辅助线，使辅助线过 A、B 点，辅助线应选择简单易画的。

（1）采用素线法求的投影：因圆锥表面上素线是一条直线——最简单、易画，故选择过 B 点的一条素线 $s'b'$交底圆 c'，然后求出 SC 的水平投影 sc。根据从属性不变的原则，B 点的 H 面投影在 sc 上。依据宽相等，以圆锥轴线投影为基准，确定 B 点的 W 面投影 b''。

（2）采用辅助平面求 A 的投影：在圆锥表面上还可以选择圆作为辅助线。过 a'作平面 S 切圆锥，其切线的水平投影为一个圆。点 A 在圆上。根据长对正，可以确定 A 的水平投影 a，继而求出侧面投影 a''。

例 2-6　已知球面上点 A 在 V 面上的投影 a'，求点 A 在另外两投影面上的投影（见图 2-32）。

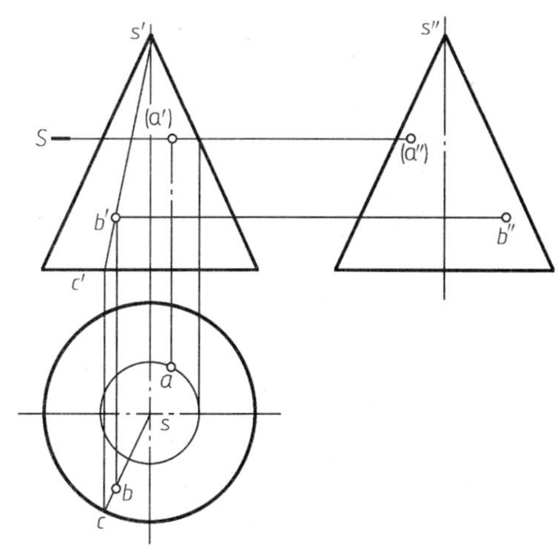

图 2-31　圆锥表面取点

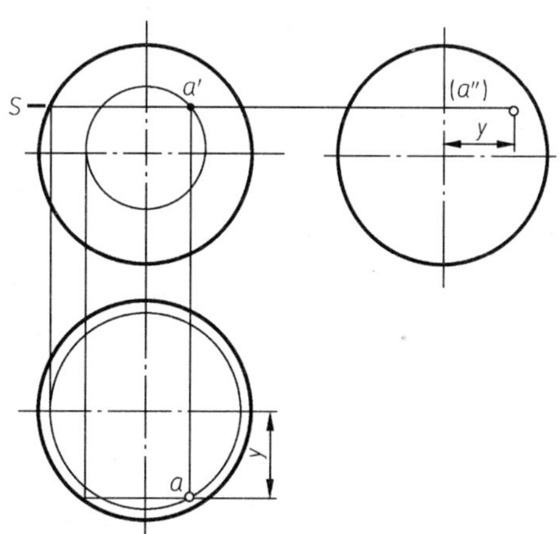

图 2-32　球表面取点

分析：利用辅助平面求 A 点的其他两面投影，因点 A 在右半球上，故 W 面投影不可见。

方法（1）　过点 A 作一平行于 V 面的圆，则该圆的水平投影集聚成一平行于 X 轴的直线，根据长对正可求出 a；同样，辅助圆在 W 面上的投影也是直线，根据高平齐和可见性可求出（a''）。

方法（2）　过点 A 作一平行于水平面的辅助平面 S 与球体相截，则截面在 H 面上的投影是圆，在 W 面上的投影是直线。在根据长对正、宽相等及可见性求出 a 和（a''）。

（三）内、外卡钳、高度游标卡尺的正确使用方法（见图 2-33）

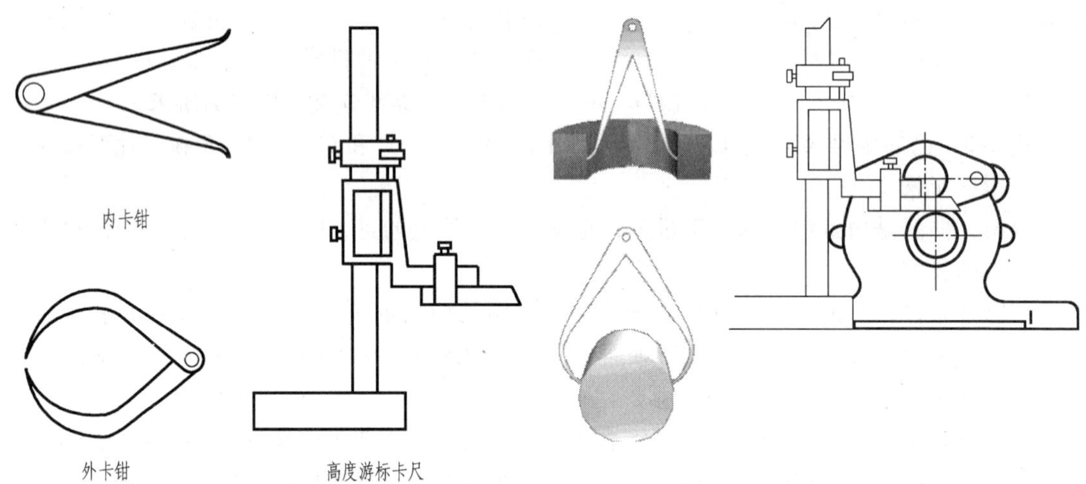

图 2-33　内、外卡钳、高度游标卡尺的正确使用方法

利用课件补充内、外卡钳测绘直径与内径的特殊使用方法。

（四）基本几何体的尺寸标注

常见基本形体形状和大小的尺寸标注方法及应标注的尺寸数如图 2-34 所示。即平面体

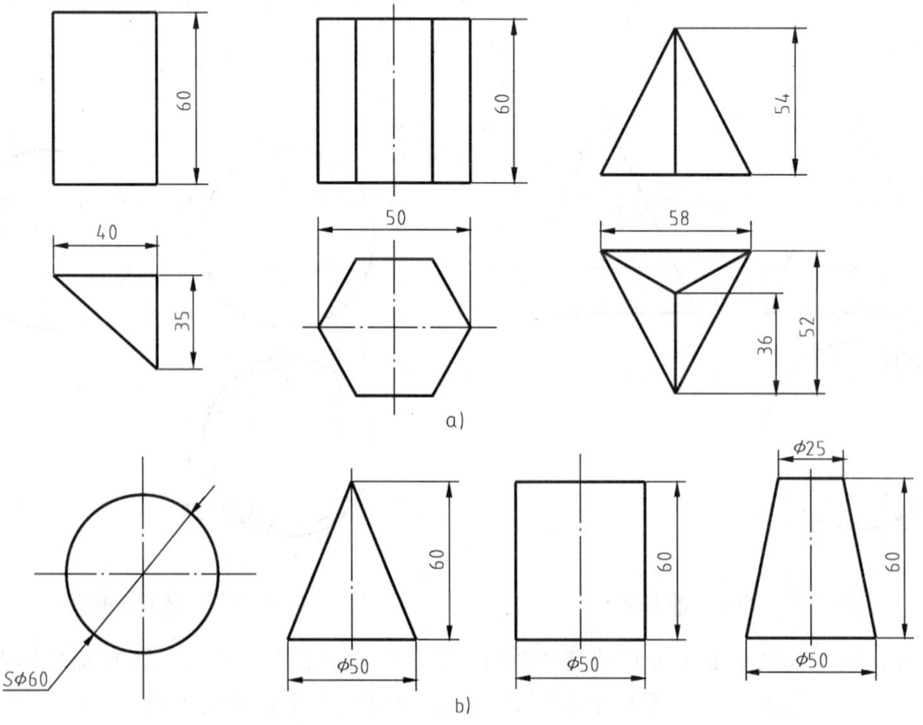

图 2-34　基本形体的尺寸注法

a）平面体的尺寸标注　b）回转体的尺寸标注

一般要标注出它的长、宽、高三个方向的尺寸，而回转体通常只要注出径向尺寸和轴向尺寸。圆柱和圆锥应标注出底圆直径和高度尺寸，圆锥台还应标注出顶圆直径。在标注直径尺寸时应在数字前加注“ϕ”且一般标注在非圆视图上，用这种标注形式只要用一个视图就能确定其形状和大小，其他视图就可省略不画。圆球只用一个视图加注尺寸即可，在直径数字前应加注“$S\phi$”。

【小试身手】

分组对基本几何模型进行测绘，绘出三视图，并对模型表面进行取点、取线练习。

【评价】

评价学生测绘时是否方法与步骤准确、动作熟练；作品是否视图正确，图纸幅面整洁、清晰。

2.1.3 测绘被截切或相贯的基本几何体

一、教学场地的准备

（1）专用制图室，配多媒体、绘图桌椅。

（2）被截切或相贯的基本几何体模型、测量工具。

（3）学生准备绘图仪器。

二、活动安排及教学步骤

【活动安排】

（1）结合被切割的基本几何体模型，讲授基本几何体的截交线。

（2）结合两相贯的圆柱体模型讲授相贯线的画法。

（3）学生分组根据已知两视图，动手用橡皮泥做出基本几何体的立体模型，并补出第三面视图。

【知识链接】

（一）平面基本几何体的截交

平面体截交线的性质：平面立体的截交线一定是一个封闭的平面多边形，多边形的各顶点是截平面与被截棱线的交点，即立体被截断几条棱，那么截交线就是几边形。截交线是截平面与立体表面的共有线。

求平面体截交线的实质：求截平面与立体上被截各棱的交点或截平面与立体表面的交线，然后依次连接而得。

求截交线的步骤如下。

1. 空间及投影分析

分析截平面与体的相对位置——确定截交线的形状。

分析截平面与投影面的相对位置——确定截交线的投影特性。

2. 画出截交线的投影

求出截平面与被截棱线的交点，并判断可见性。

依次连接各顶点成多边形，注意可见性。

3. 完善轮廓

例 2-7 测绘如图 2-35 所示的模型，求正五棱柱被截切后的俯视图和左视图。

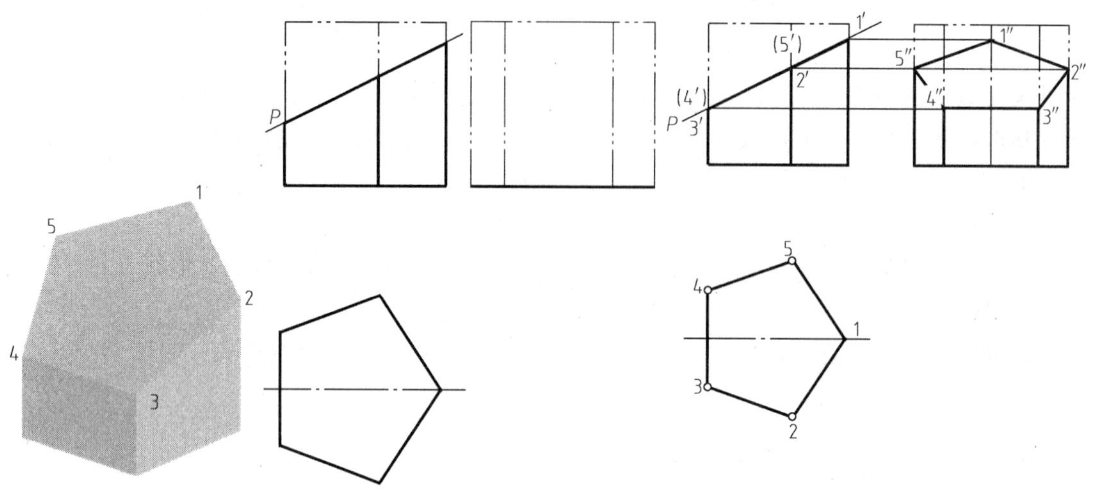

图 2-35 求被截切的正五棱柱的三视图

由正棱柱的投影特性可以分析出 P 平面是正垂面，截切正五棱柱后，截平面即为由 1，2，3，4，5 五个点所组成的正垂面，且五点均被截各棱的交点。正五棱柱被截切后的俯视图与截切前重合，根据正棱柱的投影特性与三等规律，完成左视图。

（二）回转体的截交

回转体截交线的性质：截交线是截平面与回转体表面的共有线。截交线的形状取决于回转体表面的形状及截平面与回转体轴线的相对位置。截交线都是封闭的平面图形（封闭曲线或由直线和曲线围成）。

回转体截交线的实质：求截平面与曲面上被截各素线的交点，然后依次光滑连接。

求截交线的步骤如下。

1. 空间及投影分析

分析回转体的形状以及截平面与回转体轴线的相对位置——确定截交线的形状。

分析截平面与投影面的相对位置，如积聚性、类似性等。找出截交线的已知投影，预见未知投影——确定截交线的投影特性。

2. 画出截交线的投影

截交线的投影为非圆曲线时，作图步骤为：先找特殊点（外形素线上的点和极限位置点），再补充一般点，然后光滑连接各点，并判断截交线的可见性。

3. 完善轮廓

例 2-8 测绘如图 2-36 所示的模型，求被正垂面截断后圆柱的左视图。

截切面为正垂面，与圆柱的轴线倾斜，截交线为椭圆，模型立体图上的 1、2、3、4 为特殊位置上点。由圆柱的投影特性与三等规律，找出左视图上对应的点的位置，再补充几个一般位置的点，然后光滑连接各点，并判断截交线的可见性。

回转体截交线的形状取决于回转体表面的形状及截平面与回转体轴线的相对位置。

截平面与圆柱轴线的相对位置不同，截交线有三种不同的形状（见图 2-37）。

根据截平面与圆锥轴线的相对位置不同，截交线有五种形状（见图 2-38）。

用任何位置的截平面截割圆球，截交线的形状都是圆。

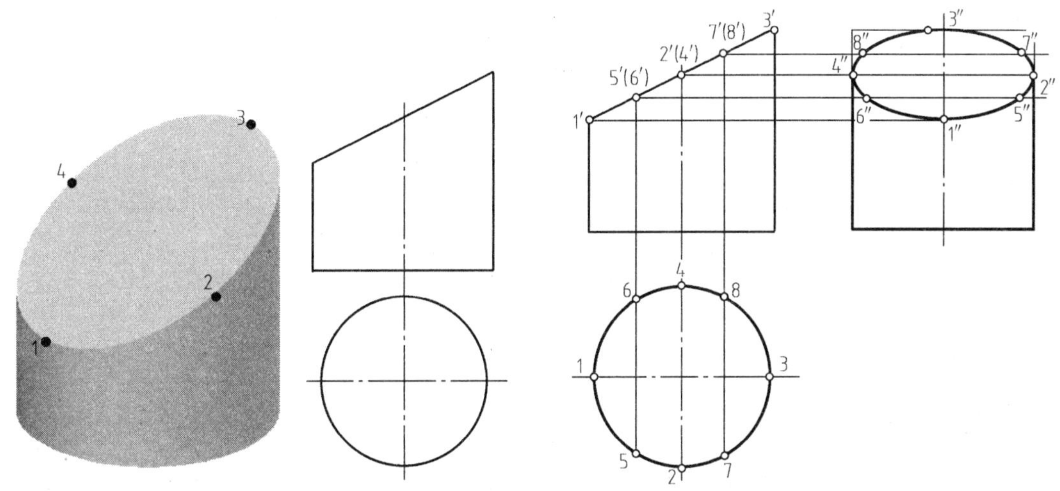

图 2-36　补画被截切的圆柱的三视图

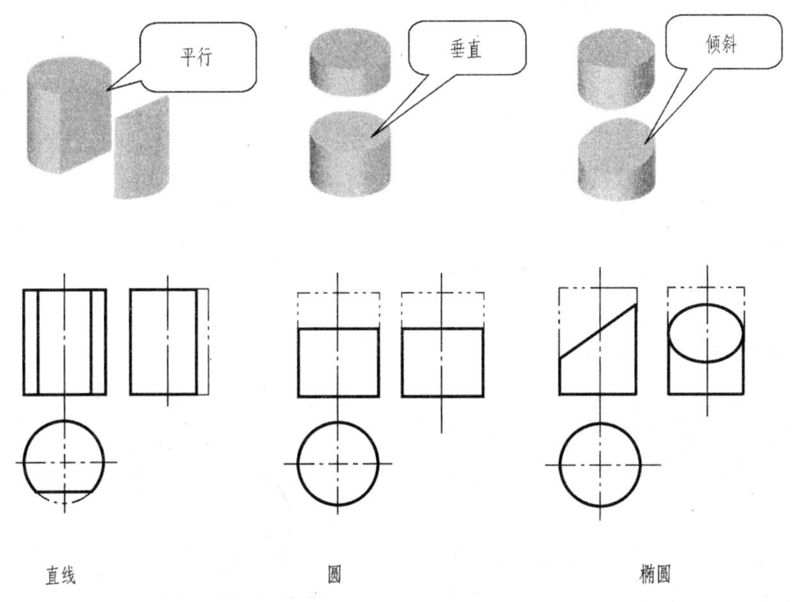

图 2-37　圆柱的三种截交线形状

当截平面平行于某一投影面时，截交线在该投影面上的投影为圆的实形，其他两面投影积聚为直线（图略）。

（三）基本几何体的相贯线

任意相交的两个立体称为相贯体，其表面的交线称为相贯线，常见的机体上的相贯线，大多是回转体相交而成。两曲面立体的相贯线，一般为封闭的空间曲线。重点介绍一种求其相贯线的简单方法。

例 2-9　已知两圆柱正交相贯（轴线垂直相交），求作其近似相贯线。

近似作图方法：①利用两圆柱中大圆柱的半径作为半径，以两圆柱矩形轮廓的交点为圆心，在小圆柱的轴线上画弧找一点作为圆心，方向为背朝大圆轴线。②过两圆柱矩形轮廓的

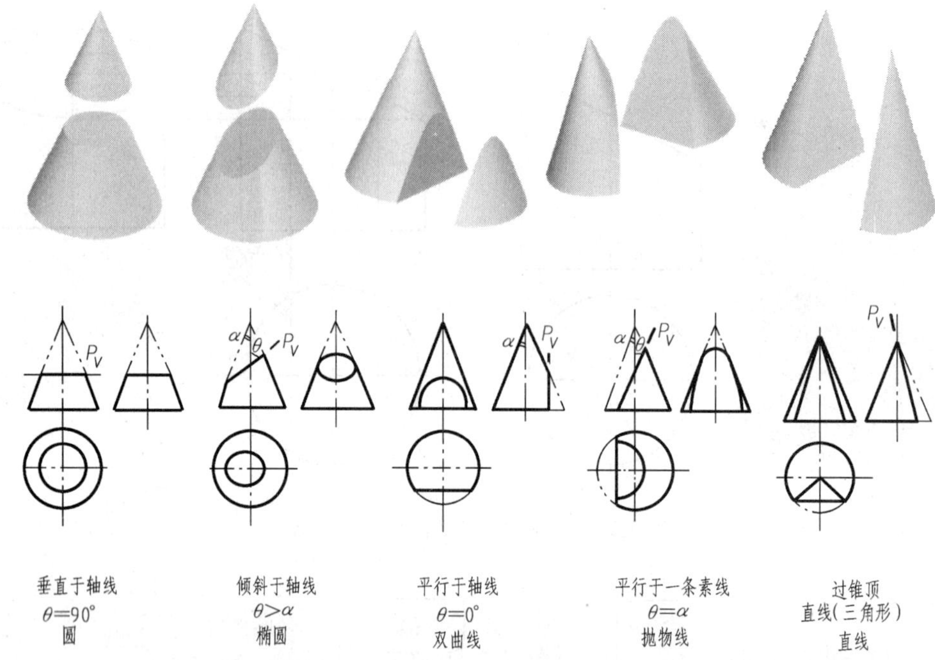

图 2-38　圆锥的五种截交线形状

交点绘制一段圆弧，用这段圆弧近似替代相贯线的投影如图 2-39 所示。

例 2-10　已知大小相等的两圆柱孔正交相贯，求作其相贯线。

定理：两圆柱孔直径相等时，其相贯线的投影是直线。

作图方法：将两孔矩形线框的交点对应联接起来，即可得相贯线的投影，如图 2-40a 所示。

轴表面正交相贯的作图方法与例 2-8 类似，图 2-40b 给出了圆筒表面正交相贯的立体图和相贯线在三个视图上的投影。

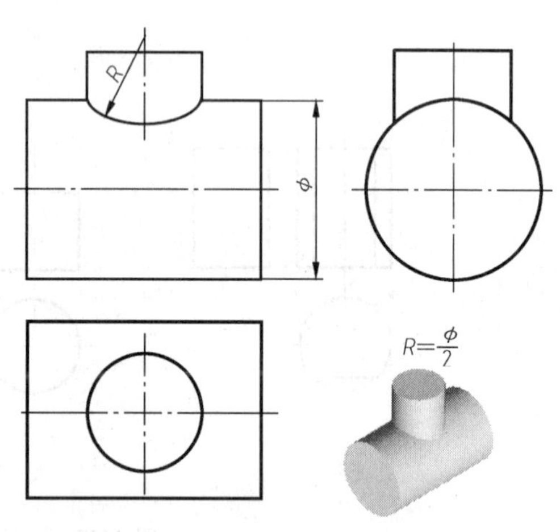

图 2-39　两圆柱正交相贯

（四）具有斜截面或缺口的几何体的尺寸标注

图 2-41 所示为几个具有斜截面或缺口的几何形体的尺寸注法。在标注截断体的尺寸时，除应标注出基本形体的定形尺寸外，还应标注出确定截平面位置的定位尺寸。

【小试身手】

分组根据已知两视图，动手用橡皮泥做出基本几何体的立体模型，并补出第三面视图，对学生作品进行评价。

【评价】

评价学生所做出立体模型、补画的三视图是否正确，同时评价学生读图能力的强弱。

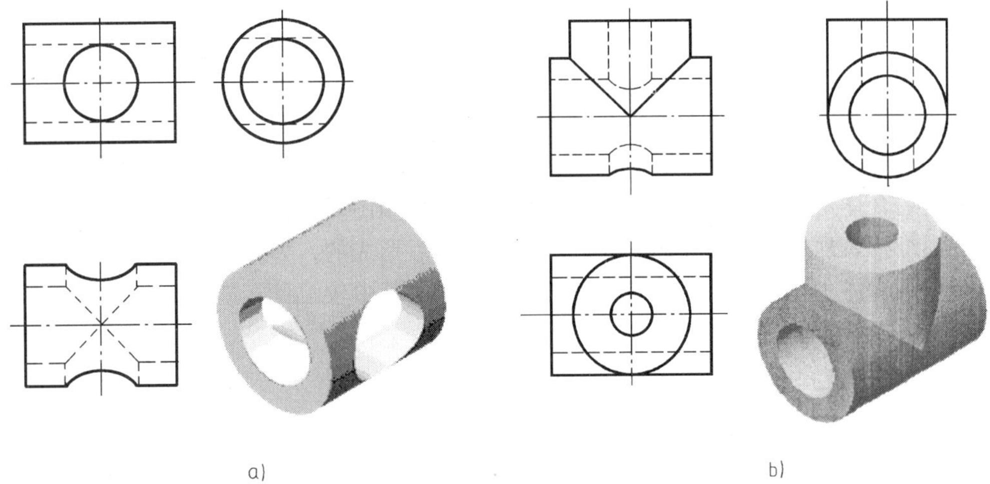

图 2-40 两圆柱孔正交相贯

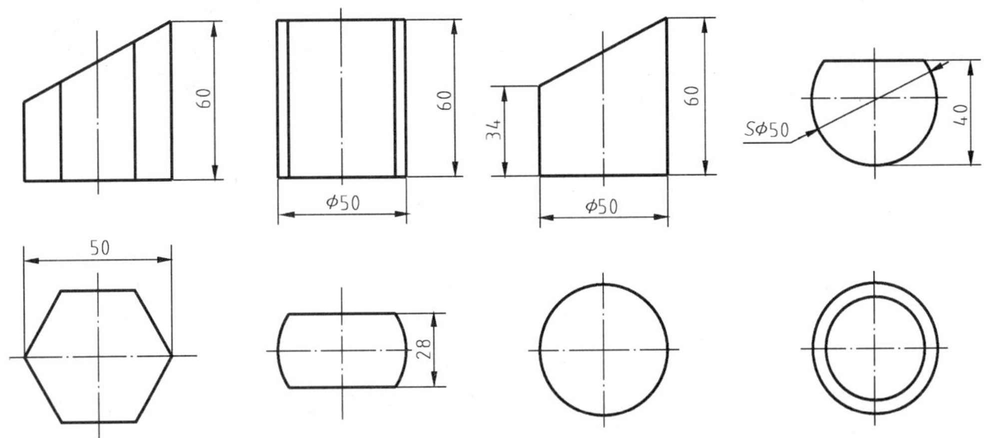

图 2-41 具有斜截面或缺口的几何体的尺寸标注

2.2 绘制组合几何体的三视图

2.2.1 掌握组合体基本知识与分析方法

一、教学场地的准备

(1) 专用制图室，配多媒体。

(2) 教师准备组合几何体模型、机械图样及挂图。

二、活动安排及教学步骤

【活动安排】

(1) 以组合几何体模型为例，让学生比较其特点并分析相邻表面是如何过渡的，应怎样画。

（2）讲授形体分析法和线面分析法，引导学生对组合体进行分析。

【知识链接】

（一）组合体的概念与分类

在机械制图中通常把由几个基本几何体组合而成的物体，称为组合体。组合体的形成方式通常有叠加式、切割式和综合式。

叠加型组合体是由若干个简单的基本体叠加而成，如图 2-42a 所示。

切割型组合体是将一个完整的基本体切割或穿孔后形成的，如图 2-42b 所示。

综合型组合体实际上是切割型组合体的叠加，在实际中较常见，如图 2-42c 所示。

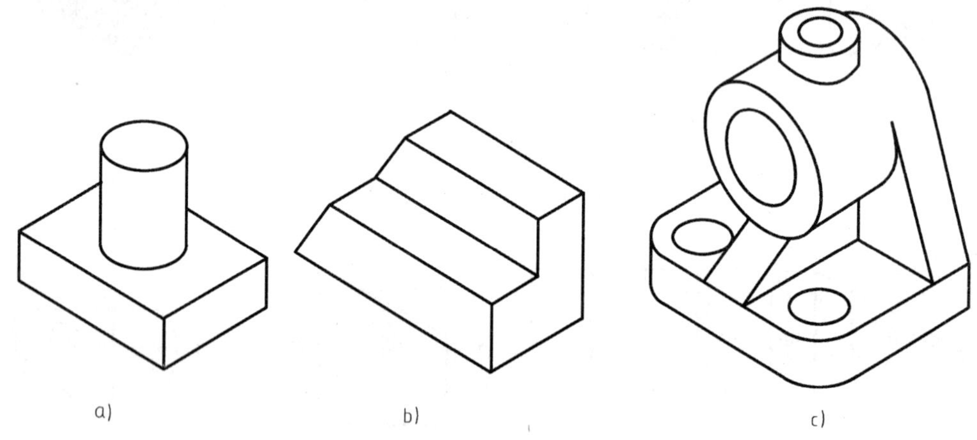

图 2-42 组合体的形成方式

（二）组合体相邻表面的连接画法

组合体上相邻表面的连接关系可分为：两表面平齐或不平齐、两表面相交、两表面相切三种。

（1）两表面平齐或不平齐　当两个基本体的表面平齐，连成一个面时，结合处不应该画线，如图 2-43a 所示。

当两个基本体的表面不平齐，结合处应画线，如图 2-43b 所示。

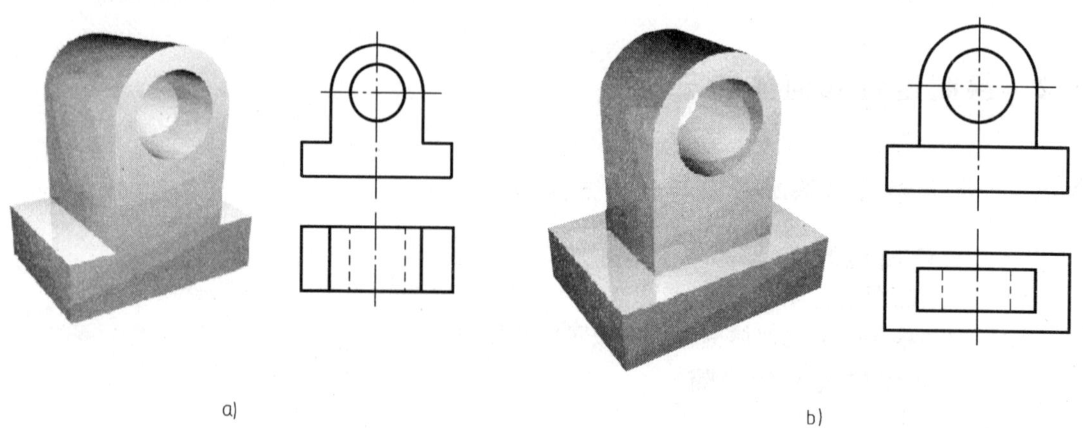

图 2-43 两表面平齐或不平齐的画法

a）平齐　b）不平齐

(2) 两表面相交 两基本体表面相交会产生交线，作图时应画出交线的投影，如图 2-44 所示。

(3) 两表面相切 相切是指两基本体表面光滑过渡，在相切处不存在轮廓线，作图时在相切处不应画线，如图2-45 所示。

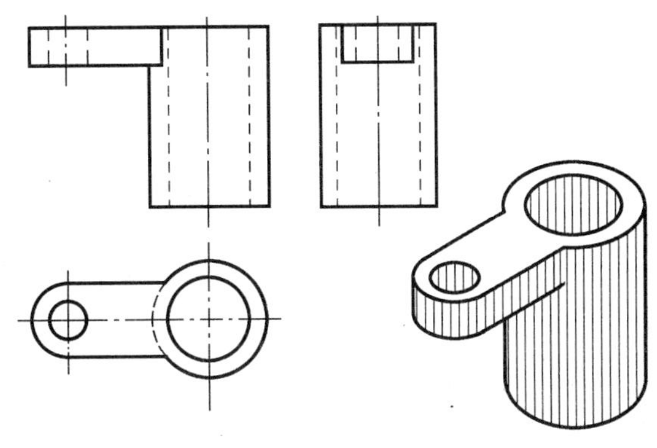

图 2-44 两表面相交的画法

(三) 形体分析法与线面分析法

1. 形体分析法

大多数机器零件都可以看作是一些基本形体经过叠加、切割、穿孔等方式组合而成的组合体。这些基本形体可以是一个完整的基本几何体（如棱柱、棱锥、圆柱、圆锥等)，也可以是一个不完整的基本几何体或是它们的简单组合。形体分析法就是把物体分解成一些简单的基本形体以及确定它们之间组合形式的一种思维方法。

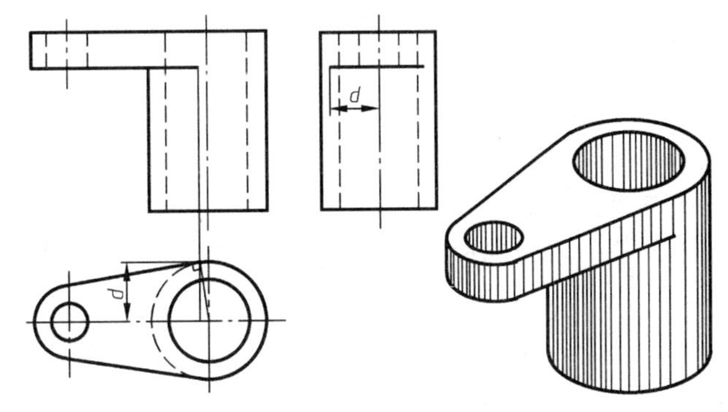

图 2-45 两表面相切的画法

2. 线面分析法

线面分析法主要用来分析组合体各表面及棱线、外形素线等与投影面的相对位置，以明确其投影特征；分析表面之间的连接关系及表面交线的形成和画法，以便于画图和读图的方法。可运用投影特征，分析线、线框含义；运用投影特征，分析线、线框空间位置。

这两种方法在我们绘图与读图时都会用到（在后面将重点介绍)。

用形体分析法可把轴承座分解成四部分，如图 2-46 所示。

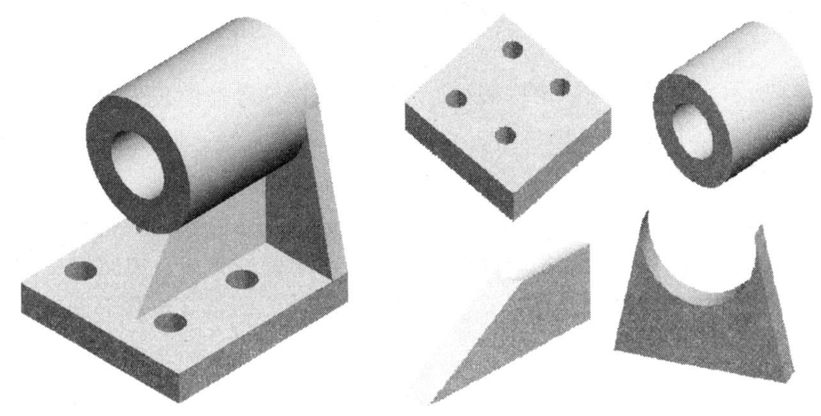

图 2-46 对轴承座形体分析

用线面分析法可知如图 2-47 所示。压块 A 面为正垂面，而 B 面为铅垂面。

【小试身手】

(1) 分组发放模型，让学生进行分类，引导学生分析相邻表面的连接关系。

(2) 引导学生对手中模型进行形体分析与线面分析。

【评价】

评价学生分析是否正确，活动参与是否积极。

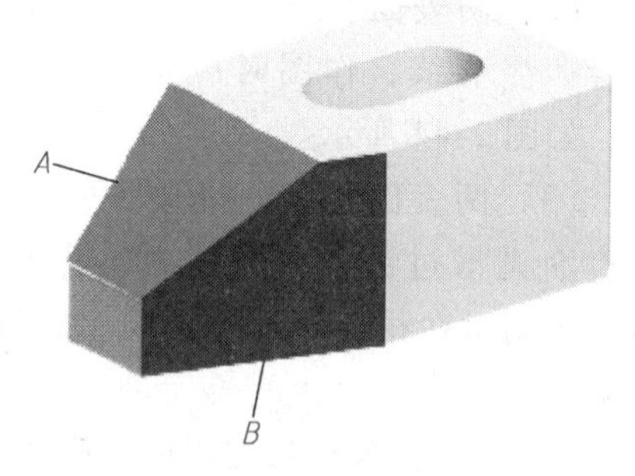

图 2-47 对压块进行线面分析

2.2.2 测绘组合几何体

一、教学场地的准备

(1) 专用制图室，配多媒体、绘图桌椅。

(2) 组合几何体的模型、测量工具。

(3) 学生准备绘图仪器。

二、活动安排及教学步骤

【活动安排】

(1) 以一组合几何体模型为例，边测绘，边讲授并示范演示绘制组合几何体三视图的步骤。

(2) 学生分组测绘组合几何体模型，并正确绘制三视图。

【知识链接】

(一) 测绘轴承座（见图 2-48）

首先对轴承座进行形体分析，明确组合形式，了解各基本体之间的表面连接关系。由图可将轴承座看成由底板、肋板和一个半圆头的立板经过切割再叠加组合而成。轴承座的下方是底板，底板与立板后面平齐叠加，肋板与底板、立板相交而产生交线。

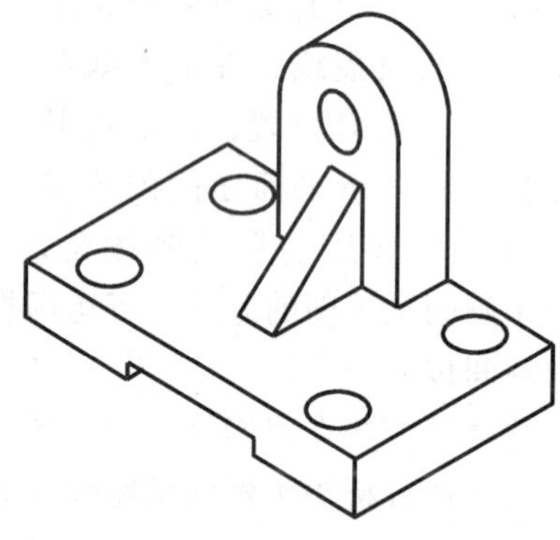

图 2-48 轴承座

1. 底板

如图 2-49a 所示，其外形是一个四棱柱，下部中间挖一穿通的长方槽，在四个角上挖四个圆柱孔，测绘时先测量底板的长、高、宽，板上的四孔直径，相对位置，长方槽的长与高。绘其三视图见图 2-49b。

2. 半圆头立板

如图 2-50a 所示，其下部是一个四棱柱，上部与半个圆柱叠加，中间挖一圆柱孔。测绘时测量圆柱孔的直径与立板的长和宽，立板的高度测量是先测量立板顶部到底板的下平面高度（即总高），再获取与底板的高度差。其三视图如图 2-50b 所示。

3. 肋板

如图 2-51a 所示，肋板为一个三棱柱，测量时可直接测量其长、宽、高三个尺寸，其三视图见图 2-51b。

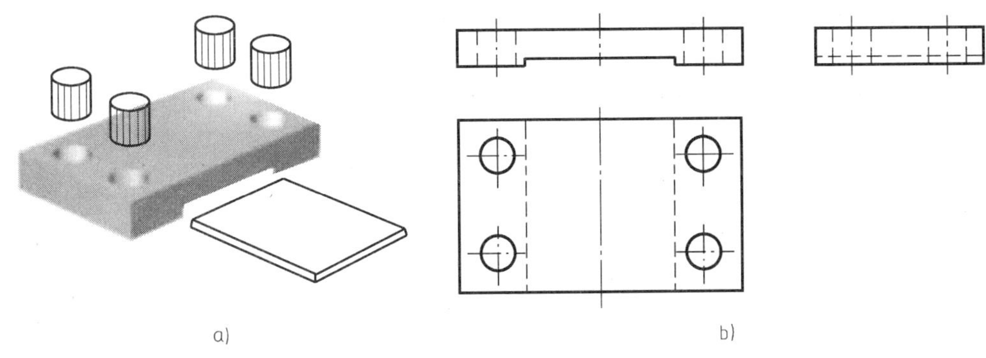

图 2-49　底板

a）底板的形体分析　b）底板的三视图

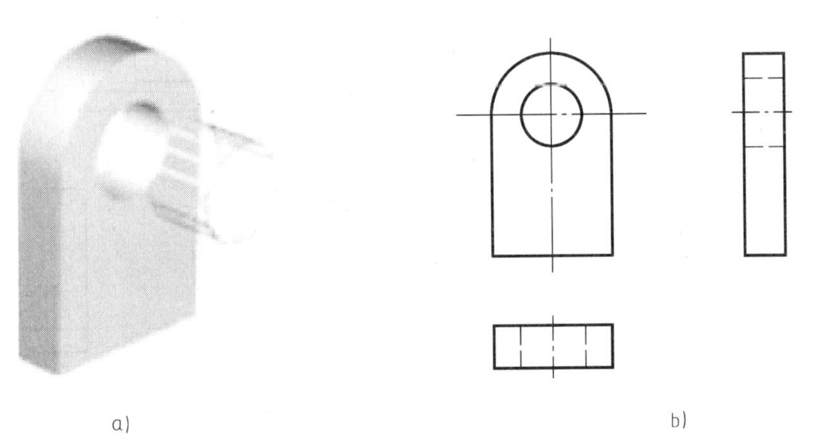

图 2-50　立板

a）立板的形体分析　b）立板的三视图

（二）选视图

在三视图中，主视图是最主要的视图，因此，首先要确定主视图。这需要解决两个问题：一是组合体的安放位置，通常选组合体的自然安放位置。二是组合体的投影方向，通常要求主视图能够较多地表达物体的结构特征和形状特征，即尽可能地把各组成部分的形状及相对位置关系在主视图上显示出来，并使物体的主要表面、轴线等平行或垂直投影面，还要使物体的其他两个视图的虚线越少越好。主视图确定后，俯视图和左视图也随之确定。

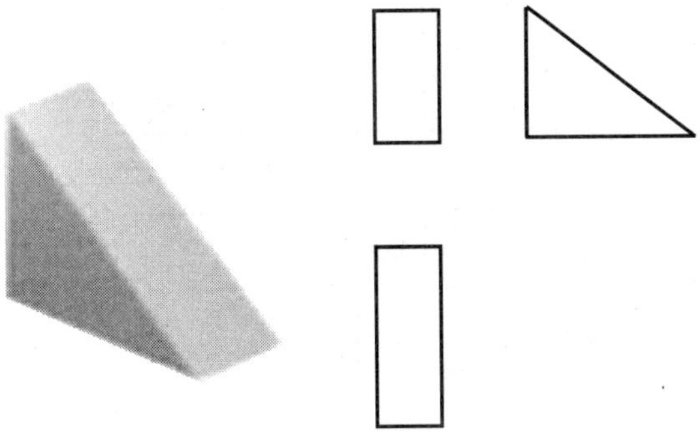

a)　b)

图 2-51　肋板

a）肋板的形体分析　b）肋板的三视图

（三）确定比例和图幅

视图确定后，便可根据组合体的大

小和复杂程度，按国家标准规定选择作图比例和图幅。

（四）布图、画底稿

布置视图的位置，确定各视图主要中心线或基准线的位置，如组合体的底面、端面、对称中心线等，注意将视图匀称地布置在幅面上。

轴承座的画图步骤如图 2-52 所示。

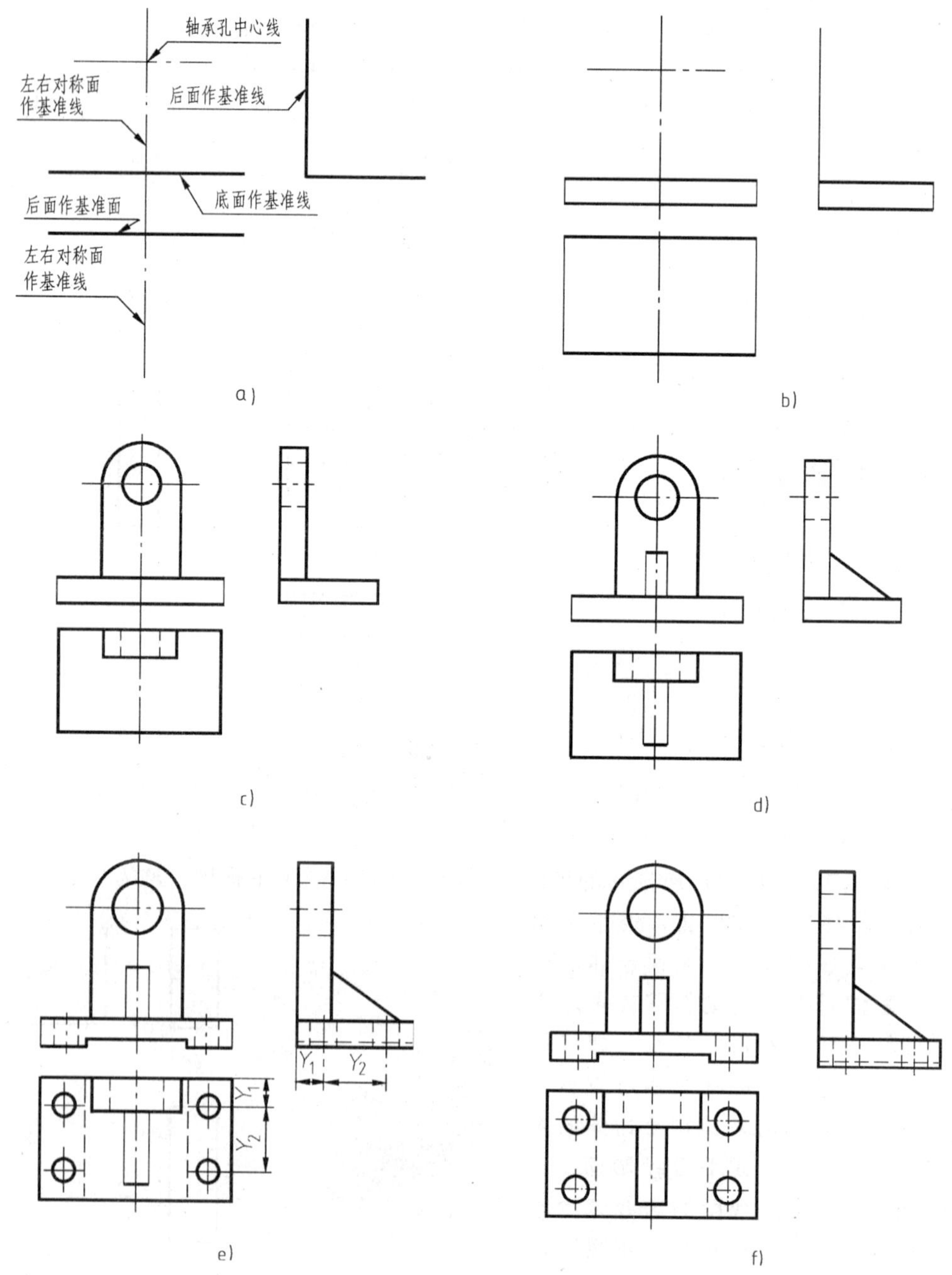

图 2-52 轴承座的画图步骤

a）布置视图，画作图基准线 b）画底板 c）画半圆端立板 d）画肋板

e）画底板上的凹槽及圆孔 f）校对、擦去作图线、加深

（五）叠加式组合体的绘图步骤及有关注意事项

（1）选定比例后画出各视图的对称线、回转体的轴线、圆的中心线及主要形体的端面线，并把它们作为基准线来布置图幅。

（2）运用形体分析法，从主要的形体着手，按各基本形体之间的相对位置，逐个画出各组成部分的视图。

（3）一般先画较大的，主要的组成部分（如轴承架的长方形底板），后画次要部分；先画主要轮廓，再画细节。

（4）画每一基本几何体时，先从反映实形或有特征的视图（椭圆、三角形、六角形）开始，再按投影关系画出其他视图。对于回转体，先画圆或圆弧，后画直线。

（5）画图过程中，应按“长对正、高平齐、宽相等”的投影规律，几个视图对应着画，以保持正确的投影关系。

（六）组合体尺寸标注

1. 组合体尺寸标注

在组合体视图上，应标注下列几类尺寸。

（1）定形尺寸　确定组合体各组成部分的形状大小的尺寸。

如图2-53所示，组合体由底板和后立板组成，底板的定形尺寸有35、18、5，立板的定形尺寸有6、ϕ8。

（2）定位尺寸　确定形成组合体的各基本形体间相互位置的尺寸。

标注组合体定位尺寸时，首先必须在长、宽、高三个方向分别选定尺寸基准。所谓尺寸基准，就是标注尺寸时所确定起点。通常选择组合体（或基本形体）的对称面、回转体轴线和较大的底面、端面作为尺寸基准。图2-53所示的支架，长度方向的尺寸基准为左右对称面，宽度方向尺寸基准为后端面，高度方向尺寸基准为底面。

如图2-53所示，尺寸27、14是确定底板上直径为ϕ5的两圆孔中心位置的定位尺寸；26是确定后立板ϕ8圆孔的轴线到底板底面距离的定位尺寸。

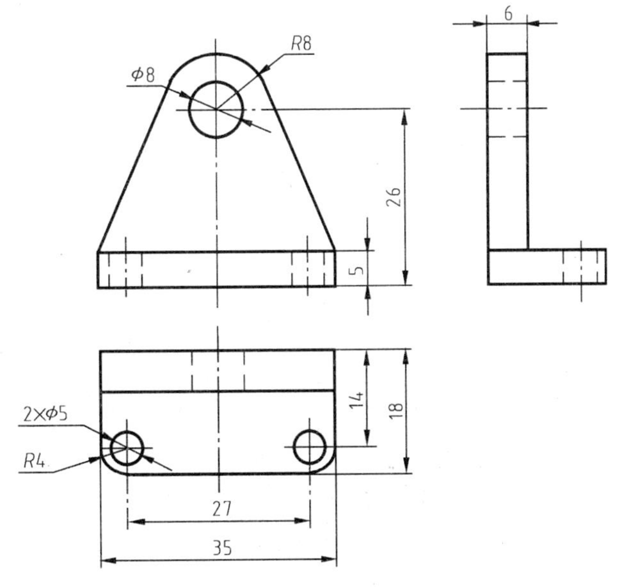

图2-53　支架

（3）总体尺寸　确定组合体总长、总宽、总高的尺寸。当组合体的一端为回转面时，该方向的总体尺寸不能直接标注，而由确定回转面轴线的定位尺寸加上回转面的半径来间接确定。图2-53所示的支架的总高可由26和R8确定；长方形底板的长度35和宽度18，即为该支架的总长和总宽。

2. 组合体尺寸标注的基本要求

（1）尺寸标注要完整　尺寸标注要完整，既无遗漏，又不重复或多余。因此首先应对组合体进行形体分析，然后，根据各基本体及其相对位置分别标注定形尺寸、定位尺寸及总体尺寸。

（2）尺寸标注要清晰　标注尺寸不仅要完整，还要注意清晰明了。为此，除了严格遵守制图标准中标注尺寸的基本规则外，还必须注意以下几点：

1）尺寸应尽可能标注在形状特征最明显的视图上，半径尺寸应标注在反映圆弧的视图上，如图 2-53 中的 *R*4。要尽量避免从虚线引出尺寸。

2）同一个基本形体的尺寸，应尽量集中标注。如图 2-54 主视图中的 34 和 2。

3）尺寸尽可能标注在视图外部，但为了避免尺寸界线过长或与其他图线相交，必要时也可注在视图内部。如图 2-54 中肋板的定形尺寸 8、16。

4）尺寸布置要齐整，避免过分分散和杂乱。在标明同一方向的尺寸时，应该小尺寸在内，大尺寸在外，以免尺寸线与尺寸界线相交。

（3）组合体尺寸标注的方法和步骤　以图 2-54 所示的轴承座为例说明组合体尺寸标注的方法和步骤。

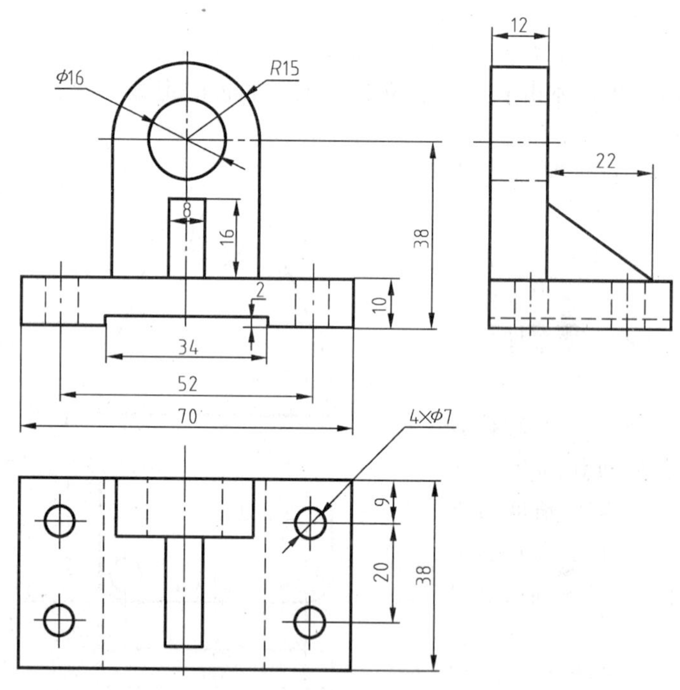

图 2-54　轴承座的尺寸标注

1）形体分析　轴承座由底板、立板、肋板组合而成。

2）选择基准　标注尺寸时，应先选定尺寸基准。这里选定轴承座的左、右对称平面及后端面、底面作为长、宽、高三个方向的尺寸基准。

3）标注各基本形体的定形尺寸　图 2-54 中的 70、38、10 是长方形底板的定形尺寸；底板下部中央切割出的长方板的定形尺寸为 34 和 2；其他各形体的定形尺寸请读者自行分析。

4）标注定位尺寸　底板、切割的长方板、三角块肋板、半圆头立板都处在此选定的基准上，不需要标注定位尺寸；立板上切割去的 ϕ16 的圆柱，长度方向的定位尺寸为零，不必标注，轴线方向（宽）同半圆头立板，高度方向应注出定位尺寸 38；底板上切割形成四圆孔，和底板同高，故高度方向不必标注定位尺寸，长和宽方向应分别注出定位尺寸 52、9 和 20。

5）标注总体尺寸　尺寸 38 和 *R*15 确定轴承架的总高，底板的长和宽决定它的总长和总宽故不必另行标注总体尺寸。应当指出，由于组合体的定形尺寸和定位尺寸已标注完整，如再加注总体尺寸会出现多余尺寸。为保持尺寸数量的恒定，在加注一个总体尺寸的同时，就应减少一个同方向的定形尺寸，以避免尺寸注成封闭式的。

【小试身手】

分组对组合几何模型进行测绘，绘出三视图。

【评价】

评价学生测绘时是否方法与步骤准确、动作熟练，作品是否视图正确，图纸幅面整洁、清晰。

2.2.3　识读补画组合体三视图

一、教学场地的准备

（1）专用制图室，配多媒体、绘图桌椅。

（2）学生准备绘图仪器与橡皮泥。

二、活动安排及教学步骤

【活动安排】

（1）教师介绍读图的知识要点。

（2）训练学生识读组合几何体三视图，并要求学生动手用橡皮泥做出立体模型。

（3）学生分组根据已知两视图，补出第三面视图。

【知识链接】

（一）读图的基本知识

读图是画图的逆过程，画图是把空间物体用正投影法表达在平面上，而读图则是根据物体的视图想象出被表达物体的空间形状。读图时，除必须熟练掌握各种位置直线、平面以及基本体的投影特性外，还需要注意以下几点。

（1）要把几个视图联系起来识读　在机械图样中，机件的形状一般是通过几个视图来表达的，每个视图只能反映机件某一方面的形状。因此，仅由一个或两个视图往往不能唯一的确定机件的形状。图 2-55 所示的物体的主、俯视图均相同，但左视图不同，他们表达了三种空间不同形状的物体。

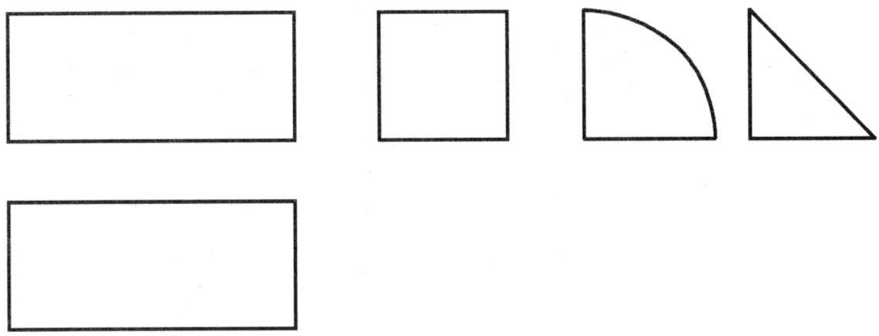

图 2-55　几个视图配合看图示例

（2）要从最能反映物体形状特征的视图看。

（3）要善于理解视图中的线和线框的含义。

视图中的一条粗实线或虚线可表示：面与面交线的投影、物体表面的积聚性投影、轮廓线的投影等；视图中的一个封闭线框，一般表示物体上一个平面或曲面的投影；视图中的两相邻线框表示不在同一平面的两个面，如图 2-56 所示。

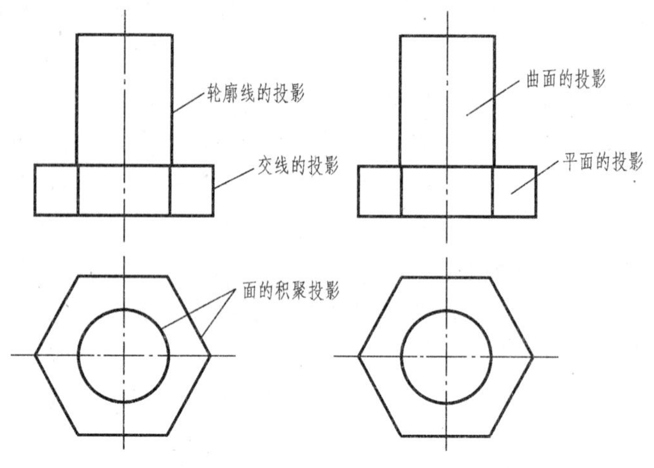

图 2-56 视图中线与线框的含义

（二）可用形体分析法读图

形体分析法是读组合体视图的最基本方法。通常从最能反映物体形状特征的主视图看起，分析该物体由哪些基本体组成及组成形式；然后用投影规律，逐个找出每个形体在其他视图上的投影，从而想象出各个基本体的形状及各形体之间的相对位置关系，最后想象出物体整体结构形状。读图的步骤如下。

1. 看视图抓特征

看视图　以主视图为主，配合其他视图，进行初步的投影分析和空间分析。

抓特征　找出反映物体特征较多的视图，在较短时间里，对物体有个大概的了解。

2. 分解形体对投影

分解形体　参照特征视图，分解形体。

对投影　利用“三等”关系，找出每一部分的三个投影，想象出它们的形状。

3. 综合起来想整体　在看懂每部分形体的基础上，进一步分析它们之间的组合方式和相对位置关系，从而想象出整体的形状。图 2-57 所示物体的三视图为例加以说明。

（1）联系有关视图，看清投影关系　先从主视图看起，借助于丁字尺、三角板、分规等工具，根据“长对正、高平齐、宽相等”的规律，把几个视图联系起来看投影关系。

（2）把一个视图分成几个独立部分加以考虑　一般把主视图中的封闭线框（实线框、虚线框或实线与虚线框）作为独立部分，例如图 2-57b 的主视图分成 5 个独立部分：Ⅰ、Ⅱ、Ⅲ、Ⅳ、Ⅴ。

（3）识别形体，定位置　根据各部分三视图（或两视图）的投影特点想象出形体，并确定它们之间的相对位置。在图 2-57b 中，Ⅰ为四棱柱与倒 U 形柱的组合；Ⅱ为倒 U 形柱（槽），前后各切割出一个 U 形柱；Ⅲ、Ⅳ都是横 U 形柱（缺口）；Ⅴ为圆柱（切割形成圆孔）。它们之间的位置关系，请读者自行分析。

（4）综合起来想整体综合考虑各个基本形体及其相对位置关系，整个组合体的形状就清楚了。

（三）线面分析法读图

对一些复杂的组合体，有时仅用形体分析法还不能完全读懂，这时可从线和面的角度去

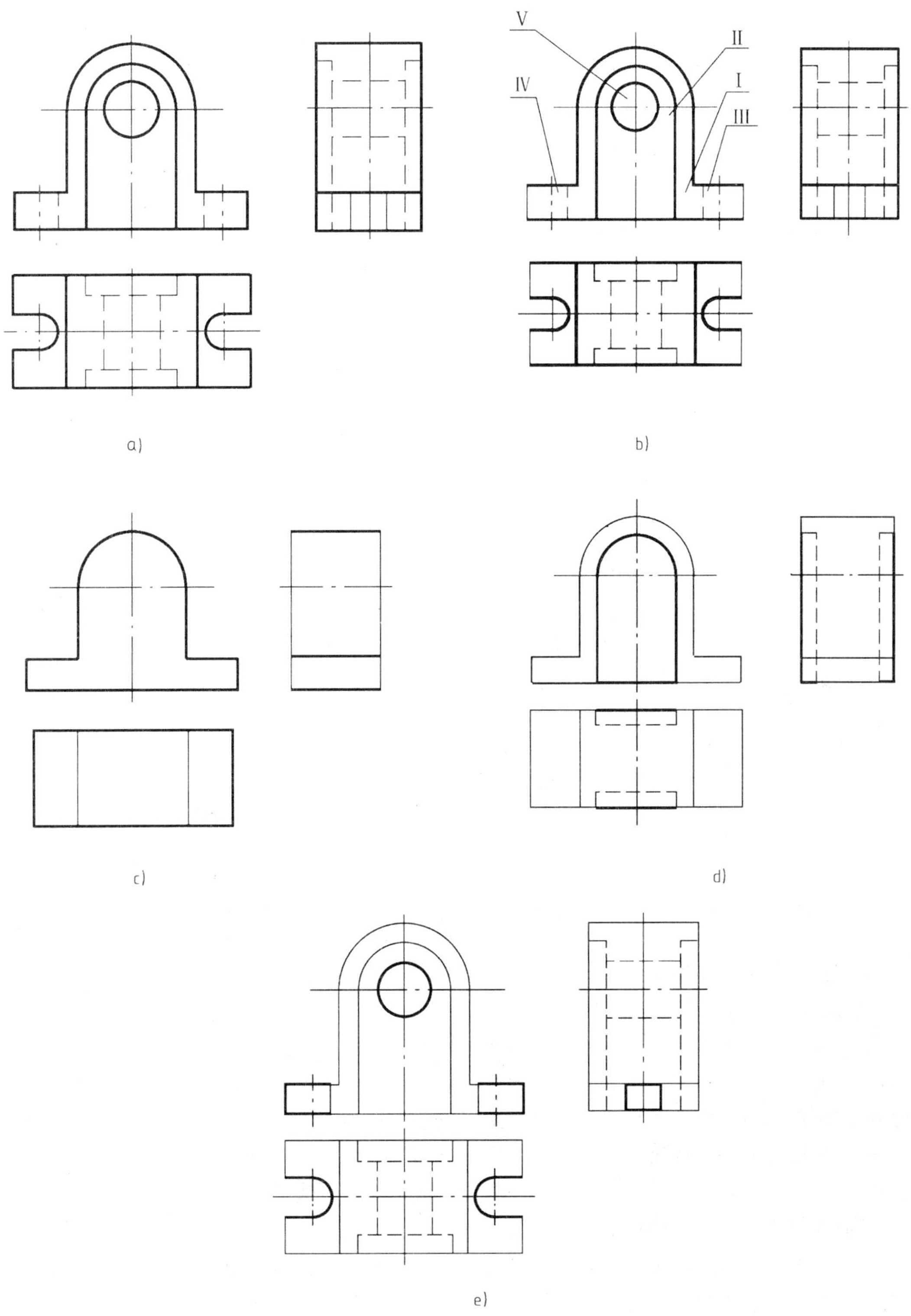

图2-57　用形体分析法读图

分析物体的形状。根据线、面的投影特性，分析投影图中每条线段、每一个封闭线框的含义，判断其形状和位置，这种方法称为线面分析法。读图步骤如下。

1. 抓住特征分清线、面　抓特征，看懂物体上各被切线、面的空间位置和几何形状。

2. 综合起来想整体　在看懂物体各表面的空间位置和形状后，还必须根据视图弄清面与面的相对位置，进而想象出物体的整体形状。

下面以图 2-58 所示物体的三视图为例，说明线面分析法读图的具体步骤和方法。

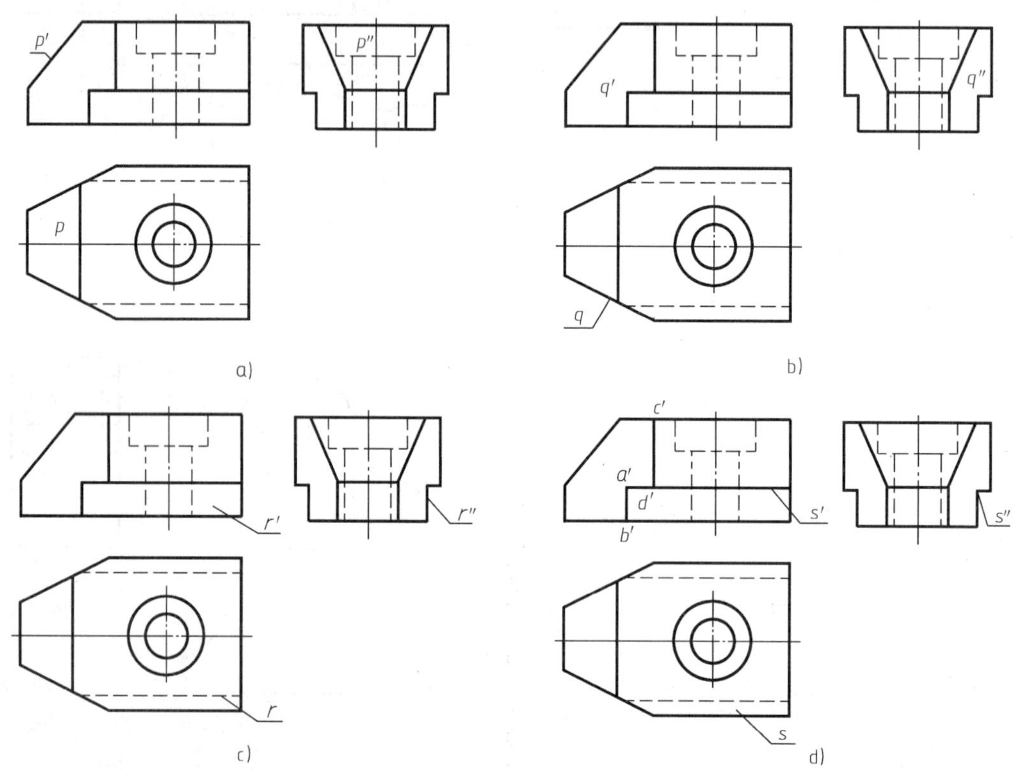

图 2-58　压块的看图方法

第一步　分析整体形状，由于压块的三个视图的轮廓基本上都是长方形（只缺掉了几个角），所以它的基本形体是一个长方块。

第二步　分析细节形状，从主、俯视图可以看出，压块右方从上到下有一阶梯孔。主视图的长方形缺个角，说明在长方块的左上方切掉一角。俯视图的长方形缺两个角，说明长方块左端切掉前、后两角。左视图也缺两个角，说明前后两边各切去一块。

通过形体分析法，压块的基本形状就大致有数了。但是，究竟是被什么样的平面切的？截切以后的投影为什么会是这个样子？还需要用线、面分析法进行分析。

下面我们应用三视图的投影规律，找出每个表面的三个投影。

（1）先看图 2-58a，从俯视图中的梯形线框出发，在主视图中找出与它对应的斜线 p'，可知 p 面是垂直于正面的梯形平面，长方块的左上角就是由这个平面切割而成的。平面 p 对侧面和水平面都处于倾斜位置，所以它的侧面投影 p''和水平投影 p 是类似图形，不反映 p 面的真实形状。

（2）再看图 2-58b。由主视图的七边形 q' 出发，在俯视图上找出与它对应的斜线 q，可知 q 面是垂直于水平面的。长方块的左端，就是由这样的两个平面切割而成的。平面 q 对正面和侧面都处于倾斜位置，因而侧面投影 q'' 也是一个类似的七边形。

（3）然后，从主视图上的长方形 r' 入手，找出面的三个投影（见图 2-58c）；从俯视图的四边形 s 出发，找到 s 面的三个投影（见图 2-58d）。不难看出，r 面平行于正面，s 面平行于水平面。长方块的前后两边，就是这两个平面切割而成的。在图 2-58d 中，$a'b'$ 线不是平面的投影，而是 r 面与 q 面的交线。$c'd'$ 线是哪两个平面的交线？请读者自行分析。

图 2-59　压块

其余的表面比较简单易看，不需一一分析。这样，我们既从形体上，又从线、面的投影上，彻底弄清了整个压块的三面视图，就可以想象出如图 2-59 所示物体的空间形状了。

看图时一般是以形体分析法为主，线、面分析法为辅。线、面分析方法主要用来分析视图中的局部复杂投影，对于切割式组合体用得较多。

【小试身手】

（1）给出组合几何体三视图，学生识读并动手用橡皮泥做出立体模型。

（2）分组根据已知两视图，动手用橡皮泥做出组合几何体的立体模型，并补出第三面视图。

【评价】

对学生作品进行评价：评价学生所做出立体模型、补画的三视图是否正确，同时评价学生读图能力的强弱。

2.2.4　绘制组合体的正等轴测图

一、教学场地的准备

（1）专用制图室，配多媒体、绘图桌椅。

（2）学生准备绘图仪器。

二、活动安排及教学步骤

【活动安排】

（1）教师讲授正等轴测图的概念。

（2）运用课件示范绘制正等轴测图，学生做同步练习。

【知识链接】

（一）轴测投影图的形成

轴测投影图（简称轴测图）通常称为立体图，直观性强，是生产中的一种辅助图样，通过学习轴测投影图画法，可以帮助初学者提高物体的空间想象能力和空间思维能力。

如图 2-60 所示，轴测图是将物体连同其参考直角坐标系，沿不平行于任一参考坐标面的方向，用平行投影法将其投射在单一投影面上所得到的图形。其中平面 P 称为轴测投影面，参考直角坐标轴 O_0X_0、O_0Y_0、O_0Z_0 在轴测投影面上的投影 OX、OY、OZ 称为轴测投影轴，简称轴测轴。每两根轴测轴之间的夹角 $\angle XOY$、$\angle XOZ$、$\angle YOZ$，称为轴间角。轴测轴 OX、OY、OZ 上的线段与参考直角坐标轴 O_0X_0、O_0Y_0、O_0Z_0 上对应线段的比值，称为轴向伸缩系数，分别用 p、q、r 表示。

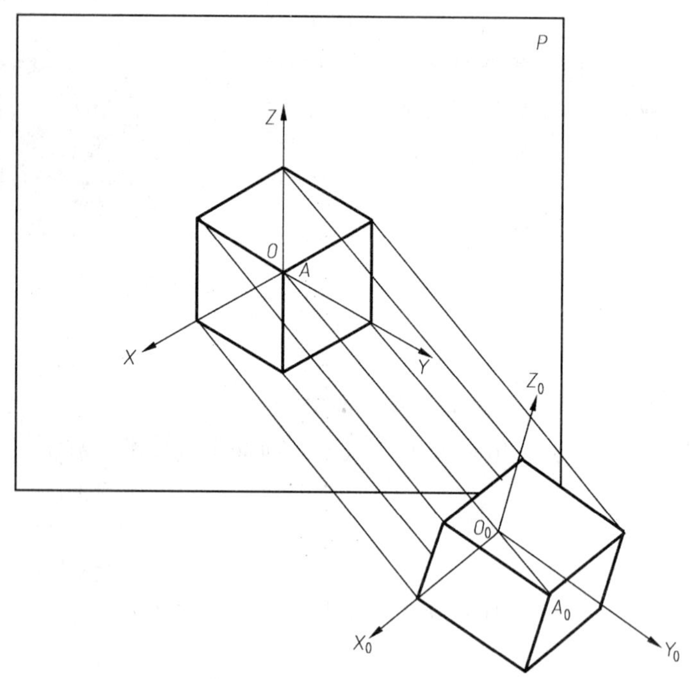

图 2-60　轴测图的形成

（二）正等轴测图的特点

正等轴测图是投影方向与轴测投影面垂直而得的轴测图。

在正等轴测图中，其轴间角均为 120°，三个轴向伸缩系数均为：$p=q=r\approx0.82$。在实际画图时，为了作图方便，一般将 OZ 轴取为铅垂位置，各轴向伸缩系数采用简化系数 $p=q=r=1$。这样，沿各轴向的长度都均被放大 $1/0.82\approx1.22$ 倍，轴测图也就比实际物体大，但对形状没有影响。

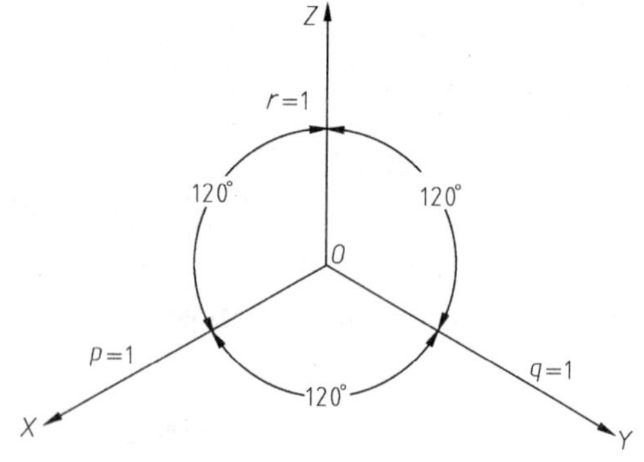

图 2-61　正等轴测图的轴间角和轴向伸缩系数

图 2-61 给出了轴测图的画法和各轴向的简化轴向伸缩系数。

由于轴测图是采用平行投影法绘制的图形，所以具有平行投影的特性。

（1）物体上相互平行的线段，在轴测投影图中仍相互平行，物体上平行于参考坐标轴的线段，在轴测投影图中仍平行于相应的轴测轴，且同一轴向所有线段的轴向伸缩系数均相等。

（2）物体上不平行于轴测投影面的平面图形，在轴测图上变成原形的类似形。

（三）平面立体正等轴测图的画法

画平面立体正等测图的方法有坐标法、切割法和叠加法。

使用坐标法时，先在视图上选定一个合适的参考坐标系并画出轴测图的三根轴测轴，然后根据物体表面上各顶点或线段端点在参考坐标系中的坐标，画出轴测投影，分别联接各线段，完成轴测图。

例 2-11　画出正六棱柱的正等轴测图。

分析：如图 2-62a 中，正六棱柱的前后、左右对称，将参考坐标系的原点 O_0 定在正六棱柱顶面六边形的几何中心，以图示的六边形的对称线为 X_0 和 Y_0 轴方向。这样便于直接作出顶面在轴测图中的各顶点坐标，故从上底面开始作图较为方便。

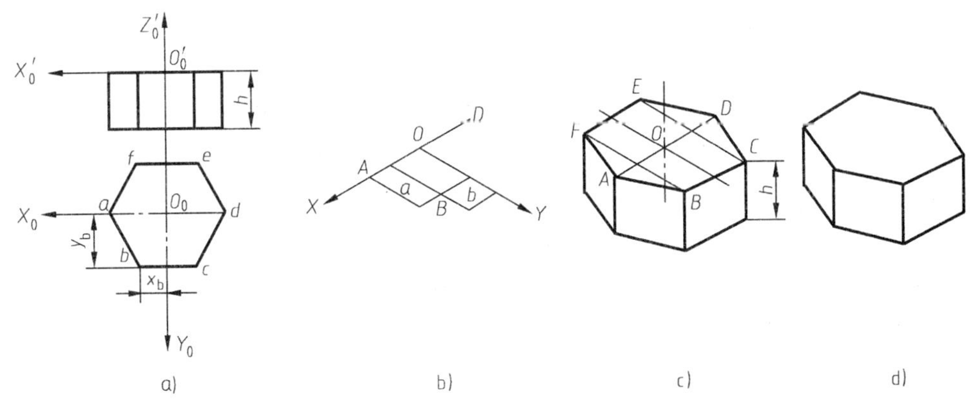

图 2-62　正六棱柱的正等轴测图

作图：

（1）定出参考坐标原点 O_0 和坐标轴 O_0X_0、O_0Y_0、O_0Z_0，如图 2-62a 所示。

（2）画出轴测投影轴 OX、OY，由于 A、D 在 O_0X_0 轴上，可直接量取尺寸，并在轴测轴上作出 A、D。根据顶点 B 的参考坐标值 x_b、y_b，画出其轴测投影 B，如图 2-62b 所示。

（3）作出 B 点与 OX、OY 轴对应的对称点 C、E、F，根据各线段依次连接各对应点，即可画出顶面六边形的轴测图，由顶点向下画出高度为 h 的可见轮廓线，如图 2-62c 所示。

（4）连接下底面各点，擦去作图线，描深，完成轴测图，如图 2-62d 所示。

例 2-12　切割体正等轴测图的画法。

分析：如图 2-63a 所示的形体，是切割型组合体，可采用切割法作轴测图。对于切割后的斜面上存在有与三根参考坐标轴都不平行的线段，必须按这些线段的端点坐标作出其端点轴测投影，然后再连接。

作图：

（1）定出参考坐标原点 O_0 和坐标轴 O_0X_0、O_0Y_0、O_0Z_0，如图 2-63a 所示。

（2）根据给出的尺寸 a、b、h 作出长方体的轴测图，如图 2-63b 所示。

（3）倾斜线上不能直接量取尺寸，只能沿与轴测轴相平行的对应棱线量取 c、d，定出斜面上线段端点的位置，并联接成平行四边形，如图 2-63c 所示。

（4）最后联接下底面各点，擦去作图线，描深，完成轴测图，如图 2-63d 所示。

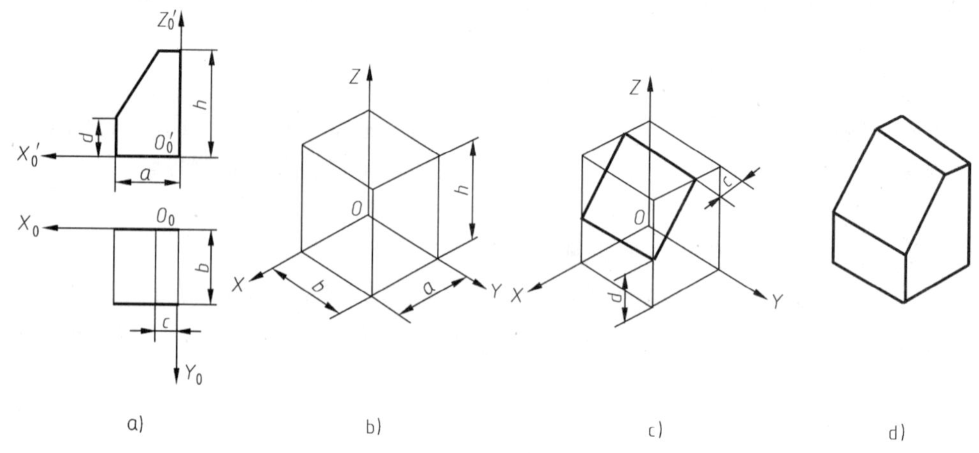

图 2-63 切割体的正等轴测图

看图时一般是以形体分析法为主，线、面分析法为辅。线、面分析方法主要用来分析视图中的局部复杂投影，对于切割型组合体用得较多。

（四）回转体正等轴测图的画法

常见的回转体有圆柱、圆锥、圆球、圆台等。在作回转体的轴测图时，首先要作圆的轴测投影。圆的正等测图是椭圆，三个坐标面或其平行面上的圆的正等测图是大小相等、形状相同的椭圆，只是长短轴方向不同，如图 2-64 所示。

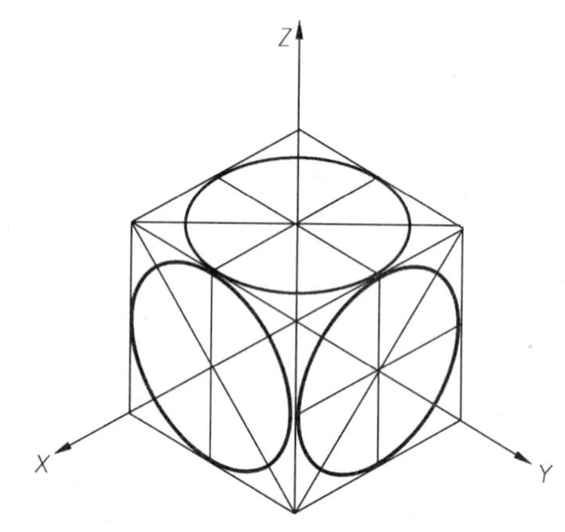

图 2-64 平行于坐标面圆的正等测投影

1. 平行于坐标面的圆的正等轴测图的画法

在实际作图时，一般不要求准确地画出椭圆曲线，经常采用“菱形法”进行近似作图，将椭圆用四段圆弧联接而成。下面以水平面上圆的正等测图为例，说明“菱形法”近似作椭圆的方法。如图 2-65 所示，其作图过程如下：

（1）通过圆心 O_0 作坐标轴 O_0X_0 和 O_0Y_0，再作圆的外切正方形，切点为 1_0、2_0、3_0、4_0（见图 2-65a）。

（2）作轴测轴 OX、OY 和四个切点的轴测投影 1、2、3、4，过这四点作轴测轴的平行线，得到菱形，并作菱形的对角线（见图 2-65b）。

（3）过菱形顶点 A、C，联接 $A4$ 和 $C1$，在菱形的对角线上得到交点 D，联接 $A3$ 和 $C2$ 得交点 B，则 A、B、C、D 这四个点就是近似椭圆弧的四段圆弧的中心。分别以 A、C 为圆心，$A4$、$C1$ 为半径画圆弧 43、12；再以 B、D 为圆心，$B3$、$D1$ 为半径画圆弧 23、14，即得近似椭圆（见图 2-65c）。

（4）加深四段圆弧，完成全图（见图 2-65d）。

例 2-13 画出如图 2-66a 所示圆柱的正等轴测图。

分析：先在给出的视图上定出坐标轴、原点的位置，并作圆的外切正方形；再画轴测轴及圆外切正方形的正等测图菱形，用菱形法画顶面和底面上的椭圆；然后作两椭圆的公切

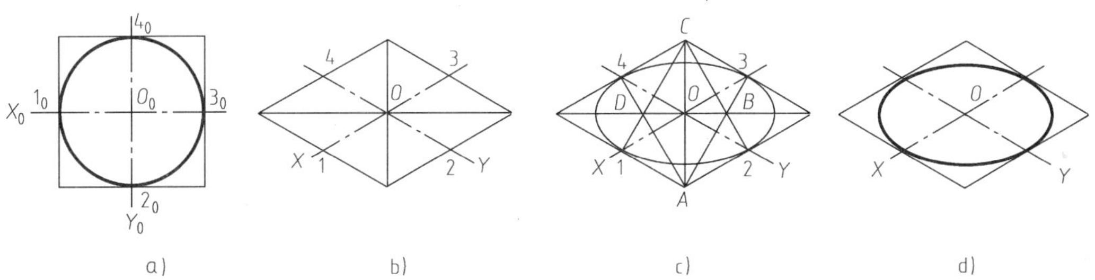

图 2-65 菱形法近似作椭圆

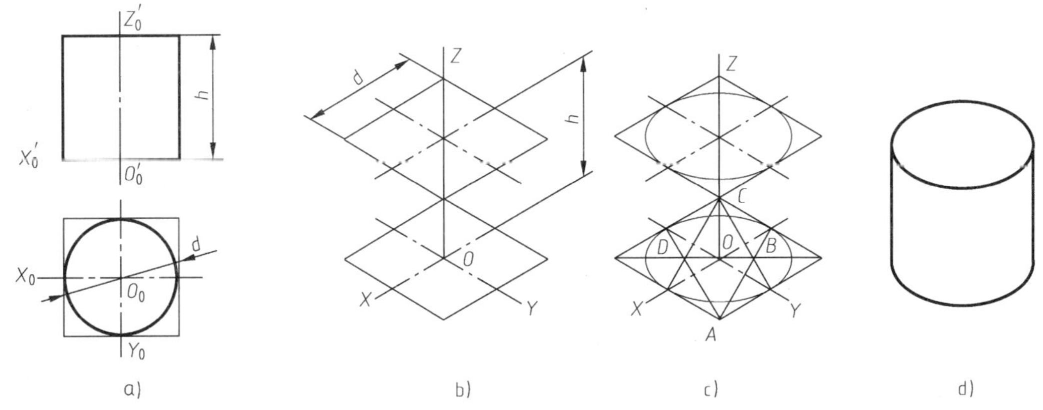

图 2-66 作圆柱的正等轴测图

线；最后擦去多余作图线，描深后即完成全图。

2. 带圆角板正等轴测图的画法

在产品设计上，经常会遇到由四分之一圆柱面形成的圆角轮廓，画图时就需画出由四分之一圆周组成的圆弧，这些圆弧在轴测图上正好近似椭圆的四段圆弧中的一段。因此，这些圆角的画法可由菱形法画椭圆演变而来。

如图 2-67 所示，根据已知圆角半径 R，找出切点 1_0、2_0、3_0、4_0，过切点作相应棱线的垂线，两垂线的交点即为圆心。以此圆心到切点的距离为半径画圆弧，即得圆角的正等轴测图。顶面画好后，采用移心法将 O_1、O_2 向下移动 h，即得下底面两圆弧的圆心 O_3、O_4，再用与上底面圆弧相同的半径分别作两圆弧，得到底板下底面圆角的轴测图。在平板的右端作上、下小圆弧的公切线，擦去作图线，描深即完成全图。

例 2-14 作轴承座的正等轴测图

分析：轴承座是一种典型的组合体。组合体是由若干个基本形体以叠加、切割、相切或相贯等连接形式组合而成。因此在画正等测时，应先用形体分析法，分析组合体的组成部分、连接形式和相对位置，然后逐个画出各组成部分的正等轴测图，最后按照它们的连接形式，完成全图（见图 2-68）。

作图：

（1）选取参考坐标系，确定参考坐标原点和坐标轴。先画出底板轴测轮廓，然后作底板上的小圆孔及两个圆角的轴测投影。

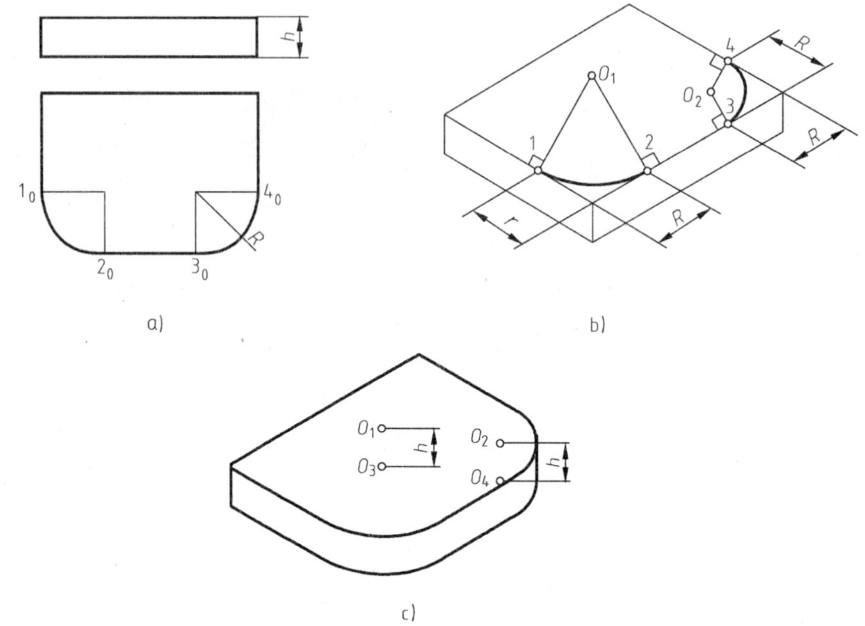

图 2-67 带圆角板的正等轴测图

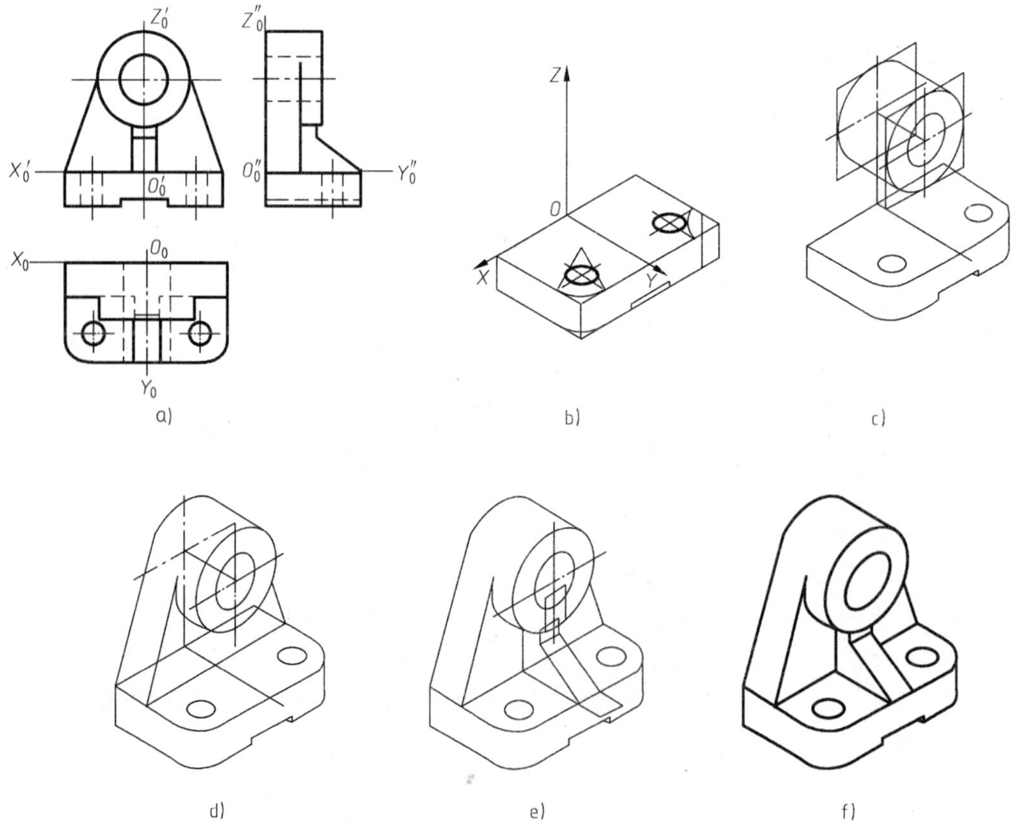

图 2-68 轴承座的正等轴测图

（2）根据平行于正平面的圆柱正等轴测图的画法，作圆柱筒的轴测投影。

（3）最后在底板与圆筒间作出竖板与肋板的轴测投影，擦去作图线，描深，完成作图。

【小试身手】

在教师演示绘制正等轴测图时作同步练习。

【评价】

评价学生是否能做好同步练习，绘出的正等轴测图是否正确。

学习情境3　零件图识读与绘制

3.1　轴类零件图的识读与测绘

3.1.1　轴类零件结构介绍及相关表达方法学习

一、教学场地的准备

（1）专用制图室，配多媒体。

（2）机械图样、模型及挂图。

二、活动安排及教学步骤

【活动安排】

（1）分组发放轴类零件模型如图3-1所示或者幻灯片演示，让学生进行观察讨论轴类零件形体特征及表达方法。

（2）教师根据讨论情况进行轴类零件形体结构和表达方法总结，引入知识点讲授。

（3）学习每一类型的轴的相关结构表达时，都是同时进行测绘与表达方法的介绍。

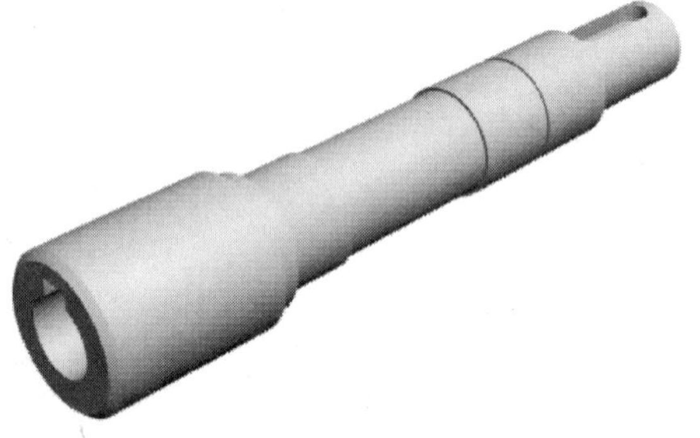

图3-1　轴类零件模型

【知识链接】

（一）轴类零件形体结构和常用表达方法

（1）形体特征　大多数轴类零件由位于同一轴线上数段直径不同的回转体组成，轴向尺寸一般比径向尺寸大。常有键槽、销孔、螺纹、退刀槽、越程槽、中心孔、油槽、倒角、圆角、锥度等结构。

（2）表达方法　轴类零件图如图3-2所示，一般用到了局部放大图、局部剖视图、移出断面图等表达方法将按轴的形体结构引入所需的表达方法与相关知识点。

（二）销轴

和螺栓、螺钉、螺母、垫圈、键、轴承一样，在机器设备中，销的应用很广，需求量很大。为了增加互换性，降低成本、提高经济效益，需要对这些零件的结构形式、尺寸规格和技术要求等进行标准化，并由专门的工厂大量生产。标准化了的零件称为标准件，专门生产标准件的工厂通常称为标准件厂。

因为销轴是标准件，所以只要掌握销的选用和标注，不需绘图。

标注示例：销 GB/T 119.1　10m6 × 30

表示公称直径 $d=10$mm，公差为 m6，长度 $l=30$mm，材料为35钢，不经淬火，不经表

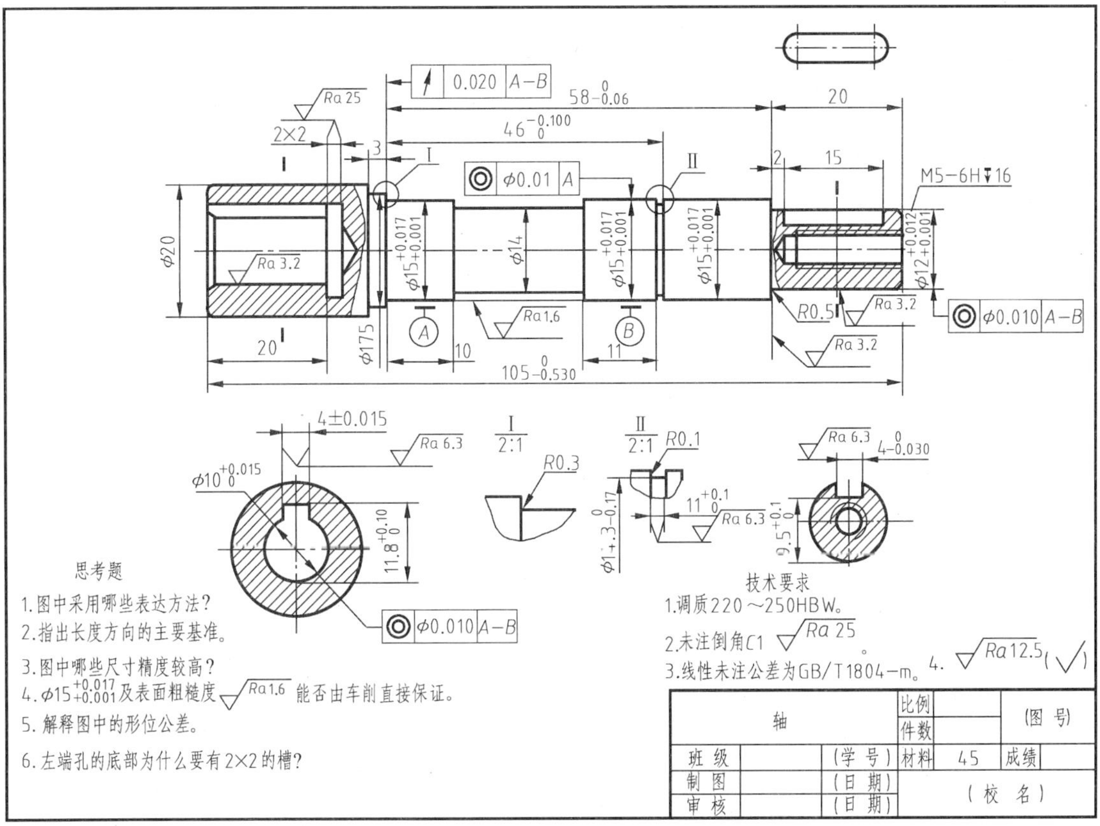

思考题

1. 图中采用哪些表达方法?
2. 指出长度方向的主要基准。
3. 图中哪些尺寸精度较高?
4. $\phi15^{+0.017}_{+0.001}$及表面粗糙度 Ra1.6 能否由车削直接保证。
5. 解释图中的形位公差。
6. 左端孔的底部为什么要有 2×2 的槽?

技术要求

1. 调质 220～250HBW。
2. 未注倒角 C1 Ra 25。
3. 线性未注公差为 GB/T 1804—m。
4. Ra 12.5 (√)

轴		比例		(图 号)
		件数		
班 级		(学 号)	材料 45	成绩
制 图		(日 期)	(校 名)	
审 核		(日 期)		

图 3-2　轴类零件图

面处理的圆柱销，如图 3-3 所示。

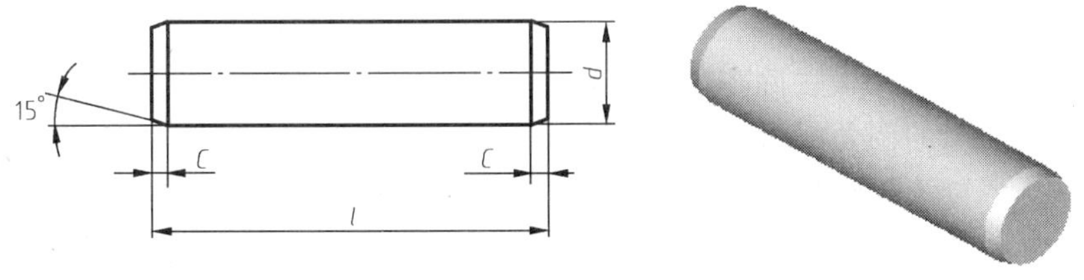

图 3-3　圆柱销的视图及立体图

标注示例：销 GB/T 117　10 × 60

表示公称直径 $d = 10$mm，公称长度 $l = 60$mm，材料为 35 钢，热处理硬度 28 ~ 38HRC，表面氧化处理的 A 型圆锥销，如图 3-4 所示。

（三）轴类零件上有关倒角、退刀槽、越程槽的表达方法与标注

1. 局部放大图

（1）局部放大图的画法　将机件的部分结构，用大于原图形所采用的比例画出的图形称为局部放大图。

主要用于机件上较小结构的表达和尺寸标注。可以画成视图、剖视图、断面等形式，与被放大部位的表达形式无关。图形所用的放大比例应根据结构需要而定，与原图比例无关，

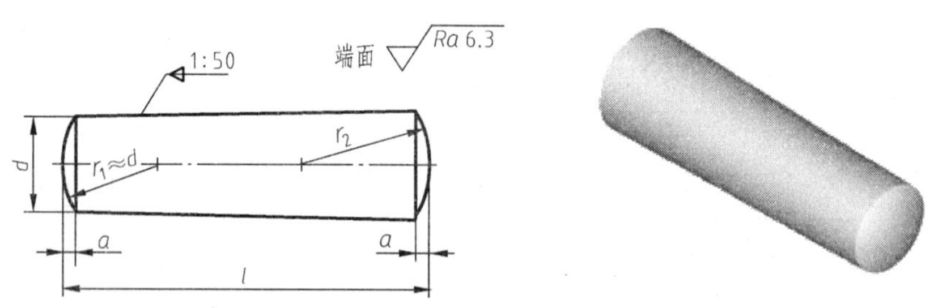

图 3-4　圆锥销的视图及立体图

如图 3-5 所示。

（2）局部放大图标注内容

1）同一机件上有几个被放大部位时，应用罗马数字依次标明被放大的部位。

2）在局部放大图上方用分子分母的形式标注出相应的罗马数字和放大比例。

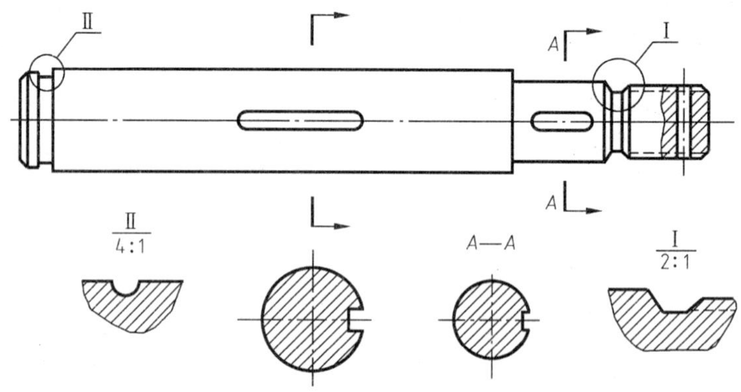

图 3-5　局部放大图

2. 轴类零件中倒角、退刀槽、越程槽等工艺结构的作用和标注

（1）倒角和倒圆　为了去除零件的毛刺、锐边、便于装配和操作安全，常在轴和孔的端部，加工成圆台状的倒角；为了避免应力集中而产生裂纹，轴肩根部一般加工成圆角过渡，称为倒圆，其画法和标注如图 3-6 所示。在不致引起误解时倒角可省略不画，倒角一般为 45°，也允许为 30°或 60°。

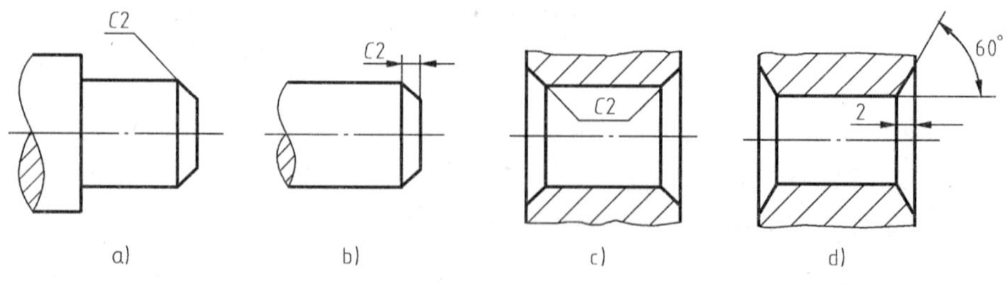

图 3-6　倒角

（2）退刀槽和砂轮越程槽　切削过程中，为了便于退出刀具，以及使相关零件在装配时易于靠紧，加工零件是要预先加工出退刀槽和砂轮越程槽，一般的退刀槽可按“槽宽 × 直径”或“槽宽 × 槽深”的形式标注，具体结构和尺寸标注形式如图 3-7 所示。

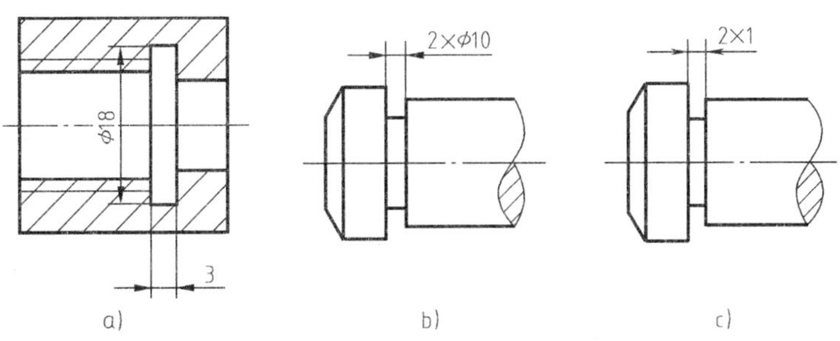

图 3-7　退刀槽和砂轮越程槽

（四）轴类零件上有关凹坑、孔结构的表达方法

对轴类零件上的凹坑、孔结构的表达，我们一般采取局部剖视的画法。

1. 局部剖视图的适用范围

局部剖视图是非常灵活的一种表达方法，很多场合都可以运用局部剖视图，在轴套类零件中，主要是实心杆件中的孔或槽必须用局部剖视图进行表达，如图 3-8 所示。

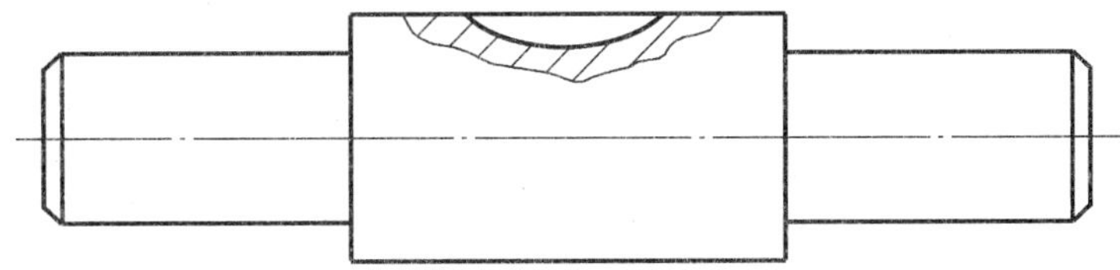

图 3-8　轴类零件局部剖视图

2. 局部剖视图中波浪线的画法

局部剖视图用波浪线分界，波浪线用细实线绘制；波浪线不应与图样上其他图线重合；波浪线不应画在轮廓线上或是延长线上；不应超出轮廓线，也不应穿空而过；不能用轮廓线来代替波浪线，如图 3-9 和图 3-10 所示。

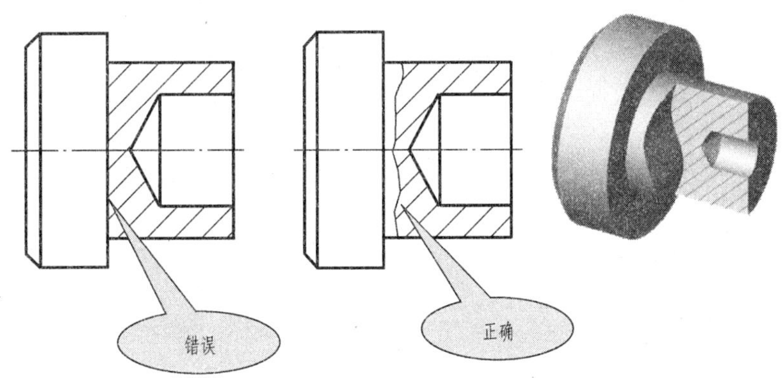

图 3-9　波浪线纠错（一）

（五）轴类零件上有关键槽的表达方法

为了较好地表达轴类零件上的键槽，我们一般采用移出断面图的画法。

1. 断面图的基本概念

对于轴上存在键槽、径向孔等结构，用虚线表达不够清楚时，使用断面图的方法表达。

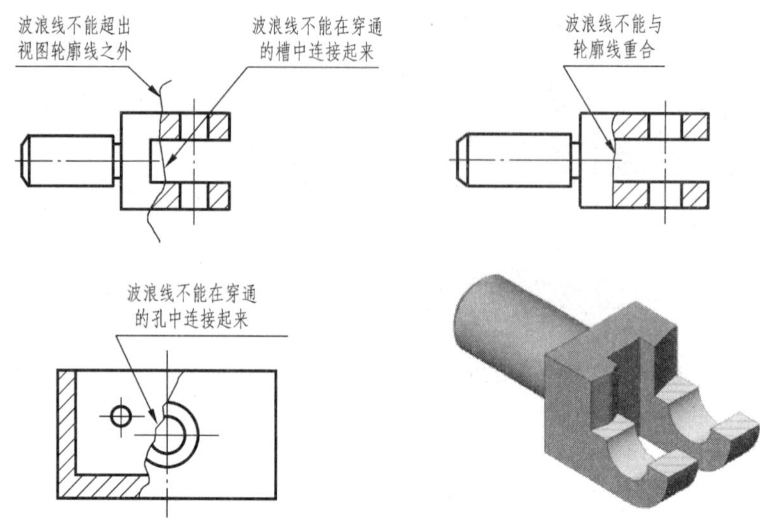

图 3-10 波浪线纠错（二）

断面图是假想用垂直于轴的轴线的截面（剖切面）将轴截断，然后绘出截断面的图形，称为断面图，也称断面。按照《机械制图》国家标准（GB/T 4458.6—2002）的规定，在断面图上要画出剖面符号，各种材料的剖面符号国家标准都有规定，金属材料的剖面符号又称剖面线，一般画成与水平线成45°角的等距离细实线，剖面线向左、向右倾斜均可，但同一个机件在各个剖视图中的剖面线倾斜方向应相同，间距应相等。

2. 断面图的画法

对于轴上的键槽、径向孔等结构常用断面图表达，如图 3-11 所示。

在图 3-11 中，假想用一个剖切平面垂直于轴线方向将键槽处切断，然后画出断面的实形，就能清楚地表达出断面的形状、键槽的深度。画在视图外的断面图，称为移出断面图，图 3-11 中两个断面图都是移出断面图。

（1）移出断面图的轮廓线用粗实线画出，并尽量画在剖切位置线的延长线上，见图 3-11b，必要时也可配置在其他适当位置，见图 3-11a。

（2）剖切平面通过回转面形成的孔或凹坑的轴线时，应按剖视画。如图 3-11 中的 *B—B* 与图 3-12 中的 *A—A*、*B—B*。

（3）当剖切平面通过非圆孔，会导致完全分离的两个断面时，这些结构也应按剖视画。断面图如图 3-13a 所示。

（4）由两个或多个相交的剖切平面剖切得出的移出断面，中间一般应断开，断面图如图 3-13b 所示。

3. 断面图的标记

（1）移出断面一般应用剖切符号表示剖切位置，用箭头表示投射方向，并注上字母，在断面图的上方应用同样的字母标出相应的名称“×—×”，见图 3-11 中的“A—A”和“B—B”。

（2）剖切符号延长线上的不对称移出断面，应画出剖切符号和箭头，但省略字母，如图 3-11b 左边的断面图与 3-12 左边第二个断面图。

（3）没配置在剖切符号延长线上的对称移出断面，不论画在什么地方，均可省略箭头，

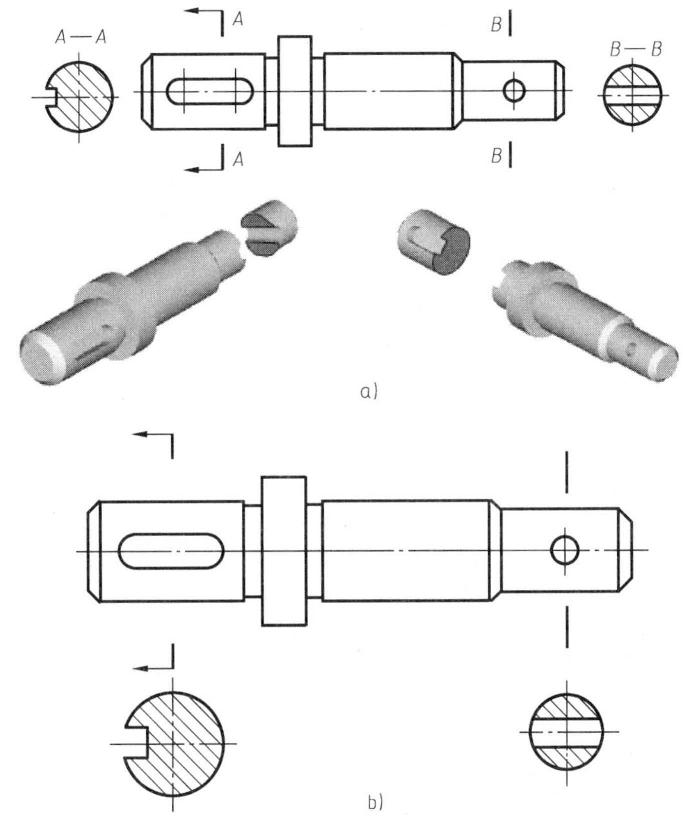

图 3-11　移出断面图的画法一

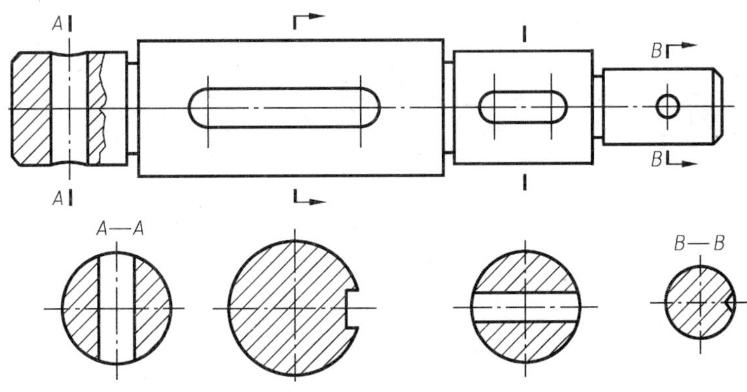

图 3-12　移出断面图的画法二

如图 3-11a、图 3-11b 中右边的断面图和图 3-12 中左边第一个与右边第二个的断面图。

（4）配置在剖切线延长线上的对称移出断面，不必标注剖切符号。

4. 键槽的画法和标注

键的种类很多，常用键的形式有普通平键、半圆键、钩头楔键等，见图 3-14，其中普通平键为最常见。键是标准件，其结构形式、规格尺寸及键槽都有标准可查。表 3-1 是最常用键的标准编号、图例和标注示例。

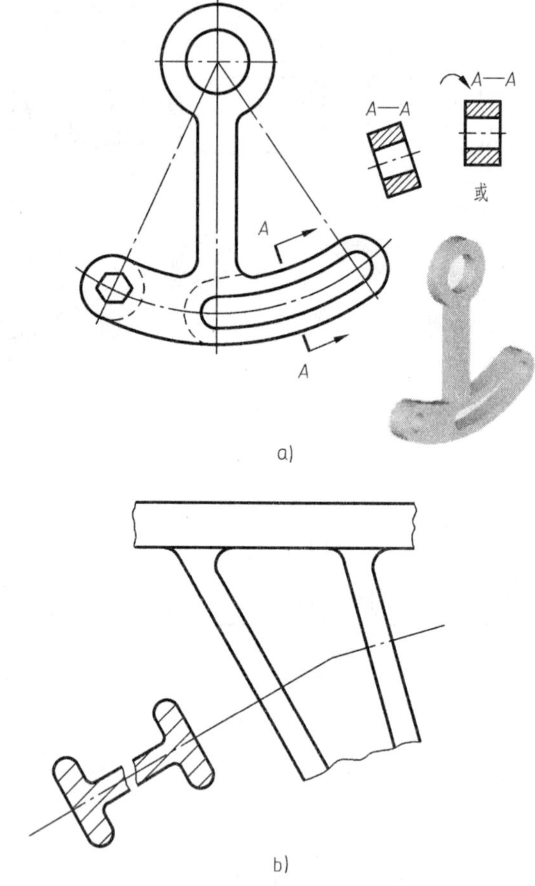

图 3-13　移出断面图的画法三

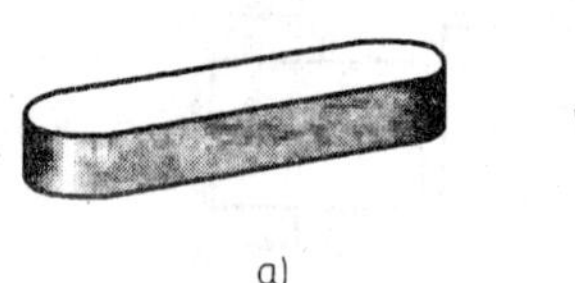

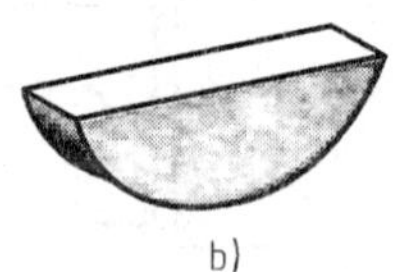

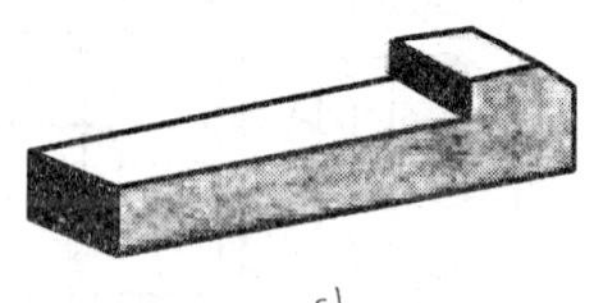

图 3-14　键的种类

a）普通平键　b）半圆键　c）钩头楔键

轴上键槽的画法及尺寸标注如图 3-15 所示。

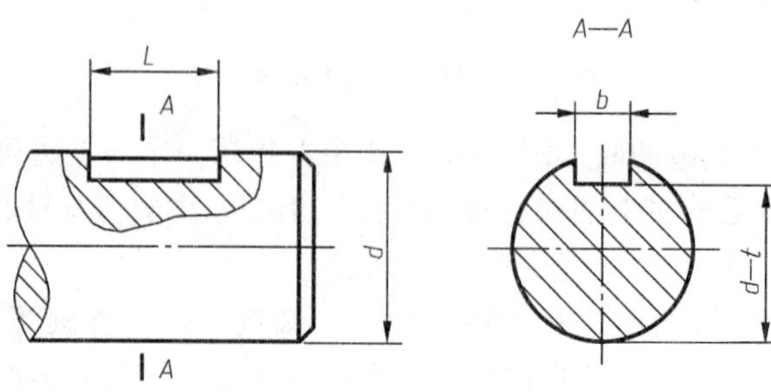

图 3-15　键槽画法

t 为轴上键槽深度，b、t、L 可按轴径 d 从标准中查出。

表 3-1　键的标准编号、图例和标注示例

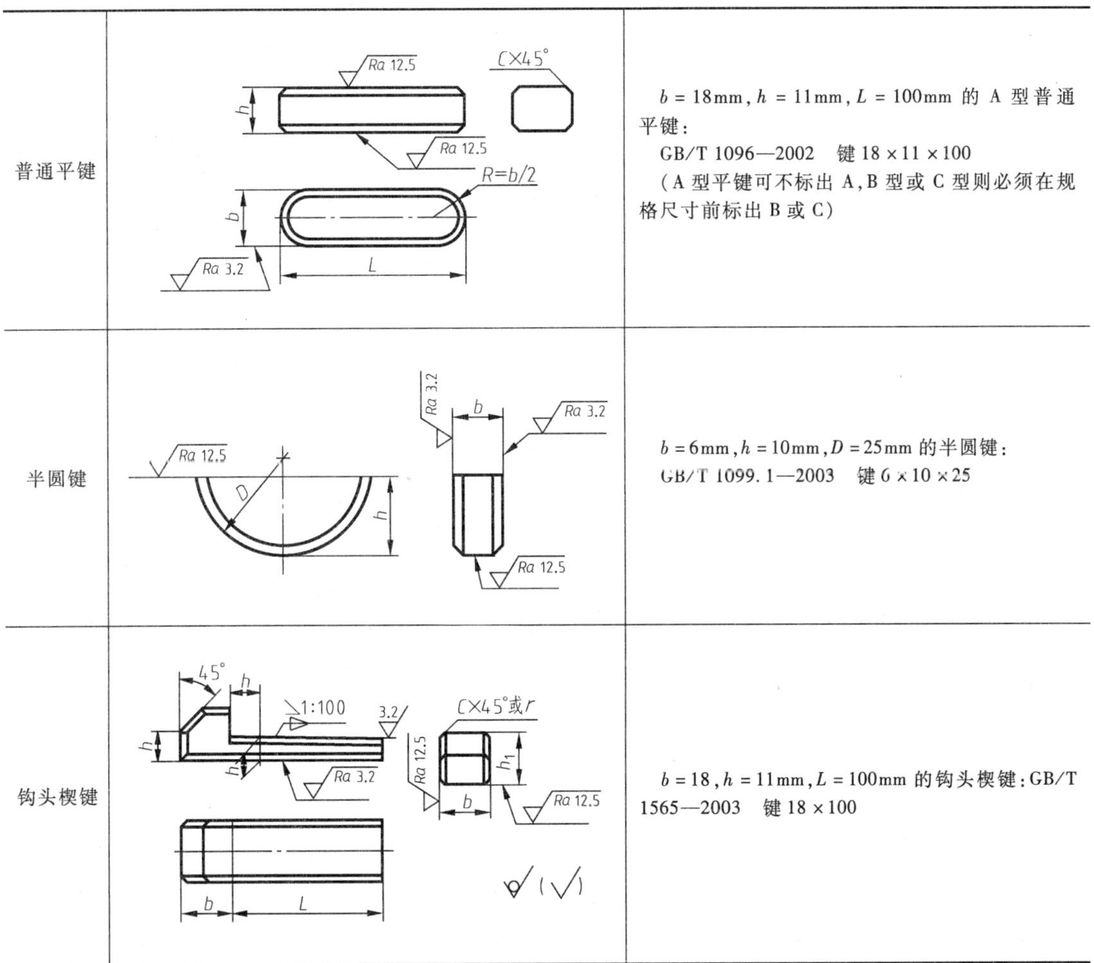

名称	图例	标注示例
普通平键		b = 18mm，h = 11mm，L = 100mm 的 A 型普通平键： GB/T 1096—2002　键 18 × 11 × 100 （A 型平键可不标出 A，B 型或 C 型则必须在规格尺寸前标出 B 或 C）
半圆键		b = 6mm，h = 10mm，D = 25mm 的半圆键： GB/T 1099.1—2003　键 6 × 10 × 25
钩头楔键		b = 18，h = 11mm，L = 100mm 的钩头楔键：GB/T 1565—2003　键 18 × 100

（六）轴类零件上螺纹结构的表达

1. 螺纹的要素

（1）螺纹牙型　在通过螺纹轴线的断面上，螺纹的轮廓形状，称为螺纹牙型。常用的螺纹牙型有三角形、梯形、锯齿形、矩形。具体参照表 3-2。

表 3-2　螺纹的种类、牙型图、特点及用途

螺纹种类		特征代号	牙　型　图	特点及用途说明
联接螺纹	普通螺纹	M	60°	普通螺纹是常用的联接螺纹，牙型为三角形，牙型角为 60°，螺纹特征代号为 M。普通螺纹又分为粗牙和细牙两种，它们的代号相同。一般联接都用粗牙螺纹。当螺纹的大径相同时，细牙螺纹的螺距和牙型高度比粗牙小，因此细牙螺纹适用于薄壁零件的联接

（续）

螺纹种类				特征代号	牙　型　图	特点及用途说明
联接螺纹	管螺纹	55°非密封		G		管螺纹主要用于联接管子，牙型为三角形，牙型角为 55°，管螺纹有两类： （1）55°非密封管螺纹　螺纹特征代号为 G，其内、外螺纹均为圆柱螺纹，内外螺纹旋合无密封能力，常用于电线管等不需要密封的管路中的联接。 （2）55°密封管螺纹　螺纹特征代号有 4 种：圆锥内螺纹（锥度 1∶16）为 Rc；圆柱内螺纹为 Rp；与圆柱内螺纹配合的圆锥外螺纹 R_1；与圆锥内螺纹配合的圆锥外螺纹 R_2。其内、外螺纹旋合后有密封能力，常用于水管、煤气管、润滑油管等
		55°密封	圆锥外螺纹	R_1、R_2	55°	
			圆锥内螺纹	Rc		
			圆柱内螺纹	Rp		
传动螺纹	梯形螺纹			Tr	30°	梯形螺纹为常用的传动螺纹，牙型为等腰梯形，牙型角为 30°，螺纹特征代号为 Tr
	锯齿形螺纹			B	3° 30°	锯齿形螺纹是一种受单向力的传动螺纹，牙型为不等腰梯形，一侧边牙型角为 30°，另一边牙型角为 3°，螺纹特征代号为 B

（2） 螺纹直径

1） 公称直径　代表螺纹尺寸的直径（管螺纹用尺寸代号表示）。

2） 大径　螺纹的最大直径如图 3-16 所示，即与外螺纹的牙顶或内螺纹的牙底相切的假想圆柱或圆锥的直径。外螺纹的大径用“d”表示，内螺纹的大径用“D”表示。

对于普通螺纹、梯形外螺纹、锯齿形螺纹等，螺纹大径即为“公称直径”。

3） 小径　螺纹的最小直径称为小径，即与外螺纹的牙底或内螺纹的牙顶相切的假想圆柱或圆锥的直径，分别用“d_1”和“D_1”表示。

4） 中径　一个假想圆柱或圆锥的直径，该圆柱或圆锥的母线通过牙型上沟槽和凸起宽度相等的地方，分别用“d_2”和“D_2”表示。

（3） 螺纹线数（n）　螺纹有单线和多线之分，沿一条螺旋线形成的螺纹，称为单线螺纹；沿两条或两条以上，且在轴向等距离分布的螺旋线形成的螺纹，称为多线螺纹。

（4） 螺距（P）与导程（P_h）　螺纹相邻两牙在中径线上对应两点间的轴向距离称为螺距。沿同一条螺旋线转一周，轴向移动的距离称为导程。单线螺纹的螺距等于导程，多线螺纹的螺距乘线数等于导程。

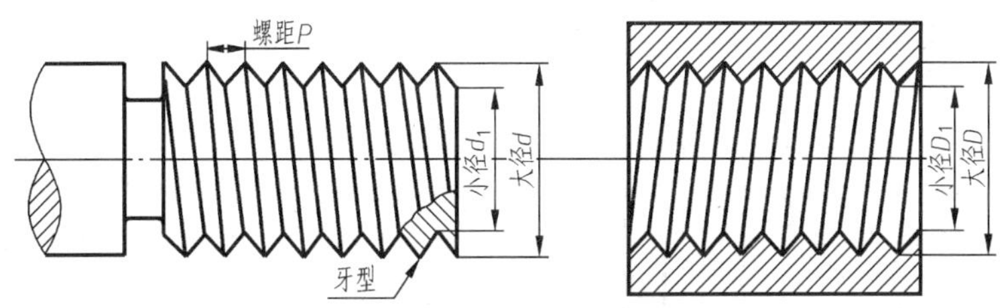

图 3-16　螺纹的直径

$$P_h = Pn$$

式中，P_h为螺纹的导程；n 为螺纹的线数；P 为螺距。

（5）螺纹旋向　螺纹有右旋和左旋之分，顺时针旋转时旋入的螺纹，称右旋螺纹；逆时针旋转时旋入的螺纹，称左旋螺纹。工程上常用右旋螺纹。如图 3-17 所示。

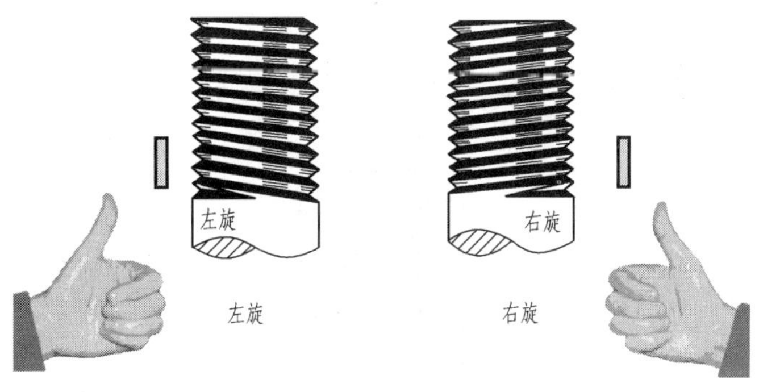

图 3-17　螺纹的旋向

螺纹的基本要素是确定螺纹形状和有关尺寸的基本依据。一对旋合的螺纹，基本要素必须相同，否则不能旋合。

2. 螺纹的画法

（1）外螺纹的规定画法　螺纹结构要素都已标准化，因此，画图时用规定的线型表示螺纹的大径、小径和终止线。

1）外螺纹的大径画粗实线。

2）外螺纹的小径画细实线，在螺杆的倒角或倒圆内的部分也应画出。在投影为圆的视图上，表示小径的细实线只画约 3/4 圈，倒角圆省略不画，如图 3-18a 所示。

3）有效螺纹的终止界线（简称终止线）画粗实线。外螺纹画成剖视图时，终止线只画一小段到小径处，剖面线应画到粗实线处，如图 3-18a 所示。

（2）内螺纹的规定画法　剖开表示时，大径为细实线，小径及螺纹终止线为粗实线，剖面线画到小径处。不剖开时，牙底、牙顶和螺纹终止线皆为虚线。在垂直于螺纹轴线的投影面的视图中，大径圆画成约为 3/4 圈的细实线，并规定螺纹孔的倒角圆也省略不画。图示 3-18b 为不同孔内螺纹的画法。

（3）内外螺纹的联接画法　在表示内外螺纹联接情况时，一般采用剖视图。内外螺纹的旋合部分按照外螺纹的画法绘制，未旋合的部分仍按照各自的画法绘制，如图 3-18c 所示，在装配中我们将进一步介绍螺纹紧固件的装配画法。

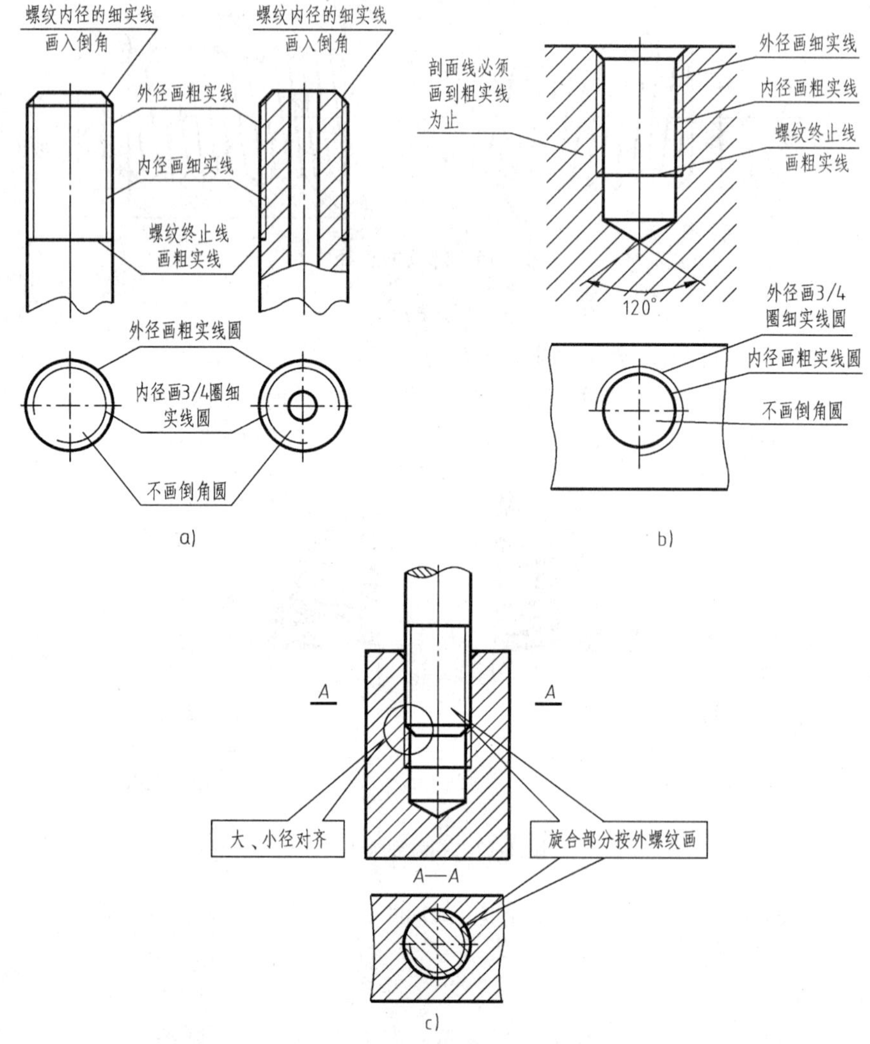

图 3-18 螺纹的画法

a）外螺纹规定画法 b）内螺纹规定画法 c）内外螺纹的旋合画法

3. 螺纹的标注

螺纹采用规定画法后，图上并不能反映螺纹的牙型、螺距、线数、旋向和制造精度等内容，还要借助代号的标注来加以说明。

（1）普通螺纹的标注 普通螺纹的完整标记由螺纹代号、公差带代号、旋合长度代号和旋向代号组成。

1）普通螺纹从大径处引出尺寸线，按标注尺寸的形式进行标注。

2）普通螺纹的公称直径为螺纹的大径；粗牙普通螺纹不标注螺距，细牙普通螺纹必须注明螺距。

3）右旋螺纹不标注，左旋螺纹标注代号“LH”。

4）普通螺纹必须标注螺纹的公差带代号，公差等级在前，基本偏差代号在后。中径和顶径的公差带代号不同时，先注中径、后注顶径的。

5）旋合长度是指两个相互旋合的螺纹，沿螺纹轴线方向相互旋合部分的长度。普通螺纹公差带按短（S）、中（N）、长（L）三组旋合长度给出了精密、中等及粗糙三种精度；旋合长度为中等时，可省略旋合长度代号 N，如图 3-19 所示。

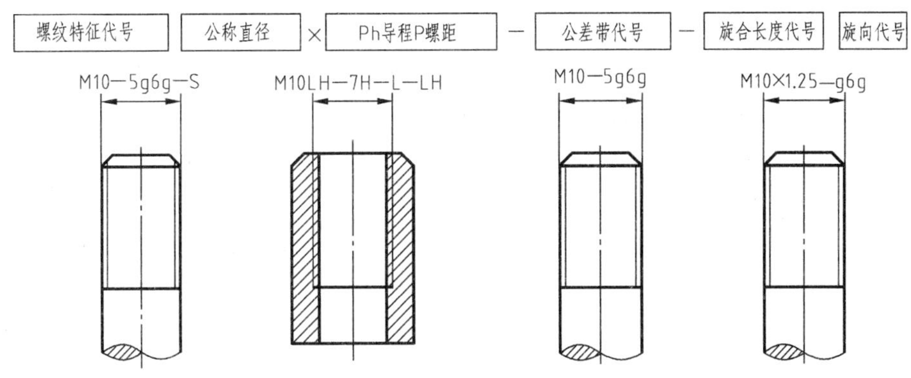

图 3-19　普通螺纹的标注

（2）梯形螺纹和锯齿形螺纹的标注

1）梯形和锯齿形螺纹从大径处引出尺寸线，按标注尺寸的形式进行标注。

2）梯形和锯齿形螺纹的公称直径为螺纹的大径。

3）多线梯形螺纹应标注“导程（P 螺距）”。

4）右旋螺纹不标注，左旋螺纹标注代号“LH”。

5）梯形和锯齿形螺纹只标注中径公差带代号。

6）旋合长度为中等时，可省略旋合长度代号 N，如图 3-20 所示。

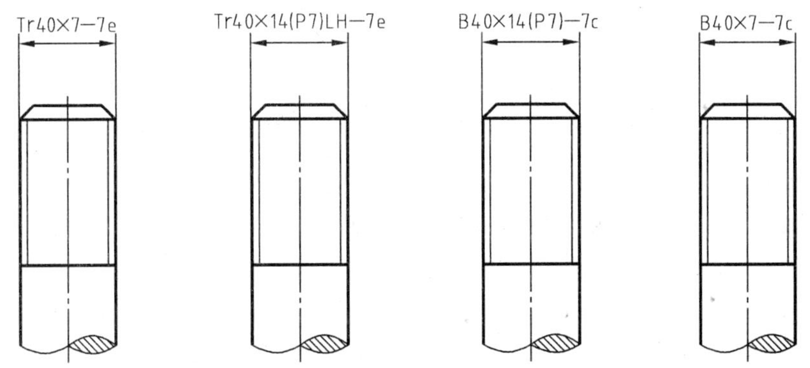

图 3-20　梯形螺纹和锯齿形螺纹的标注

（3）管螺纹的标注　管螺纹必须采用从大径轮廓线上引出的标注方法，各种管螺纹的尺寸代号都不是螺纹的大径，而近似地等于管子的孔径。

（4）非标准螺纹的标注　非标准螺纹必须画出牙型并标注全部尺寸，如图 3-21 所示。

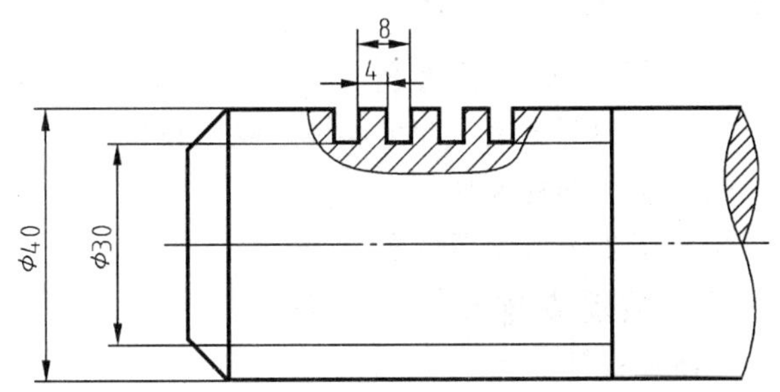

图 3-21　非标准螺纹的标注

4. 螺纹联接件的画法

常用的螺纹联接件有螺栓、螺柱、螺钉、螺母等，在这里主要介绍这些螺纹联接件的比例画法，如图 3-22 所示。

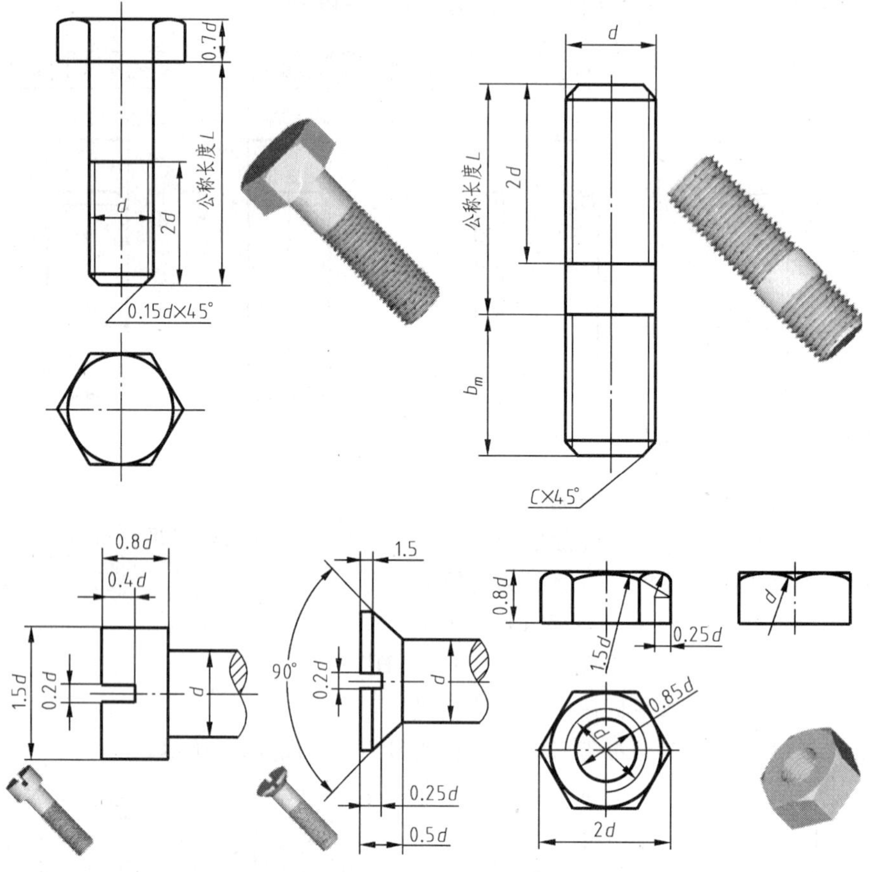

图 3-22　螺栓、螺柱、螺钉、螺母的比例画法

【小试身手】

(1) 对轴类零件不同的形体结构进行画法练习。

(2) 综合训练，让学生按要求选择正确的表达方法绘制轴类零件的相关结构。

【评价】

评价学生绘制的视图是否正确，表达是否合理，图线是否规范。

3.1.2　轴类零件常见公差的标注

一、教学场地的准备

(1) 专用制图室，配多媒体、绘图桌椅。

(2) 机械图样及挂图。

(3) 学生准备绘图仪器。

二、活动安排及教学步骤

【活动安排】

(1) 给出主轴模型（见图 3-23）和主轴零件工作图（见图 3-26），学生试读零件图，引入相关技术要求的内容。

（2）教师结合学生讨论的结果进行本任务相关知识点讲解。

（3）学习直线度、圆度、圆柱度、垂直度与同轴度、跳动公差。

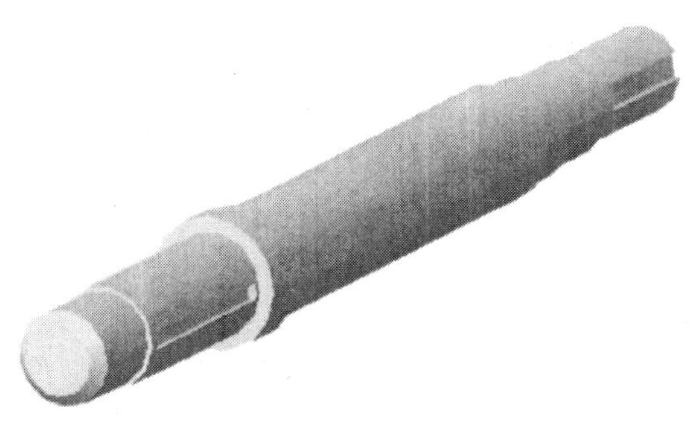

图 3-23　主轴模型

【知识链接】

（一）形位公差

由于机床的精度、加工方法等因素使零件加工后，在其表面、轴线、对称表面等的实际形状和位置相对理想形状和位置的偏差。

例如图 3-24a 所示为一理想形状的销轴，而加工后的实际形状则是轴线变弯了（见图 3-24b），因而产生了直线度误差。

又如图 3-25a 所示为一要求严格的平板，加工后的实际位置却是上表面倾斜了（见图 3-25b），因而产生了平行度误差。

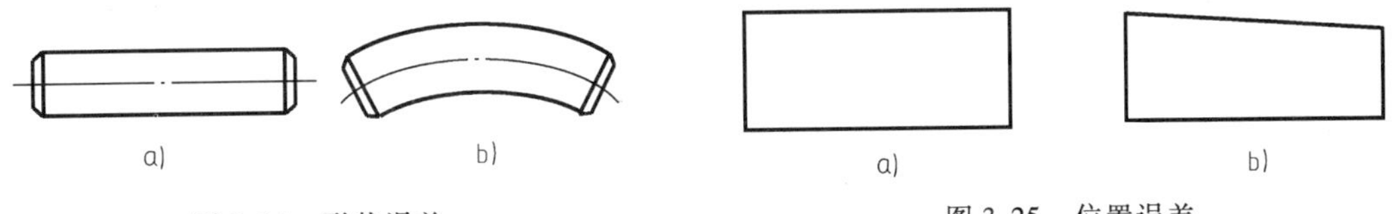

图 3-24　形状误差　　图 3-25　位置误差

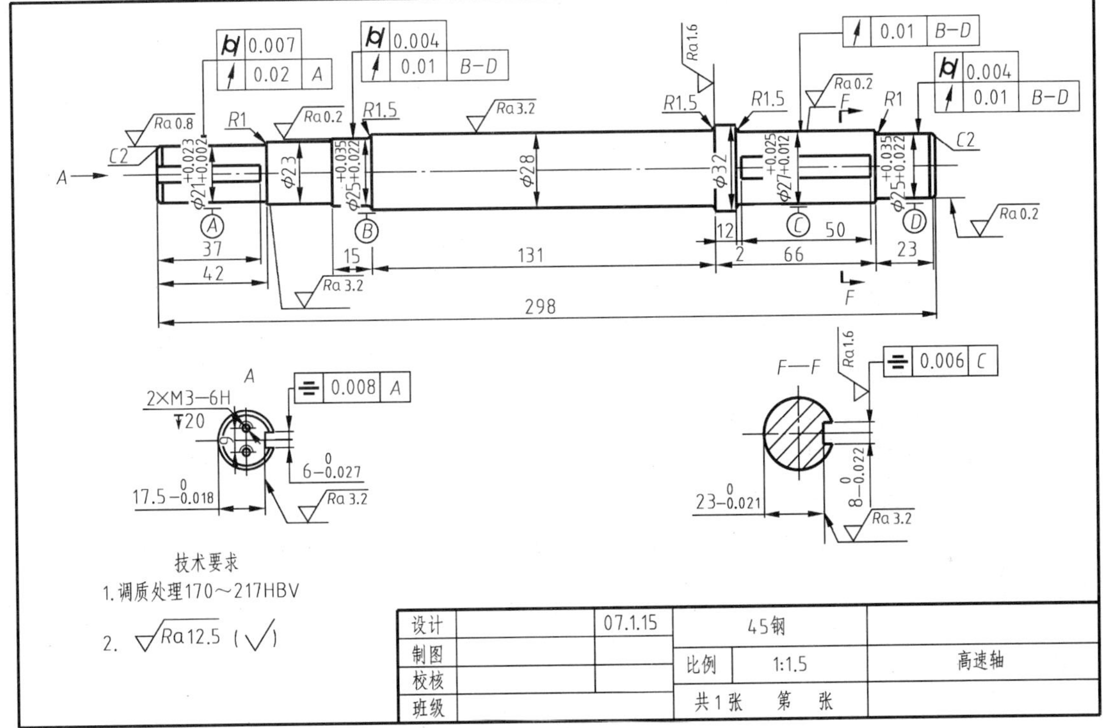

图 3-26　主轴零件图

由于零件存在严重的形状和位置误差，将使其装配造成困难，影响机器的质量，因此，对于精度要求较高的零件，除给出尺寸公差外，还应根据设计要求，合理地确定出形状和位置误差的最大允许值，为此，国家标准又规定了一项保证零件加工质量的技术指标——形状和位置公差（简称形位公差）。

（二）形位公差项目和符号

形状公差4个项目符号、形状或位置公差2个项目符号、位置公差8个项目符号，见表3-3。

表3-3 形位公差项目和符号

公差		特征项目	符号	有或无基准要求
形状	形状	直线度	—	无
		平面度	▱	无
		圆度	○	无
		圆柱度	⌭	无
形状或位置	轮廓	线轮廓度	⌒	有或无
		面轮廓度	⌓	有或无
位置	定向	平行度	//	有
		垂直度	⊥	有
		倾斜度	∠	有
	定位	位置度	⌖	有或无
		同轴(同心)度	◎	有
		对称度	⌯	有
	跳动	圆跳动	↗	有
		全跳动	⌰	有

（三）概念解释

（1）要素　指零件上的特征部分——点、线或面。这些要素是实际存在的，也可以是由实际要素取得的轴线或中心平面。

（2）被测要素　给出形状或位置公差的要素。

（3）基准要素　用来确定被测要素方向或位置的要素。理想基准要素简称要素。

（4）轮廓要素　构成零件外形能直接为人们所感觉到的点、线、面。当被测要素或基准要素为轮廓要素，形位公差代号指引线箭头或基准符号连线应指在表示相应轮廓要素的线上或该线的延长线，并明显与尺寸线错开。

（5）中心要素　表示轮廓要素的对称中心的点线面成为中心要素。当被测要素和基准要素为中心要素时，形位公差代号的指引线箭头或基准连线应与该要素轮廓的尺寸线对齐。

（6）形状公差　单一实际要素的形状所允许的变动全量。

（7）位置公差　关联实际要素的位置对基准所允许的变动全量。

(8) 公差带　根据被测要素的特征和结构尺寸，公差带的主要形式有：圆内的区域；两同心圆之间的区域；两同轴圆柱之间的区域；两等距曲线之间的区域；两平行直线之间的区域；圆柱面内的区域；两等距曲面之间的区域；两平行平面之间的区域；球内的区域。

(四) 形位公差代号和基准符号的画法

标注形位公差时，应采用代号，且以框格形式标注，如图3-27所示。

基准符号由粗短直线（线宽为粗实线的约2倍，长为5～10mm）、连接线、圆圈及字母组成。基准符号和形位公差代号的画法，如图3-27所示。

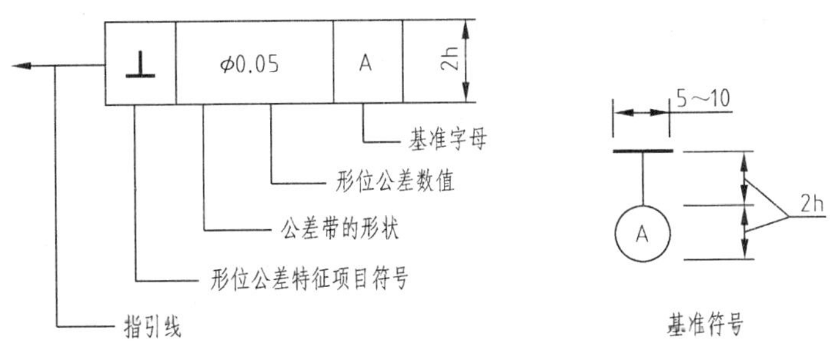

图3-27　形位公差代号和基准符号的画法

(五) 形位公差标注和解释、形位公差带定义

根据本任务的需要，只讲解下列几种公差。

1. 形状公差

(1) 直线度公差（见图3-28）

1) 标注和解释　被测表面的速线必须位于平行于图样所示投影面且距离为公差至0.1mm的两平行直线内。

2) 公差带定义　在给定的平面内，公差带是距离为公差值 t 的两平行直线间的区域。

(2) 圆度公差（见图3-29）

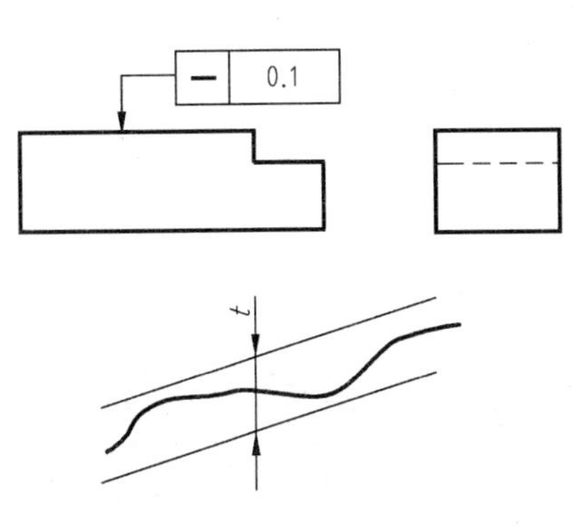

图3-28　直线度公差

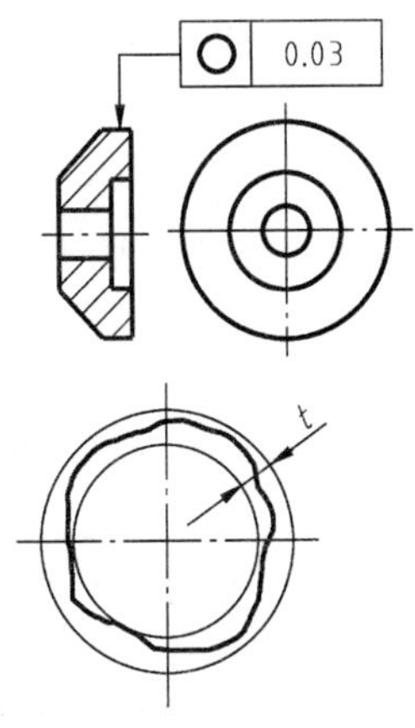

图3-29　圆度公差

1) 标注和解释　被测圆柱面任一正截面的圆周必须位于半径差为0.03mm的同心圆内。

2) 公差带定义　公差带是在同一正截面上，半径差为公差值 t 的两同心圆之间的区域。

(3) 圆柱度公差（见图3-30）

1) 标注和解释　被测圆柱面必须位于半径差为公差值0.1mm的两同轴圆柱面之间。

2）公差带定义　公差带是半径差为公差值 t 的两同轴圆柱面之间的区域。

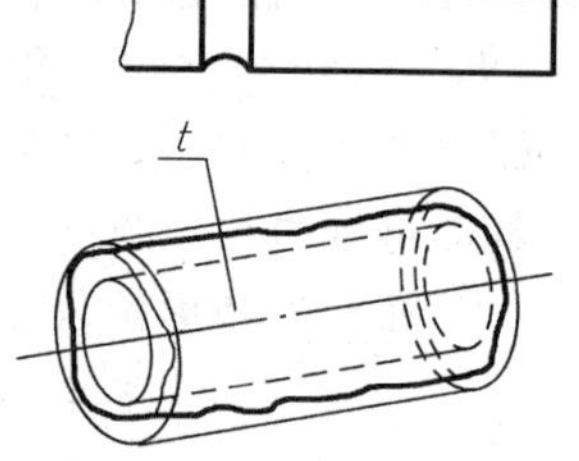

图 3-30　圆柱度公差

2. 位置公差

（1）垂直度公差（见图 3-31）

1）标注和解释　被测轴线必须位于直径为公差值 ϕ0.01mm 且垂直于基准面 A 的圆柱面内。

2）公差带定义　如果公差值前加注 ϕ，则公差带是直径为公差值 t 且垂直于基准面的圆柱面内的区域。

（2）同轴度公差（见图 3-32）

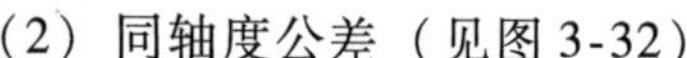

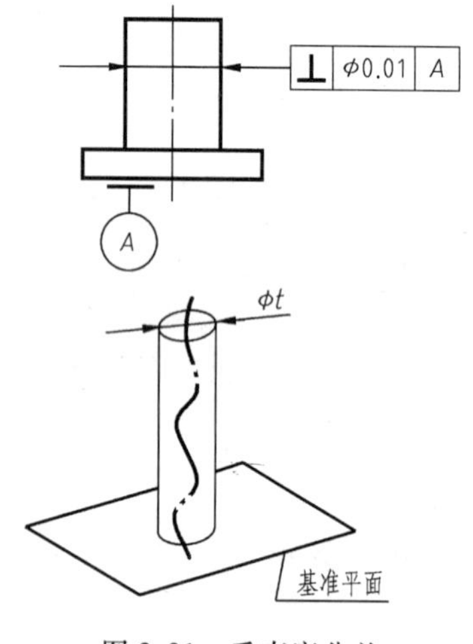

图 3-31　垂直度公差

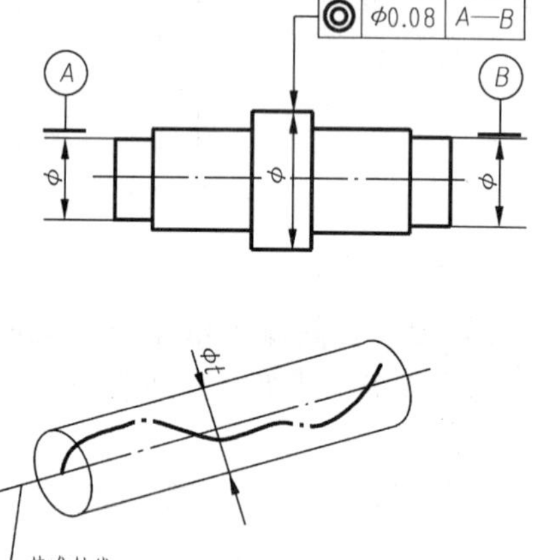

图 3-32　同轴度公差

1）标注和解释　圆柱面的轴线必须位于直径为公差值 ϕ0.08mm 且与公共基准线 $A—B$ 同轴的圆柱面内。

2）公差带定义　公差带为直径为公差值 ϕt 的圆柱面内的区域，该圆柱面的轴线与基准轴线同轴。

（3）对称度公差（见图 3-33）

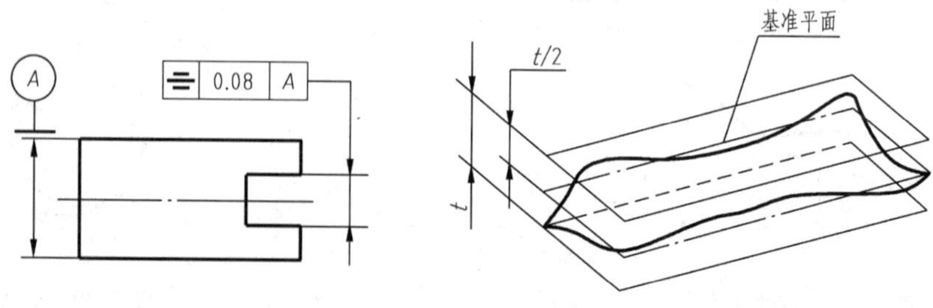

图 3-33　对称度公差

1）标注和解释　被测中心平面必须位于距离为公差值 0.08mm 且相对于基准中心平面 A 对称配置的两平行平面之间。

2）公差带定义　公差带是距离为公差值 t 且相对基准的中心平面对称配置的平行平面

之间的区域。

（4）圆跳动公差（见图 3-34）

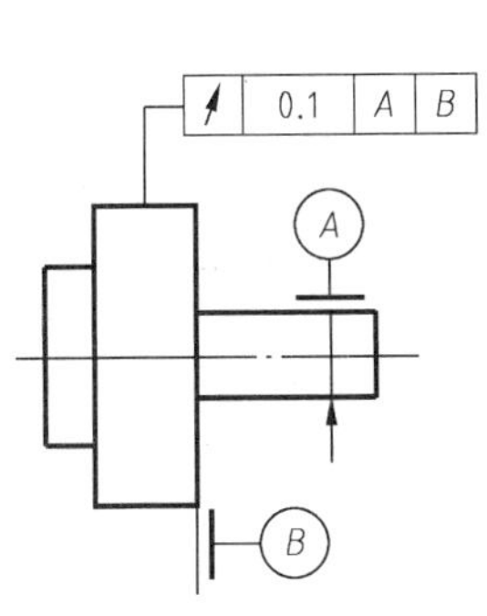

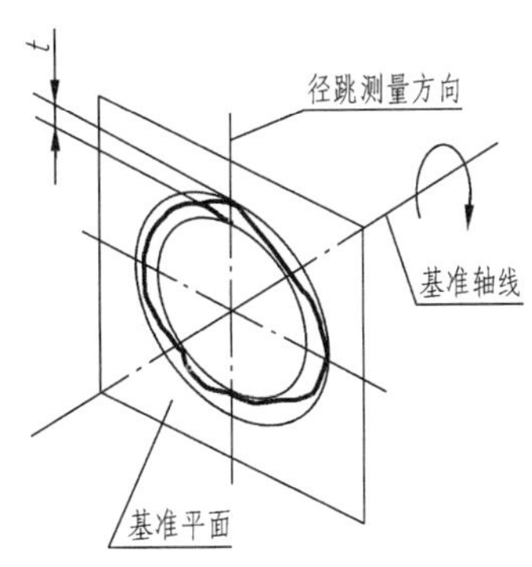

图 3-34　圆跳动公差

1）标注和解释　当被测要素围绕基准线 A 并同时受基准 B 的约束旋转一周时，在任一测量平面内的径向圆跳动量均不得大于 0.1mm。

2）公差带定义　公差带是在垂直于基准轴线的任一测量平面内，半径差为公差值 t 且圆心在基准轴线上的两同心圆的区域。

（六）形位公差的标注

（1）代号中的指引线箭头与被测要素的连接方法如下。

1）当被测要素为线或表面时，指引线的箭头应指在该要素的轮廓线或其延长线上，并应明显地与尺寸线错开，见图 3-35a。

2）当被测要素为轴线或中心平面时，指引线的箭头应与该要素的尺寸线对齐，如图 3-35b 所示。

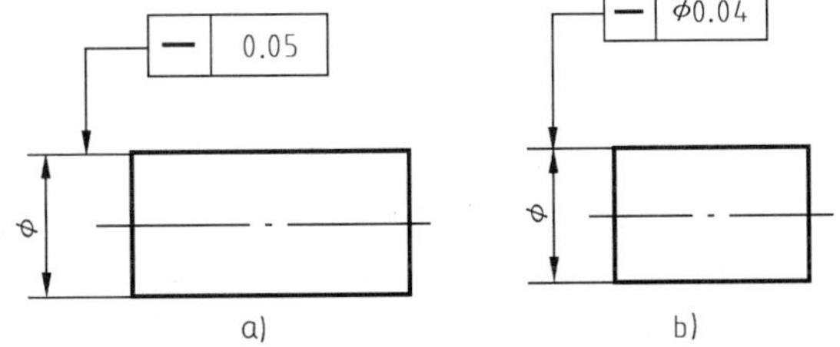

图 3-35　指引线箭头与被测要素相连方法

（2）基准符号与基准要素的连接方法　对于位置公差还需要用基准符号表明被测要素的基准要素，此时基准符号与基准要素连接的方法如下。

1）当基准要素为素线及表面时，基准符号应靠近该要素的轮廓线或其引出线标注，并应明显地与尺寸线错开，如图 3-36a 所示。

2）当基准要素为轴线或中心平面时，基准符号应与该尺寸线对齐，见图 3-36b。

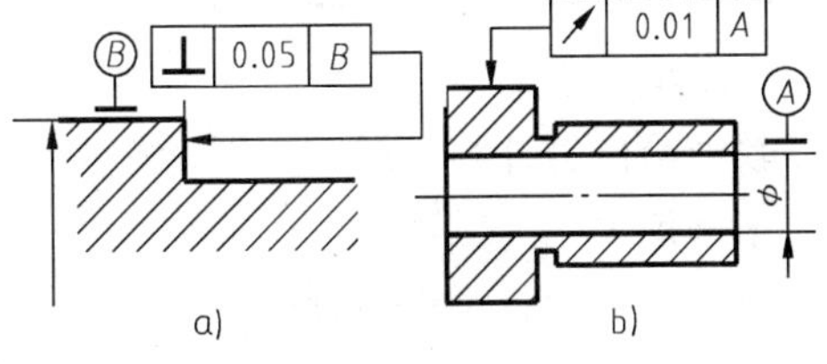

图 3-36　一般基准要素的标注方法

（3）有多项形位公差要求　当同一个被测要素有多项形位公差要求，其标注方法又是一致时，可以将这些框格画在一起，共用一根指引线箭头，见图 3-37。

（4）多个被测要素有相同公差要求　若多个被测要素有相同的形位公差（单项或多项）要求时，可以在从框格引出的指引线上绘制多个箭头并分别与各被测要素相连，如图 3-38 所示。

（5）需给出被测要素任一长度公差　如需给出被测要素任一长度（或范围）的公差值时，其标注方法如图 3-39 所示。

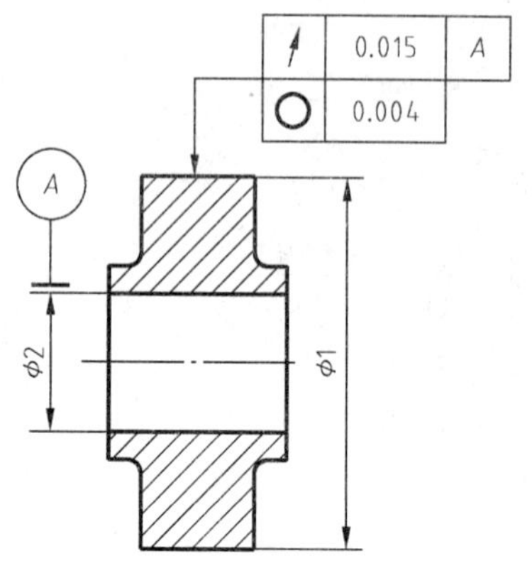

图 3-37　共有箭头的标注方法图

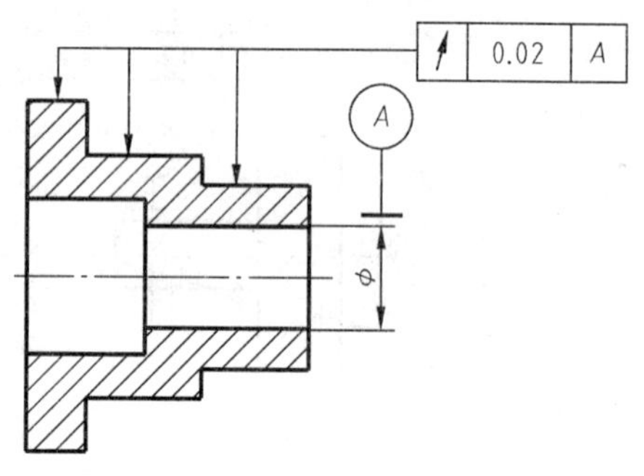

图 3-38　共用指引线的标注方法

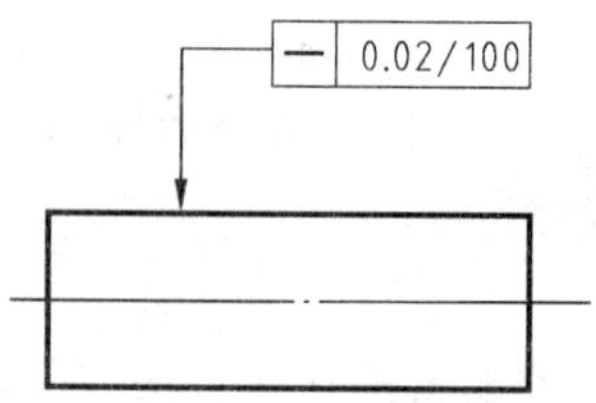

图 3-39　被测范围的标注方法

（6）形位公差有附加要求　形位公差有附加要求时标注（见表 3-4）

表 3-4　附加要求符号表格

含　义	符　号	示　例
只许中间向材料内凹下	(—)	— t (—)
只许中间向材料外凸起	(+)	▱ t (+)
只许从左至右减小	(▷)	⌭ t (▷)
只许从右至左减小	(◁)	⌭ t (◁)

【小试身手】

教师给出另外零件图，让同学们按照要求进行形位公差的标注和识读训练。

【评价】

评价学生能否正确进行形位公差的标注和识读。

3.1.3　测绘轴类零件

一、教学场地的准备

（1）专用制图室，配多媒体。

（2）机械图样及挂图。

二、活动安排及教学步骤

【活动安排】

(1) 分发轴类零件模型，让同学们根据前面学习的轴类零件表达方法拟定合理的表达方案。

(2) 根据同学们的讨论，教师进行本任务相关知识点总结和讲解。

【知识链接】

零件测绘是学习机械制图的重要环节，零件测绘需遵循一定的步骤，测绘的基本方法与步骤如下。

(一) 了解和分析被测绘零件测绘零件

首先应了解被测绘零件的名称、材料、它在机器（或部件）中的位置、作用及与相邻零件的关系，然后对零件的内、外结构形状进行分析。

(二) 确定零件的表达方案

轴类零件通常用一个基本视图和移出断面或局部放大图表示，基本视图的轴线水平放置，轴上的键槽放置在前面，用移出断面表示键槽的深度，砂轮越程槽或退刀槽常用局部放大图表示。

(三) 画零件草图

零件草图的内容和零件图相同，可以徒手完成，要求视图和尺寸完整、图线清晰、字体工整，并注写必要的技术要求，画草图的步骤。

(1) 根据零件的总体尺寸和大致比例确定图幅，画边框线和标题栏，布置图形定出各视图的位置，画主要轴线、中心线。

(2) 以目测比例徒手画出图形。

(3) 检查并擦除多余线，描深，画剖面线，确定尺寸基准并根据尺寸基准画出尺寸线和箭头。

(四) 尺寸测量

绘制出草图之后，确定要测量的尺寸，测量尺寸之前，要根据被测尺寸的精度选择测量工具，线性尺寸的主要的测量工具有千分尺、游标卡尺和钢直尺等，千分尺的测量精度在IT5-IT9之间，游标卡尺的测量精度在IT10以下，钢直尺一般用来测量非功能尺寸，内外卡规配合使用可测量其他工具无法测到且精度要求不高的尺寸。

轴类零件的测量尺寸主要有以下几类：

(1) 轴径尺寸的测量　由测量工具直接测量的轴径尺寸要经过圆整，使其符合国家标准（GB/T 2822—2005）推荐的尺寸系列，与轴承配合的轴径尺寸要和轴承的内孔系列尺寸相匹配。

(2) 轴向长度尺寸的测量　轴向长度尺寸一般为非功能尺寸，用测量工具测出的数据圆整成整数即可，需要注意的是，长度尺寸要直接测量，不要用各段轴的长度累加计算总长。

(3) 键槽尺寸的测量　键槽尺寸主要有槽宽 b、深度 t 和长度 L，从外观即可判断与之配合的键的类型根据测量出的 b、t、L 值，结合轴径的公称尺寸，查阅 GB 1096—1979，取标准值。

(4) 螺纹尺寸的测量　螺纹大径的测量可用游标卡尺，螺距的测量可用螺纹规。在没有螺纹规时可用薄纸压痕法，采用压痕法时要多测量几个螺距，然后取标准值。

（5）绘制轴的零件图　图 3-40 是轴的零件图。零件图包含四大内容：

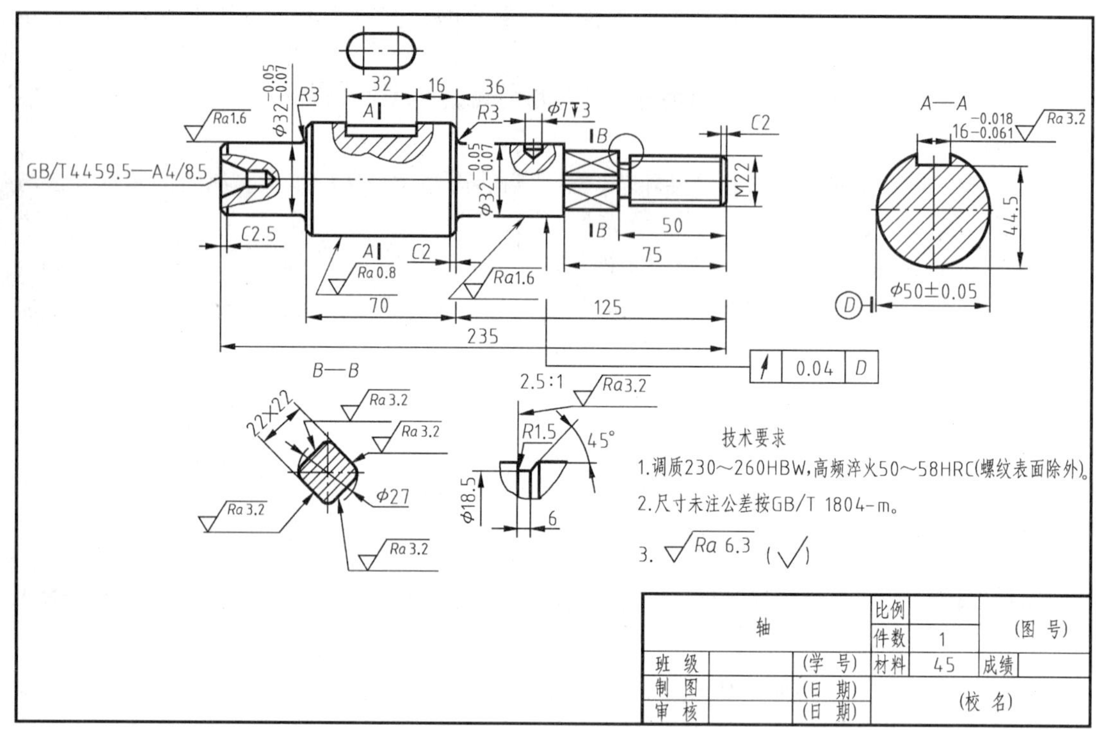

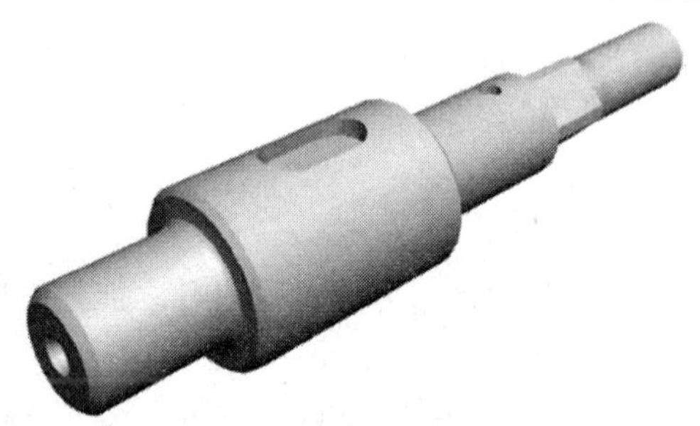

图 3-40　轴的零件图

1）一组视图　它由一个主视图和两个移出断面图、一个局部放大图组成。局部放大图将轴上退刀槽或砂轮越程槽放大并标注尺寸，两处剖面图分别表达轴上键槽和平面结构，主视图上还采用了几处局部剖视图表达内部孔结构及尺寸。

2）一组尺寸　主要的径向尺寸由三段阶梯组成，它们为 $\phi50\pm0.08$、$\phi42$、M22。径向基准为轴线，轴向基准为右端面。

3）技术要求　图形中体现了不同表面的粗糙度要求，$\phi42$ 轴径相对于轴线的圆跳动要求，以及右下方通过文字体现出来的材质处理要求等。

4）标题栏　从标题栏可知，零件名称为轴，材料为 45 号钢，绘图比例是 1∶1。

（五）尺寸标注的注意事项

标注尺寸要求做到：正确、完整、清晰、合理。

尺寸标注正确，线型、箭头、尺寸数字符合国家标准《机械制图》的相关规定。

所标注的尺寸数量齐全，不遗漏、不重复。

尺寸的配置清晰、合理，便于看图、检测。

零件的大小可由长、宽、高三个方向的尺寸确定，一般情况下，这三个方向的尺寸都要标注出来。有些形体的三个方向的尺寸中有两个或三个方向是相互关联的，如回转体有两个方向的尺寸相等。轴类零件的尺寸标注只需标注轴向和径向两个方向的尺寸。

阶梯轴的轴向尺寸标注方式可以分为这样三种形式（如图3-41所示）。

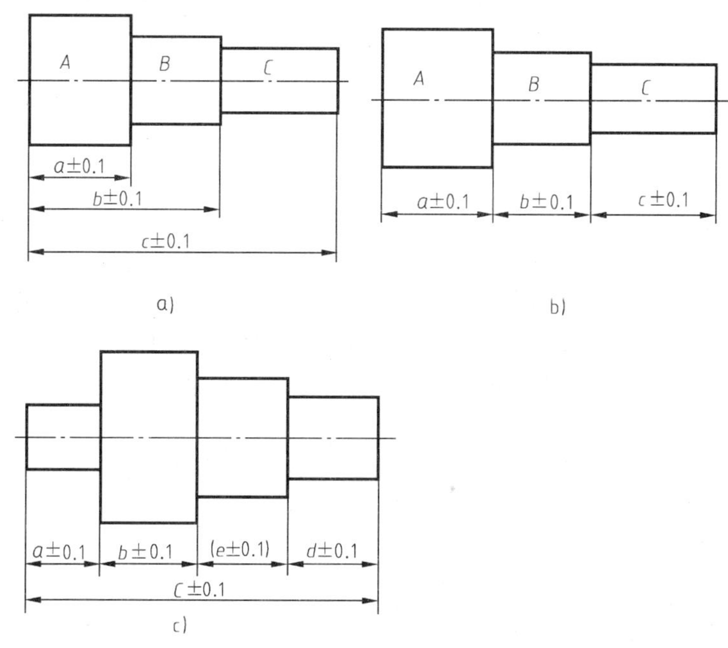

图3-41 尺寸标注的三种形式

a）坐标式尺寸注法 b）链式尺寸注法 c）综合式尺寸注法

1. 坐标式

零件同一方向的几个尺寸由同一基准（即尺寸标注的起点）出发，称为坐标式。坐标式能保证所注尺寸误差的精度要求，加工时各段尺寸精度互不影响，不产生位置误差积累。如图3-41a）所示，B、C两段尺寸分别为（$b-a$）±0.2、（$c-b$）±0.2。

2. 链式

零件同一方向的几个尺寸依次首尾相连，称为链式，如图3-41b）所示。链式尺寸标注可保证各段尺寸的精度要求。但由于基准依次推移，使各段尺寸的基准位置相对于起始基准受到影响，从而产生累计误差。

3. 综合式

零件同方向尺寸标注既有链状式又有坐标式标注的，称为综合式，如图3-41c）所示。此种形式既能保证零件一些部位的尺寸精度，又能减少各部位的尺寸位置误差积累，在尺寸标注中应用最广泛。

生产实践中，多采用综合式尺寸注法，因为要合理的标注尺寸，需要考虑以下几个因素：

（1）确定尺寸基准。零件的尺寸基准是指零件在设计、加工、测量和装配时，用来确定尺寸起始点的一些面、线或点。选取尺寸基准时，力求尺寸基准与设计基准、工艺基准一致（设计基准是指根据零件的结构和设计要求而选定的尺寸起始点；工艺基准是指根据零件在加工、测量、安装时的要求而选定的尺寸起始点。

（2）任何一个零件都有长、宽、高三个方向（或轴向、径向两个方向）的尺寸，每个方向的尺寸至少有一个基准，这三个基准就是主要基准。必要时还可以增加一些基准，即辅助基准。要注意的是：主要基准和辅助基准之间一定要有尺寸联系。

（3）主要尺寸（指影响零件性能的尺寸，或影响零件在机器中工作精度、装配精度等的尺寸）应从基准出发直接标注出，以保证加工时达到设计要求，避免尺寸之间的换算。一般说来，轴的总长需要直接标注。

（4）避免标注成封闭的尺寸链。如图 3-41 中，若注出尺寸（$e\pm0.1$），则轴上各段尺寸精度可以保证，但总长度的尺寸差，等于其他各环尺寸误差之和。欲同时满足各组成环的尺寸精度和总的尺寸精度是办不到的。因为尺寸 c 是尺寸 a、b、e、d 之和，尺寸 c 又有一定的精度要求，而在加工时 a、b、e、d 的误差均会积累到尺寸 c 上，若要保证 c 的精度，就必须提高 a、b、e、d 的加工精度，这将给加工带来困难，并提高成本。所以在几个尺寸构成的尺寸链中，应选一个不重要的尺寸空出不标，如图 3-41 中，空出 $e\pm0.1$，使所有的尺寸误差都积累到这一段，以保证重要的尺寸的精度，提高加工的经济性，同时这样既便于看图，又便于加工测量。

（5）尺寸标注还应考虑工序和测量。如图 3-42 所示阶梯轴画法，如果毛坯长度为 164，直径为 $\phi50$，则该阶梯轴的加工顺序可按下列方案进行：

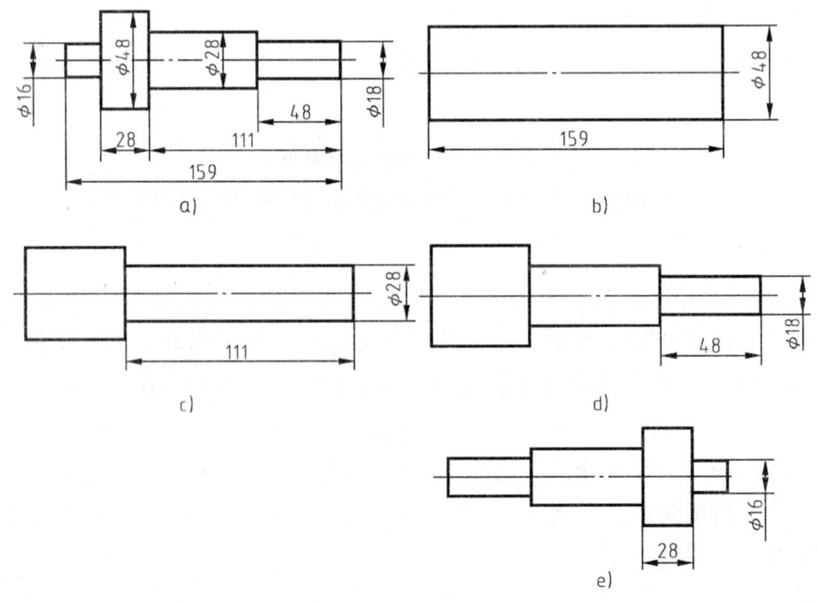

图 3-42　阶梯轴画法

1）车两端面，保证总长 159mm。

2）车 $\phi48$ 的外圆。

3）掉头车 $\phi28$ 外圆到长 111。

4）车 $\phi18$，定 48 长。

5）再调头车 $\phi16$，留28长。

这样各部分的尺寸均可通过加工保证，只有 $\phi28$ 圆柱部分的长度是由其他尺寸间接保证的。

（6）考虑加工方法。用不同工种加工的尺寸应尽量分开标注，这样配置的尺寸清晰，便于加工时看图。如图3-43中的铣削、车削尺寸分布。

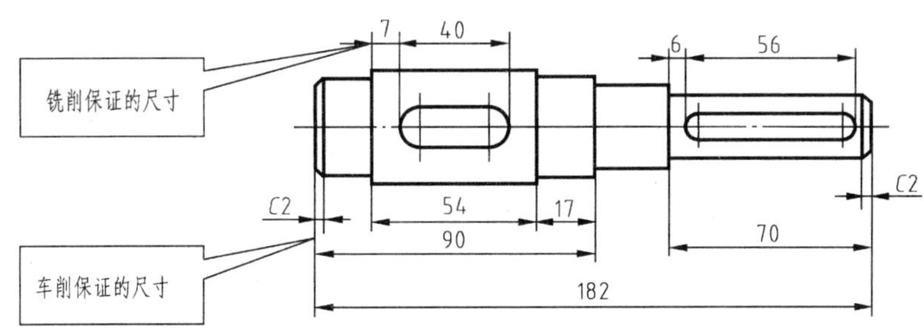

图3-43　铣削、车削尺寸分布

（7）零件的内外结构尺寸宜分开标注（见图3-44）。

（8）考虑测量的方便与可能的标注法（见图3-45）。

【小试身手】

学生分组对轴类零件进行测绘，并绘制其零件工作图。

【评价】

评价学生测绘的方法与步骤是否正确，表达方案是否合理，视图表达是否正确，图线是否规范，标注是否正确。

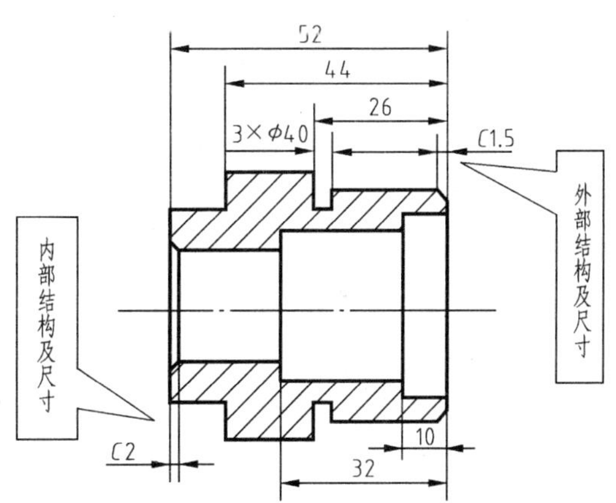

图3-44　零件内外结构尺寸标注

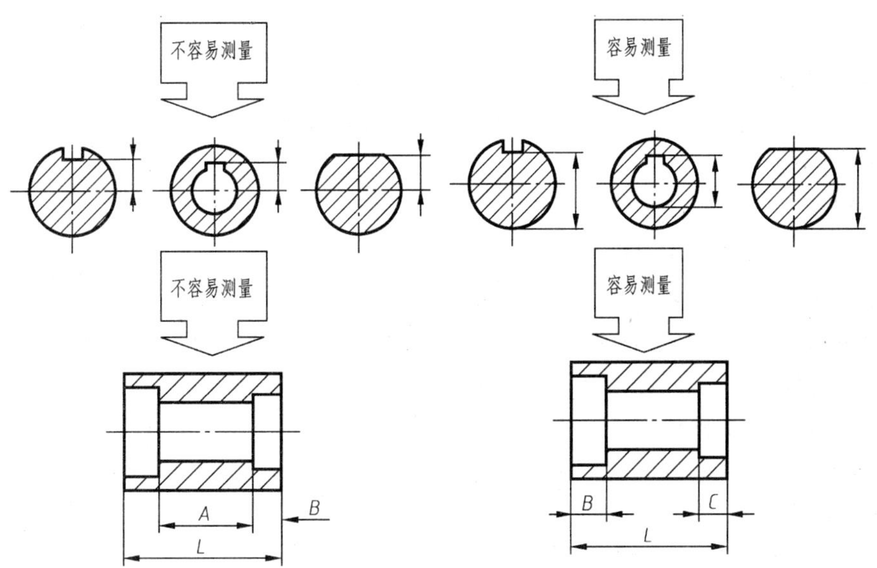

图3-45　方便测量的标注法

3.2 盘类零件图识读与测绘

3.2.1 测绘法兰零件

一、教学场地的准备

(1) 专用制图室，配多媒体。

(2) 机械图样及挂图。

二、活动安排及教学步骤

【活动安排】

(1) 给同学们演示垫圈、法兰零件（见图3-46），引导学生观察其结构特点，并讨论如何才能将零件表达清楚。

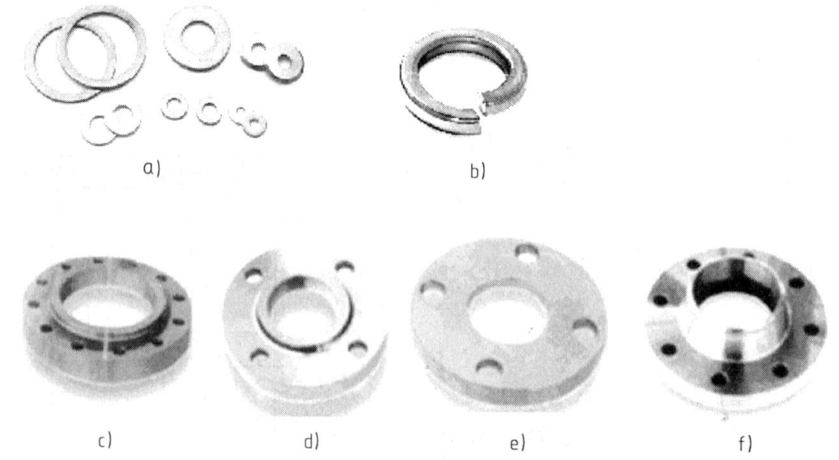

图3-46 垫圈、法兰实物图

a) 平垫圈 b) 弹簧垫圈 c) 滑动法兰 d) 螺纹法兰 e) 平板法兰 f) 焊颈法兰

(2) 根据学生的讨论教师进行本任务相关知识点的总结和讲解。

(3) 应用全剖视图、简化画法表达零件，正确合理标注。

【知识链接】

(一) 垫圈

垫圈一般放在螺母下面，可避免旋紧螺母时损伤被联接零件的表面。常用的有平垫圈（见图3-47）、弹簧垫圈等，弹簧垫圈可防止螺母松动脱落，其均属于标准件。标准件指结构、尺寸和画法都已全部标准化，一般由标准件厂大量生产，使用单位可按要求根据有关标准选用。

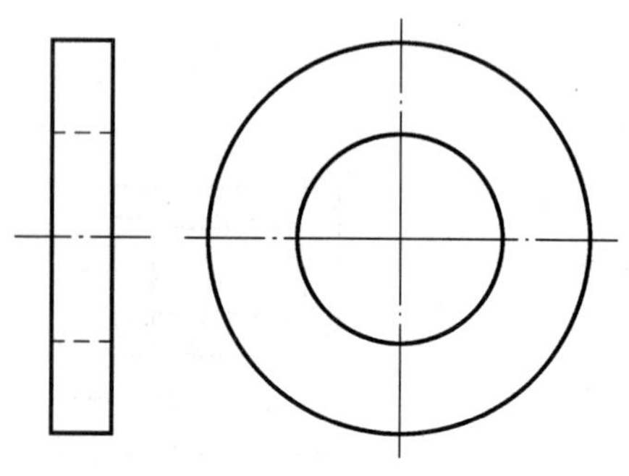

图3-47 垫圈视图

垫圈有规定的完整标记，通常可给出简化标记，只标注出名称、标准号和规格尺寸。如

垫圈规格尺寸为螺纹大径 d，其标注示例为

垫圈　GB/T 97.2—1985　10

表示公称直径 $d=10$mm，即与 M10 的螺栓配用，有倒角的平垫圈。

（二）剖视图

剖视图的画法　法兰等盘盖类零件的内部结构相对于外部结构较复杂，一般要运用剖视图来进行视图的表达，下面我们先学习剖视图的相关绘图规则。

1. 剖视图的形成

在用视图表达机械零件时，其内部结构都用虚线表示，内部结构形状愈复杂，视图中的虚线越多，这样会影响图面的清晰，给读图和尺寸标注都造成了相应的不便，如图 3-48a 填料压盖的视图表达。为了减少视图中的虚线，使图面清晰，可以使用剖视图的方法表达机械零件的内部结构和形状，如图 3-48b 填料压盖的剖视图表达。

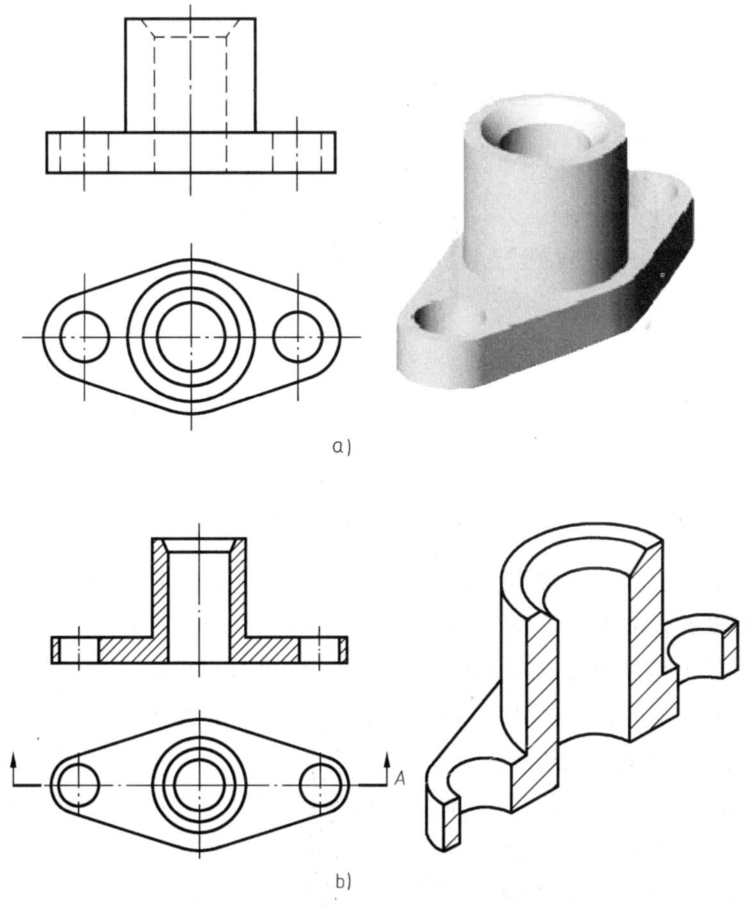

图 3-48　填料压盖视图的画法

a）填料压盖视图　b）填料压盖剖视图的画法

剖视图是假想用一平面将机械零件剖开，移去剖切面和观察者之间的部分，将其余部分向投影面投射，并在剖面区域内画上剖面符号，将这样的视图称之为全剖视图，如图 3-49 所示。

2. 剖视图的画法

（1）确定剖切面的位置。

（2）将处在观察者和剖切面之间的部分移走，而将其余部分全部向投影面投影。

（3）在剖面区域划上剖面符号，剖视图中的虚线一般可省略。

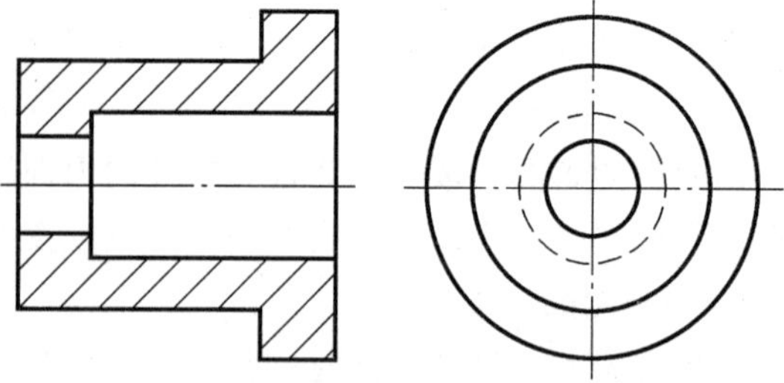

图 3-49 全剖视图

3. 画剖视图的注意事项

（1）剖切平面的选择 通过机械零件的对称面或轴线且平行或垂直于投影面。

（2）剖切是一种假想，其他视图仍应完整画出（见图 3-50a）。

（3）剖切面后的可见部分要全部画出。

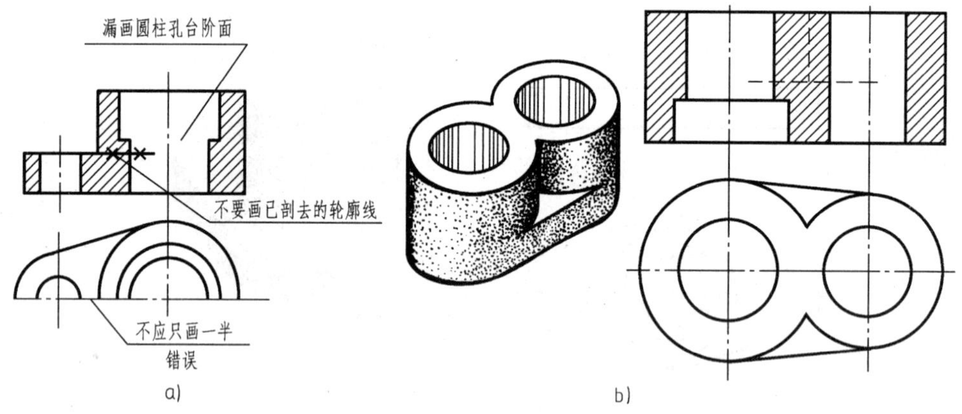

图 3-50 画剖视图的注意事项

（4）在剖视图上已经表达清楚的结构，在其他视图上此部分结构的投影为虚线时，其虚线省略不画。但没有表示清楚的结构，允许画少量虚线（见图 3-50b）。

（5）不需在剖面区域中表示材料的类别时，剖面符号可采用通用剖面线表示。通用剖面线为细实线，要与水平方向成45°，同一物体的各个剖面区域，其剖面线画法应一致。

4. 两个相交剖切平面的剖切方法

两个相交的剖切面——适用于当机械零件的内部结构形状用一个剖切平面剖切不能表达完全，且机械零件又具有公共回转轴线时。

（1）两剖切面的交线一般应与机械零件的公共回转中心重合。

（2）先假想按剖切位置剖开机械零件，然后，将被剖切平面剖开的结构及其有关部分旋转到与选定的投影面平行后，再投射画出，以反映被剖切机构的真形，但在剖切平面以后的其他结构一般仍按原来位置投射画出，如图 3-51 中央的小油孔的表达。

（三）盘类零件的简化画法

简化画法是指包括规定画法、省略画法、示意画法等在内的图示方法。其中，规定画法是对标准中规定的某些特定的表达对象所采用的特殊图示方法，如机械图样中对螺纹、齿轮

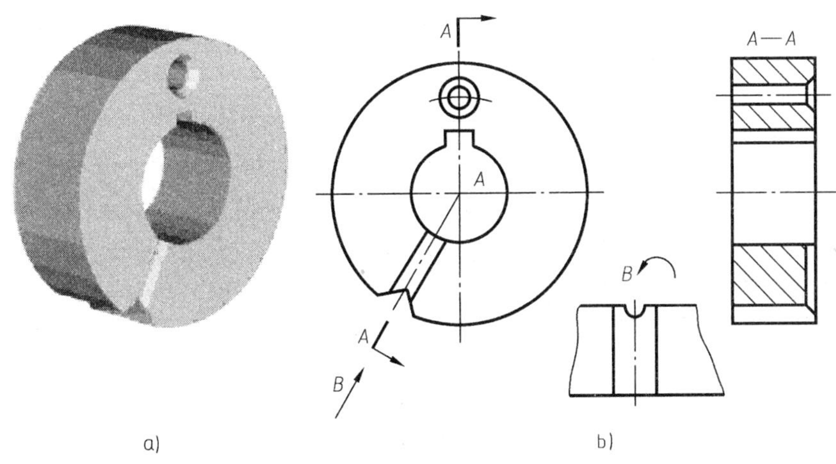

图 3-51　盘类零件与视图

的表达；省略画法是通过省略重复投影、重复要素、重复图形等达到使图样简化的图示方法，本节所介绍的简化画法多为省略画法；示意画法是用规定符号、较形象的图线绘制图样的示意性图示方法，如滚动轴承、弹簧的示意画法等。下面介绍国家标准中规定的几种常用盘类零件简化画法。

（1）在不引起误解时，对称机件的视图可以只画 1/2 或 1/4，并在对称中心线的两端画出两条与其垂直的平行细实线。有时还可用略大于一半画出，如图 3-52 所示。

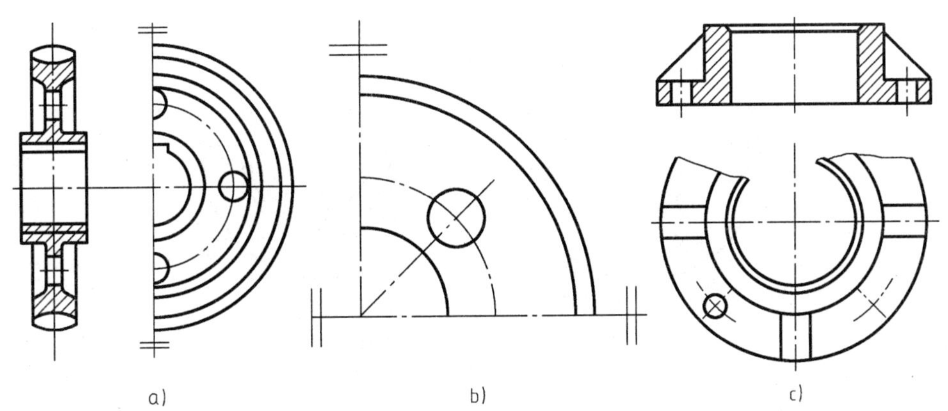

图 3-52　对称机件的省略规定画法

（2）对于机件的肋、轮幅及薄壁等，如按纵向剖切，这些结构都不画剖面符号，而用粗实线将它们与邻接部分分开；如按横向剖切，则需打剖面符号（见图 3-53）。

（3）当需要表达机件回转体结构上均匀分布的肋、轮辐和孔时，而这些结构又不处于剖切平面上时，可将这些结构旋转到剖切平面上画出，不需加任何标注，如图 3-54 所示。

（4）机械零件上若干相同结构（齿、槽、孔等），按一定规律分布时，只需画出几个完整的结构，其余用细实线连接或画出中心线位置，但在图上应注明该结构的总数，如图3-55 所示。

（5）当机械零件上有较小结构时，如斜度，相贯线等可按图 3-56 简化画法绘制。

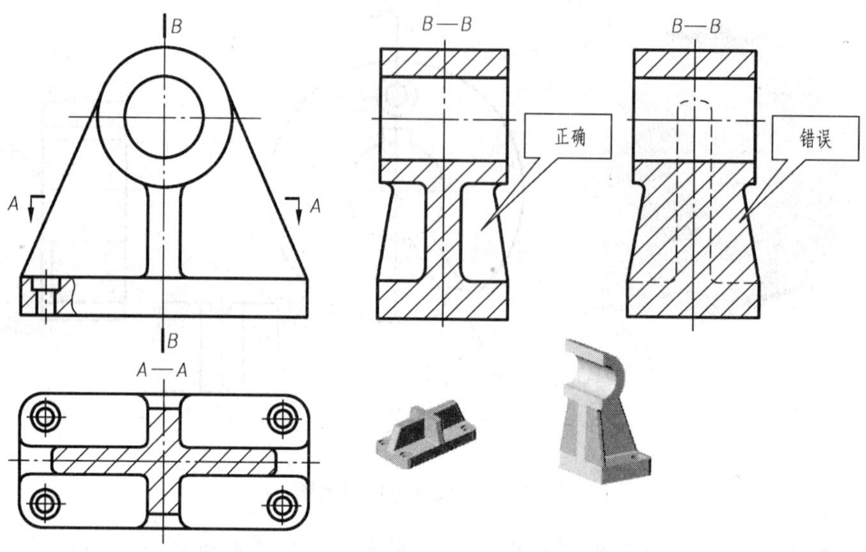

图 3-53 肋板的简化画法

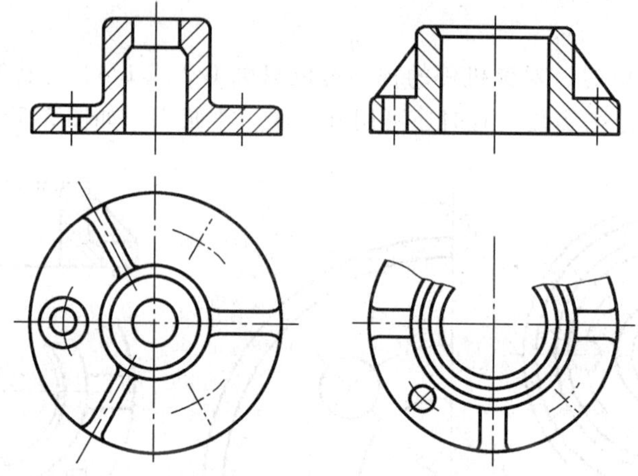

图 3-54 均布孔的简化画法

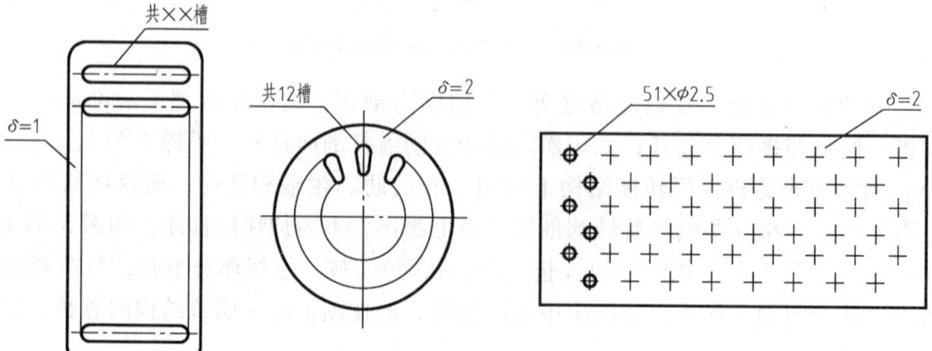

图 3-55 均布结构的简化画法

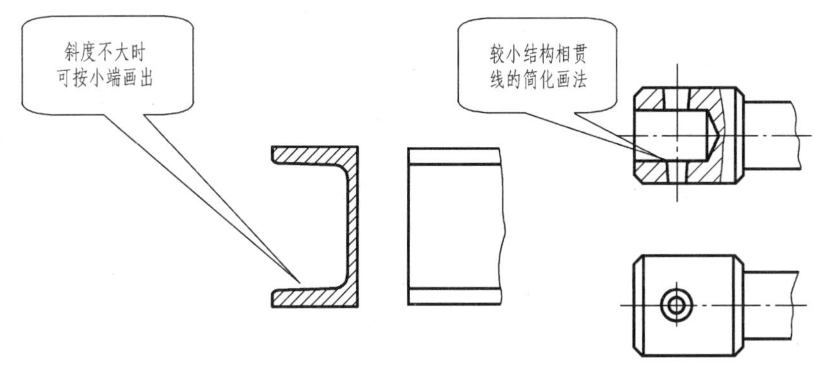

图 3-56　较小结构的简化画法

(6) 当机械零件上的圆平面和投影面夹角小于 30°时，可按照图 3-57 中的简化画法绘制。

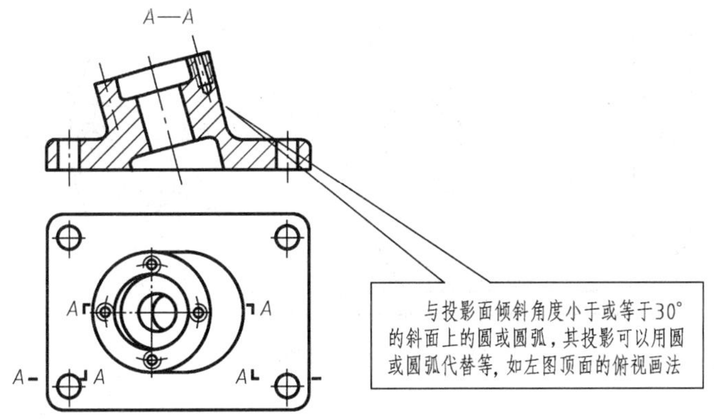

图 3-57　斜面的简化画法

【小试身手】

要求学生测绘法兰零件，选取正确的剖切方法，清楚表达相关结构。

【评价】

评价学生是否正确掌握了剖视与对盘类零件结构的简化画法。

3.2.2　测绘盖类零件

一、教学场地的准备

(1) 专用制图室，配多媒体。

(2) 机械图样及挂图。

二、活动安排及教学步骤

【活动安排】

(1) 分组发放盖类零件（见图 3-58），引导学生观察、测绘模型，并讨论其零件图的表达方法。

(2) 根据学生的讨论教师进行本任务相关知识点的总结和讲解。

(3) 应用全剖视图、半剖视图表达零件，正确合理标注，如图 3-59 所示。

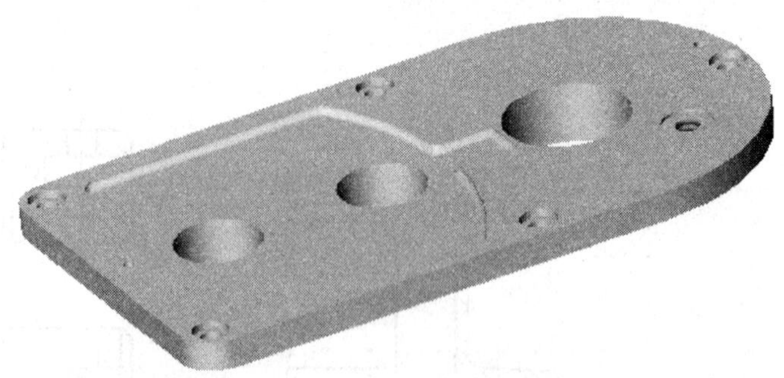

图 3-58 盖类模型

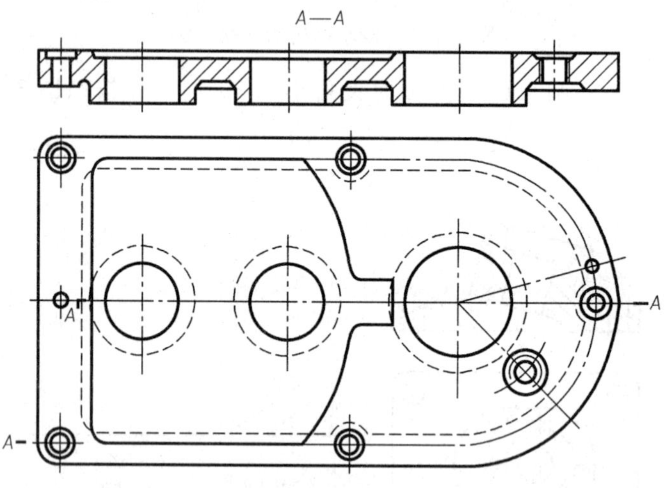

图 3-59 盖类零件图

【知识链接】

（一）用几个平行剖切平面剖切得到的剖视图

分析上面的盖类模型，可以看出要想表达清楚其内部结构，必须运用几个平行的剖切平面进行视图的表达。

几个平行的剖切平面——适用于当机械零件上具有几种不同的结构要素（如孔、槽等），它们的中心线排列在几个互相平行的平面上时，宜采用几个平行的剖切面剖切。

采用此种表达方法应避免出现如图 3-60 所示的错误，正确的表达如图 3-61 所示。

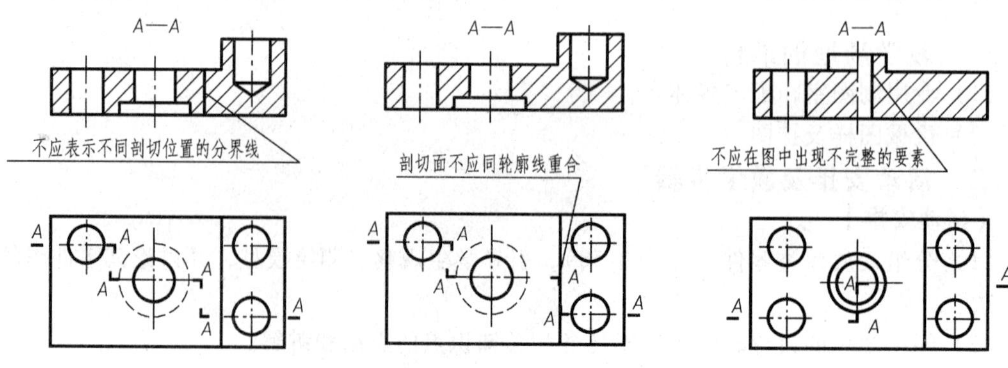

图 3-60 错误表达

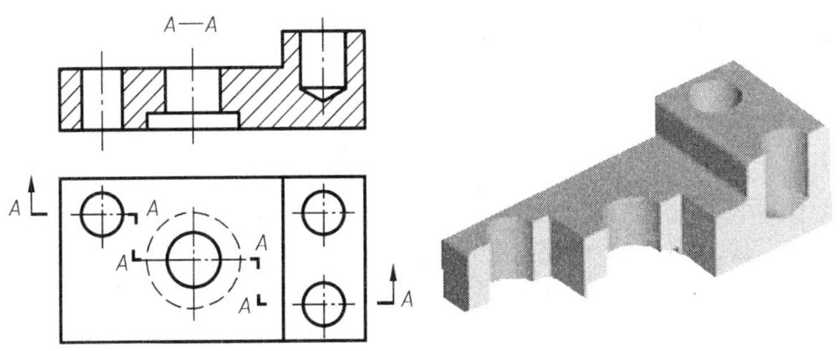

图 3-61　几个平行剖切平面的正确绘制方法

（二）半剖视图

当机械零件具有对称平面时，在垂直于对称平面的投影面上的投影，可以对称中心线为界，一半画剖视，一半画视图，这样的图形叫做半剖视图（见图 3-63）。

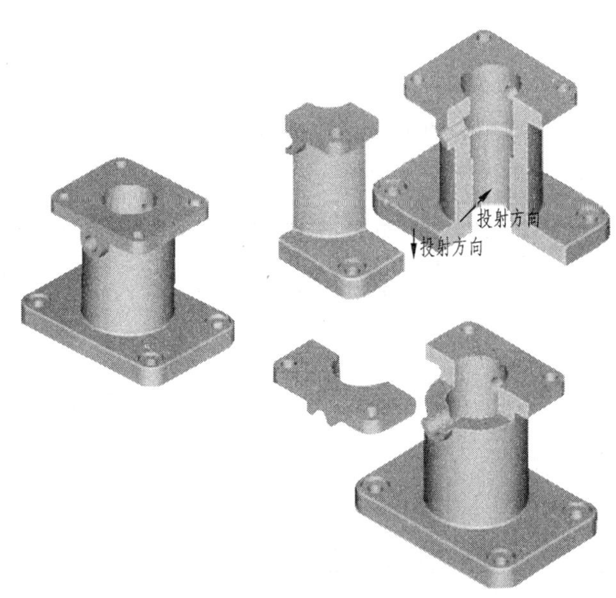

图 3-62　模型图

半剖视的特点是用一半剖视和一半视图分别表达机件的内形和外形。由于半剖视图的一半表达了外形，另一半表达了内形，因此在半个视图上虚线可以省略。

图 3-63a 运用了视图进行表达，可以看到主视图和俯视图中的虚线较多，图形的清晰度差并且给尺寸标注造成了一定的困难。图 3-63b 运用了前面学习的全剖视图进行标

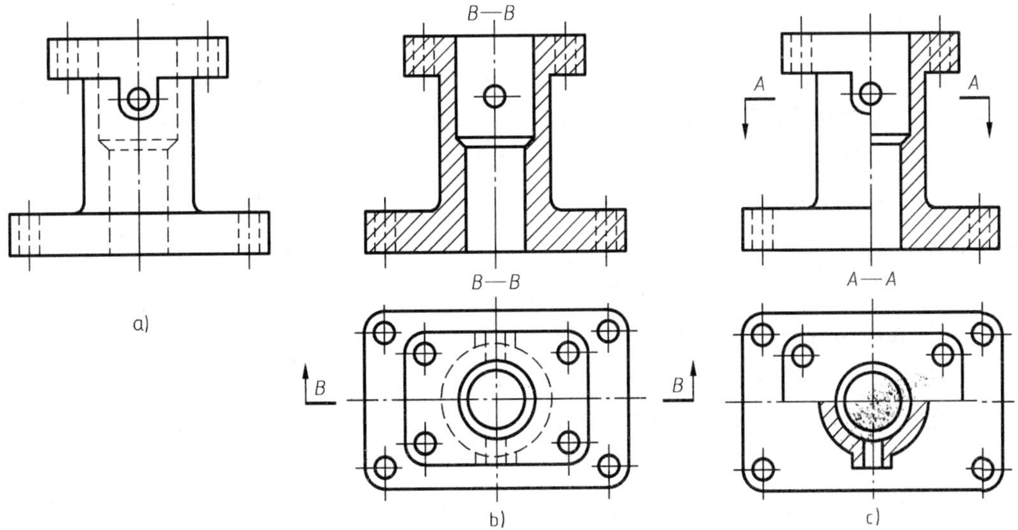

图 3-63　半剖视图
a）视图　b）全剖视图　c）半剖视图

注，可以看到表达不完整，将形体前方的小凸台没有表达清楚。图 3-63c 中的主、俯视图均采用半剖视，才将模型图 3-62 表达清楚。主视图的半剖视符合前述剖视不加标注的条件，所以不标注。而俯视图的半剖视不符合不标注的条件，所以需要加注；但它符合不画箭头的条件，故可不画箭头。

【小试身手】

让学生测绘盖类零件，运用合适的表达方法，进行全剖与半剖视图表达的相应练习。

【评价】

评价学生测绘方法与步骤是否正确，视图表达方案是否合理，且能按规定正确标注视图。

3.2.3 盘类零件图表面结构要求表示法的识读及标注

一、教学场地的准备

（1）专用制图室，配多媒体。

（2）机械图样及挂图。

二、活动安排及教学步骤

【活动安排】

（1）展示端盖零件工作图（见图 3-64），让同学们读图并讨论，引入表面粗糙度的要求。

（2）根据学生的讨论教师进行本任务相关知识点的总结和讲解。

【知识链接】

（一）表面结构要求的概念

为保证零件装配后的使用要求，要根据功能需要对零件的表面结构给出质量的要求。表面结构要求是表面粗糙度、表面波纹度、表面缺陷、表面纹理和表面几何形状的总称。表面结构的图样表示法在 GB/T 131—2006 中均有具体规定。本节主要介绍表面粗糙度（表面结构要求之一）表示法。

1. 表面粗糙度的概念

加工零件时，由于刀具在零件表面上留下刀痕和切削分裂时表面金属的塑性变形等影响，使零件表面存在着间距较小的轮廓峰谷。这种表面上具有较小间距的峰谷所组成的微观几何形状特性，称为表面粗糙度。机器设备对零件各个表面的要求不一样，如配合性质、耐磨性、抗腐蚀性、密封性、外观要求等，因此，对零件表面粗糙度的要求也各有不同。一般说来，凡零件上有配合要求或有相对运动的表面，表面粗糙度参数值小。因此，应在满足零件表面功能的前提下，合理选用表面粗糙度参数。

2. 评定表面结构的轮廓参数

对于零件表面结构的状况，可由三大类参数加以评定；轮廓参数（由 GB/T 3505—2000 定义）、图形参数（由 GB/T 18618—2002 定义）、支承率曲线参数（由 GB/T 18778.2—2003 和 GB/T 18778.3—2006 定义）。其中轮廓参数是我国机械图样中目前最常用的评定参数。本节仅介绍评定粗糙度轮廓（R 轮廓）中的两个高度参数 Ra 和 Rz。

（1）算术平均偏差 Ra　是指在一个取样长度内纵坐标值 $Z(x)$ 绝对值的算术平均值（见图 3-65）。

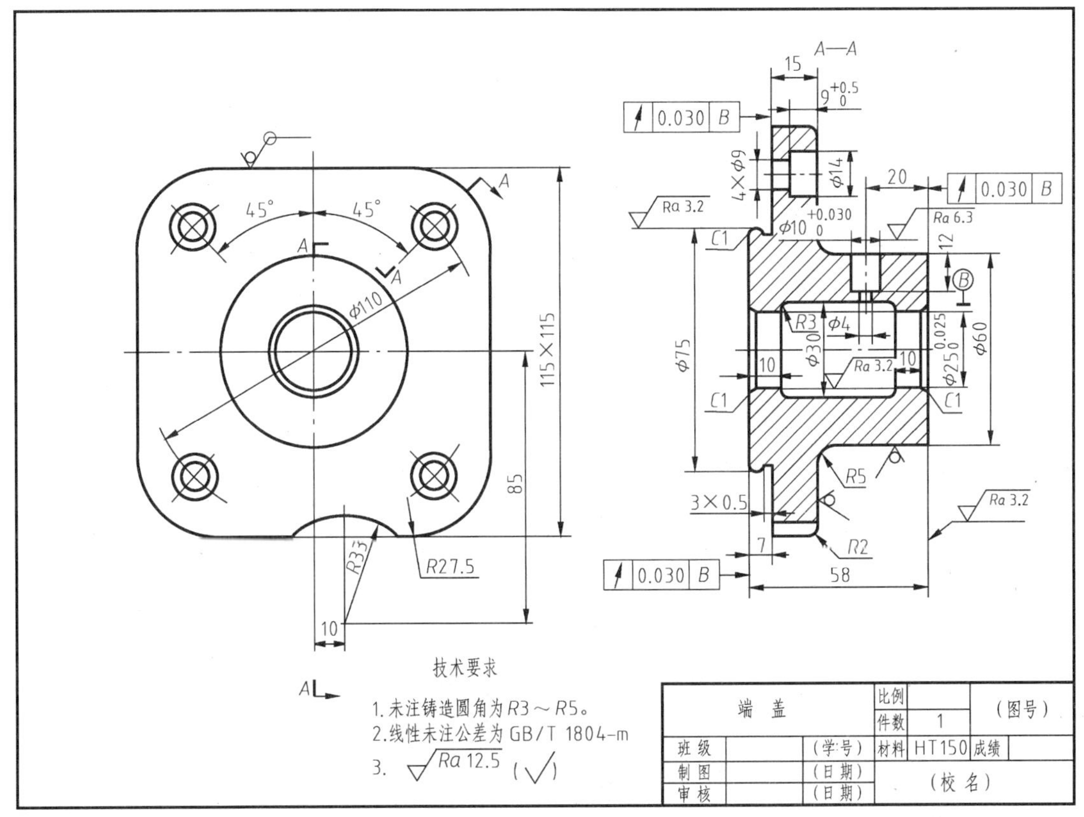

图3-64　端盖零件工作图

（2）轮廓的最大高度 *Rz*　是指在同一取样长度内，最大轮廓峰高和最大轮廓谷深之和的高度（见图3-65））。

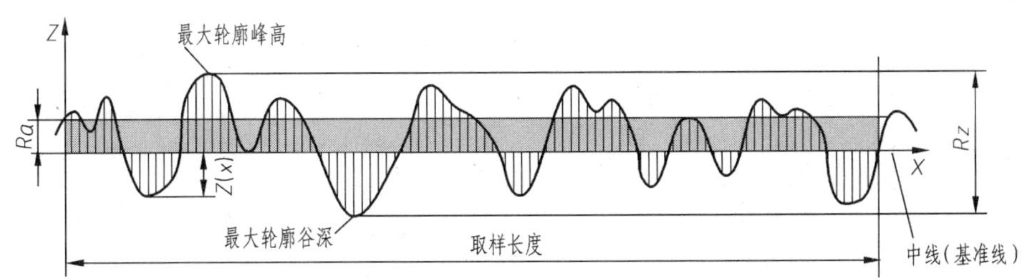

图3-65　评定表面结构常用的轮廓参数

3. 有关检验规范的基本术语

检验评定表面结构参数值必须在特定条件下进行。国家标准规定，图样中注写参数代号及其数值要求的同时，还应明确其检验规范。有关检验规范方面的基本术语有取样长度、评定长度、滤波器和传输带以及极限值判断规则。本有关检验规范仅介绍取样长度与评定长度和极限值判断规则。

（1）取样长度和评定长度　以粗糙度高度参数的测量为例，由于表面轮廓的不规则性，测量结果与测量段的长度密切相关，当测量段过短，各处的测量结果会产生很大差异，但当测量段过长，则测得的高度值中将不可避免地包含了波纹度的幅值。因此，在 X 轴上选取一段适当长度进行测量，这段长度称为取样长度。但是，在每一取样长度内的测得值通常是不等的，为取得表面粗糙度最可靠的值，一般取几个连续的取样长度进行测量，并以各取样长度内测量值的平均值作为测得的参数值。这段在 X 轴方向上用于评定轮廓的并包含着一个或几个取样长度的测量段称为评定长度。当参数代号后未注明时，评定长度默认为 5 个取样长度，否则应注明个数。例如：Rz0.4、Ra30.8、Rz13.2 分别表示评定长度为 5 个（默认）、3 个、1 个取样长度。

（2）极限值判断规则　完工零件的表面按检验规范测得轮廓参数值后，需与图样上给定的极限比较，以判定其是否合格。极限值判断规则有两种：

1）16% 规则　运用本规则时，当被检表面测得的全部参数值中，超过极限值的个数不多于总个数的 16% 时，该表面是合格的。

2）最大规则　运用本规则时，被检的整个表面上测得的参数值一个也不应超过给定的极限值。16% 规则是所有表面结构要求标注的默认规则。即当参数代号后未注写“max”字样时，均默认为应用 16% 规则（例如 Ra0.8）。反之，则应用最大规则（例如 Ramax0.8）。

（二）标注表面结构的图形符号

标注表面结构要求时的图形符号种类、名称、尺寸及其含义见表 3-5。

表 3-5　表面结构符号

符号名称	符　　号	含　　义
基本图形符号	2H　H　60°　60°　d′ d' = 0.35mm（d' - 符号线宽） H = 3.5mm	未指定工艺的表面，当通过一个注译时可单独使用
扩展图形符号		用去除材料方法获得的表面；仅当其含义是“被加工表面”时可单独
		不去除材料的表面，也可用于表示保持上道工序形成的表面，不管这种状况是通过去除或不去除材料形成的
完整图形符号	a)　b)　c)	在以上各种符号的长边上加一横线，以便注写对表面结构的各种要求 a）允许任何工艺 b）去除材料 c）不去除材料

注：表中 d'、H_1 和 H_2 的大小是当图样中尺寸数字高度选取 h = 3.5mm 时按 GB/T 131—2006 的相应规定给定的。表中 H_2 是最小值，必要时允许加大。

（三）表面结构要求符号

表面结构要求符号中注写了具体参数符号及数值等要求后即称为表面结构要求符号。表面结构要求符号的示例及含义见表 3-6。

（四）表面结构表示法在图样中的注法

表面结构要求对每一表面一般只注一次，并尽可能注在相应的尺寸及其公差的同一视图上。除非另有说明，所标注的表面结构要求是对完工零件表面的要求。见表 3-7。

表 3-6　表面结构要求符号示例

序号	符号示例	含义/解译	补充说明
1	Ra 0.8	表示不允许去除材料，单向上限值，默认传输带，R 轮廓，算术平均偏差 0.8μm，评定长度为 5 个取样长度（默认），“16% 规则”（默认）	参数符号与极限值之间应留空格（下同），本例未标注传输带，应理解为默认传输带，此时取样长度可由 GB/T 10610 和 GB/T 6062 中查取
2	Rzmax 0.2	表示去除材料，单向上限值，默认传输带，R 轮廓，粗糙度最大高度的最大值 0.2μm，评定长度为 5 个取样长度（默认），“最大规则”	示例 No. 1 ~ No. 4 均为单向极限要求，且均为单向上限值，则均可不加注“U”，若为单向下限值，则应加注“L”
3	0.008–0.8/Ra 3.2	表示去除材料，单向上限值，传输带 0.008mm - 0.8mm，R 轮廓，算术平均偏差 3.2μm，评定长度为 5 个取样长度（默认），“16% 规则”（默认）	传输带“0.008 - 0.8”中的前后数值分别为短波和长波滤波器的截止波长（$\lambda_s - \lambda_c$），以示波长范围。此时取样长度等于 λ_s，则 l_r = 0.8mm
4	–0.8/Ra 3.2	表示去除材料，单向上限值，传输带：根据 GB/T 6062，取样长度 0.8mm（λ_s 默认 0.0025mm），R 轮廓，算术平均偏差 3.2μm，评定长度为 3 个取样长度，“16% 规则”（默认）	传输带仅注出一个截止波长值（本例 0.8 表示 λ_s 值）时，另一截止波长值 λ_s 应理解成默认值，由 GB/T 6062 中查知 λ_s = 0.0025mm
5	U Ramax 3.2 L Ra 0.8	表示不允许去除材料，双向极限值，两极限值均使用默认传输带，R 轮廓，上限值：算术平均偏差 3.2μm，评定长度为 5 个取样长度（默认），“最大规则”，下限值：算术平均偏差 0.8μm，评定长度为 5 个取样长度（默认），“16% 规则”（默认）	本例为双向极限要求，用“*U*”和“*L*”分别表示上限值和下限值。在不致引起歧义时，可不加注“*U*”、“*L*”

表 3-7　表面结构表示法在图样中的注法

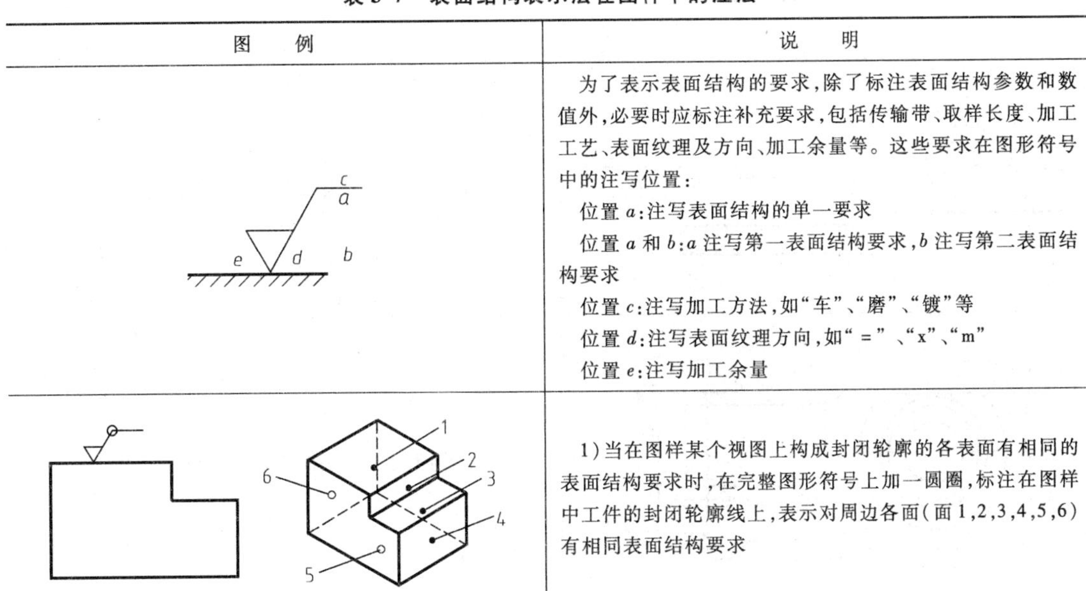

图　例	说　明
c a e　d　b	为了表示表面结构的要求，除了标注表面结构参数和数值外，必要时应标注补充要求，包括传输带、取样长度、加工工艺、表面纹理及方向、加工余量等。这些要求在图形符号中的注写位置： 位置 a：注写表面结构的单一要求 位置 a 和 b：a 注写第一表面结构要求，b 注写第二表面结构要求 位置 c：注写加工方法，如“车”、“磨”、“镀”等 位置 d：注写表面纹理方向，如“＝”、“x”、“m” 位置 e：注写加工余量
1　2　3　4　5　6	1）当在图样某个视图上构成封闭轮廓的各表面有相同的表面结构要求时，在完整图形符号上加一圆圈，标注在图样中工件的封闭轮廓线上，表示对周边各面（面 1，2，3，4，5，6）有相同表面结构要求

（续）

图例	说明
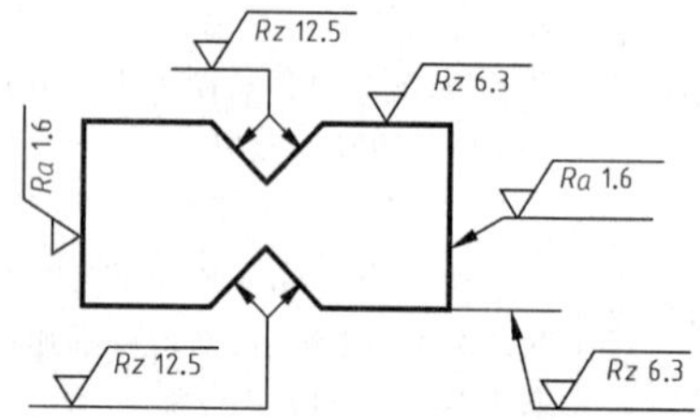	2)表面结构的注写和读取方向与尺寸的注写和读取方向一致。表面结构要求可标注在轮廓线上,其符号应从材料外指向并接触表面
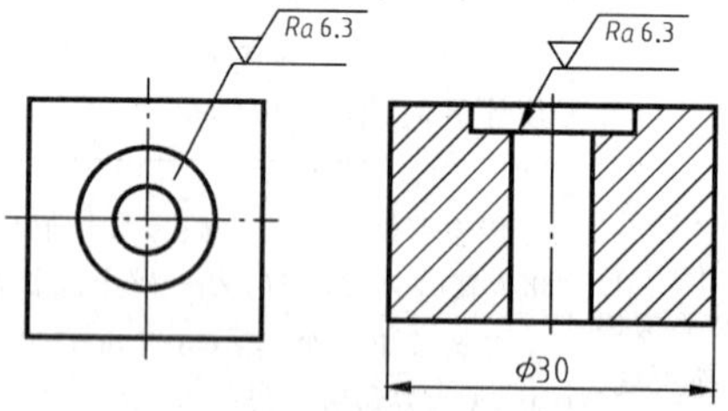	3)必要时,表面结构也可用带箭头或黑点的指引线引出标注
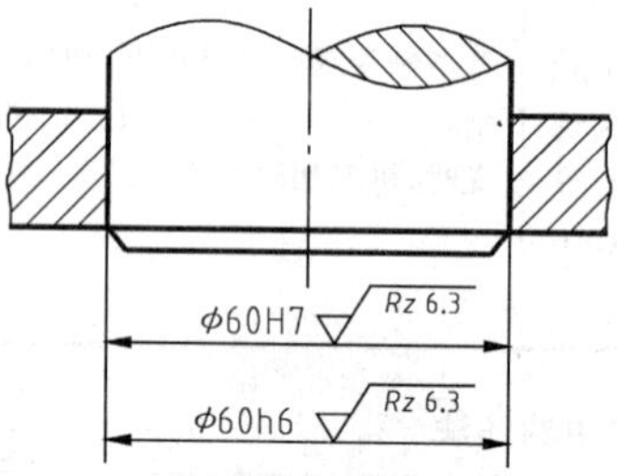	4)在不致引起误解时,表面结构要求可以标注在给定的尺寸线上
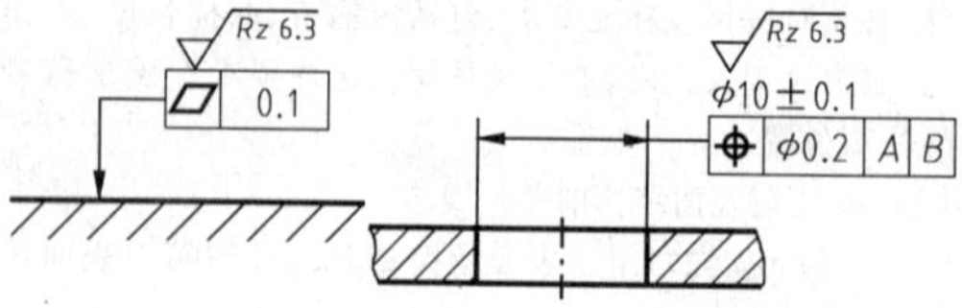	5)表面结构要求可标注在形位公差框格的上方
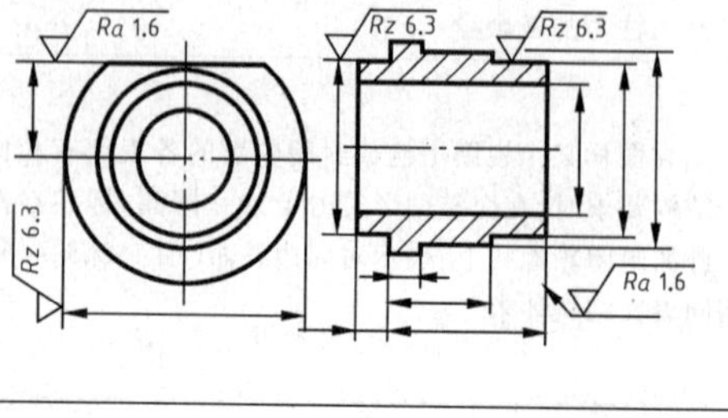	6)圆柱和棱柱表面的表面结构要求只标注一次

（续）

图　　例	说　　明
	7）如果每个棱柱表面有不同的表面要求，则应分别单独标注

（五）表面结构要求在图样中的简化注法

有相同表面结构要求的简化注法见表3-8。

表3-8　有相同表面结构要求的简化注法

图　　例	说　　明
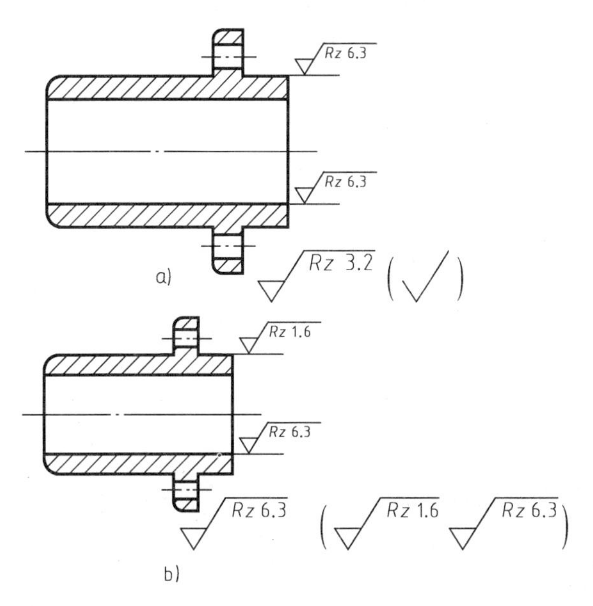	不同的表面结构要求应直接标注在图形中 1）如果在工件的多数（包括全部）表面有相同的表面结构要求时，则其表面结构要求可统一标注在图样的标题栏附近。此时，表面结构要求的符号后面应有：在圆括号内给出无任何其他标注的基本符号（图a） 2）在圆括号内给出不同的表面结构要求（图b）
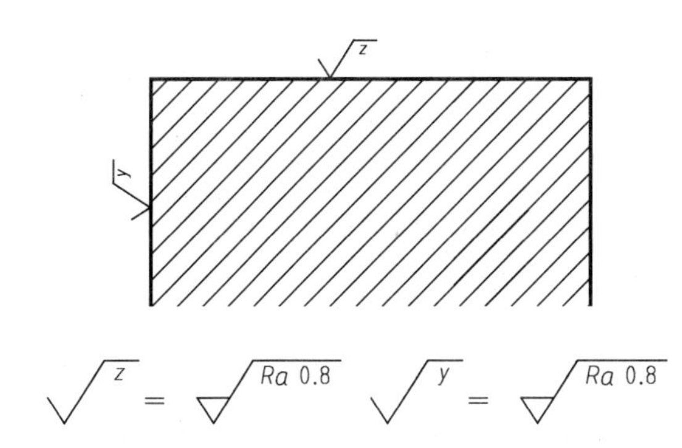	3）多个表面有共同要求的注法，用带字母的完整符号的简化注法，以等式的形式，在图形或标题栏附近，对有相同表面结构要求的表面进行简化标注

（续）

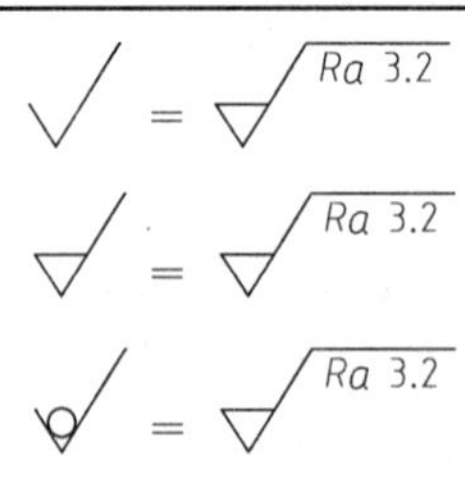	4）只用表面结构符号的简化注法 用表面结构符号，以等式的形式给出对多个表面共同的表面结构要求
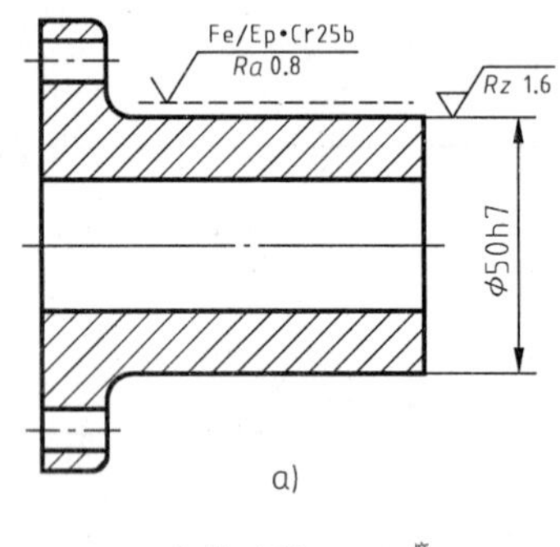 a) 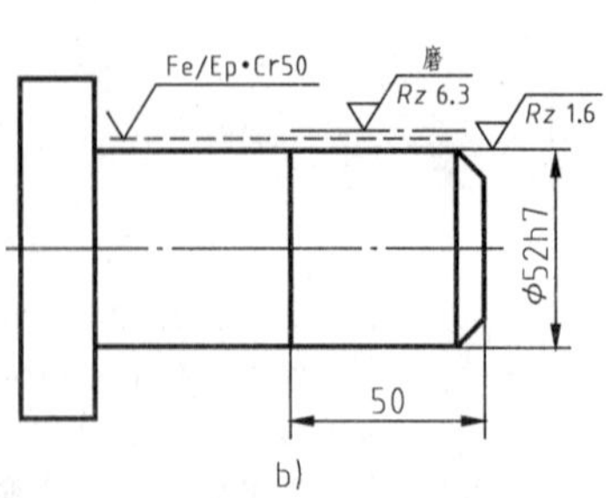 b)	5）两种或多种工艺获得的同一表面的注法 由几种不同的工艺方法获得的同一表面，当需要明确每种工艺方法的表面结构要求时，可按图 a 所示进行标注（图中 Fe 表示基体材料为钢，Ep 表示加工工艺为电镀） 图 b 所示为三个连续的加工工序的表面结构、尺寸和表面处理的标注（第一道工序：单向上限值，Rz = 6.3μm，“16% 规则”（默认）默认评定长度，默认传输带，表面纹理没有要求，去除材料的工艺；第二道工序：镀铬，无其他表面结构要求；第三道工序：一个单向上限值，仅对长为 50mm 的圆柱表面有效，Rz = 6.3μm，“16% 规则”（默认），默认评定长度，默认传输带，表面纹理没有要求，磨削加工工艺）

【小试身手】

让学生进行表面结构表示法的标注和识读练习。

【评价】

评价学生对零件图中的表面结构表示法理解是否正确，标注是否规范。

3.2.4 测绘齿轮零件

一、教学场地的准备

（1）专用制图室，配多媒体。

（2）机械图样及挂图。

二、活动安排及教学步骤

【活动安排】

（1）幻灯片展示齿轮模型，然后同学们讨论齿轮的形体结构以及表达方案。

（2）根据同学讨论结果，教师进行相关知识点总结和讲解。

（3）用规定画法绘制齿轮零件工作图。

【知识链接】

齿轮属于轮盘盖类模型中的轮类，表达方法和前面介绍的盘类相似，下面学习齿轮相关的理论知识和绘图细则。

1. 齿轮的类型

齿轮是传动零件。齿轮传动在机械传动中应用非常广泛，利用齿轮把一根轴的旋转运动传到另一轴，借以传递扭矩，改变转速及旋转方向。

常用的齿轮有三种：

（1）圆柱齿轮传动　用于平行两轴间的传动，如图3-66a所示。

（2）圆锥齿轮传动　用于相交两轴间的传动，如图3-66b所示。

（3）蜗杆蜗轮传动　用于交叉两轴间的传动，如图3-66c所示。

齿轮属于常用件，所以部分结构和参数被标准化，便于生产和使用。

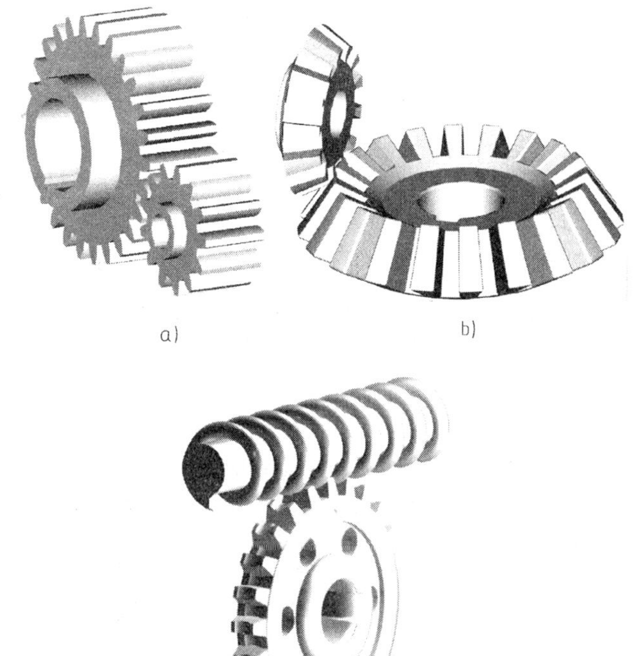

图3-66　齿轮传动的常见类型

a）圆柱齿轮　b）圆锥齿轮　c）蜗轮蜗杆

2. 圆柱齿轮的参数

圆柱齿轮的外形为圆柱形，按轮齿的排列分为直齿、斜齿和人字齿，如图3-67所示。轮齿的齿廓曲线有渐开线、摆线和圆弧，一般为渐开线，下面重点介绍直齿圆柱齿轮。

（1）直齿圆柱齿轮的轮齿结构、名称及代号（见图3-67所示）

1）齿顶圆和齿根圆　用一假想的圆通过齿轮各轮齿顶部，该圆称为齿顶圆，直径用 d_a 表示；用一假想的圆通过齿轮各轮齿根部，该圆称为齿根圆，直径用 d_f 表示。

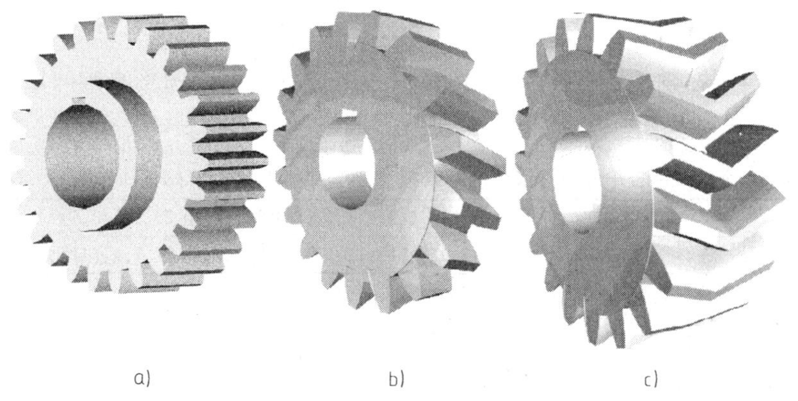

图3-67　圆柱齿轮

a）直齿　b）斜齿　c）人字齿

2）节圆和分度圆　在两齿轮啮合时，过齿轮中心线上的啮合点所作的两个相切的假想圆称为节圆，直径用 d' 表示。在齿顶圆与齿根圆之间，用一假想的圆切割轮齿，若切得的齿隙弧长与齿厚弧长相等，这一假想的圆称为分度圆，直径用 d 表示。加工齿轮时，分度圆作为齿轮轮齿分度基准圆使用。标准齿轮的节圆和分度圆直径相等。

3）齿高和齿宽　齿顶圆与齿根圆之间的径向距离称为齿高，用 h 表示。齿顶圆与分度圆之间的径向距离称为齿顶高，用 h_a 表示。齿根圆与分度圆之间的径向距离称为齿根高，用 h_f 表示。

$$h = h_a + h_f$$

齿轮的轮齿部分沿分度圆柱面直母线方向度量的宽度，称为齿距，用 b 表示。

4）齿距 p　分度圆上相邻两齿同侧齿廓间弧长称为齿距，用 p 表示，包括齿厚（s）和槽宽（e）。

$$p = s + e$$

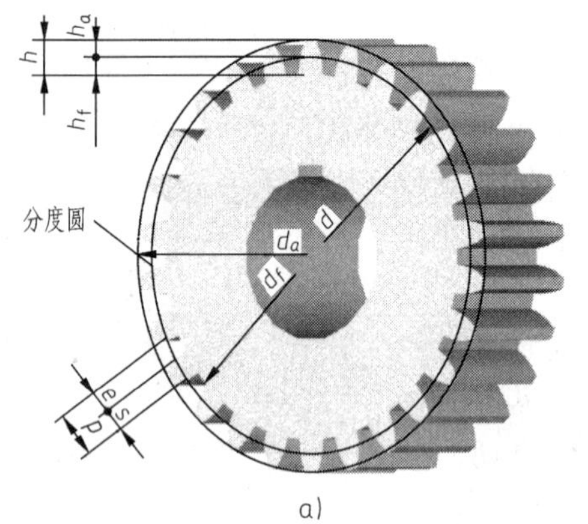

a)

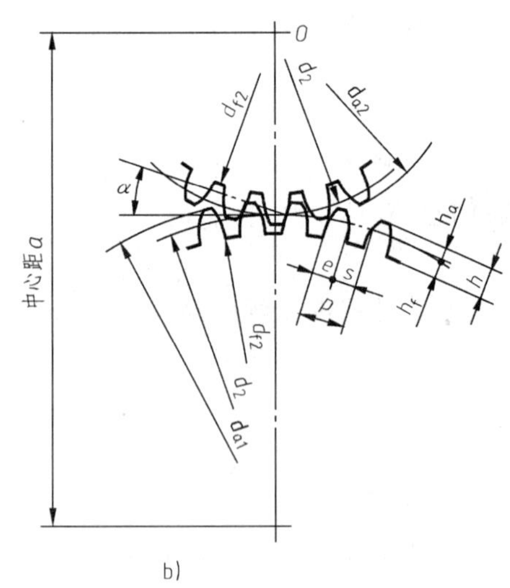

b)

图 3-68　直齿圆柱齿轮的轮齿结构、名称及代号

（2）圆柱齿轮的基本参数和尺寸关系　标准直齿圆柱齿轮的基本参数有齿数（z）、模数（m）和齿形角（α），其中模数 m 和齿形角为标准参数。

1）模数 m　分度圆的周长 $=\pi d = pz$，$d = zp/\pi = mz$，其中 $m = p/\pi$ 称为模数，已标准化，见表 3-9。

2）压力角 α　齿廓在节圆上啮合点处的受力方向（法向）与该点瞬间速度方向所夹的锐角 α 称为压力角，见图 3-69b 所示，标准齿轮的压力角 $\alpha = 20°$。

表 3-9　渐开线圆柱齿轮的标准模数系列（摘自 GB/T 1357—1987）

第一系列	1,1.25,1.5,2,2.5,3,4,5,6,8,10,12,16,20,25,32,40,50
第二系列	1.75,2.25,2.75,(3.25),3.5,(3.75),4.5,5.5,(6.5),7,9,(11),14,18

注：优先选用第一系列，其次是第二系列，括号内的模数尽可能不用。

一对相互啮合的标准直齿圆柱齿轮，模数和压力角必须相等。若已知它们模数和齿数，则可以计算出齿轮的其他尺寸，计算公式见表 3-10。

3. 直齿圆柱齿轮的规定画法

（1）单个齿轮的画法　单个直齿圆柱齿轮的画法如图 3-69 所示。齿顶圆和齿顶线用粗实线绘制；分度圆和分度线用细点划线绘制；不作剖视时，齿根圆和齿根线用细实线绘制（可省略不画），但作剖视时，齿根线应画成粗实线。

表 3-10　标准直齿圆柱齿轮的尺寸计算

基本参数	名称及符号	计算公式
模数 m 齿数 z	齿顶圆直径(d_a)	$d_a = m(z+2)$
	分度圆直径(d)	$d = mz$
	齿根圆直径(d_f)	$d_f = m(z-2.5)$
	齿顶高(h_a)	$h_a = m$
	齿根高(h_f)	$h_f = 1.25m$
	齿高(h)	$h = h_a + h_f = 2.25\mathrm{m}$
	模数(m)	$m = p/\pi$
	中心距(a)	$a = (d_1 + d_2)/2 = m(z_1 + z_1)/2$

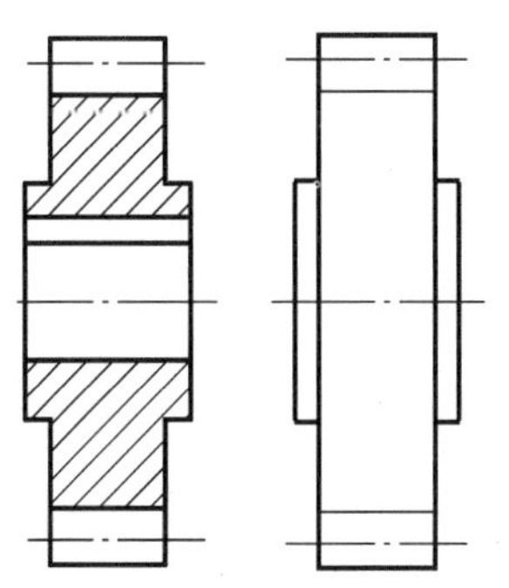
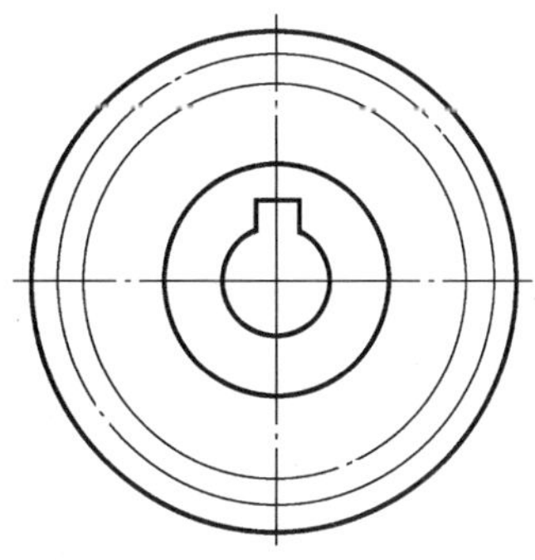

图 3-69　直齿圆柱齿轮的画法

（2）直齿圆柱齿轮的零件图　在齿轮的零件图上，除应有一般零件内容之外，还应该在图纸边框右上角画出参数表，填写出齿轮模数、齿数、压力角及精度等级等，如图 3-70 所示。

（3）两啮合齿轮的画法　两啮合齿轮的画法如图 3-71 所示。

在轴线平行的投影面内，若作剖视，啮合区齿顶线一齿画粗实线，另一齿被遮挡画虚线，如图 3-71b 所示，啮合区放大图 3-71a；若不作剖视，在啮合区仅用粗实线画出分度线，如图 3-71c 所示。

在投影成圆的视图中，齿轮节圆应相切。在啮合区两齿轮的齿顶圆都应用粗实线画出，或者都省略不画，齿根圆一般不画出。

4. 齿轮的测绘及其工作图的绘制

常见的盘类零件除了端盖，就是齿轮了，端盖因为是比较规则的，在测绘时没有太多诀窍。而齿轮为常用件，在测量齿轮时，需要掌握一些基本规则和方法。

测绘齿轮时，除轮齿外，其余部分与一般零件的测绘方法相同，因而这里只介绍轮齿部分的测定方法。测绘齿轮牵涉到后续课的许多知识。这里所讲到的方法，只用于一些技术要求不高的齿轮，而且只限于标准齿数。

测绘直齿轮时，主要是确定模数 m 与齿数 z，然后根据表 3-10 中的计算公式算出各基本尺寸，其步骤如下

（1）数出被测齿轮的齿数 z。

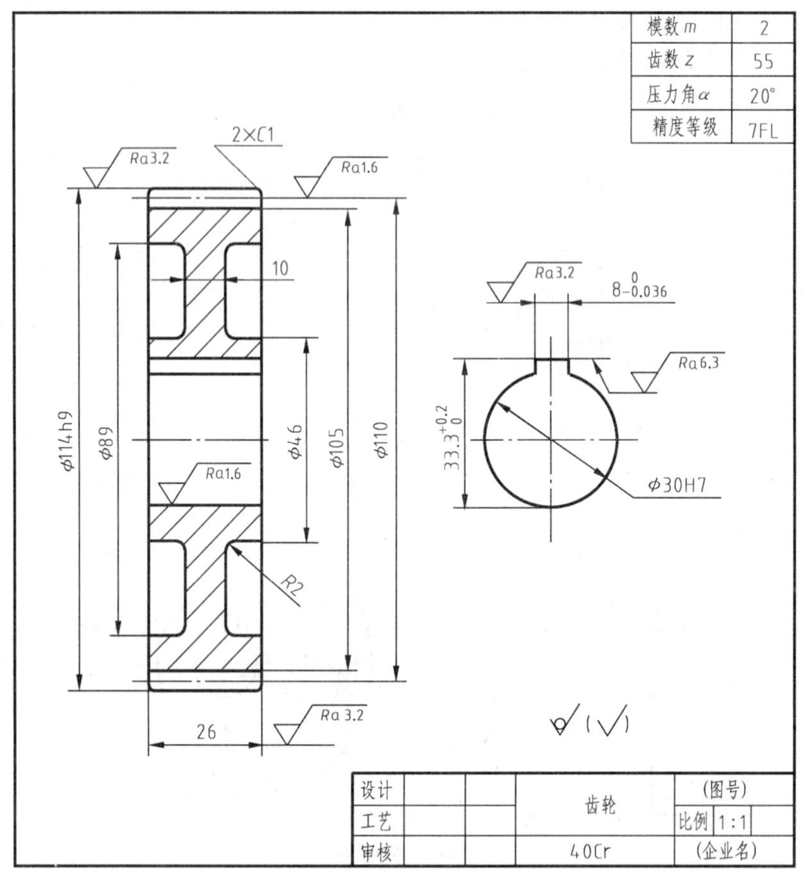

图 3-70 直齿圆柱齿轮的零件图

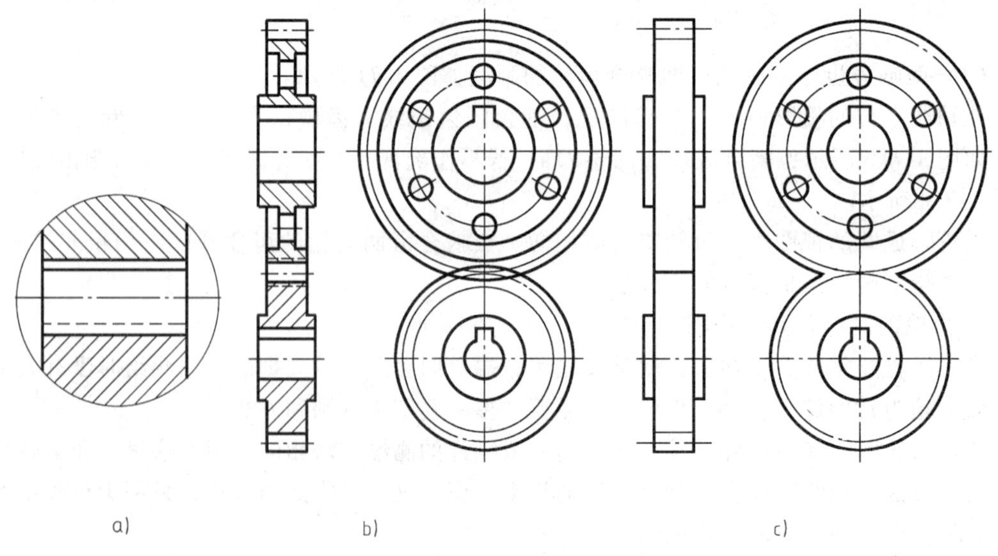

图 3-71 直齿圆柱齿轮的啮合画法

（2）测量出齿顶圆直径 d_a，当齿轮的齿数为偶数时，d_a 可以直接量出；若齿数为奇数时，d_a 可由 $2e+D$ 算出，如图 3-72 所示；e 是齿顶到轴孔的距离，D 为齿轮的轴孔直径。

（3）根据公式 $m=d_a/(z+2)$，计算出模数 m。然后根据表 3-9，选取与其相近的标准模数。

（4）根据标准模数，利用表 3-10，算出各基本尺寸 d、h、h_a、h_f、d_a、d_f 等。

（5）所得尺寸要与实测的中心距 a 核对，必须符合下列公式：$a=(d_1+d_2)/2=m(z_1+z_2)/2$。

（6）测量其他各部分尺寸。

（7）尺寸测绘结束后，根据齿轮的标准画法进行绘制零件工作图并进行标注。

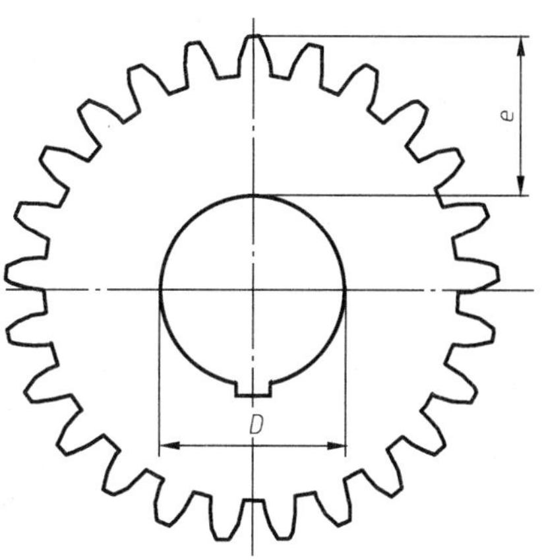

图 3-72 齿数为奇数的齿顶圆直径测量

【小试身手】

分组测绘齿轮，并绘制齿轮零件工作图。

【评价】

评价学生测绘方法是否正确，动作是否熟练，零件工作图是否正确，图线是否规范。

3.3 叉架类零件图的识读与测绘

3.3.1 测绘支架零件

一、教学场地的准备

（1）专用制图室，配多媒体、绘图桌椅。

（2）教师提供教学模型支架、测绘工具与量具。

（3）学生准备绘图仪器。

二、活动安排及教学步骤

【活动安排】

（1）教师提供支架（见图 3-73）教学模型，引导学生分析其结构特点并拟定表达方案。

（2）测绘支架，绘制支架零件工作图。

（3）应用断面图表达零件，正确合理标注。

【知识链接】

（一）叉架类零件的分类

叉架类零件包括各种用途的拨叉和支架。拔叉主要用在机床、内燃机等各种机器中的操纵机构上，用以操纵机器、调节速度。支架则起支撑和连接作用。这类零件的形状比较复杂，多由模锻和铸造产生，未经切削的表面较多，所以零件上常有起模斜度和铸造圆角，无需切削的表面粗糙度要求较低，这种零件需经过多种机床加工，而且加工工位不确定。

（二）支架类零件的结构分析

支架类零件主要作用是支承轴类零件，它们一般都是铸件，如支架、轴承座、吊架等，其结构由三部分组成，分别为支承部分、安装部分、连接部分。

(1) 支承部分　一般为带孔的圆柱体，为了安装轴孔的端盖，有时在圆柱上还要设置安装孔；为了解决润滑问题，有的还要设置装油杯的凸台。

(2) 安装部分　一般为有安装孔的矩形板，由于安装板面积较大，为使其与安装基面接触良好和减少加工面积，安装板做成凹坑结构。

(3) 连接部分　用来连接支撑部分和安装部分，但结构比较规则，均匀，如图3-73中的连接部分用两块弯曲的相互垂直的肋板将上、下两部分连接起来。

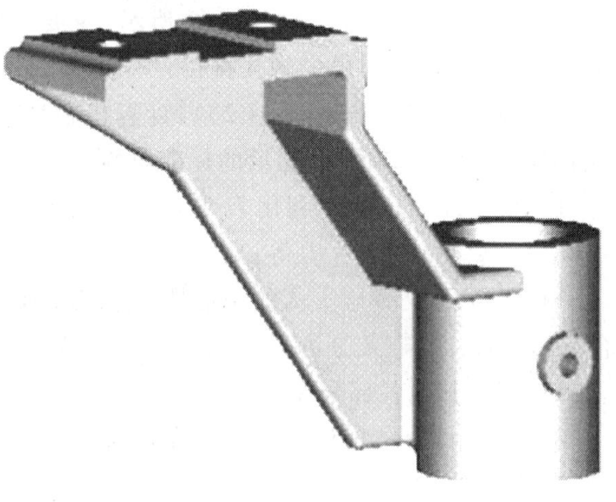

图3-73　支架

(三) 重合断面图应用

在轴类零件的表达，已学过了移出断面图的相关知识。断面图除移出断面图外，还有重合断面图。在一些叉架类零件与箱体类零件中常用到这两种断面，用以表达肋板、薄壁等结构。画在视图轮廓线内部的断面，称为重合断面。如图3-74a所示。

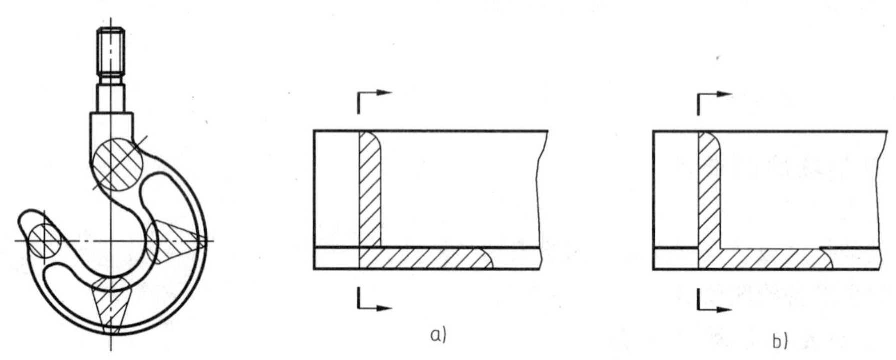

图3-74　重合断面画法
a) 正确　b) 错误

画法与标注　重合断面的轮廓线用细实线绘制，剖面线应与断面图形的对称线或主要轮廓线成45°角。当视图的轮廓线与重合断面的图形线相交或重合时，视图的轮廓线仍要完整地画出，不得中断。如图3-74b的画法是错误的。

重合断面对称时不必标注，不对称时，当不致引起误解时，可省略标注。

(四) 教师示范测绘支架零件，用课件演示零件工作图（见图3-75）。

【小试身手】

(1) 训练学生进行断面图画法的练习（含移出断面图画法的巩固）。

(2) 学生分组测绘支架零件，绘出零件工作图。

【评价】

(1) 评价学生的练习是否正确，学生对断面图的画法的掌握程度怎样。

(2) 评价学生测绘方法与步骤是否正确，动作是否熟练，表达是否正确合理，尺寸标

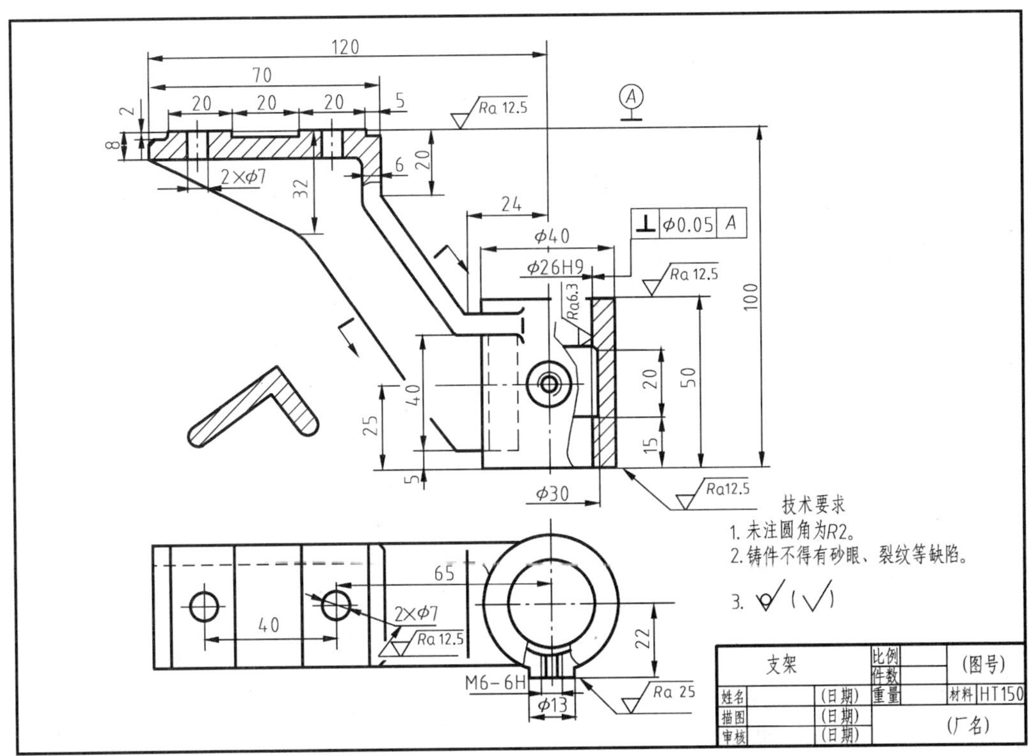

图 3-75　支架零件工作图

注是否正确，图线是否规范。

3.3.2　测绘杠杆零件

一、教学场地的准备

(1) 专用制图室，配多媒体、绘图桌椅。

(2) 教师提供教学模型杠杆、测绘工具与量具。

(3) 学生准备绘图仪器。

二、活动安排及教学步骤

【活动安排】

(1) 教师提供杠杆教学模型（见图 3-76），引导学生分析其结构特点并让学生拟定表达方案。

(2) 教师补充局部剖视画法的应用，讲授倾斜度与平行度公差的标注与含义。

(3) 测绘杠杆，绘制零件工作图。

(4) 应用局部剖视图表达，标注并理解平行度与倾斜度公差。

【知识链接】

(一) 拨叉类零件的结构特点

拨叉类零件带有叉形结构，主要起拨动、连接、支承等作用，一般作为机器中操纵机械起操纵作用的一种零件，如拨叉、连杆、杠杆等。

根据拨叉类零件的作用，可将这类零件看成三部分组成：支承部分、工作部分、联接部分。

(1) 支承部分　其基本形体为一圆柱体，中间带孔（花键孔或光孔)。它安装在轴上，沿轴向滑动(孔为花键孔)，或固定在轴上（孔为光孔)，由操纵杆支配其运动，如图3-76所示。

(2) 工作部分　对其他零件施加作用的部分，其结构形状根据被作用部位的结构而定。如拨叉对三联齿轮施加作用，起作用部位为环形沟，这时，工作部分的结构形状应与齿轮的环形沟吻合。

(3) 联接部分　其结构主要是联接板，有时还设有加强肋，联接板的形状因支承部分和工作部分的相对位置而异，有对称、倾斜、弯曲等。图3-76所示杠杆零件上的三个圆筒，大的为支承部分，两个小的圆筒其中一个为工作部分，另一个为操作杠杆工作的着力部分。

图3-76　杠杆

(二) 叉架类零件表达方案的选择

叉架类零件的形状结构比较复杂，在主视图的选择中常按工作位置选择，一般需要两个以上的基本视图。此类零件外形较复杂，内部则较简单，所以重点是表达外部形状，对内部需表达处，可采用局部剖视或虚线表示。

由于支架、叉架零件的联接部分的断面形状常为矩形、椭圆形、工字形或十字形等，在表达方案的选择中常用断面图表达。对某些不平行基本投影面的结构形状，则采用斜视图、斜剖视来表达。

(三) 局部剖视图

在轴类零件表达中，我们对轴类零件上的小孔采用了局部剖视进行表达，掌握了相关的一些知识点，在此进一步对其进行学习。

用剖切面局部地剖开机件所得到的剖视图称为局部剖视图，如图3-77所示。局部剖视图主要用于表达机件上的局部内形。主要用于机件上的部分内部结构形状未表达清楚，但又没有必要作全剖视或不适合作半剖视的情况。

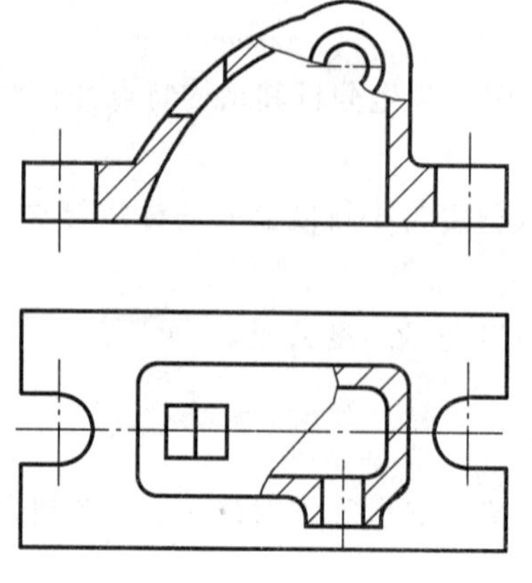

图3-77　局部剖视的应用

局部剖视的范围可大可小，非常灵活。但对于同一机件的表达，局部剖视不宜用得过多，否则会使机件表达得过于零乱，影响图形的清晰。

对于那些不对称机件需要表达内外形状或对称机件不宜作半剖时，也可采用局部剖视图来表达，如图 3-78 所示。

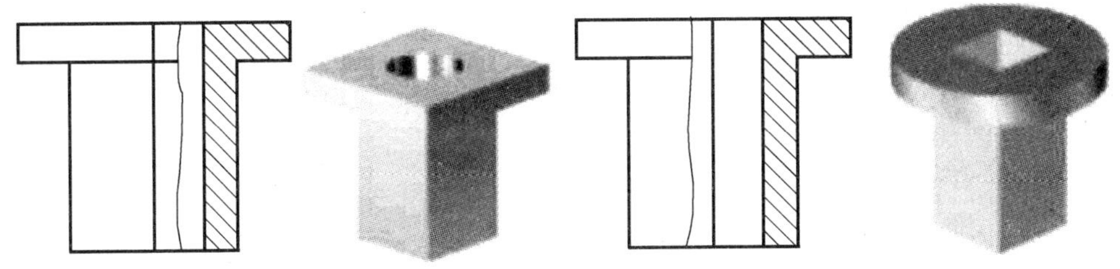

图 3-78　不宜作半剖视图的机件

当被剖结构为回转体时，允许将该结构的中心线作为局部剖视与视图的分界线。如图 3-79 所示。

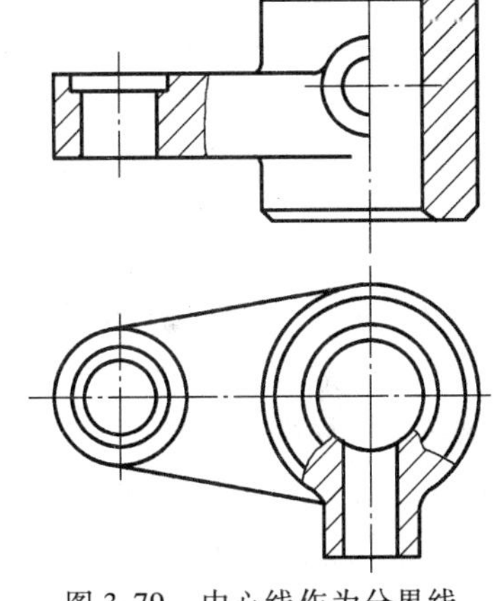

图 3-79　中心线作为分界线

（四）平行度与倾斜度

在轴类零件学习时，我们了解到相关形位公差的知识。平行度与倾斜度是两种位置度定向公差，在叉架类零件、箱体类零件与装配体中常会提出相应的技术要求。

平行度（//）用来控制零件上被测要素（平面或直线）相对于基准要素（平面或直线）的方向偏离 0°的要求，即要求被测要素对基准等距。

倾斜度（∠）用来控制零件上被测要素（平面或直线）相对于基准要素（平面或直线）的方向偏离某一给定角度（0°～90°）的程度，即要求被测要素对基准成一定角度（除 90°外）。

平行度和倾斜度的公差带含义、标注与解释如表 3-11 所示。

（五）测绘杠杆模型，完成零件图的绘制（见图 3-80）

表 3-11　平行度和倾斜度公差带

平行度公差	公差带是距离为公差值且平行于基准面的两平行平面之间的区域	t；基准平面	被测表面必须位于距离为公差值 0.01 且平行于基准表面 D（基准平面）的两平行平面之间	// 0.01 D；D
倾斜度公差	斜表面必须位于距离为公差值 0.05mm 且与基准轴线 A 成 60°角的两平行面之间	60°；A；0.05	斜表面对 ϕd 轴线的倾斜度公差为 0.05mm	∠ 0.05 A；60°；ϕd；A

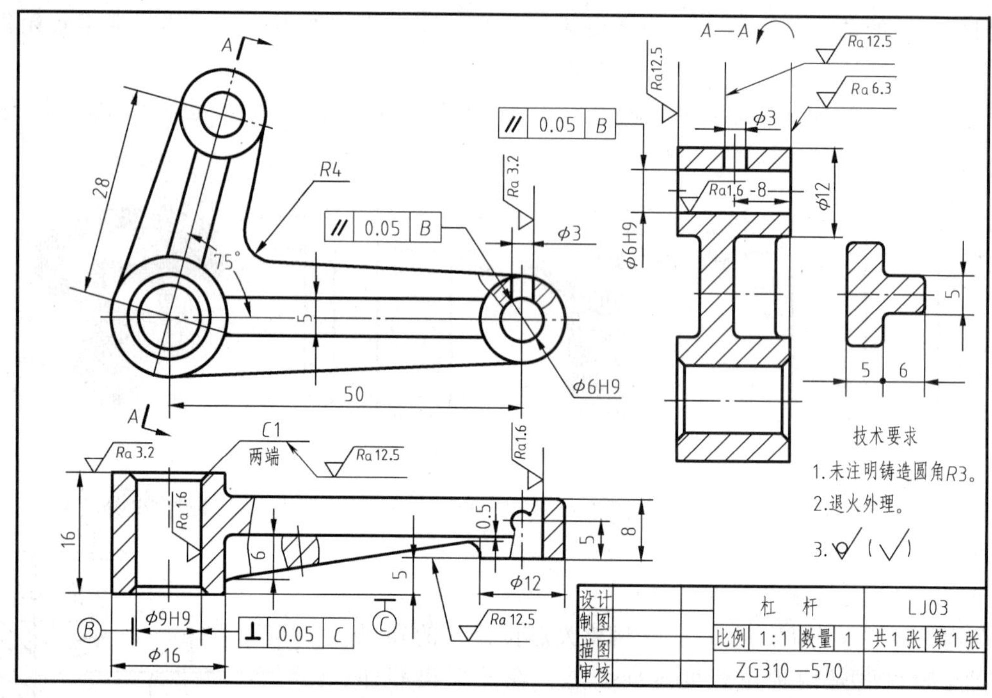

图 3-80 杠杆零件工作图

图 3-80 所示的杠杆由三个圆筒和联接板组成，其中大的圆筒为支撑部分，两个小的圆筒其中一个为工作部分，另一个为操纵杠杆工作的着力部分。在图 3-80 的杠杆零件图中，主视图采用局部剖视图、采用了一个斜剖视图，俯视图采用了两处局部剖视图和重合断面图表达，另外还用一移出断面图表达了两孔联接部分的断面形状。

叉架类零件的支承部分是决定工作部分位置的主要结构。因此，支承孔的轴线是长、宽、高中其中两个方向的主要基准。杠杆零件图中以 ϕ9H9 孔的轴线为基准，标注出两个 ϕ6H9 孔的定位尺寸 28 和 50；对于倾斜、弯曲的联接部分，设计时采用了圆弧连接，其尺寸为 *R*4。

杠杆支撑部分的圆柱套筒外径为 ϕ16，内孔直径为 ϕ9，由于支撑孔有配合要求，所以支承孔按配合要求标注出尺寸 ϕ9H9，另外两个小的圆筒外径为 ϕ12，内孔径为 ϕ6H9。图 3-80中哪些尺寸为定形尺寸？哪些尺寸为定位尺寸？请学生自己分析。

【小试身手】

（1）训练学生进行局部剖视图画法的练习。

（2）学生分组测绘拨叉零件，绘出零件工作图。

【评价】

（1）评价学生的练习是否正确，学生对局部剖视图的画法的掌握程度怎样。

（2）评价学生测绘方法与步骤是否正确，动作是否熟练，表达是否正确合理，尺寸标注是否正确，图线是否规范。

3.3.3 测绘托架零件

一、教学场地的准备

（1）专用制图室，配多媒体、绘图桌椅。

（2）教师提供教学模型托架、测绘工具与量具。

（3）学生准备绘图仪器。

二、活动安排及教学步骤

【活动安排】

（1）教师提供教学模型托架，引导学生分析其结构特点并让学生拟定表达方案。

（2）教师讲授基本视图、局部视图、向视图、斜视图的应用。

（3）测绘托架，绘制零件工作图。

（4）应用基本视图、局部视图、向视图、斜视图表达。

【知识链接】

（一）拟定托架（图3-81所示模型）的表达方法

托架有三部分组成　圆柱套筒、安装板和连接部分。上方为圆柱套筒，其上部有一圆柱形的凸台，凸台中间有孔与圆柱套筒的孔相通；下方为一竖直的长方形的安装板，其上有两个长圆孔，左边有一竖直的长方形凹槽，四个角为圆角；中间是连接部分，用两块弯曲的相互垂直的板将上下两部分连接起来。

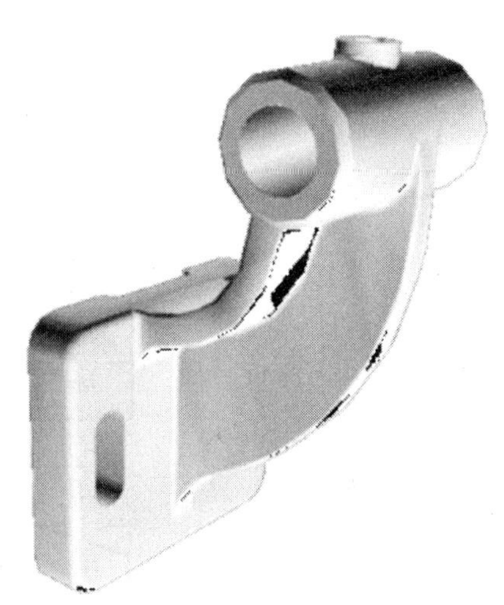
图3-81　托架

对该零件仅应用主、俯两个基本视图，是不能表达清楚，而应补充其他的视图进行表达。在对机械图样的表达中，主要是采用视图表达机件的外部结构形状。下面对相关知识进行学习。

（二）基本视图、局部视图、向视图、斜视图

视图通常有基本视图、向视图、局部视图和斜视图。目前执行的视图标准为GB/T 17451—1998和GB/T 4458.1—2002视图。

1. 基本视图

机件在基本投影面上的投影称为基本视图，即将机件置于一正六面体内，向该六面投影所得的视图为基本视图。

（1）视图名称和投射方向

1）主视图——由前向后投影所得的视图。

2）俯视图——由上向下投影所得的视图。

3）左视图——由左向右投影所得的视图。

4）右视图——由右向左投影所得的视图。

5）仰视图——由下向上投影所得的视图。

6）后视图——由后向前投影所得的视图。

各基本投影面的展开方式如图3-82所示，既保持正投影面不动，其余各投影面按图中箭头所指的方向旋转展开，展开后各视图的配置如图3-83所示。六个基本视图按规定位置配置时，一律不标注视图名称，基本视图具有“长对正、高平齐、宽相等”的投影规律。

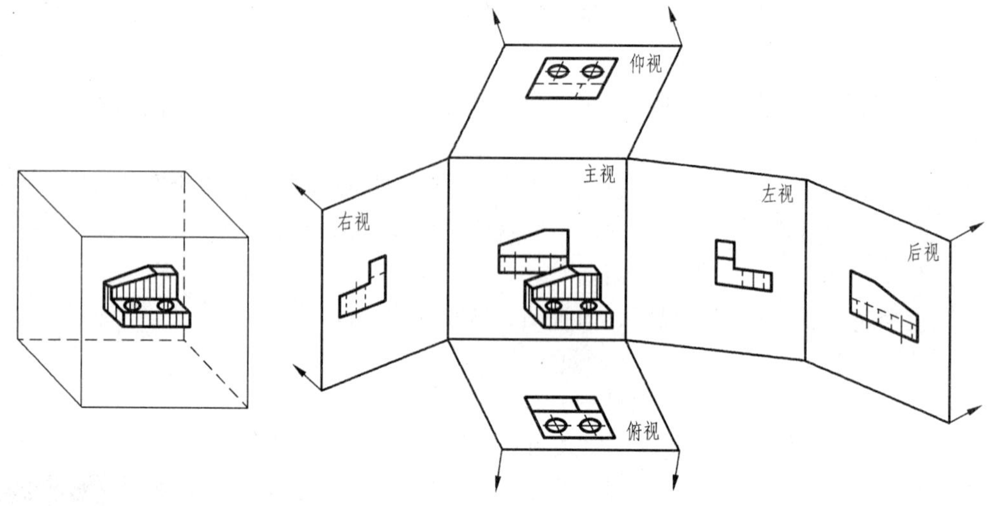

图 3-82 基本视图的形成

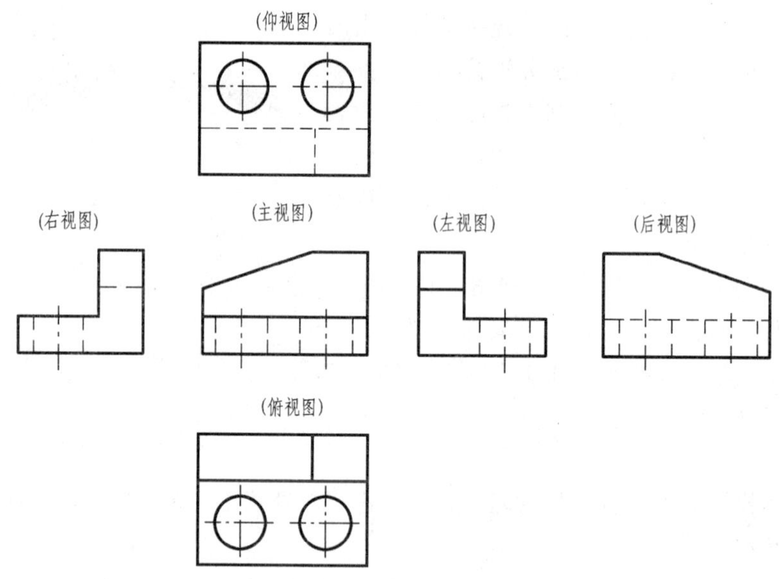

图 3-83 基本视图的配置

（2）投影口诀

1）主视、俯视、仰视、后视图长对正。

2）主视、左视、右视、后视图高平齐。

3）俯视、左视、仰视、右视图宽相等。

2. 向视图

向视图是可自由配置的视图。如果视图不能按图 3-83 配置时，可采用向视图自由地配置在图幅中，此时则应在向视图的上方标注视图名称“×”（“×”为大写的拉丁字母），在相应的视图附近用箭头指明投影方向，并注上相同的字母，如图 3-84 所示，在图中，图 3-83 中的右视图、仰视图和后视图改变了配置位置。

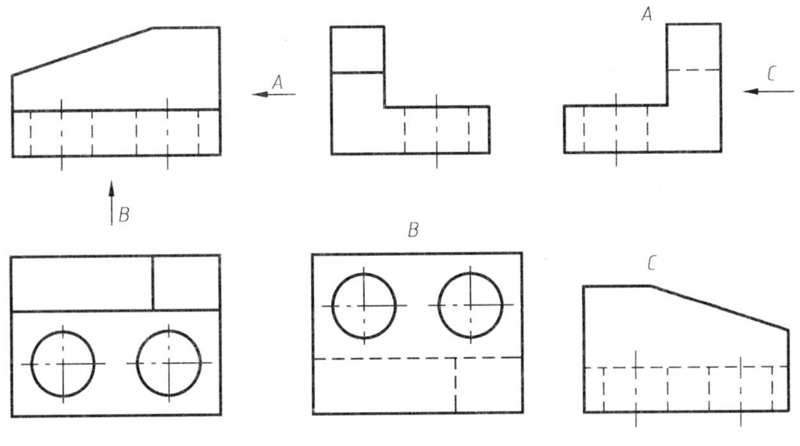

图 3-84　向视图

3. 局部视图

将机件的某一部分向基本投影面投影，所得到的视图叫做局部视图。画局部视图的主要目的是为了减少作图工作量。图 3-85 所示的机件，当画出其主俯视图后，仍有两侧的凸台没有表达清楚。因此，需要画出表达该部分的局部左视图和局部右视图。局部视图的断裂边界用波浪线画出，当所表达的局部结构是完整的，且外轮廓又成封闭时，波浪线可以省略，如图 3-85 的局部视图 *B*。

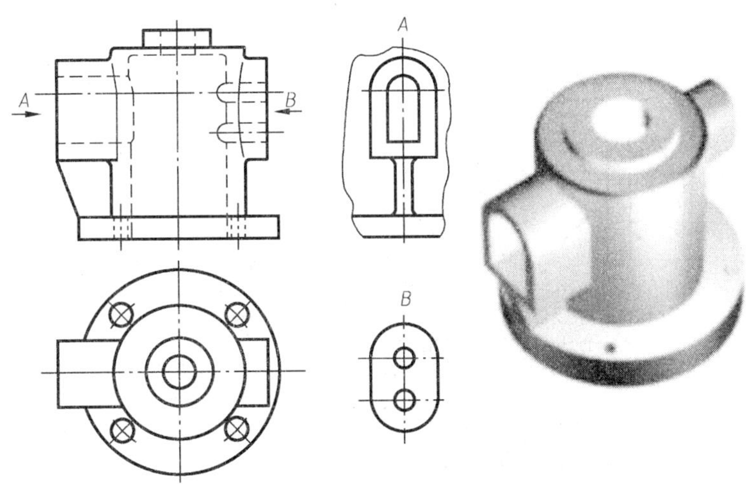

图 3-85　局部视图的画法

画图时，一般应在局部视图上方标上视图的名称“X”（“X”为大写拉丁字母），在相应的视图附近用箭头指明投影方向，并注上同样的字母。当局部视图按投影关系配置，中间又无其他图形隔开时，可省略各标注。局部视图可按基本视图的配置形式配置，见图 3-85 的俯视图，也可按向视图的配置形式配置并标注。

4. 斜视图

机件向不平行于任何基本投影面的平面投射所得的视图称斜视图。斜视图主要用于表达机件上倾斜部分的实形。图 3-86 所示的联接弯板，其倾斜部分在基本视图上不能反映实形，为此，可选用一个新的投影面，使它与机件的倾斜部分表面平行，然后将倾斜部分向新投影面投影，这样便可在新投影面上反映实形。斜视图一般按向视图的形式配置并标注，必要时也可配置在其他适当位置，在不引起误解时，允许将视图旋转后摆正配置，表示该视图名称的大写拉丁字母应靠近旋转符号的箭头端，如图 3-86 所示。

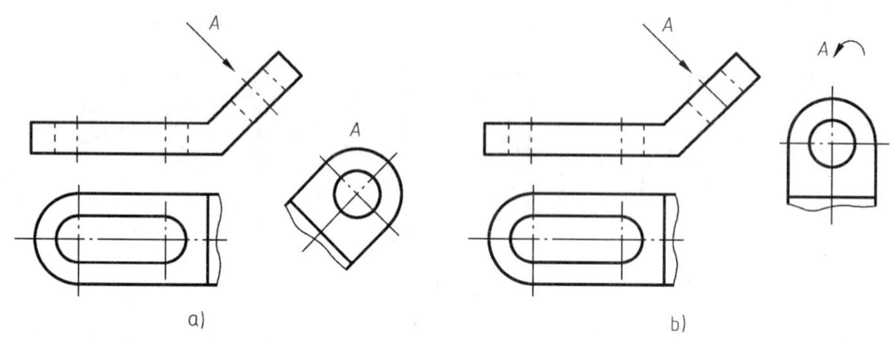

图 3-86 斜视图及其标注

（三）测绘托架模型，完成零件图 3-87 的绘制

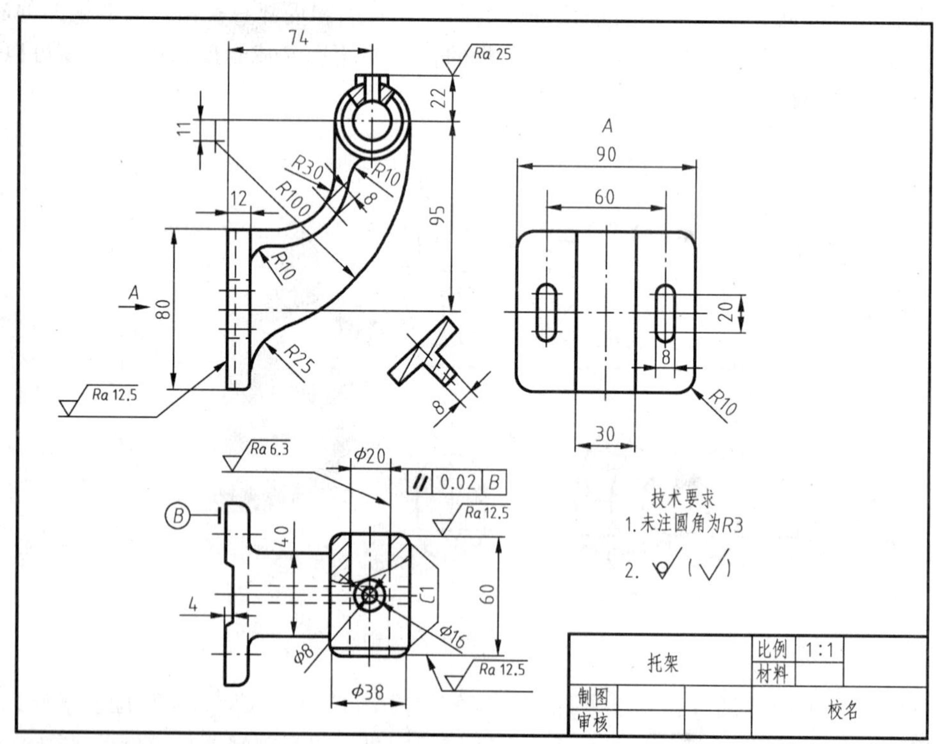

图 3-87 托架零件工作图

托架长度方向的尺寸基准为左边的安装面，宽度方向的尺寸基准为零件的前后方向的对称面，高度方向的尺寸基准为圆柱套筒的轴线。

托架上方的圆柱套筒外径为 $\phi38$，内孔直径为 $\phi20$，其上的圆柱形的凸台直径为 $\phi16$，中间有圆孔与套筒的孔垂直相通，直径为 $\phi8$，上平面距套筒的中心为 22，前后两端面均有

$C1$ 的倒角；下方的长方形板，外形尺寸为90、80、12，圆角半径为 $R10$，两长圆孔前后对称分布，距离为60，长度为20，左边的长方形槽宽为30，深4，左平面和长方形板中心到圆柱中心的距离分别为74和95；联接部分的两块板厚度均为8，半径分别为 $R30$ 和 $R100$，$R30$ 圆弧通过直线与上下两部分联接，为连接弧；$R(30+8)$ 的圆弧通过 $R10$ 的圆弧与上下两部分联接，$R100$ 为中间弧，上部与圆柱外圆内切，下部通过 $R25$ 的圆弧与板相切。

叉架类零件尺寸标注的要点：

(1) 叉架类零件的长度方向、宽度方向、高度方向的主要基准一般为孔的中心线、轴线、对称平面和较大的加工平面。

(2) 叉架类零件的定位尺寸较多，要注意能否保证定位的精度。一般要标注出孔中心线（或轴线）间的距离，或孔中心线（轴线）到平面的距离或平面到平面的距离。

(3) 定形尺寸一般都采用形体分析法标注尺寸，便于制作木模。一般情况下，内、外结构形状要注意保持一致。起模斜度、铸造圆角也要标注出来。

(4) 对于倾斜、弯曲的联接部分，设计时一般采用圆弧连接标注尺寸，要注意对一些已知弧，中间弧的圆心定位。

【小试身手】

(1) 训练学生进行视图画法的练习。

(2) 学生分组测绘托架零件，绘出零件工作图。

【评价】

(1) 评价学生的练习是否正确，学生对视图的画法的掌握程度如何。

(2) 评价学生测绘方法与步骤是否正确，动作是否熟练，表达是否正确合理，尺寸标注是否正确，图线是否规范。

3.3.4 第三角画法视图的识读与绘制

一、教学场地的准备

(1) 专用制图室，配多媒体、绘图桌椅。

(2) 教师提供挂图、模型、测绘工具与量具。

(3) 学生准备绘图仪器。

二、活动安排及教学步骤

【活动安排】

(1) 教师提供用第一角画法与第三角画法表达的机械图样各一个，由学生进行对比分析。

(2) 教师讲授第三角画法的应用。

(3) 测绘模型，用第三角画法绘制三视图。

【知识链接】

第三角画法简介：

世界各国都采用正投影法来绘制机械图样。ISO国际标准规定，在表达机械零件结构时，第一角画法和第三角画法等效使用。我国一直沿用第一角画法。俄罗斯、英国、德国、法国等较多国家也都采用第一角画法。美国、日本、加拿大和澳大利亚等国家采用第三角画法。为适应国际科学技术交流的需要，我们要掌握第三角画法的特点。

1. 第三角投影法的概念

如图3-88所示，由三个互相垂直相交的投影面组成的投影体系，把空间分成了八个部分，每一部分为一个分角，依次为Ⅰ、Ⅱ、Ⅲ、Ⅳ...... Ⅶ、Ⅷ分角。将机件放在第一分角进行投影，称为第一角画法。而将机件放在 第三分角进行投影，称为第三角画法。

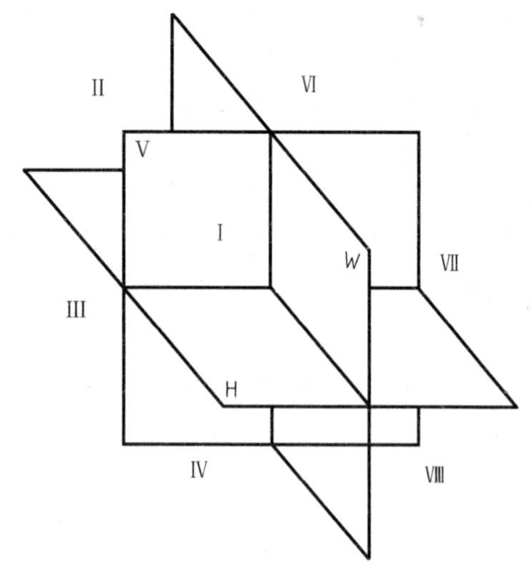

图3-88　空间的八个分角

2. 第三角画法与第一角画法的区别

在于人（观察者）、物（机件）、图（投影面）的位置关系不同。

采用第一角画法时，是把物体放在观察者与投影面之间，从投影方 向看是“人、物、图”的关系，如图3-89所示。

采用第三角画法时，是把投影面放在观察者与物体之间，从投影方向看是“人、图、物”的关 系，如图3-90所示。投影时 就好像隔着“玻璃”看物 体，将物体的轮廓形状 印在“玻璃”（投影面）上。

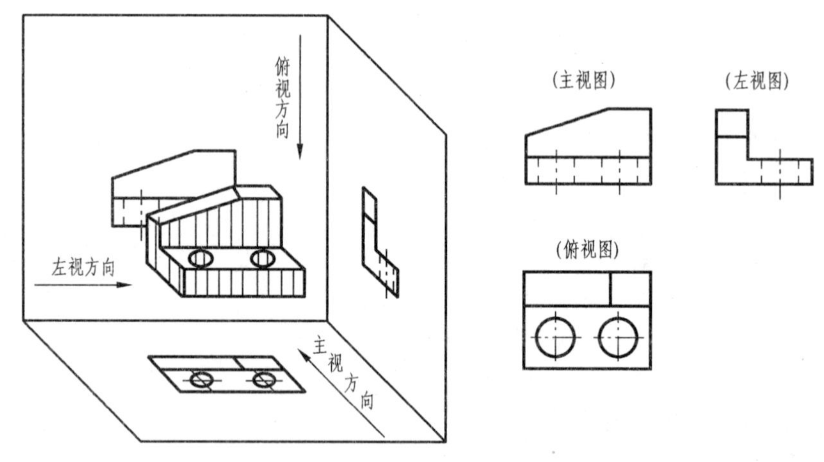

图3-89　第一角画法

3. 第三角投影图的形成

采用第三角画法时，从前面观察物体在 V 面上得到的视图称为前视 图从上面观察物体在 H 面上得到的视图称为顶视图；从右面观察物体在 W 面上得到的视图称为右视图。各投影面的展开方法是：V 面不动，H 面向 上旋转90°，W 面向右旋转90°，使三投影面处于同一平面内。

采用第三角画法时也可以将物体放在正六面体中，分别从物体的六 个方向向各投影面进行投影，得到六个基本视图，即在三视图的基础上增加了后视图（从后往前看）、左视图（从左往右看）、底视图（从下 往上看）。

第三角画法投影面展开如图3-91所示。

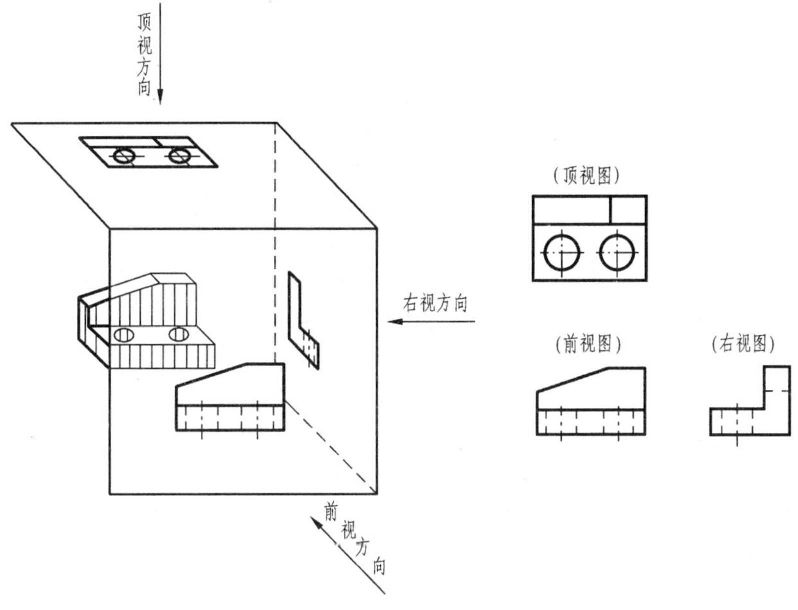

图 3-90　第三角画法

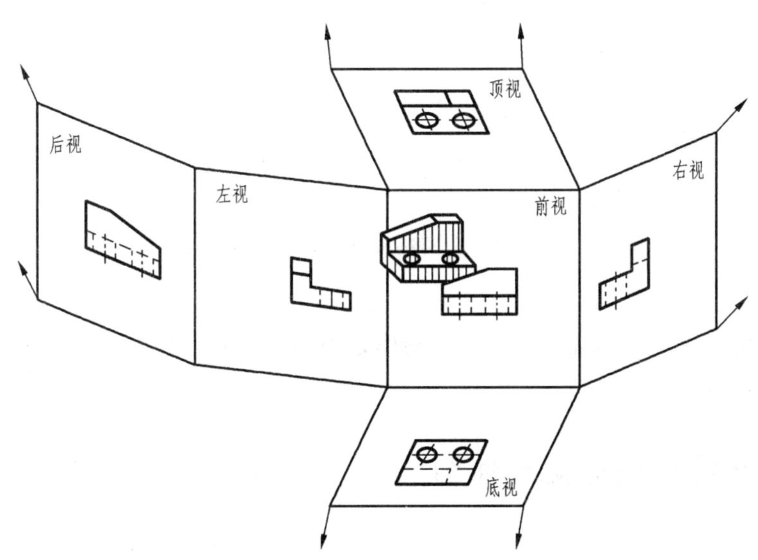

图 3-91　第三角画法投影面展开

第三角画法视图的配置如图 3-92 所示。

4. 第一角画法和第三角画法的识别符号

在国际标准中规定，可以采用第一角画法，也可以采用第三角画法。为了区别这两种画法，规定在标题栏中专设的格内用规定的识别符号表示如图 3-93 所示。

【小试身手】

学生分组测绘模型，用第三角画法画三视图。

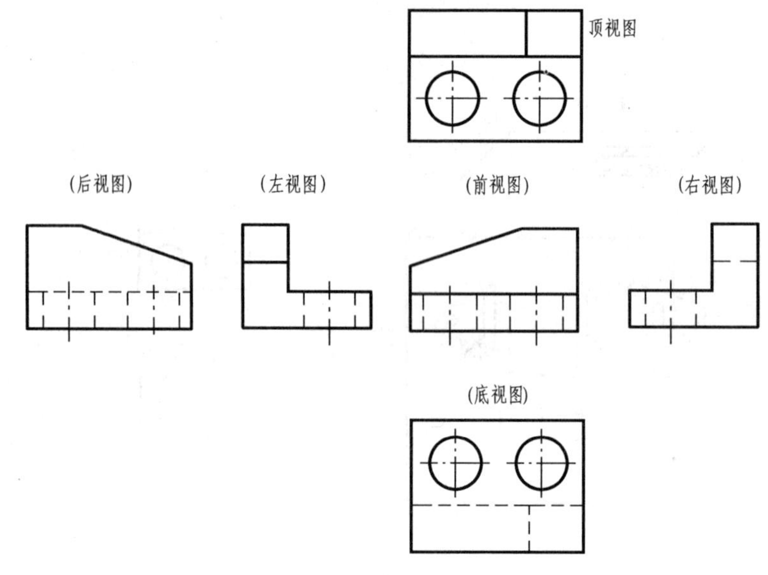

图 3-92　第三角画法视图的配置

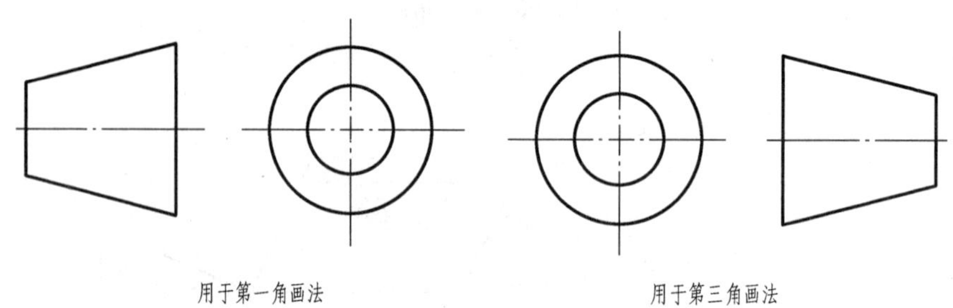

图 3-93　第一角画法和第三角画法的识别符号

【评价】

评价学生测绘方法与步骤是否正确，动作是否熟练，表达是否正确合理，尺寸标注是否正确，图线是否规范。

3.4　识读与绘制箱体类零件图

3.4.1　测绘轴承座

一、教学场地的准备

(1) 专用制图室，配多媒体、绘图桌椅。

(2) 教师提供教学模型轴承座、测绘工具与量具。

(3) 学生准备绘图仪器。

二、活动安排及教学步骤

【活动安排】

(1) 教师提供轴承座教学模型，引导学生分析其结构特点并拟定表达方案。

（2）测绘轴承座，绘制轴承座零件工作图。

（3）对常见结构要求正确标注。

【知识链接】

（一）箱体类零件的结构特点

（1）箱体类零件包括各种轴承座（见图3-94）、箱体、油泵泵体、车床尾座等。该类零件在机器中起容纳和支承的作用，结构比较复杂，毛坯一般为铸件，经多种机床加工而成。

图3-94　轴承座

（2）箱体类零件上的常见结构有轴承孔、支承板、安装孔、销孔、螺孔、凸台和凹坑、起模斜度、铸造圆角、油槽、油孔、T形槽、燕尾槽等。复杂箱体内还有中间壁板和加强肋。

（二）箱体类零件表达方案的选择、尺寸标注及常见结构要素的尺寸标注

1. 零件表达方案的选择

零件的视图选择和视图表达应在正确、完整、清晰地表达零件结构形状的前提下，首先要考虑符合生产加工的要求和看图的方便，然后应尽量减少视图的数量，同时，力求作图简便。

（1）主视图的选择原则　主视图是表达零件形状最重要的视图，其选择是否合理将直接影响其他视图的画法以及看图的方便。一般来说，选择零件主视图要考虑以下两大原则。

1）工作位置原则　工作位置是指零件在装配体中所处的位置。工作位置原则是指零件主视图的选择，应尽量与零件在机器中的工作位置一致，这样便于根据装配关系来考虑零件的形状及尺寸。如图3-95所示的下模座的主视图就是按工作位置来绘制的。

2）加工位置原则　加工位置是指零件在加工时所处的位置。加工位置原则是指零件按加工位置来绘制主视图，以便于对照图样进行加工和测量。一般的轴类零件的主视图就是按加工位置来绘制的，如图3-96所示。

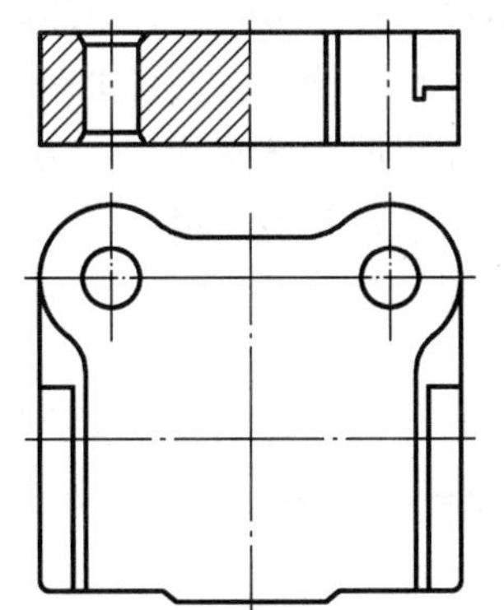

图3-95　下模座的主视图选择

3）形状特征原则　有些零件形状复杂，加工位置不固定，有些零件在机器上的位置是倾斜的，这时就应当选择最能反映零件形状结构特征及各组成形体之间的关系的方向作为投影方向来绘制主视图，这个原则称为形状特征原则，如图3-97所示。

（2）其他视图的选择　其他视图主要是用来表达主视图尚未表达清楚的结构。所以主视图确定后，其他视图的选择应考虑以下几点：

1）要根据零件的复杂程度和内外结构，全面考虑其他视图的选择，各视图相互应配合

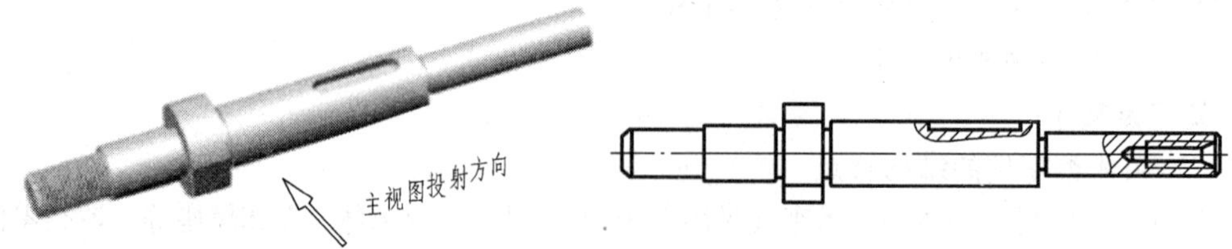

图 3-96　轴的主视图选择

而不重复，使每一个视图都有一个表达的重点，但视图数目不宜过多和过于复杂。

2）零件的主要结构应优先选用基本视图，并适当地选用剖视等表达方法。

3）对尚未表达清楚的局部结构或倾斜部分结构，采用局部（剖）视图、斜（剖）视图；对于尚未表达清楚的细小结构采用局部放大图，并尽量按投影关系配置。如图 3-98a 所示的支架零件。

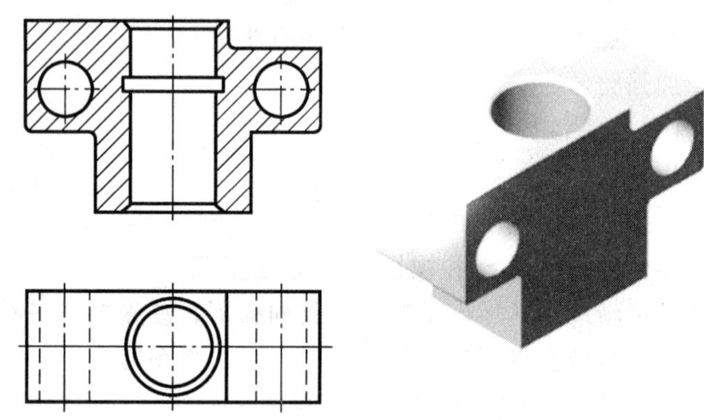

图 3-97　阀体主视图的选择

4）表达零件形状要符合正确、完整、清晰和简便的要求。如图 3-98 所示为支架实体图和三个表达方案。我们来比较不同表达方案的优缺点，如图 3-98b 为用三视图表达支架，主视图采用外形视图，左视图采用全剖视，俯视图也采用全剖视，另加一个 *B—B* 的局部剖视图和一个移出断面图；如图 3-98c 所示，主视图采用外形视图，左视图改为局部剖视图，减少了一个 *B—B* 的局部剖视图，同时将俯视图简化为一个移出断面；如图 3-98d 所示，按工作位置绘制主视图并采用局部剖视图，同时为表示肋板厚度在主视图中增加一个重合断面，左视图为基本视图，为表达支承板的形状也加上一个重合断面，这样图 3-98d 绘图简便，但表达方案不一定最好。因此表达零件应根据实际情况来选用表达方案，不能死板地套用三视图。

2. 零件图的尺寸标注

零件图上图形只表达零件的形状，而零件的大小则由图上所注出的尺寸数值来确定。因此，零件图的尺寸标注，除了要正确、完整、清晰外，还要合理。本节主要介绍一些合理标注尺寸的基本知识。

尺寸标注的合理性是指①保证达到设计要求，②符合加工和测量的工艺要求。

（1）合理选择尺寸基准　标注尺寸的起点称为尺寸基准，具体来说就是指：用以确定其他点、线、面位置所依据的那些点，线，面。如图 3-99 所示，在板上打圆孔，圆孔的中心就必须从下底面（或上底面）来确定，那么下底面（或上底面）就是高度尺寸的基准；以中心对称面为基准来标注长度尺寸；以前端面或后端面为基准来标注宽度尺寸。

如图 3-99 所示，当零件结构比较复杂时，同一方向上尺寸基准可能有几个，其中决定零件主要尺寸的基准称为主要基准，为加工和测量方便而附加的基准称为辅助基准，主要基

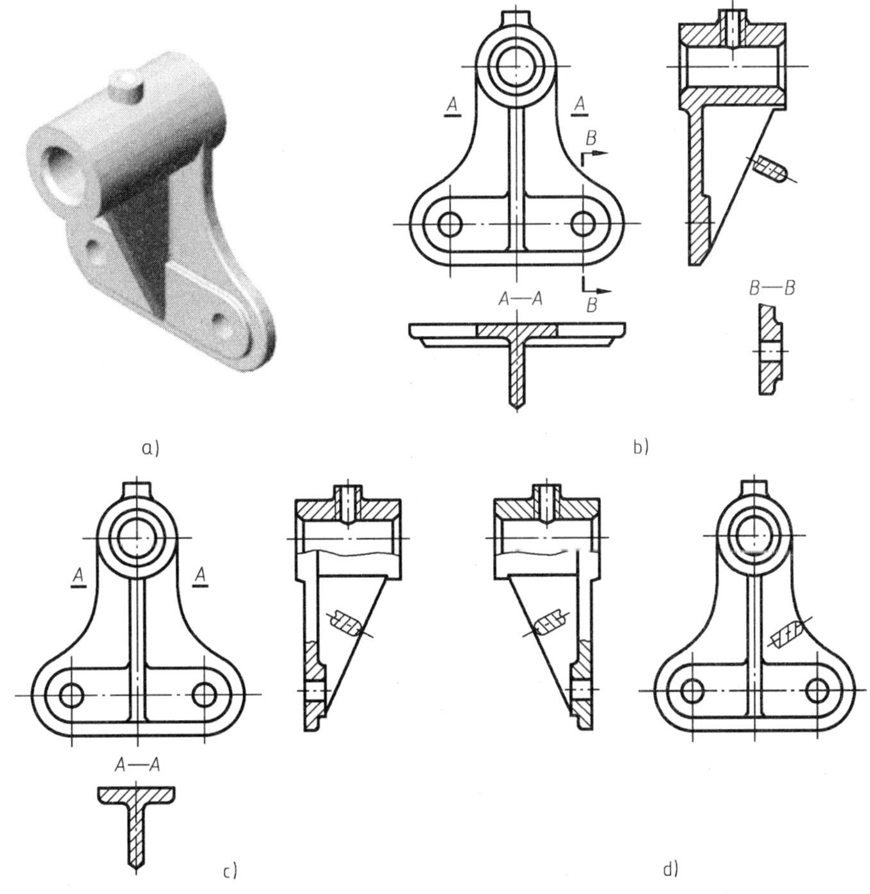

图 3-98　支架零件图

准和辅助基准之间应标注联系尺寸，如图 3-100 中的 58mm 尺寸。

由于作用不同，基准分为设计基准和工艺基准两类。

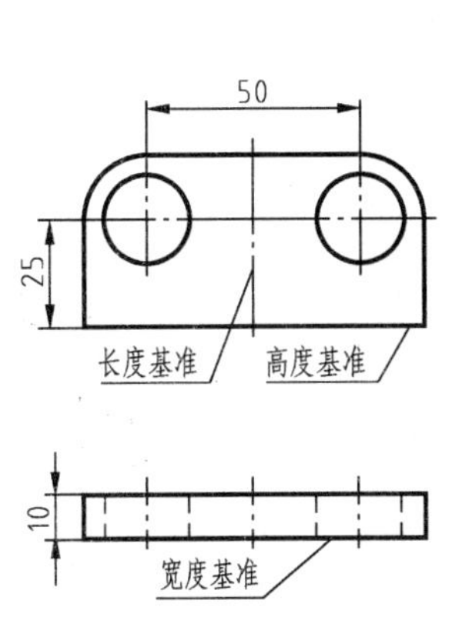

图 3-99　基准确定

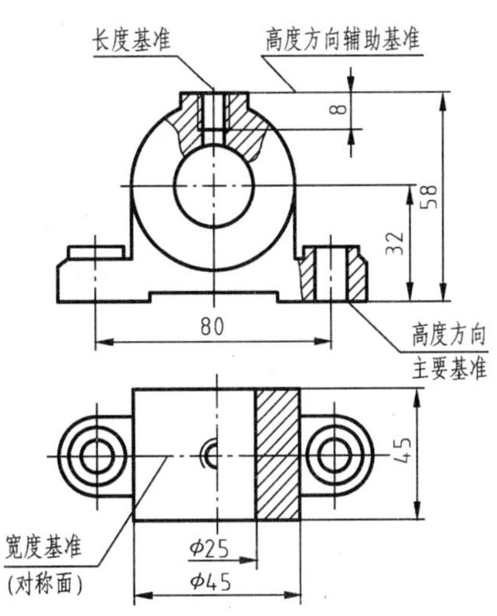

图 3-100　主要基准与辅助基准

1）设计基准 根据部件或机器的设计要求，在设计中用以确定零件在部件或机器中的几何位置的基准，称为设计基准。从设计基准出发标注尺寸，其优点是反映了设计要求，能保证所设计的零件在机器中的工作性能。如图 3-100 所示，主要尺寸 32mm 应从基准（底面）出发直接标出，若从其他位置标注，则不符合设计要求。

2）工艺基准 根据零件加工和测量的要求所选定的基准称为工艺基准。从工艺基准出发标注尺寸，其优点是便于零件加工和测量。如图 3-101 所示的轴的基准就是按加工的要求来确定的。

（2）选择基准的原则

1）在标注尺寸时，尽量把设计基准和工艺基准统一起来，这样，既能满足设计要求，又能满足工艺要求，如二者不能统一时，就以保证设计要求为主。

2）零件的主要尺寸应从设计基准出发，对其余尺寸考虑到加工和测量的方便，一般应从工艺基准标出。

3）零件图上常见的基准：零件上主要回转面的轴线、对称平面、主要加工面、支承面、零件的安装面及大的端面。

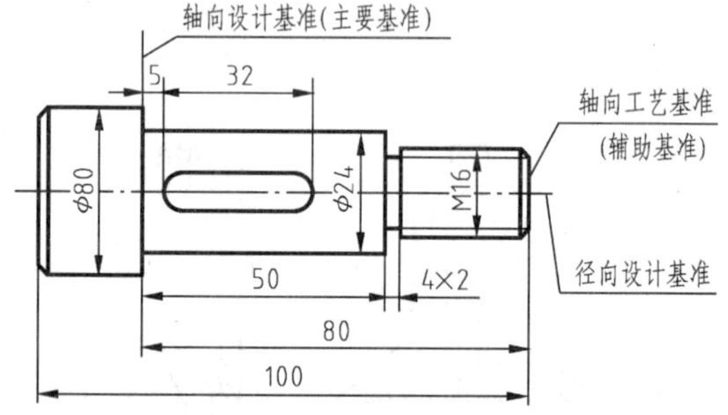

图 3-101 设计基准和工艺基准

例 3-1 如图 3-102 所示，以齿轮泵的泵盖为例说明尺寸基准的选择方法。

分析：

1）长度基准 右端面是泵盖与泵体的安装面，故作为设计基准，同时以它加工各轴孔和其他平面，因此右端面又是工艺基准。

2）宽度基准 泵盖是前后对称，同时两轴孔的轴线也在此对称平面上，故为宽度基准。

3）高度基准 以泵盖上轴孔（主动轴的轴孔）的轴线来确定其他孔的位置，保证各孔与泵体对应孔能准确配合，故为高度基准。

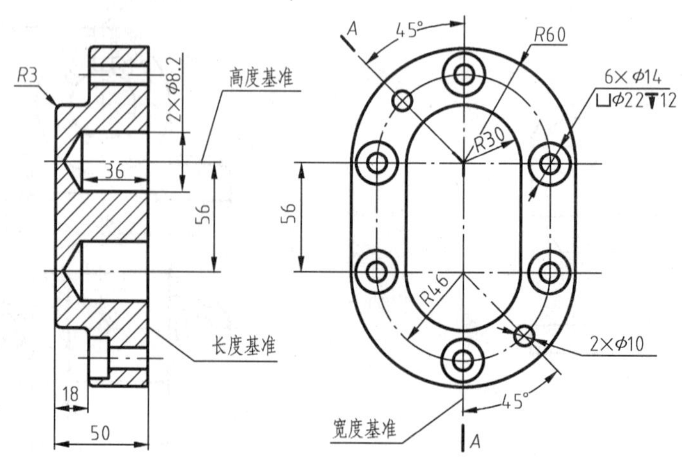

图 3-102 泵盖

（3）尺寸标注应合理

1）零件上的主要尺寸应从基准直接标出，以保证加工时达到设计要求。

如图 3-102 所示泵盖上各孔的定位尺寸 56、R46。

2）避免出现封闭的尺寸链（见教材 P89）。

3）标注尺寸应符合工艺要求

① 按加工顺序标注尺寸，如图 3-103 所示的阶梯轴，按加工顺序标注尺寸，便于加工和测量。只有尺寸 51 是设计的重要尺寸，必须直接标出。

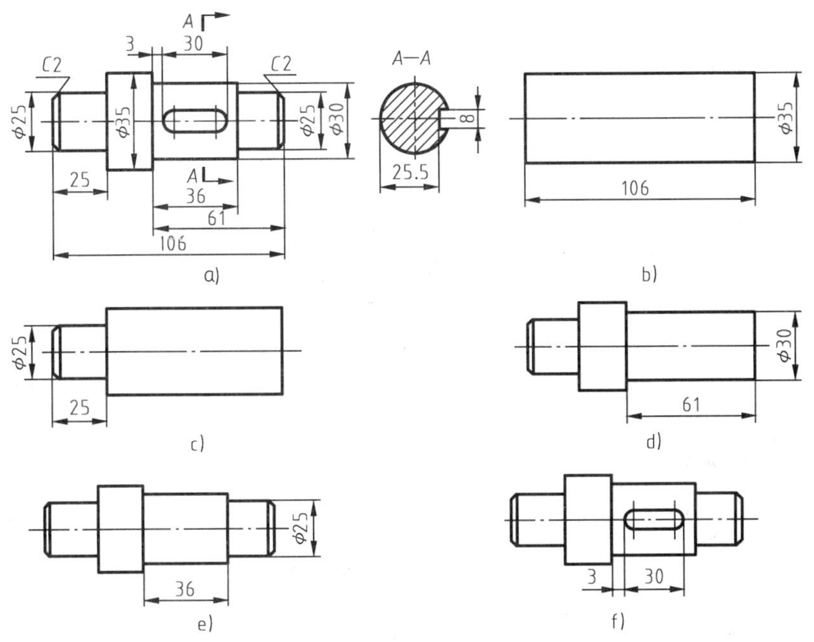

图 3-103　按加工顺序标注尺寸

② 按加工方法集中标注，如图 3-103a 所示，该轴圆柱表面须经车削加工，键槽需经铣削加工，就要把车削加工尺寸标在视图下方，铣削加工尺寸标在视图上方，断面尺寸标在断面图上，这样看图就比较方便。

③ 考虑测量方便的要求，标注尺寸时应便于加工和测量，如图 3-104 所示。

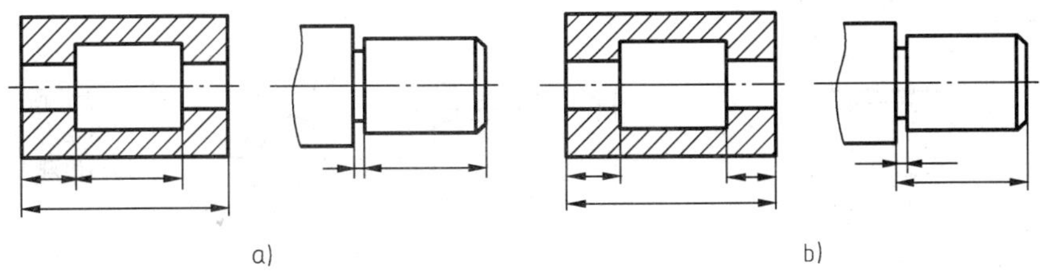

图 3-104　尺寸标注应符合加工测量方便的要求
a）不便于加工和测量　b）便于加工和测量

④ 毛坯面和加工面的尺寸标注，因毛坯面之间的尺寸在机加工前就已确定，不会因机加工改变，因而，在同一方向上，毛坯面和机加工面之间只能有一个联系尺寸，如图 3-105 所示。

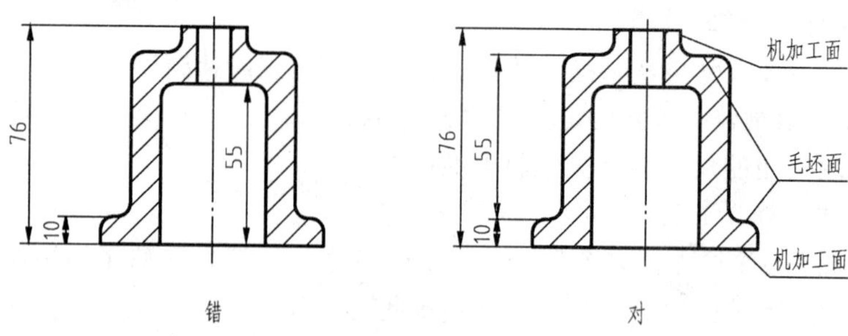

图 3-105 毛坯面和机加工面之间只能有一个联系尺寸

3. 零件上常见结构的尺寸标注法（见表 3-12）

表 3-12 常见结构的尺寸标注法

结构类型	一般画注法	简化注法	说明
锥形沉孔	90° φ10 6×φ6.5	6×φ6.5 ⌵φ10×90°	6×φ6.5 表示直径为 6.5mm 均匀分布的六个孔。锥形沉孔可以旁注，也可直接注出
光孔	4×φ5 10	4×φ5 ↧10	4×φ5 表示直径为 5mm，均布的四个光孔，孔深可与孔径连注，也可分开注出
柱形沉孔	φ11.5 6 6×φ6.5	6×φ6.5 ⌴φ11.5↧6	柱形沉孔的直径为 φ11.5mm，深度为 6mm，均须标注
锪平沉孔	φ15 锪平 8×φ6.5	8×φ6.5 ⌴φ15	锪平面 φ15mm 的深度不必标注，一般锪平到不出现毛面为止
锪平沉孔	φ15 锪平 8×φ6.5	8×φ6.5 ⌴φ15	锪平面 φ15mm 的深度不必标注，一般锪平到不出现毛面为止
通孔螺孔	2×M8—6H	2×M8—6H	2×M8 表示公称直径为 8mm 的 2 个螺孔，可以旁注，也可直接注出

（续）

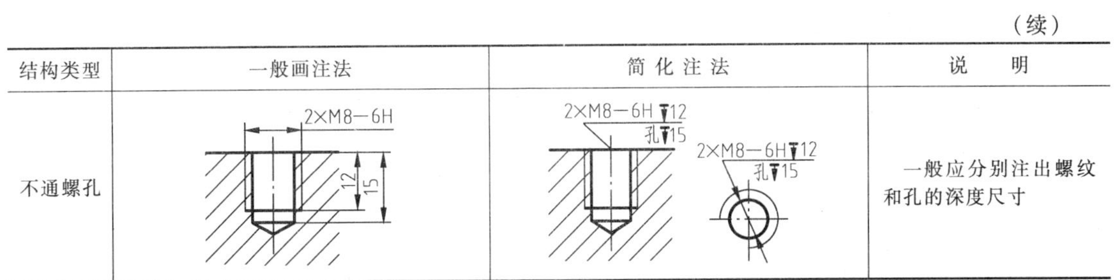

结构类型	一般画注法	简化注法	说　明
不通螺孔	2×M8—6H　12　15	2×M8—6H▼12 孔▼15　2×M8—6H▼12 孔▼15	一般应分别注出螺纹和孔的深度尺寸

（三）测绘轴承座模型，完成零件图3-106的绘制。

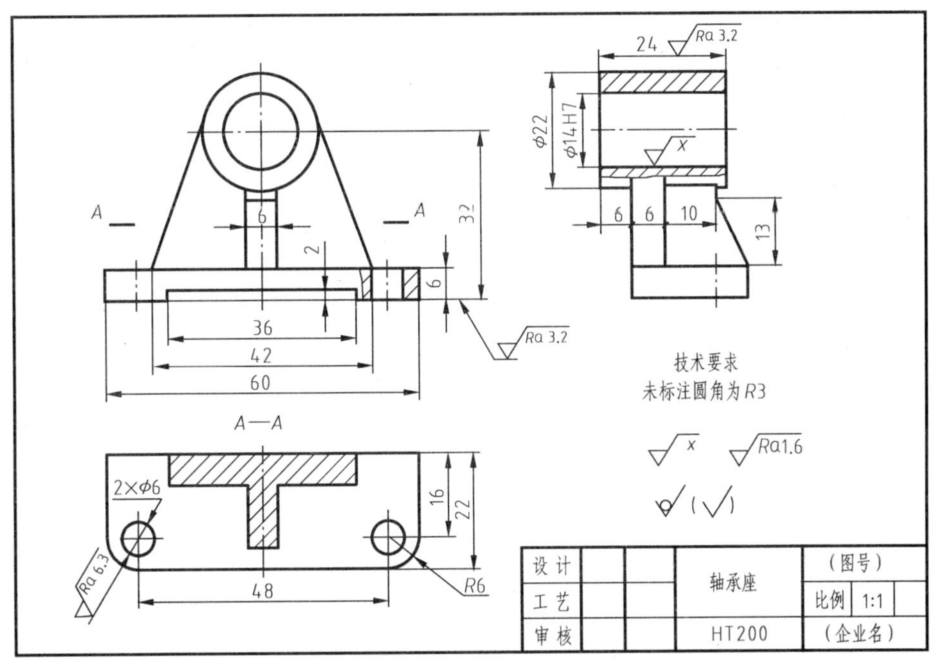

图3-106　轴承座零件工作图

【小试身手】

（1）训练学生进行常见结构要求的尺寸标注练习。

（2）学生分组测绘轴承座零件，绘出零件工作图。

【评价】

（1）评价学生的练习是否正确，学生对尺寸标注的掌握程度怎样。

（2）评价学生测绘方法与步骤是否正确，动作是否熟练，表达方案选择是否正确合理，尺寸标注是否正确，图线是否规范。

3.4.2　测绘减速器箱体

一、教学场地的准备

（1）专用制图室，配多媒体、绘图桌椅。

（2）教师提供教学模型减速箱、测绘工具与量具。

（3）学生准备绘图仪器。

二、活动安排及教学步骤

【活动安排】

（1）教师提供减速箱教学模型，要求学生分析其结构特点，正确理解平面度与位置度公差，并会标注。

（2）要求学生掌握读零件图的方法。

（3）测绘减速箱，绘制减速箱零件工作图。

（4）正确表达铸造工艺结构，标注并理解位置度、平面度公差。

【知识链接】

（一）箱体类零件的工艺结构

从加工工艺要求出发，为使零件的毛坯制造、加工和测量，部件或机器的装配和调整工作的顺利和方便，在零件上应设计出铸造圆角、起模斜度、倒角、倒圆、退刀槽等工艺结构。

零件上工艺结构很多，在这里主要介绍铸造和机械加工工艺结构。

（1）铸造工艺结构

1）拔模斜度　在铸造时为了便于把木模从砂型中取出，在铸件的内外壁沿起模方向应设计出一定的斜度，这个斜度称为拔模斜度如图 3-107、图 3-108 所示，其斜度一般在 1:10～1:20之间。当斜度较小时，在图上可不画出，若斜度大则应画出。

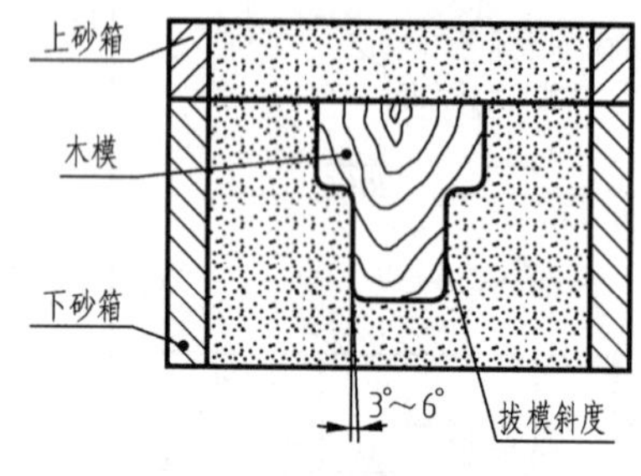

图 3-107　砂箱造型

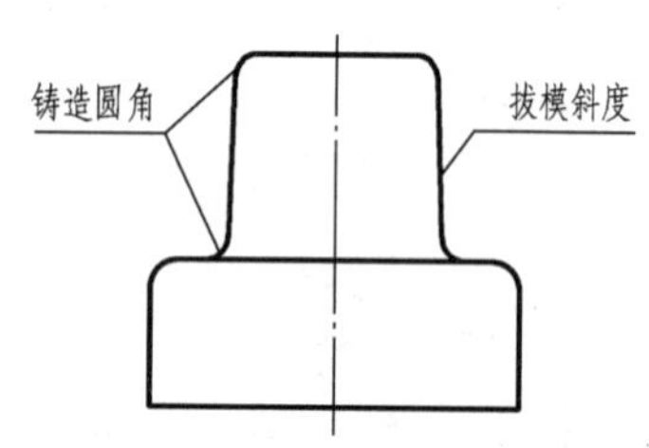

图 3-108　铸件

2）铸造圆角　在铸件表面相交拐角处应有圆角，如图 3-109a 所示。否则脱模时会有砂型落砂，同时铸件冷却时产生裂纹或缩孔的现象，如图 3-109b 所示。

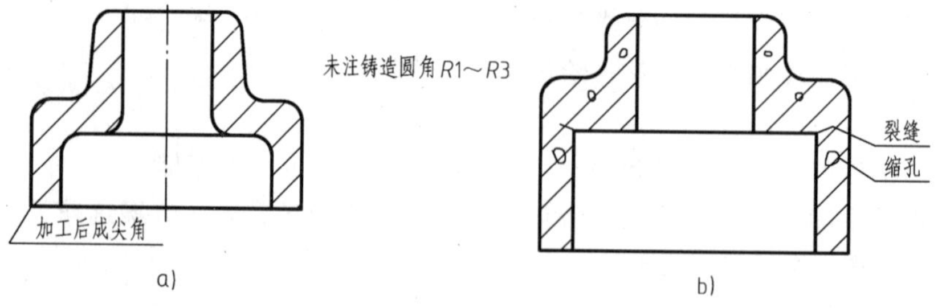

图 3-109　铸造圆角

3）壁厚均匀　若铸件壁厚不均匀，由于金属熔液冷却的速度不一样，容易产生缩孔或裂纹，如图 3-109b 所示。所以在设计时，铸件的壁厚要均匀或逐渐变化，应避免突然变厚，如图 3-110 所示。

（2）机械加工工艺结构　箱体类零件中凡与其他零件接触的表面一般都要加工。为了

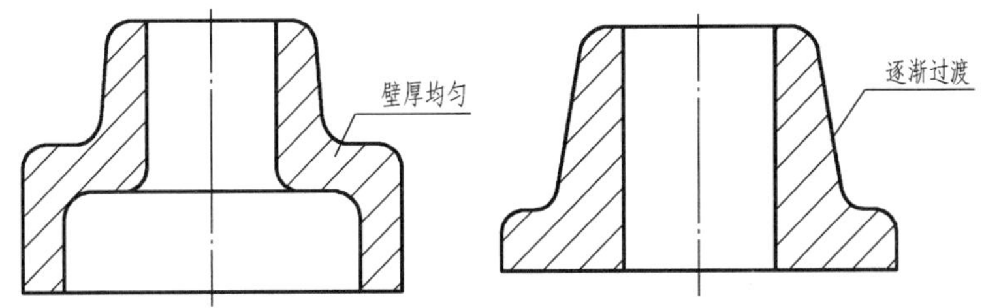

图 3-110　壁厚均匀或逐渐过渡

减少机械加工量及保证两表面接触良好，应尽量减少加工面积和接触面积，常用的方法是把零件接触表面做成凸台、凹坑和凹槽，其结构形状如图 3-111 所示。钻孔时，被钻孔的端面应与钻头垂直，以避免钻孔偏斜或钻头折断，其结构形状如图 3-112 所示。

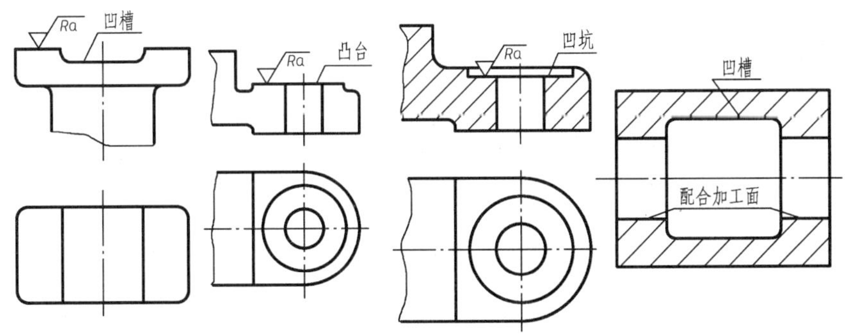

图 3-111　减少加工面积和接触面积

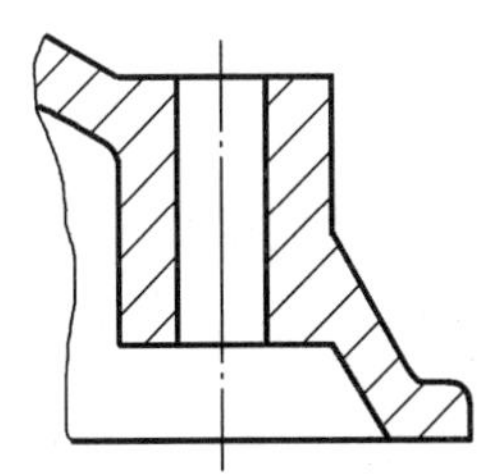
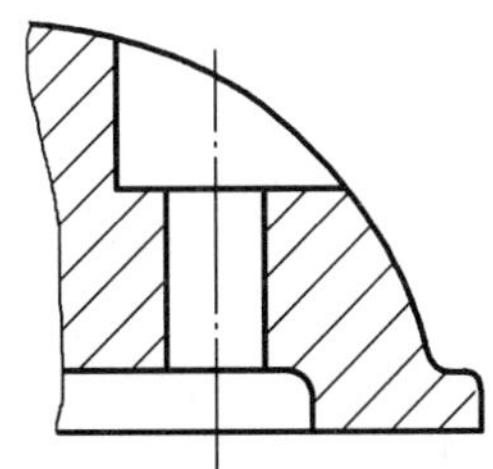
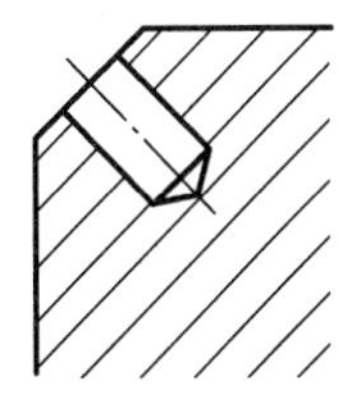

图 3-112　钻孔端面

（二）平面度与位置度

平面度属于形状公差，平面度公差带只有一种，即由两个平行平面组成的区域，该区域的宽度即为要求的公差值。

位置度误差是被测实际要求偏离其理论位置的结果。理论位置由理论正确尺寸决定，所以标注位置度公差要求时，总要标出带框的理论正确尺寸。另外，有位置度要求的要素除线和面以外，还有点的位置。

平面度与位置度的符号、公差带含义、标注与解释见表 3-13。

（三）看零件方法与步骤

对比模型如图 3-113 所示减速箱箱体，由课件给出零件工作图如图 3-114 所示。进行读图练习。

表 3-13　形位公差带含义

项　目	公差带定义	标注和解释
平面度公差	公差带是距离为公差值 t 的两平行平面之间的区域	被测表面必须位于距离为公差 0.08 的两平行平面内
位置度公差	如果公差值前加注 ϕ，则公差带是直径为公差值 t 的圆内的区域。圆公差带的中心点的位置，由相对于基准 A 和 B 的理论正确尺寸确定	两个中心线的交点，必须位于直径为公差值 0.3 的圆内，该圆的圆心位于由相对基准 A 和 B（基准直线）的理论正确尺寸所确定的点的理想位置上

1. 看图的方法

看零件图的基本方法仍然是形体分析法和线面分析法。

较复杂的零件图，由于其视图、尺寸数量及各种代号都较多，初学者看图时往往不知从哪看起，甚至会产生畏惧心理。其实，就图形而言，看多个视图与看三视图的道理一样。视图数量，主要是因为组成零件的形体较多，所以将表达每个形体的三视图组合起来，加之它们之间有些重叠的部位，图形就显得繁杂了。实际上，对每一个基本形体来说，仍然是只用 2～3 个视图就可以确定它的形状。所以看图时，只要善于运用形体分析法，按组成部分“分析”看，就可将复杂的问题分解成几个简单的问题处理了。

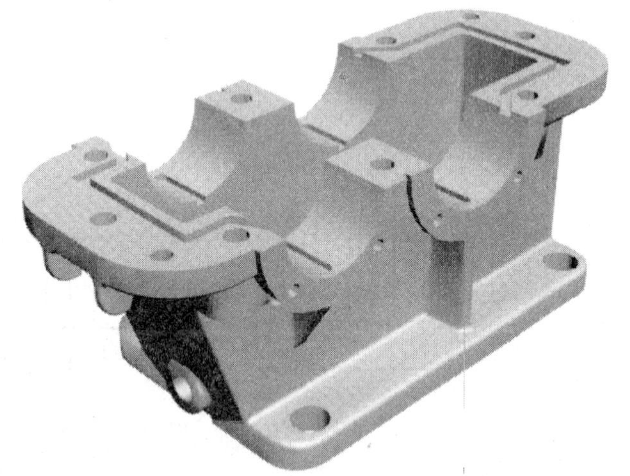

图 3-113　所示减速箱箱体

当然，看图确实比较困难，但只要耐心细致地阅读，不断总结经验，看图能力定会迅速提高。

2. 看图的步骤以图 3-114 为例加以说明

（1）读标题栏　了解零件的名称、材料、绘图比例、重量等。明确这个零件是在什么机器上用的，并联系典型零件的分类，对零件有一个初步认识。

通过看标题栏得知，该零件的名称是减速器箱体，材料是 HT200，画图比例为 1:1，属

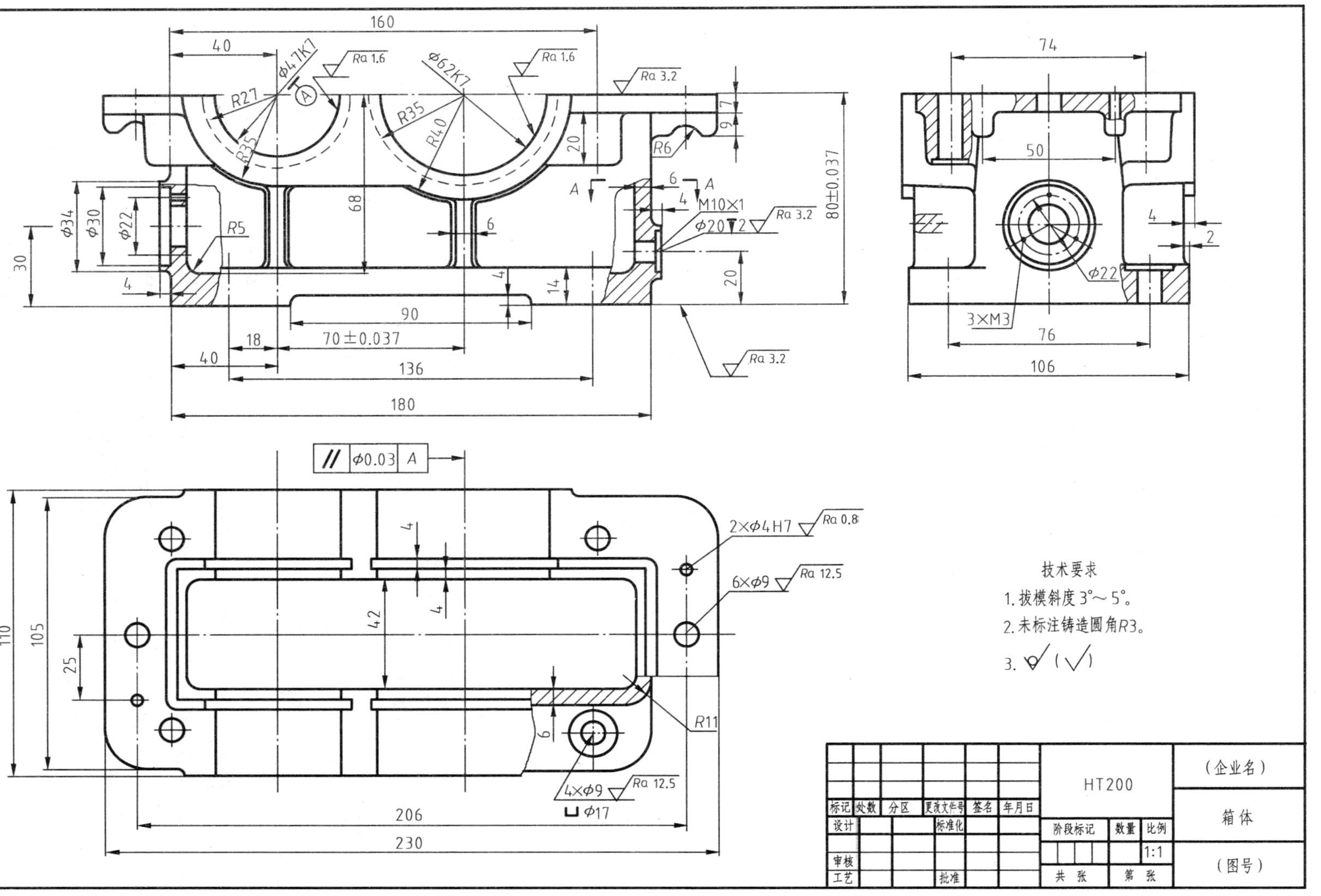

图 3-114　减速箱箱体零件工作图

箱体零件。

（2）纵览全图，弄清视图之间的关系　看视图，想形状，不可急于求成，不应立即就将眼睛盯在某个视图上。因为一组图形通常有基本视图、向视图、剖视图、断面图等多种表达方法，加之投射方向、视图位置往往有变，所以，通过纵览应对所有视图有个初步了解。具体地说，就是先找出主视图，再看看剖视图、断面图是在哪个位置、用什么方法剖切、向哪个方向投射的；向视图的对应标记和应从哪个方向看过去等等。只有弄清各视图之间的方位关系，才能顺利进入细致分析零件形状的阶段。

由图3-114可知，该箱体有三个图形，即主、俯、左三个基本视图。主视图采用了局部剖视，左视图采用半剖加重合断面图。几处局部剖视表达了放油孔、销孔、安装孔的结构，半剖视体现了箱体内腔的结构，重合断面表达肋板的断面形状。俯视图直接对应箱体的水平投影。

（3）详看视图，想象形状　要先看主要部分，后看次要部分；先看容易确定、能够看懂的部分，后看难以确定、不易看懂的部分；先看整体轮廓，后看细部结构。具体地说，就是要用形体分析法，分部分、想形状。对于局部投影的难解之处，要用线面分析法仔细分析。最后将其综合，想象出零件的整体形状。

通过主俯视图看清带有凸缘的两对大的半圆孔，上部带销孔和沉孔的连接板，底板上的安装孔，连接板上的左右吊耳，由主左视图看清支承凸缘的肋板等。这样逐步由两个或两个以上的视图相互对应可知，该箱体的主体结构一目了然，对于一些较难看懂的部分，将三个视图分部分进行读图，再将各部分按其相对位置组合起来，就可以想象出箱体的整体形状。

（4）分析尺寸和技术要求　分析零件图上的尺寸，首先要找出三个方向的尺寸基准，然后从基准出发，按形体分析法，找出各组部分的定形尺寸、定位尺寸及总体尺寸。分析技术要求时，关键是弄清哪些部位的要求比较高，以便考虑在加工时采取相应措施予以保证。

通过尺寸分析可知，该箱体的高度方向基准为上表面，长度方向的基准为孔ϕ62K7对称中心线，宽度方向基准为箱体的对称中心面，分析技术要求可知，只有两孔ϕ62K7、ϕ47K7给出了公差带代号，两孔间中心距给出了70mm ±0.037mm的尺寸公差要求。两孔的Ra值均为1.6μm，面的Ra值为3.2μm。此处由文字说明可知，箱体的铸件需经过时效处理，消除内应力，以避免零件在加工后发生变形，未标记的铸造圆角半径为$R3$。

（5）综合归纳　通过以上几方面的分析，将获得的全部信息和资料在头脑里进行一次综合、归纳，即可得到该零件的全面了解和认识。

以上所述是看零件图的大致方法和步骤。在看图过程中，对有些零件图，往往还要参考有关技术资料和该产品的装配图，或同类产品的零件图，经过对比分析，才能彻底看懂。对看图的每一步骤，不要孤立地进行，要根据具体情况灵活运用，如对图形和尺寸，往往需要结合起来分析，才更有利于看图。另外，对于较复杂的零件图，往往要参考有关技术资料，如装配图，相关零件的零件图及说明书等，才能完全看懂。对于有些表达不够理想的零件图，需要反复仔细地分析，才能看懂。总之，要在看图实践中，注意总结经验，不断提高看图能力。

【小试身手】

（1）训练学生进行形位公差的标注练习。

（2）学生分组测绘箱体零件，课堂上先绘出零件草图。

【评价】

（1）评价学生的练习是否正确，学生对形位公差的标注掌握程度怎样。

（2）评价学生测绘方法与步骤是否正确，动作是否熟练，表达方案选择是否正确合理。

（3）评价学生课后绘制的零件工作图的尺寸标注是否正确，图线是否规范。

学习情境4　装配图识读与绘制

4.1　识读滑动轴承座装配图

4.1.1　装配图的内容

一、教学场地的准备

(1) 专用制图室，配多媒体。

(2) 滑动轴承座的直观图、装配图等有关课件、挂图。

二、活动安排及教学步骤

【活动安排】

(1) 看课件演示滑动轴承座的直观图（见图4-1）和装配图，分析且回答问题。

(2) 滑动轴承座的组成有几部分?

(3) 装配图与零件图比较，在表达方法上有什么不同?

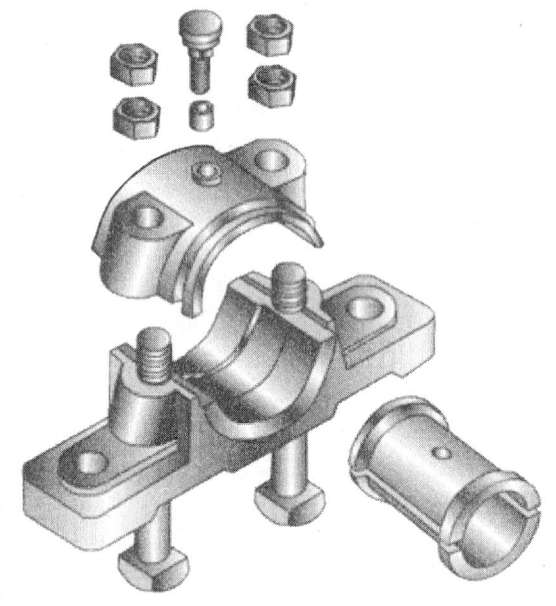

图4-1　滑动轴承座结构图

【知识链接】

1. 装配图的内容

图4-2所示是滑动轴承座的装配图，从中可以看出，一张完整的装配图，应包括下列基本内容。

(1) 一组表达装配体结构的图形　运用必要的视图和各种表达方法，表达出机器或部件的装配组合情况、各零件间的相互位置、联接方式和配合性质，并能由图中分析、了解到机器或部件的工作原理、传动路线和使用性能。

(2) 必要的尺寸　装配图上只需表达机器或部件规格、性能以及装配、检验、安装时所必要的尺寸。

(3) 必要的技术要求　用文字说明或标注符号指明机器或部件在装配、调试、安装和使用中的技术要求。

(4) 零件序号和明细表　为便于看图、图样管理和组织生产，装配图中必须对每种零件编写序号，并相应编制零件明细表。

(5) 标题栏　包括机器或部件的名称、图号、比例以及图样的责任者签名等内容。

2. 装配图的表达方法

装配图要正确、清晰地表达装配体结构和其中主要零件的结构形状，零件图的各种表达

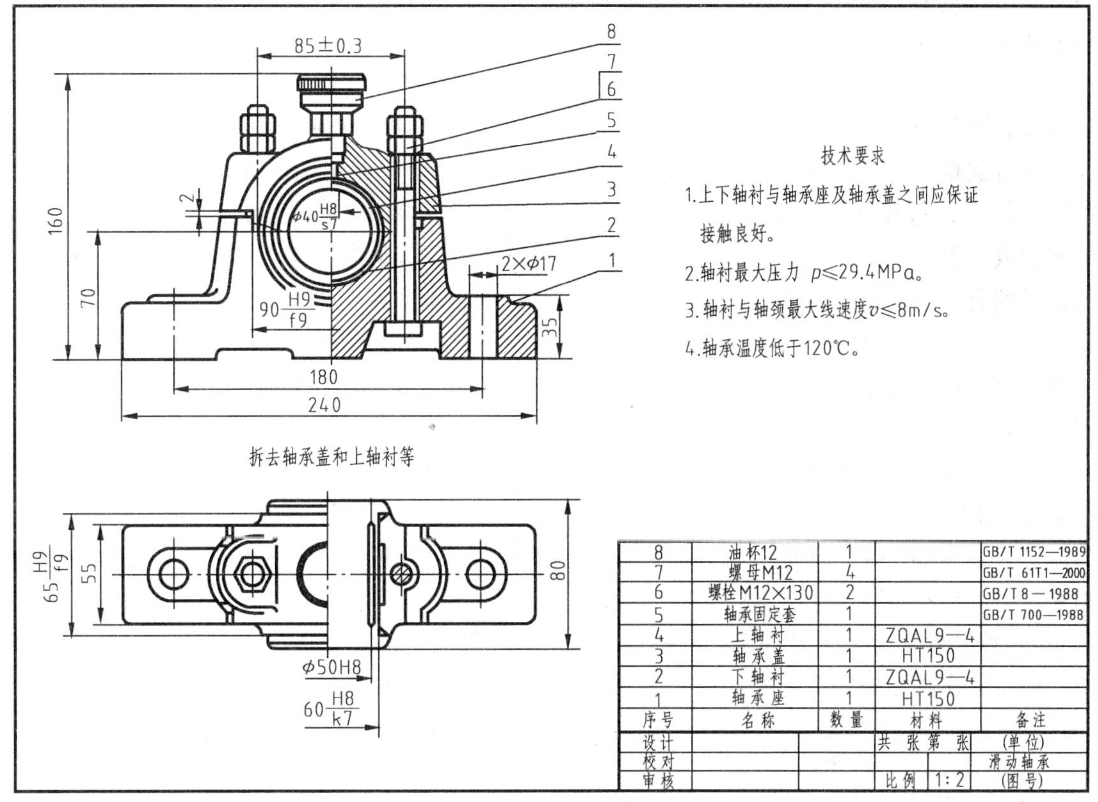

图 4-2　滑动轴承座的装配图

方法和适用原则，对装配图同样适用。但是由于装配图表达的是装配体的总体情况，不同于零件图仅表达单个零件的结构形状，因此，国家标准中，对装配图表达方法又做了一些具体规定。

（1）装配图的规定画法

1）相邻两零件的接触面间只画一条线　而当相邻两零件有关部分基本尺寸不同时，即使间隙很小，也必需画两条线。如图 4-2 中，主视图上轴承座 1 与轴承盖 3 的接触面之间，俯视图上下轴衬 2 与轴承座 1 的配合面之间，都只画一条线；而主视图上螺栓 6 与轴承座 1、轴承盖 3 的螺栓孔之间为非接触面，必须画两条线。

2）装配图中剖面线的画法　同一零件在不同视图中，剖面线的方向和间隔应该保持一致；相邻零件的剖面线，应有明显区别，方向相反或倾斜方向相同间隔不等，以便于在装配图中区分不同的零件，如图 4-2 中轴承座 1 与轴承盖 3 采用倾斜方向相反的剖面线，这就便于区分两个零件。

3）装配图中，对于螺栓等紧固件及实心的轴、杆、柄、球、键等零件，当剖切平面通过其基本轴线时，按未剖切绘制，如图 4-2 主视图中的螺栓 6 和螺母 7 均按未剖画出，而当剖切平面垂直这些零件时的轴线时，则应按剖视绘制，如图 4-2 俯视图中的螺栓 6。

（2）装配图的特殊表达方法　零件的各种表达方法（如视图、剖视、断面图等）都可用以表达装配体的内外结构形状，如图 4-2 主视图就采用了半剖视图同时表达了滑动轴承的内外结构形状。但由于装配图是由若干零件装配而成的，有些零件会彼此遮盖，有些零件有一定的活动范围，还有些零件或组件属于标准件，因此为使装配图既能正确完整，而又简练地表达装配体的结构，国标中还规定了一些特殊表达方法。

1）沿零件结合面剖切和拆卸画法　装配图中，常有零件重叠的现象，当某些零件遮住了需要表达的结构与装配关系时，可假想将这些零件拆去后，再画出某一视图，或沿零件结合面进行剖切，相当于拆去剖切平面一侧的零件。此时结合面不画剖面线。必要时应注明“拆去××”，这种画法在装配图中应用很广泛，且形式多样。应根据图的特点假想拆去某个零件或只拆去它的一半或一部分，如图4-2的俯视图，就是沿结合面剖切，拆去轴承盖和上轴衬的右半部而画出的半剖视图。其上标明“拆去轴承盖、上轴衬等”。

2）假想画法　①在装配图上当需要表示某些零件运动范围和极限位置时，可用双点划线画出该零件的极限位置图。如图4-3所示，当三星齿轮板在图示位置Ⅰ时，齿轮2、3都不与齿轮4啮合；当处于位置Ⅱ时，传动路线为齿轮1经齿轮2传至齿轮4；当处于位置Ⅲ时，传动路线为齿轮1经齿轮2、齿轮3，传至齿轮4。这样改变齿轮板的位置，就可使齿轮4得到两种相反的转向。极限位置Ⅱ、Ⅲ，都是采用双点划线假想画出的。②在装配图中，当需要表达本部件与相邻部件的装配关系时，可用双点划线假想画出相邻部件的轮廓线。如图4-3中，*A*—*A*展开图床头箱的画法所示。

3）展开画法　为了展示传动机构的传动路线和装配关系，可假想按传动顺序沿轴线剖切，然后依次将弯折的剖切面伸直，展开到与选定投影面平行的位置，再画出其剖视图，这

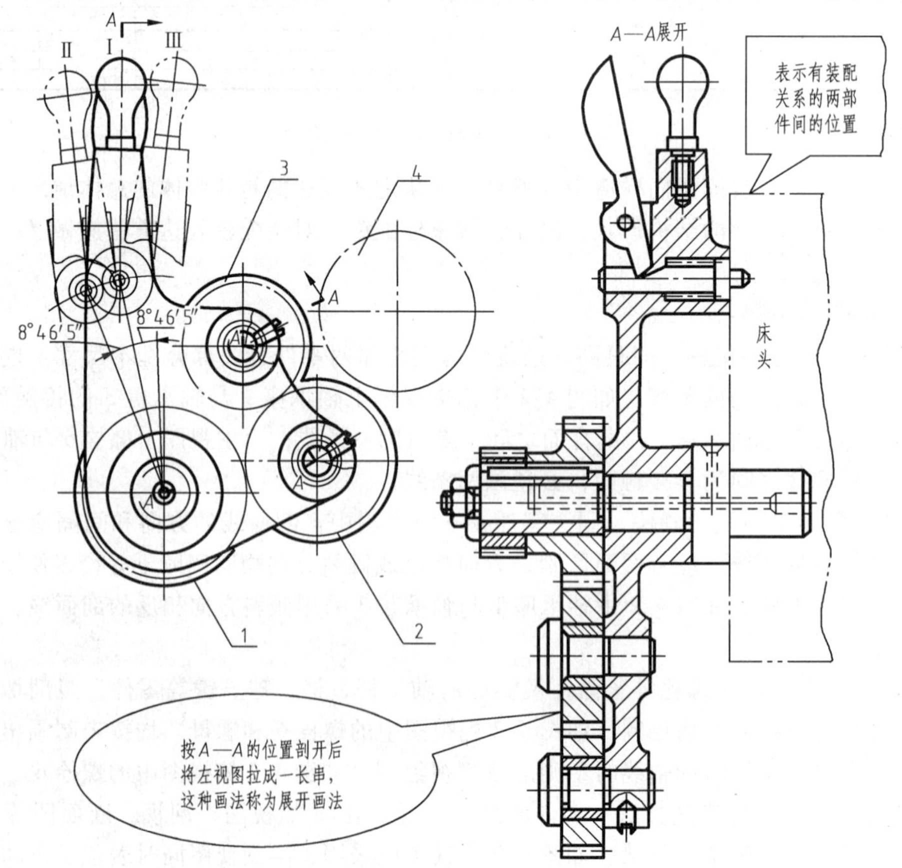

图4-3　三星齿轮传动机构的*A*—*A*展开图

种画法称为展开画法。如图 4-3 所示三星齿轮传动机构的 *A*—*A* 展开图。应用展开画法时，必需在相关视图上用剖切符号和字母表示各剖切平面的位置和关系，用箭头表示投影方向，在展开图上方注明“×—×展开”。

4）夸大画法　在装配图中，如绘制直径或厚度小于 2mm 的孔或薄片，以及画较小的锥度和斜度时，均允许将该部分不按原比例而夸大画出。如图 4-4 中的薄垫片就是按夸大厚度画出的，其剖面符号，也因轮廓小而采用完全涂黑的简化画法。

5）简化画法　①装配图中对于若干个相同的零件组，如螺栓、螺钉联接等，允许只画出一组，其余的用点划线表示其装配位置即可，如图 4-4 中的螺钉。②对于装配图中的滚动轴承，允许一半按剖视绘制，另一半用十字粗实线简化画出，如图 4-4 中的轴承。③在装配图中，当剖切平面通过某些标准组合件（如油杯、油标、管接头等）的轴线时，可以只画外形，如图 4-2 中的油杯。④在装配图中，零件上某些较小的工艺结构，如退刀槽、倒角、圆角等允许省略不画，如图 4-4 中的螺钉、螺母的倒角及倒角而产生的曲线，均被省略。

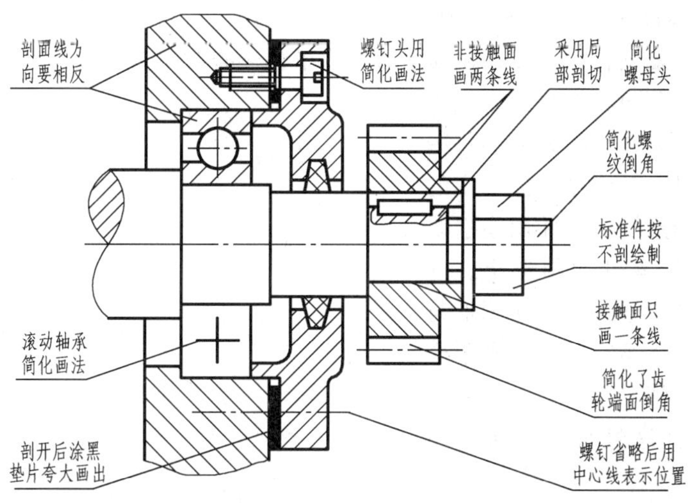

图 4-4　轴上齿轮、轴承和端盖的装配图

3. 装配图的尺寸标注

装配图的作用与零件图不同，所以在装配图中标注尺寸时，不必把制造零件所需的尺寸都标出来，只需标注以下几类尺寸。

（1）规格、性能尺寸　表示该产品规格或工作性能的尺寸。这类尺寸是设计产品的主要数据，是在绘图前就确定了的，如图 4-2 中的 ϕ50H8。

（2）装配尺寸　表示机器或部件中各零件装配关系的尺寸，有以下两种。

1）配合尺寸　表示两个零件之间配合性质的尺寸，如图 4-2 中的 90H9/f9。

2）相对位置尺寸　表示装配机器和拆画零件图时需要保证的零件间相对位置的尺寸，如图 4-2 中的 2。

（3）安装尺寸　这种尺寸是指机器或部件安装到其他机器或地基上去时需要的尺寸，图 4-2 中的 180。

（4）外形尺寸　表示机器（或部件）外形轮廓的大小，即总长、总宽和总高，如图 4-2 中的 160，240，80。它为包装、运输和安装过程所占的空间大小提供数据。

（5）其他重要尺寸　如表示运动件的活动范围的尺寸等。

4. 装配图上的技术要求

装配图上的技术要求，主要包括装配过程中的方法、质量要求，检验、调试中的特殊性要求和安装使用中的注意事项等内容，应根据装配体的结构特点和使用性能适当填写，在零件图中已经注明的技术要求应不再重复，技术要求一般用文字、数字或符号注写在明细栏的上方或图纸的适当位置，必要时也可另编技术文件。

不同的装配体有不同的技术要求，一般可考虑以下三个方面 ：

（1）装配要求　装配后必须保证的精度；需要在装配时的加工说明；装配时的要求。

（2）检验要求　基本性能的检验方法和要求；对装配后必须达到的精度的检验方法说明；其他检验要求。

（3）使用要求　对装配体的基本性能、维护、保养的要求，以及使用操作时的注意事项。

5. 装配图上零件编号、明细表和标题栏

装配图上图形复杂，零件多，在读图时，为了便于查找每个零件的名称、数量、材料等资料，有必要将这些内容编写成一张表格，称为零件明细表，明细表内的每一零件均应编上序号，并将序号按一定的顺序写在装配图图形周围，并用指引线将序号指引在相应零件的图形上，这样，在读图时，便可通过序号使图形与明细表的内容互相联系对照，有利于全面了解每个零件的情况。

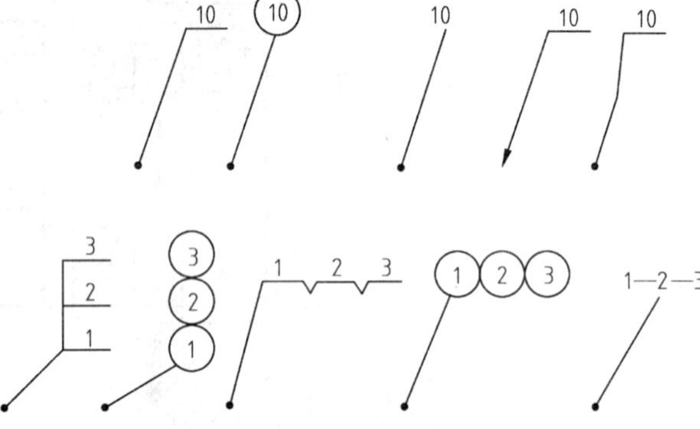

图 4-5　零、部件序号的标注

（1）零、部件序号编写方法如图 4-5 所示

1）序号应标注在图形轮廓线的外边，并填写在指引线的横线上或圆内，指引线应从所指零件的可见轮廓内引出，并在末端画一小圆点。

2）若所指部分不便画圆点时，可在指引线末端画出箭头。

3）指引线不要彼此相交。

4）必要时，指引线可画成折线，但只允许弯折一次。

5）对于零件组，允许采用公共指引线。

6）每一种零件只编写一个序号。

7）要沿水平或垂直方向按顺时针或逆时针方向依次排列整齐。

（2）明细表和标题栏如图 4-6 所示

明细表是全部零、部件的详细目录，由序号、代号、名称、数量、材料、备注等组成。明细表应画在标题栏上方，位置不够时，可在标题栏的左方接着画明细表。序号应由下向上顺序填写，以便增加零件时方便填写。外框和内格竖线为粗实线，横线为细实线。

【小试身手】

以 A3 图幅抄画铣刀头装配图，见图 4-7 所示。

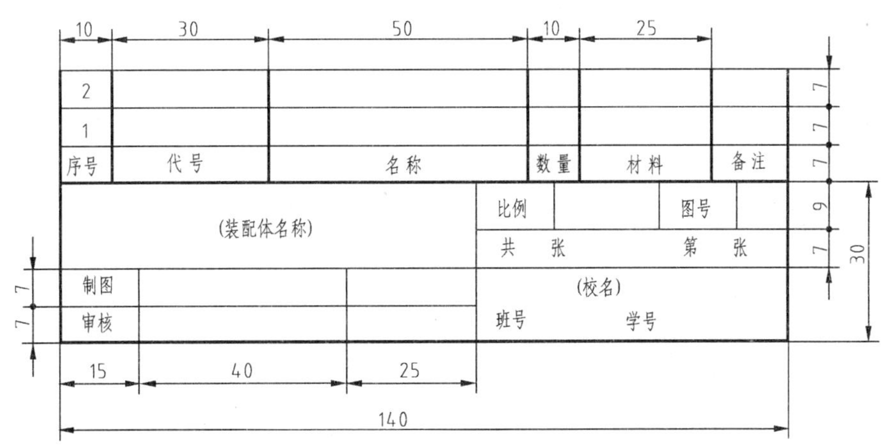

图 4-6 标题栏和明细表的格式

【评价】

教师对学生作品，根据图样的布局、线型、清晰程度等绘图质量进行评价。

4.1.2 轴孔的装配

一、教学场地的准备

(1) 制图测绘室。

(2) 轴孔装配工具和量具，轴、轴套、轴承、轴承座或箱体。

(3) 多媒体及有关课件、挂图。

二、活动安排及教学步骤

【活动安排】

(1) 学生分组进行轴孔装配，完成各种不同配合的轴与轴套，轴与轴承，轴承与轴承座或箱体的装配和拆卸。

(2) 对同一基本尺寸的轴和轴孔进行测量，列出数据表。

(3) 总结归纳，同一基本尺寸的轴和轴孔其实际测量尺寸有不同；同一基本尺寸的轴与孔装配，有的容易装配，有的较难或很难装配。

【知识链接】

极限与配合

1. 互换性的概念

在成批量生产、装配机器时，要求一批相配合的零件只要按图样加工出来，不经选择而装配，就能达到设计要求和使用要求。零件间的这种性质称为互换性。零件具有互换性后，大大简化了零、部件的制造和维修工作，使产品的生产周期缩短，生产率提高，成本降低。

2. 公差的有关术语

要保证零件间具有互换性，应使互相配合的零件尺寸有一定的精确程度。但在制造零件的过程中，由于机床精度、刀具磨损、测量误差等因素的影响，零件的尺寸实际上不可能达到一个绝对理想的固定数值。为了保证互换性，必须将零件的加工误差限制在一定的范围内，即对零件的尺寸规定一个允许的最大变动量，这个允许的尺寸变动量就叫尺寸公差（简称公差）。

1 2 3 4 5 6 7 8 9 10 11 12 13 14 15 16
拆去零件1、2、3、4、5
φ28 H8/f7
φ35k6
φ80K7
φ44
φ80K7
φ35k6
φ25h7
φ120
φ98
115
150
190
155
418
8×2×20
A
4×φ11
技术要求
1. 主轴轴线对底面的平行度公差值为100:0.04；
2. 刀盘定位轴径A的径向圆跳动公差值为0.02；
3. 刀盘定位端面B对φ25轴线的圆跳动公差值为0.02；
4. 铣刀轴端的轴向窜动不大于0.01。
16 垫圈 1 65mn GB/T 93—1987
15 挡圈B32 1 35 GB/T 892—1986
14 螺栓M6×20 1 Q235A GB/T 5782—2000
13 键8×7×20 2 45 GB/T 1096—2003
12 毡圈 2 半粗羊毛
11 端盖 2 HT200
10 螺钉M8×20 12 Q235A GB/T 10—2000
9 调整环 1 35
8 座体 HT150
7 轴 45
6 轴承30307 2 GB/T 297—1994
5 键 8×7×40 1 GB/T 1096—2003
4 带轮A型 1 HT150
3 销3m6×12 1 35 GB/T 119.1—2000
2 螺钉M6×20 1 GB/T 68—2000
1 挡圈A35 1 35 GB/T 891—1986
序号 名称 数量 材料 单件 总计 重量 备注
标记 处数 分区 更改文件号 签名 年月日
设计 标准化
审核
工艺 批准
阶段标记 质量 比例
共 张 第 张
铣刀头

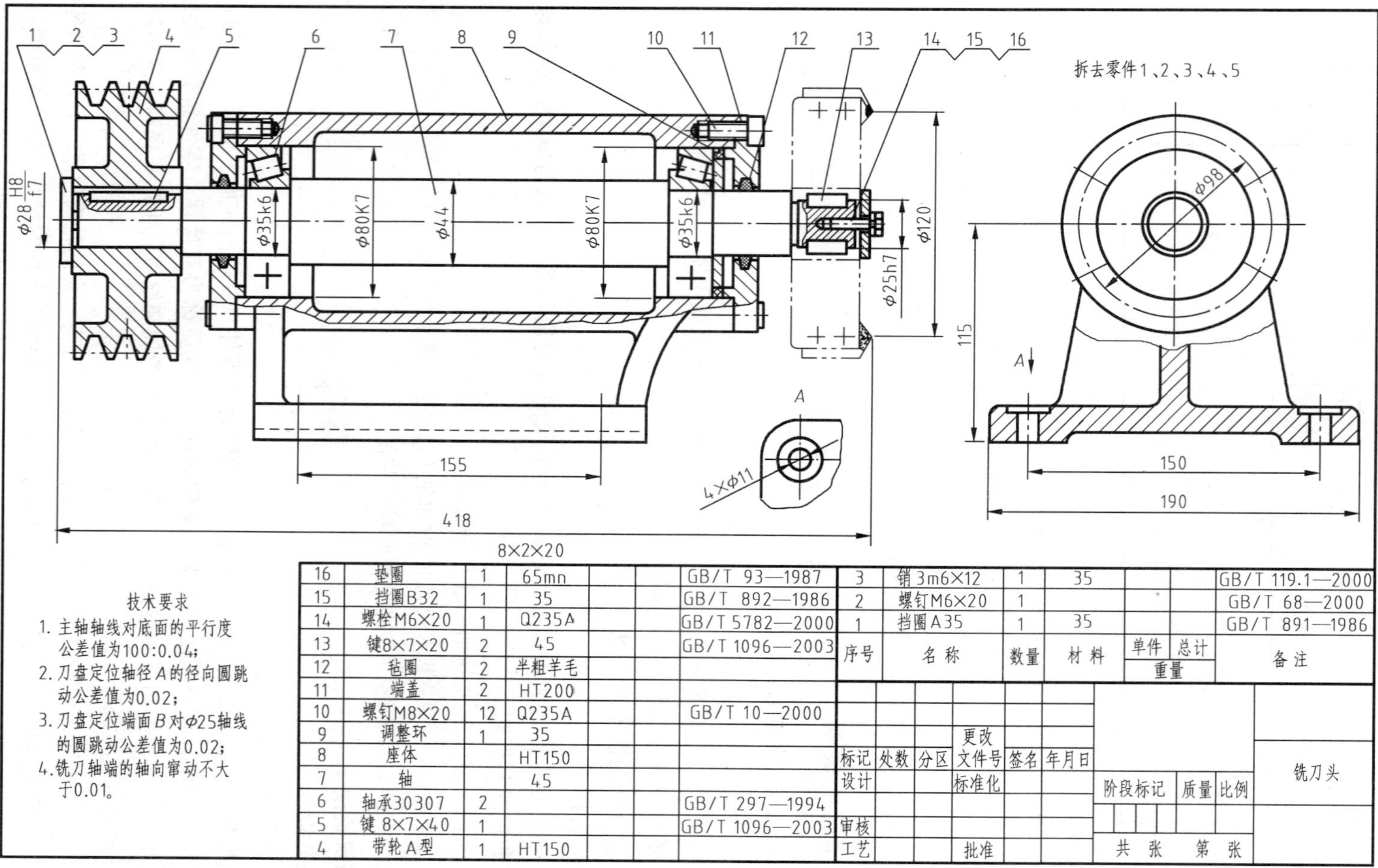

图 4-7 铣刀头装配图

下面介绍公差的有关术语（见图4-8）

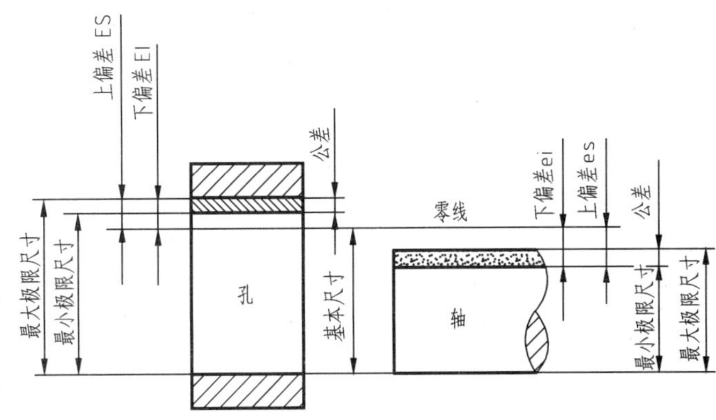

图4-8　尺寸公差名词解释

（1）基本尺寸　根据零件设计要求所确定的尺寸。

（2）实际尺寸　通过测量得到的尺寸。

（3）极限尺寸　允许尺寸变动的两个界限值。

（4）上、下偏差　最大、最小极限尺寸与基本尺寸的代数差分别称为上偏差、下偏差，国标规定：孔的上、下偏差代号分别用ES、EI表示；轴的上、下偏差代号分别用es、ei表示。

上偏差 = 最大极限尺寸 - 基本尺寸

下偏差 = 最小极限尺寸 - 基本尺寸

尺寸公差 = 最大极限尺寸 - 最小极限尺寸 = 上偏差 - 下偏差

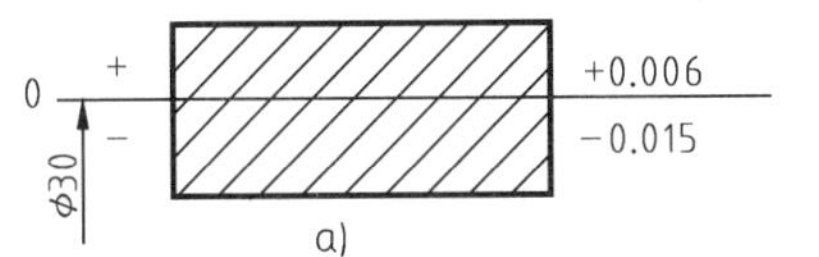

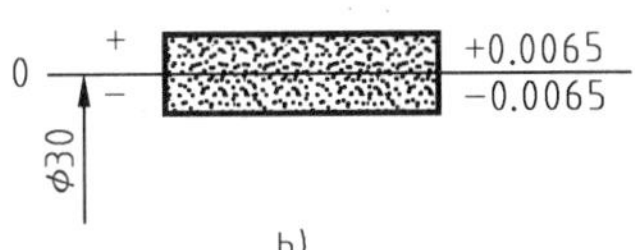

图4-9　轴、孔公差带图

a）孔公差带　b）轴公差带

（5）尺寸公差　允许尺寸的变动量，它等于最大、最小极限尺寸之差或上、下偏差之差。

（6）公差带和公差带图（见图4-9所示）　用零线表示基本尺寸，公差带是表示公差大小和相对于零线位置的一个区域。为了表达的需要，将尺寸公差与基本尺寸的关系，按一定比例放大画成简图，称为公差带图，在公差带图中，方框的上边代表上偏差，下边代表下偏差；方框的左右长度无实际意义，可根据需要任意确定。

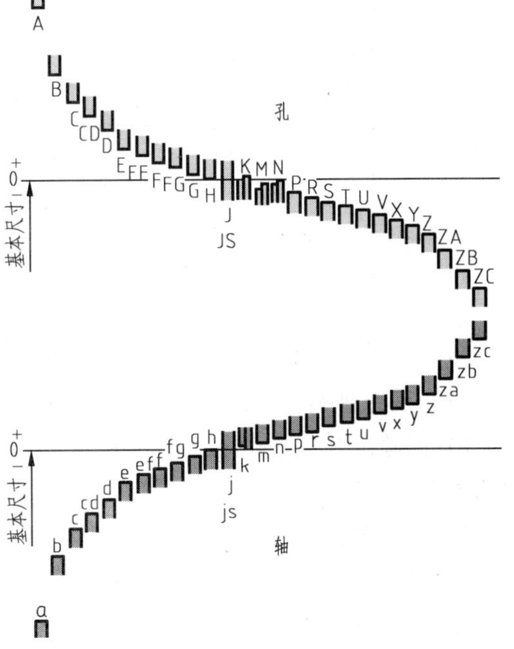

图4-10　基本偏差系列

3. 标准公差与基本偏差

在生产实际中，尺寸公差由公差大小和公差带相对零线的位置确定，公差的大小由标准公差决定，公差带相对零线的位置由基本偏差决定。

（1）标准公差

确定尺寸的精确度（即公差的大小）不能随意，要根据国家标准规定的标准公差确定。标准公差是国家标准规定的确定尺寸精度的等级，分为 20 级：IT01、IT0、IT1 ~ IT18。"IT" 表示标准公差，公差等级的代号用阿拉伯数字表示，从 IT01 至 IT18 等级依次降低（见图 4-10 所示）。

（2）基本偏差

基本偏差是用来确定公差带相对于零线位置的上偏差或下偏差，一般指靠近零线的那个偏差。根据实际需要，国家标准分别对孔和轴各规定了 28 个不同的基本偏差。

4. 轴、孔的公差带代号

公差带代号由基本偏差代号和公差等级组成。

例 4-1 已知轴的基本尺寸为 $\phi50$，公差等级为 7 级，基本偏差代号为 f，写出公差带代号，并查出极限偏差值（见图 4-11 所示）。

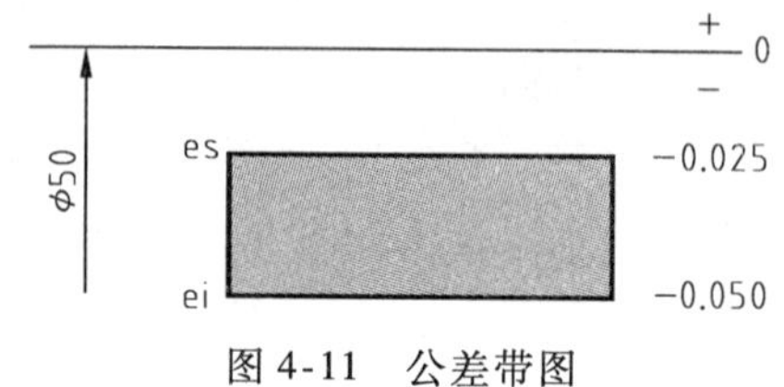

图 4-11 公差带图

解： 公差带代号为 $\phi50f7$ 由轴的极限偏差表查得上偏差为 -0.025mm，下偏差为 -0.050mm，轴的尺寸可写为 $\phi50^{-0.025}_{-0.050}$

例 4-2 说明 $\phi50H7$ 的含义。

解： $\phi50$—基本尺寸；H7—孔的公差带代号，其中 H 指孔的基本偏差代号（位置要素），7 是公差等级代号（大小要素）。

此公差带的全称是：基本尺寸为直径 50mm，公差等级为 7 级，基本偏差为 H 的孔的公差带。

5. 配合

配合是指基本尺寸相同的、相互结合的孔和轴公差带之间的关系。由于孔和轴的实际尺寸不同，装配后可以产生不同的配合形式，分为以下三种如图 4-12 所示。

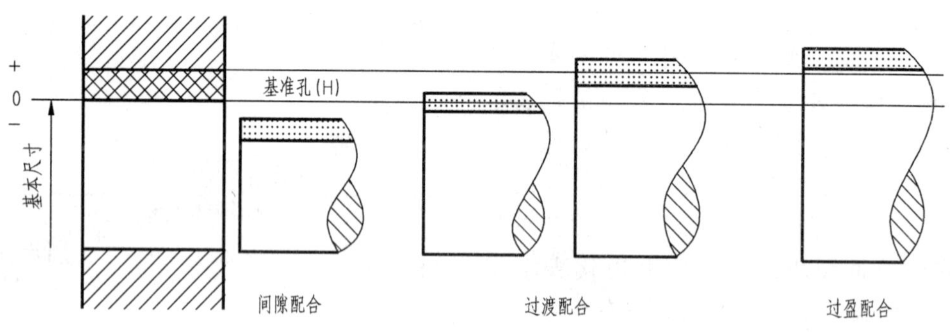

图 4-12 基准孔与轴之间的三种配合

（1）配合种类

1）间隙配合——孔的公差带在轴的公差带之上，孔与轴装配时，具有间隙（包括最小间隙为零）的配合。

2）过渡配合——孔和轴的公差带相互交叠。

3）过盈配合——孔的公差带在轴的公差带之下，孔与轴装配时，具有过盈（包括最小过盈为零）的配合。

（2）基准制 国家标准对配合规定了两种基准制。

1）基孔制　基本偏差为一定的孔的公差带与不同基本偏差的轴的公差带形成各种配合的一种制度称为基孔制。基孔制是在同一基本尺寸的配合中，将孔的公差带位置固定，通过变动轴的公差带，得到各种不同的配合（见图4-13）。基孔制的孔为基准孔，基准孔的基本偏差代号为H，下偏差为零。

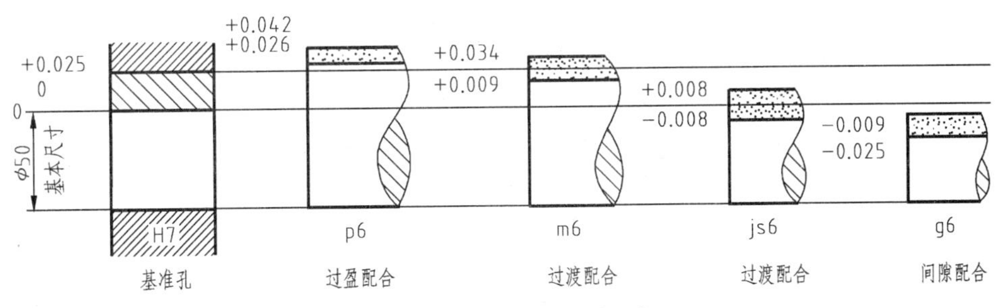

图4-13　基孔制的不同配合

2）基轴制　基本偏差为一定的轴的公差带，与不同基本偏差的孔的公差带形成各种配合的一种制度称为基轴制。基轴制是在同一基本尺寸的配合中，将轴的公差带位置固定，通过变动孔的公差带位置，得到各种不同的配合（见图4-14）。基轴制的轴称为基准轴，基准轴的基本偏差代号为h，其上偏差为零。

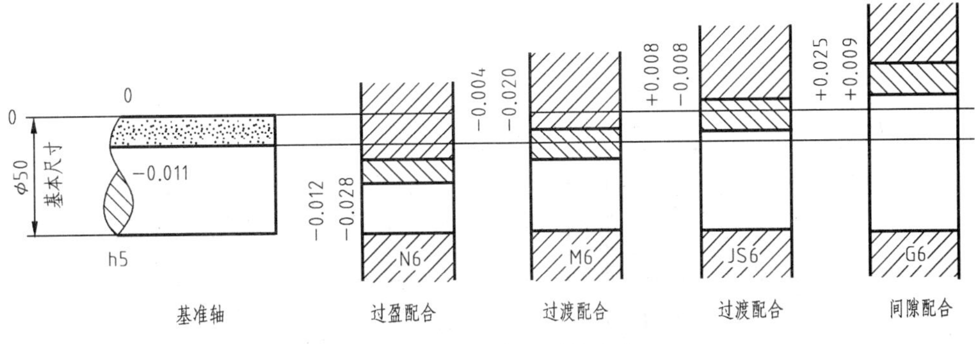

图4-14　基轴制的不同配合

6. 常用及优先选用的配合

极限和配合的选用原则如下：

（1）用优先公差带和优先配合。

（2）选用基孔制　一般情况下，优先选用基孔制，这样可以限制定值刀具、量具的规格数量。基轴制通常仅用于具有明显经济效果的场合和结构设计要求不适合基孔制的场合。

（3）选用孔比轴低一级的公差等级　为降低加工工作量，在保证使用要求的前提下，应当使选用的公差值最大，加工孔较困难，一般在配合中选用孔比轴低一级的公差等级。

国家标准规定了20个公差等级和28个基本偏差，但经过组合得到的公差带还是很多。为便于零件的设计和制造，国家标准对优先和常用的公差带也作了明确的规定。

一般、常用和优先的孔公差带，见表4-1所示。

表 4-1 一般、常用和优先的孔公差带

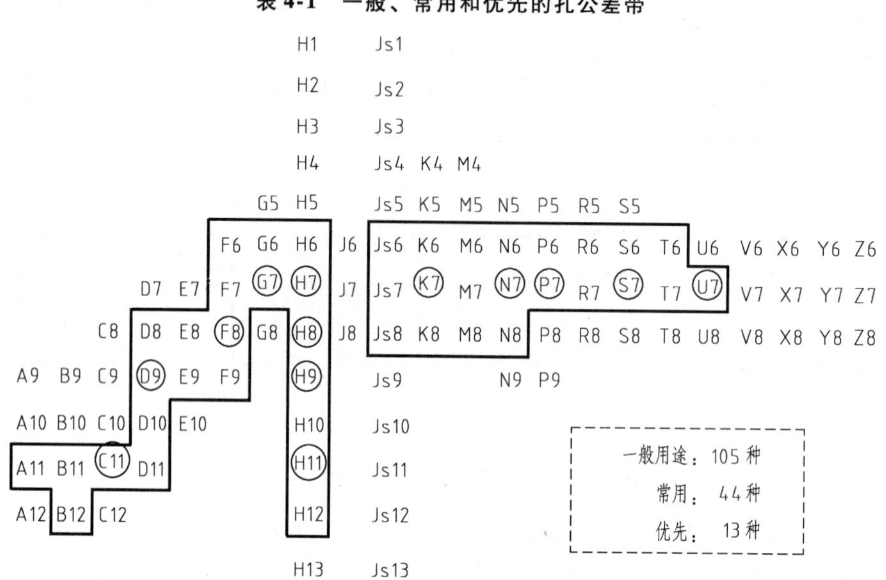

一般、常用和优先的轴公差带，见表 4-2 所示。

表 4-2 一般、常用和优先的轴公差带

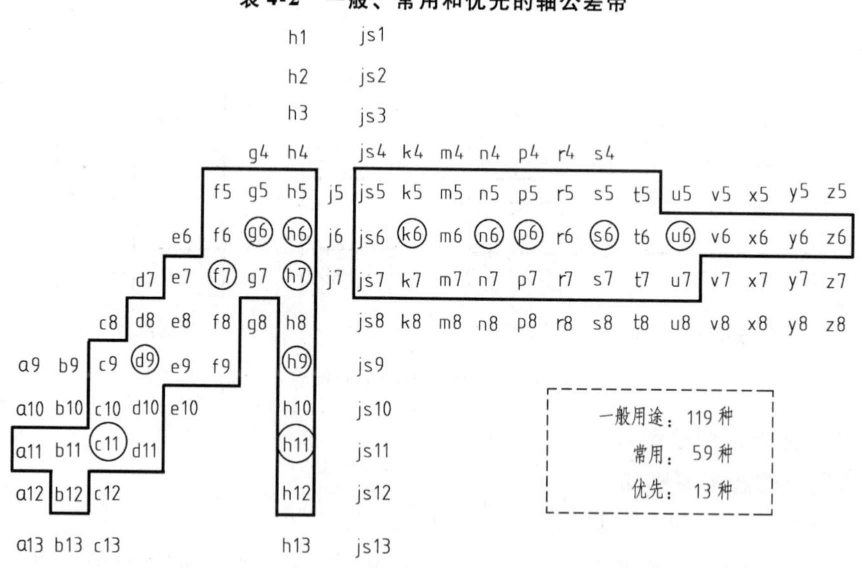

基孔制优先、常用配合，见表 4-3 所示。

基轴制优先、常用配合，见表 4-4 所示。

7. 公差与配合的标注方法

（1）零件图中的标注　在零件图中三种标注公差的方法有标注公差带代号；标注极限偏差值；同时标注公差带代号和极限偏差值，如图 4-15 所示。

1）标注公差带代号

这种注法和采用专用量具检验零件统一起来，以适应大批量生产的需要，因此，不需标注偏差数值，见图 4-15a。

表 4-3　基孔制优先、常用配合

基准孔	轴																				
	a	b	c	d	e	f	g	h	js	k	m	n	p	r	s	t	u	v	x	y	z
	间隙配合								过渡配合			过盈配合									
H6						H6/f5	H6/g5	H6/h5	H6/js5	H6/k5	H6/m5	H6/n5	H6/p5	H6/r5	H6/s5	H6/t5					
H7						H7/f6	H7/g6	H7/h6	H7/js6	H7/k6	H7/m6	H7/n6	H7/p6	H7/r6	H7/s6	H7/t6	H7/u6	H7/v6	H7/x6	H7/y6	H7/z6
H8					H8/c7	H8/f7	H8/g7	H8/h7	H8/js7	H8/k7	H8/m7	H8/n7	H8/p7	H8/r7	H8/s7	H8/t7	H8/u7				
				H8/d8	H8/e8	H8/f8		H8/h8													
H9			H9/c9	H9/d9	H9/e9	H9/f9		H9/h9													
H10			H10/c10	H10/d10				H10/h10													
H11	H11/a11	H11/b11	H11/c11	H11/d11				H11/h11													
H12		H12/b12						H12/h12													

注：1. $\frac{H6}{n5}$、$\frac{H7}{p6}$在基本尺寸小于或等于3mm和$\frac{H8}{r7}$在小于或等于100mm时，为过渡配合。

2. 标注◣的配合为优先配合

表 4-4　基轴制优先、常用配合

基准轴	孔																				
	A	B	C	D	E	F	G	H	Js	K	M	N	P	R	S	T	U	V	X	Y	Z
	间隙配合								过渡配合			过盈配合									
h5						F6/h5	G6/h5	H6/h5	Js6/h5	K6/h5	M6/h5	N6/h5	P6/h5	R6/h5	S6/h5	T6/h5					
h6						F7/h6	G7/h6	H7/h6	Js7/h6	K7/h6	M7/h6	N7/h6	P7/h6	R7/h6	S7/h6	T7/h6	U7/h6				
h7					F8/h7	E8/h7		H8/h7	Js8/h7	K8/h7	M8/h7	N8/h7									
h8				D8/h8	E8/h8	F8/h8		H8/h8													
h9				D9/h9	E9/h9	F9/h9		H9/h9													
h10				D10/h10				H10/h10													
h11	A11/h11	B11/h11	C11/h11	D11/h11				H11/h11													
h12		B12/h12						H12/h12													

2）标注极限偏差值

上偏差注在基本尺寸的右上方，下偏差注在基本尺寸的右下方，偏差的数字应比基本尺寸数字小一号，并使下偏差与基本尺寸在同一底线上。如果上偏差或下偏差数值为零时，可简写为“0”，另一偏差仍标在原来的位置上。如果上、下偏差的数值相同时，则在基本尺寸之后标注“±”符号，再填写一个偏差数值。这时，数值的字体高度与基本尺寸字体的高度相同，如图 4-15b。这种注法主要用于小量或单件生产，以便加工和检验时减少辅助时间。

3）同时标注公差带代号和极限偏差值

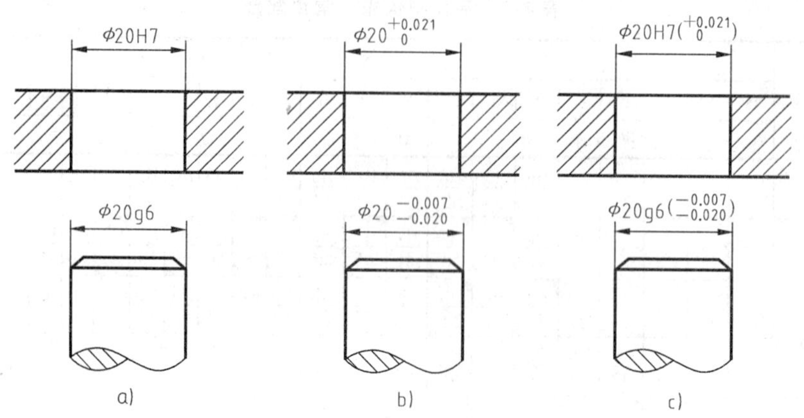

图 4-15 零件图上标注尺寸极限的三种形式

如图 4-15c 这种注法主要用于产量不定的场合，应注出偏差数值和偏差代号

（2）在装配图中的标注 在装配图中一般标注配合代号。

1）基孔制的标注形式，见图 4-16 所示。

$$\text{基本尺寸}=\frac{\text{基准孔的基本偏差代号（H）公差等级代号}}{\text{配合轴基本偏差代号 公差等级代号}}$$

例 4-3 解释图 4-16 的标注含义。

解释：表示基本尺寸为 50，基孔制，8 级基准孔与公差等级为 7 级、基本偏差代号为 f 的轴的间隙配合。标注形式也可写为 ϕ50H8/f7

2）基轴制的标注形式，见图 4-17 所示。

$$\text{基本尺寸}=\frac{\text{配合孔基本偏差代号 公差等级代号}}{\text{基准轴的基本偏差代号（h）公差等级代号}}$$

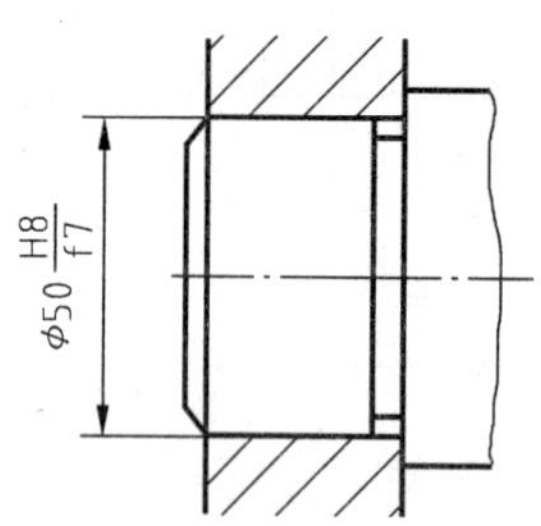

图 4-16 基孔制的标注形式

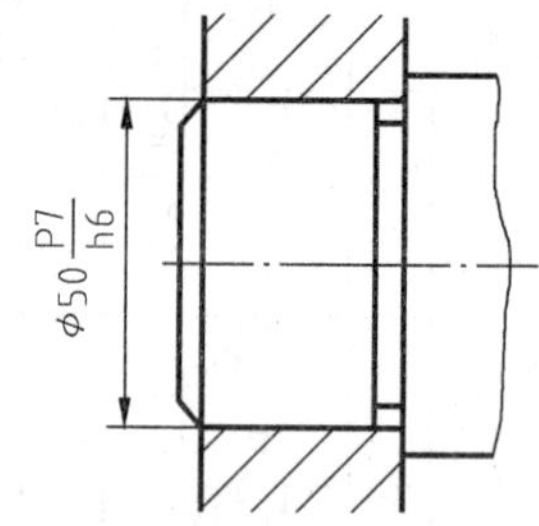

图 4-17 基轴制的标注形式

例 4-4 解释图 4-17 的标注含义。

解释：表示基本尺寸为 50，基轴制，6 级基准轴与公差等级为 7 级，基本偏差代号为 P 的孔的过盈配合。标注形式也可写为 ϕ50P7/h6。

8. 查表方法

例 4-5 查表求 ϕ50H8/f7 的偏差数值。

ϕ50H8/f7 中 H8 是基准孔的公差带代号；f7 是配合轴的公差带代号。

1）ϕ50H8 基准孔的偏差，由基本偏差 H 可知其下偏差为 0，由表 F-5 标准公差数值可查得其上偏差应为 0.046，这就是基准孔的上、下偏差。所以 ϕ50H8 可写成 $\phi 50^{+0.046}_{0}$。

2）$\phi50$ f7 配合轴的偏差，由表 F-1 可查得基本偏差 f 的上偏差为 -0.025，由表 F-5 可查得 IT7 的标准差为 0.025，$\phi50$ f7 的下偏差应为 -0.025 - 0.025 = -0.05，所以 $\phi50$ f7 可写成 $\phi50^{-0.025}_{-0.050}$。

【小试身手】

根据装配图中图 4-18a 所示的配合代号分别在零件图图 4-18b，4-18c，4-18d 上注出所示尺寸和偏差值。

【评价】

学生互评，针对同学的查表的熟练程度、正确率、标注方法进行评价。

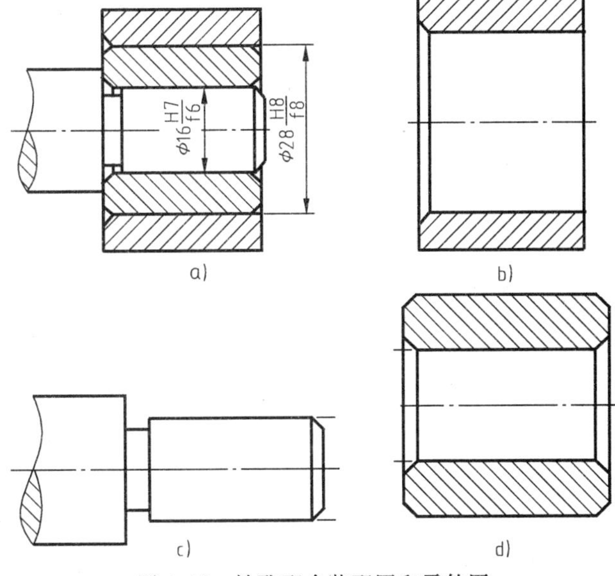

图 4-18　轴孔配合装配图和零件图

4.2　识读齿轮泵装配图

4.2.1　绘制齿轮泵装配图的方法与步骤

一、教学场地的准备

（1）多媒体教室。

（2）齿轮泵的直观图、装配图等有关课件、挂图。

二、活动安排及教学步骤

【活动安排】

（1）课件演示齿轮泵的直观图，见图 4-19 和装配图见图 4-20。

（2）学生看图分析且回答问题。

1）齿轮泵由哪几种零件构成？

2）齿轮泵的工作原理？

【知识链接】

1. 齿轮泵的工作原理

齿轮泵是机器润滑、供油（或其他液体）系统中的一个部件。其体积小，要求传动平稳，保证供油，不能有渗漏。齿轮泵是通过装在泵体内的一对啮合齿轮的转动，将油（或其他液体）从进口吸入，由出口排出。见图 4-21。

图 4-19　齿轮泵直观图

A—A
B—B
1
2
3
4
5
6
7
8
9
10
11
12
13
14
15
16
17
B
A
Rp 3/8
$\phi 33\frac{H8}{f7}$
$\phi 16\frac{H7}{h6}$
$\phi 20\frac{H7}{h6}$
$\phi 14\frac{H7}{h6}$
M27×1.5—6H/6g
27±0.016
65
118
93
50
70
85
技术要求
1. 齿轮安装后，用手转动传动齿轮时，应灵活旋转。
2. 两齿轮轮齿的啮合面占齿长的3/4 以上。
17 螺母M6 2 Q235 GB/T 170—1980
16 螺栓M6×30 2 Q235 GB/T 170—2000
15 键5×4×10 1 45 GB/T 170—1979
14 螺母M12 1 Q235 GB/T 170—2000
13 垫圈12 1 65Mn GB/T 93—1987
12 传动齿轮 1 45 m=2.5,z=20
11 压紧螺母 1 35
10 垫圈 1 ZCuSnSPb5ZnS
9 密封圈 1 橡胶
8 右端盖 1 HT200
7 泵体 1 HT200
6 垫片 2 纸 δ=1
5 销5×18 4 45 GB/T 92—2000
4 左端盖 1 HT200
3 传动齿轮轴 1 45 m=3,z=9
2 齿轮轴 1 45 m=3,z=9
1 螺钉M6×16 12 35 GB/T 101—2000
序号 名称 件数 材料 备注
齿轮泵
比例
件数
04-00
制图
描图
审核
数量
共1张 第1张
（厂名）

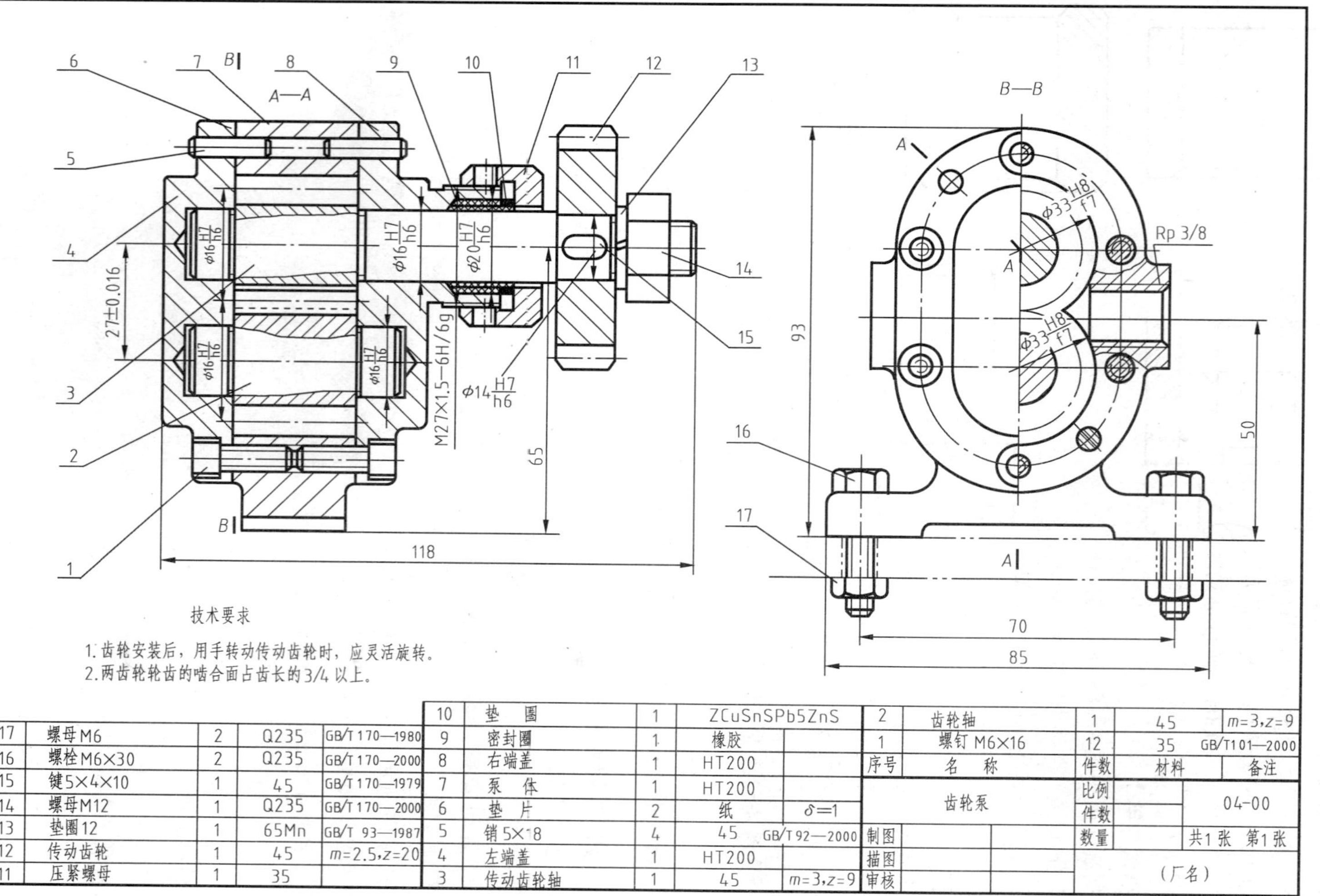

图 4-20　齿轮泵装配图

当一对齿轮在泵体内做啮合传动时，啮合区前边空间的压力降低而产生局部真空，油池内的油在大气压作用下进入油泵低压区内的进油口，随着齿轮的传动，齿槽中的油不断沿箭头方向被带至后边的出油口把油压出，从而提高油的压力，送至机器中需要润滑的部位。主动齿轮通过轴端的带轮与动力（如电动机）相连接，为了防止油沿主动齿轮轴外渗，用密封填料、填料压盖、螺钉组成一套密封装置。泵体与泵盖间采用毛毡纸垫密封，两零件之间采用两销钉定位，以便安装。

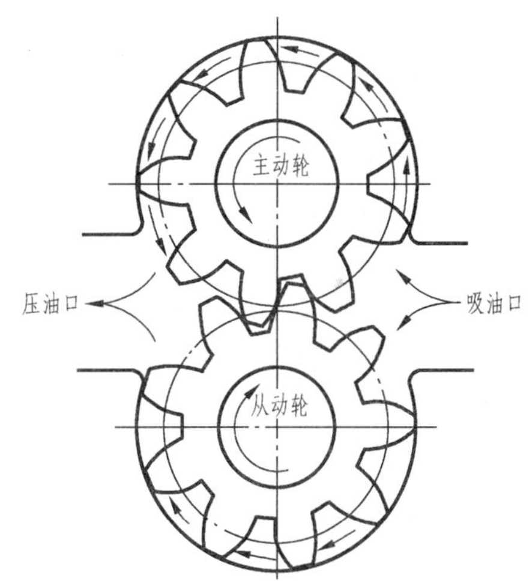

图 4-21　齿轮泵原理图

2. 装配图的画图方法与步骤

画装配图的步骤与画零件图的步骤相似，主要的不同点就是画装配图时要从装配体的整体结构特点、工作原理出发，确定合理的表达方案。画装配图的一般过程如下。

（1）了解、分析装配体

1）分析装配体实物，了解其用途、结构特点、各零件的形状与作用、零件间的装配关系，以及工作原理、装配顺序等。

2）绘制装配示意图或机构运动简图。如图 4-22 为齿轮泵的装配示意图。

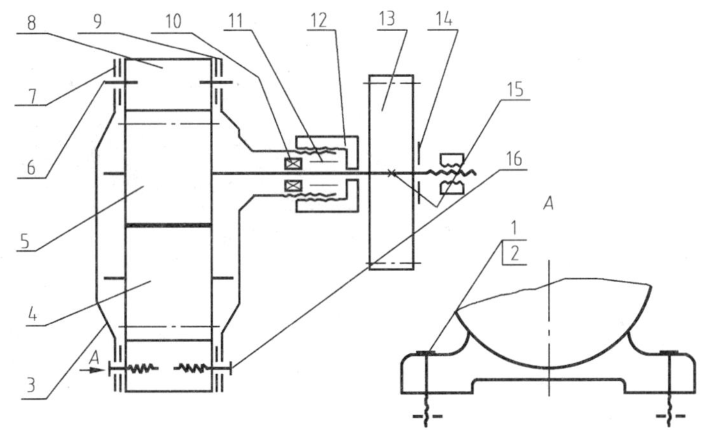

图 4-22　齿轮泵的装配示意图

1—螺栓　2—螺母　3—左端盖　4—齿轮轴　5—传动齿轮轴　6—销　7—垫片　8—泵体　9—右端盖　10—密封圈　11—轴套　12—压紧螺母　13—传动齿轮　14—垫圈　15—键　16—螺钉

（2）确定表达方案

1）选择主视图　在选择装配图的主视图时应考虑以下几个原则。

① 应满足装配体的工作位置，并尽可能地反映该装配体的特征结构。

② 主视图方向应能反映装配体的工作原理和主要装配干线。

③ 应尽可能反映零件之间的相对位置关系。

2）其他视图的选择　其他视图主要应考虑对尚未表达清楚的装配关系及零件等加以补充。

（3）画图具体步骤

1）确定了装配体的视图和表达方案后，根据视图表达方案和装配体的大小，选定图幅和比例，画出标题栏，明细栏框格。

2）合理布图，画出各视图的主要轴线（装配干线）、对称中心线和作图基准线。

3）画主要装配干线上的零件，采取由内向外（或由外向内）的顺序逐个画每个零件。

4）画图时，从主视图开始，并将几个视图结合起来一起画，以保证投影准确和防止缺漏线。

5）底稿画完后，检查描深图线、画剖面线、标注尺寸。

6）编写零件序号，填写标题栏、明细栏、技术要求。

7）完成全图后，再仔细校核，准确无误后，签名并填写时间。

【小试身手】

试根据下面球阀的轴测装配图见图4-23，查有关资料，绘制球阀的装配图。

【评价】

教师针对学生绘制球阀的装配图的过程中，查找资料，获取资料，选择表达方案，运用所学知识正确、完整的表达装配体的能力作出评价。

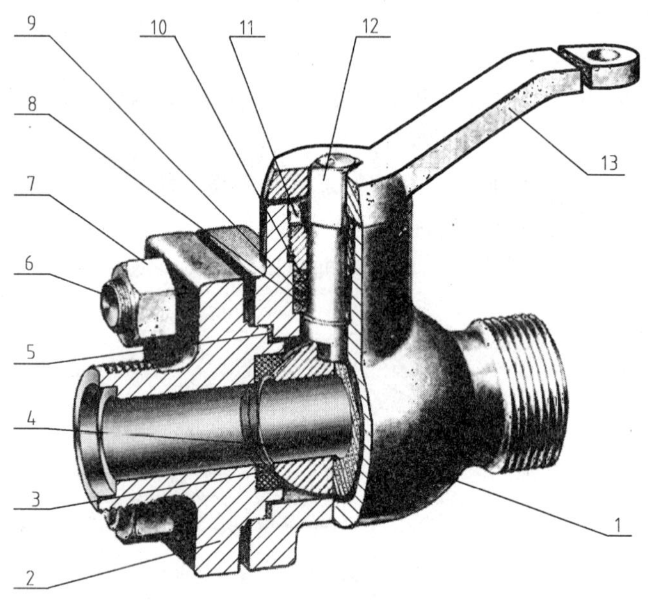

图4-23　球阀的轴测装配图

1—阀体　2—阀盖　3—密封圈　4—阀芯　5—调整垫　6—螺柱　7—螺母　8—填料垫　9—中填料　10—上填料　11—填料压紧套　12—阀杆　13—扳手

4.2.2　由装配图拆画零件图

一、教学场地的准备

（1）制图测绘室。

（2）齿轮泵的的实物；齿轮泵直观图、装配图等有关课件、挂图。

二、活动安排及教学步骤

【活动安排】

（1）课件演示齿轮泵直观图、装配图

（2）学生对齿轮泵进行结构分析、表达方案分析

【知识链接】

由装配图拆画零件图的方法

由装配图拆画零件图是设计过程中的重要环节，也是检验看装配图和画零件图能力的常用方法。拆画零件图前，应对所拆零件的作用进行分析，然后把该零件从与其组装的其他零件中分离出来。分离零件的基本方法是：首先在装配图上找到该零件的序号和指引线，顺着指引线找到该零件；再利用投影关系、剖面线的方向找到该零件在装配图中的轮廓范围。经

过分析，补全所拆画零件的轮廓线。有时，还需要根据零件的表达要求，重新选择主视图和其他视图。选定或画出视图后，采用抄注、查取、计算的方法标注零件图上的尺寸，并根据零件的功用注写技术要求，最后填写标题栏。如读齿轮泵的装配图图4-20所示，并拆画右端盖8的零件图。

（1）概括了解　齿轮泵是机器中输送润滑油的一个部件。对照零件序号和明细栏可知：齿轮泵由泵体、左右端盖、运动零件（传动齿轮、齿轮轴等）、密封零件和标准件等17种零件装配而成，属于中等复杂程度的部件。三个方向的外形尺寸分别是118mm、85mm、93mm，体积不大。

（2）分析视图　齿轮泵采用两个基本视图表达。主视图采用全剖视图，反映了组成齿轮泵的各个零件间的装配关系。左视图采用了沿垫片6与泵体7结合面处的剖切画法，产生了“*B-B*”半剖视图，又在吸（压）油口处画出了局部剖视图，清楚地表达了齿轮泵的外形和齿轮的啮合情况。

（3）分析零件　读懂零件的结构形状　从装配图看出，泵体7的外形形状为长圆，中间加工成8字型通孔，用以安装齿轮轴2和传动齿轮轴3；四周加工有两个定位销孔和六个螺孔，用以定位和旋入螺钉1并将左端盖4和右端盖8联接在一起；左右铸造出凸台并加工成螺孔，用以联接吸油和压油管道；下方有支承脚架，并在支承脚架上加工有通孔，用以穿入螺栓将齿轮油泵与机器联接在一起。左端盖4的外形形状为长圆，四周加工有两个定位销孔和六个阶梯孔，用以定位和装入螺钉1将右端盖8与泵体联接在一起；在长圆结构左侧铸造出长圆凸台，以保证齿轮轴2、传动齿轮轴3的孔的支承长度；右端盖8的右上方铸造出圆柱型结构，外表面加工螺纹，与压紧螺母螺纹联接，内部加工成通孔以保证齿轮传动轴伸出，其他结构与左端盖4相似。其他零件的结构形状请读者自行分析。

（4）分析装配关系和工作原理　泵体7是齿轮泵中的主要零件之一，它的空腔中容纳了一对吸油和压油的齿轮。将齿轮轴2、传动齿轮轴3装入泵体后，两侧有左端盖4、右端盖8支承这一对齿轮轴的旋转运动。由销5将左、右端盖8定位后，再用螺钉1将左、右端盖8与泵体联接，为了防止泵体与端盖的结合面处和传动齿轮轴3伸出端漏油，分别用垫片6和密封圈9、垫圈10、压紧螺母11密封。齿轮泵的工作原理前面已经讲述。

（5）齿轮泵装配图中的配合和尺寸分析　根据零件在部件中的作用和要求，应注出相应的公差带代号。由于传动齿轮12要通过键15传递扭矩并带动传动齿轮轴3转动，因此需要定出相应的配合。在图中可以看到，它们之间的配合尺寸是ϕ14H7/k6；垫圈10与右端盖8的孔配合尺寸是ϕ20H7/h6；齿轮轴2和传动齿轮轴3与左、右端盖的配合尺寸是ϕ16H7/h6；齿轮轴2和传动齿轮轴3的齿顶圆与泵体7内腔的配合尺寸是ϕ33H8/f7。尺寸27±0.016是齿轮轴2和传动齿轮轴3的中心距，准确与否将直接影响齿轮的啮合传动。尺寸65是传动齿轮轴线离泵体安装面的高度尺寸。这两个尺寸分别是设计和安装所要求的尺寸。吸、压油口的尺寸Rp3/8表示尺寸代号为3/8的55°密封圆柱内螺纹。两个螺栓之间的尺寸70表示齿轮油泵与机器的安装尺寸。

（6）由装配图拆画右端盖的零件图　拆画零件图时，先在装配图上找到右端盖8的序号和指引线，再顺着指引线找到右端盖8，并利用“高平齐”的投影关系找到该零件在左视图上的投影关系，确定零件在装配图中的轮廓范围和基本形状。

在装配图的主视图上，由于右端盖8的一部分轮廓线被其他零件遮挡，因此分离出来的是一幅不完整的图形，如图 4-24a 所示。经过想象和分析，可补画出被遮挡的可见轮廓线，如图 4-24b 所示。

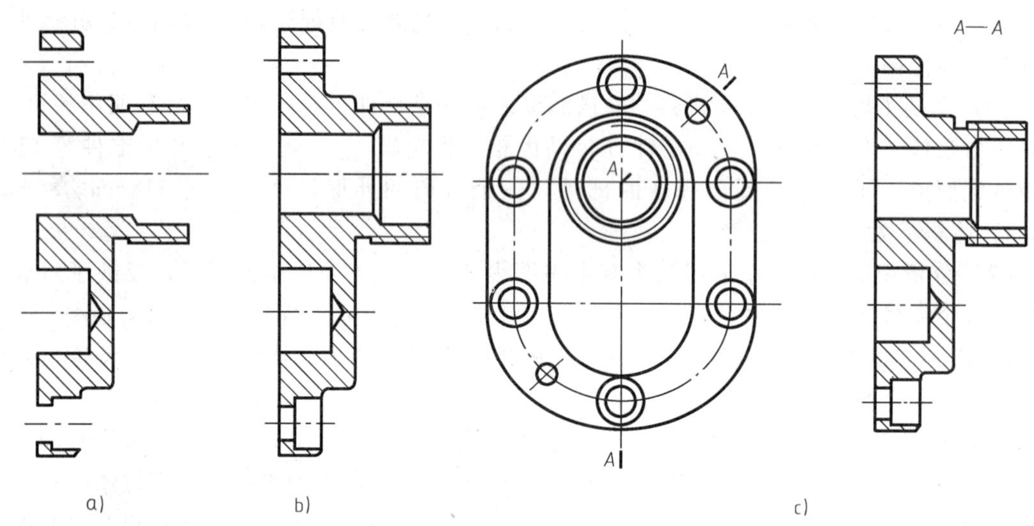

图 4-24 分离出的右端盖

从装配图的主视图中拆画出的右端盖 8 的图形，反映了右端盖 8 的工作位置。因此，在画零件图时仍可作为主视图。因为右端盖 8 属于轮盘类零件，一般需要用两个视图表达内外结构形状。当右端盖 8 的主视图确定后，还需要用右视图辅助完成主视图尚未表达清楚的外形、定位销孔和六个阶梯孔的位置等，如图 4-24c 所示。

在拆画完成的右端盖的零件图中，按零件图的要求标注出尺寸和技术要求，有关尺寸公差和螺纹的标记可根据装配图中已有的要求抄注，内六角圆柱头螺钉孔的尺寸在有关标准中查找，最后填写标题栏，如图 4-25 所示。

【小试身手】

试继续完成拆画齿轮泵泵体零件图。

【评价】

教师对学生完成拆画泵体零件图的过程中，方法的掌握、查国家标准的熟练程度、绘制零件图的质量进行评价。

4.2.3 螺纹联接、键联接、销联接的画法

一、教学场地的准备

(1) 制图测绘室。

(2) 螺栓、螺柱、螺钉及联接件和被联接件实物，螺纹联接直观图、装配图等有关课件、挂图。

(3) 普通平键、键轴、轮毂或齿轮实物，键联接直观图、装配图等有关课件、挂图。

(4) 销及联接件实物，销联接直观图、装配图等有关课件、挂图。

二、活动安排及教学步骤

【活动安排】

(1) 看齿轮泵的直观图和装配图　学生动手进行螺纹、键、销联接，观察实物、直观

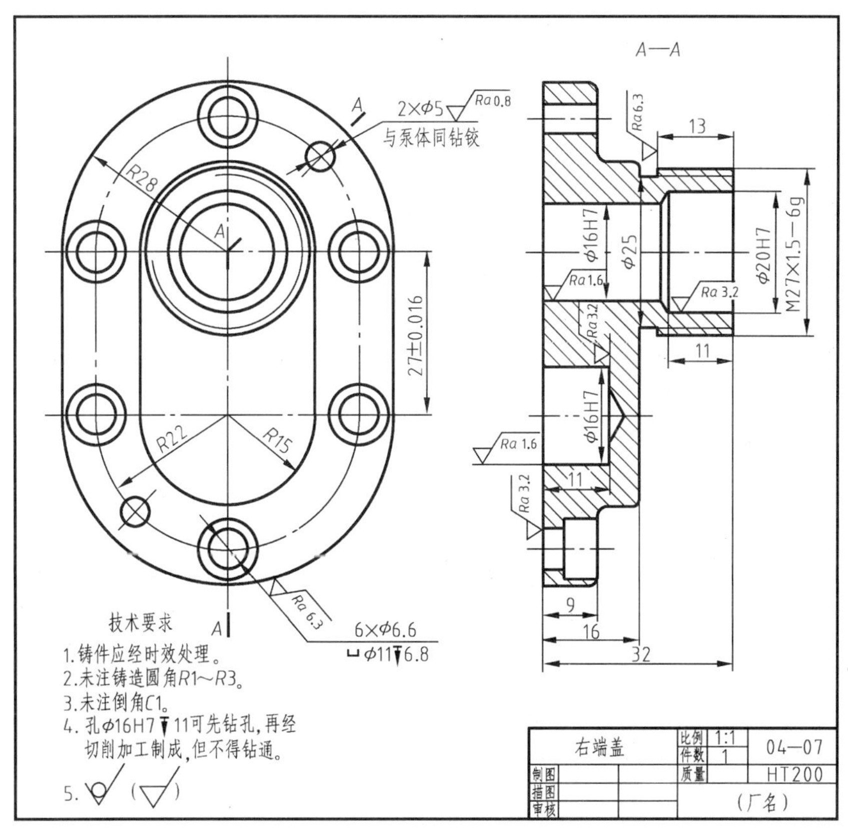

图 4-25　右端盖零件工作图

图、装配图后，区分螺栓、螺柱、螺钉联接所运用的不同场合和了解螺纹、键、销联接的不同作用。

（2）课件演示螺栓、螺柱、螺钉联接动画。

（3）课件演示键联接动画。

（4）课件演示销联接动画。

【知识链接】

1. 螺纹联接

螺纹紧固件联接的基本形式有螺栓联接、双头螺柱联接、螺钉联接（见图 4-26 所示）。

画装配图时，应按以下规定表示：

1）两零件的接触面画一条线，不接触面画两条线。

2）相邻两零件的剖面线应不同，要方向相反或间隔不等。但同一零件在各视图中的剖面线方向和间隔应一致。

3）在剖视图中，若剖切平面通过螺杆的轴线时，这些紧固件按不剖绘制。

4）螺纹紧固件的工艺结构，如倒角、退刀槽、缩颈、凸肩等均可省略不画。

5）在装配图中，不通孔的螺纹孔可不画出钻孔深度，按有效螺纹部分的深度（不包括螺尾）画出。

（1）螺栓联接的画法　螺栓联接常用的紧固件有螺栓、螺母、垫圈。它用于被联接件都不太厚，能加工成通孔且要求联接力较大的情况。先在被联接零件上加工螺栓孔，孔径应

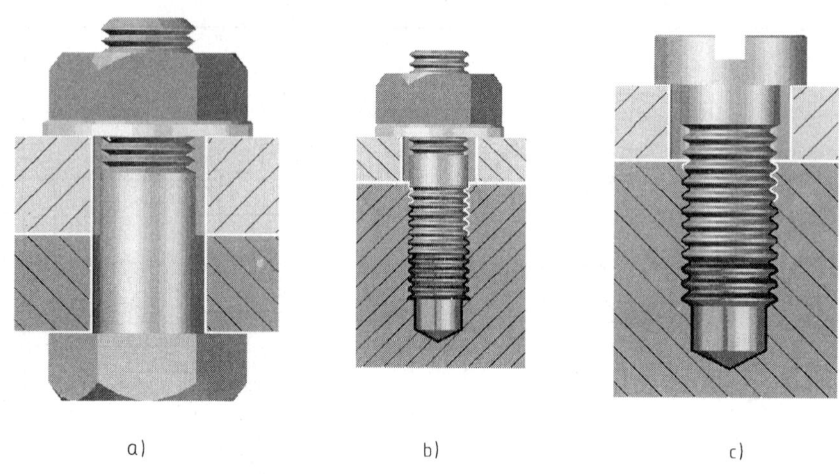

图 4-26 螺纹联接直观图

a）螺栓联接 b）双头螺柱联接 c）螺钉联接

大于螺栓直径，将螺栓插入螺栓孔中，放上垫圈，放上螺母，即完成螺栓联接。

装配图中，螺栓联接通常采用比例画法如图 4-27 所示

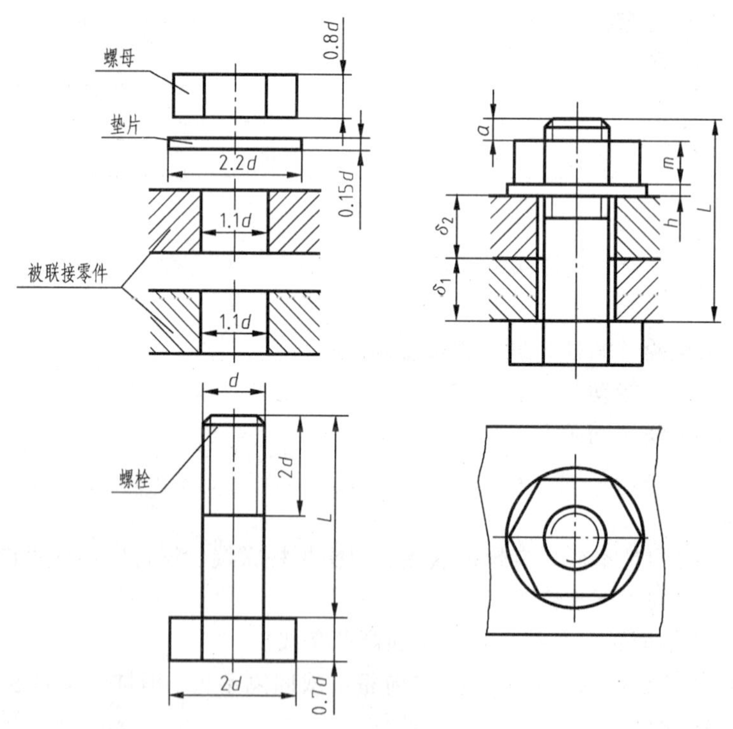

图 4-27 螺栓联接比例画法

螺栓的公称长度按下式计算：$L=\delta_1+\delta_2+h+m+a(a=0.3d)$ 查标准，取最接近的标准长度值。

（2）双头螺柱联接的画法 当两个被联接的零件有一个较厚，不宜钻通时，可采用双头螺柱联接。通常在较薄的零件上钻通孔，其直径比双头螺柱的大径大（≈1.1d），在较厚零件上则加工出螺孔。双头螺柱的两端都有螺纹，一端旋入较厚零件的螺孔中，称旋入端，

另一端穿过较薄零件上的通孔，再套上垫圈，用螺母拧紧，称紧固端。当采用弹簧垫圈时其斜口可画成与水平线成 60°，开槽宽度 $m=0.1d$，斜口方向为顺着螺母旋进的方向。

装配图中，螺柱联接通常采用比例画法如图 4-28 所示。

螺柱的公称长度按下式计算：$L=\delta_1+h+m+a(a=0.3d)$ 查标准，取最接近的标准长度值。

双头螺柱旋入端的 b_m 与被旋入零件的材料有关：

对于钢或青铜　　$b_m=d$

对于铸铁　　$b_m=(1.25\sim1.5)d$

对于铝合金　　$b_m=1.5d$

对于非金属材料　　$b_m=2d$

(3) 螺钉联接的画法　螺钉联接不用螺母，它一般用于受力不大而又不需经常拆卸的地方。被联接零件中一个加工出螺孔，另一零件加工出通孔。

装配图中，螺钉联接通常采用比例画法。画图时应注意以下几个问题：螺钉上的螺纹终止线应高于两零件的接触面，以保证两个被联接的零件能够被旋紧。

螺钉头部的一字槽如图 4-29 画出或用粗实线（宽约 $2d$，d 为粗实线线宽）表示，在垂直于螺钉轴线的视图中一律向右倾斜 45°画出（见图 4-29）。

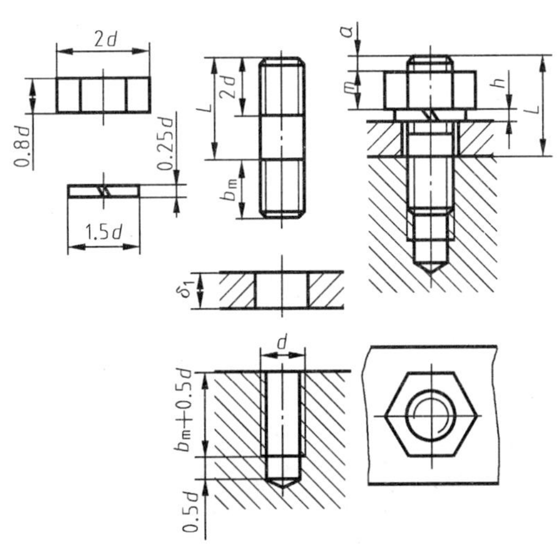

图 4-28　双头螺柱联接比例画法

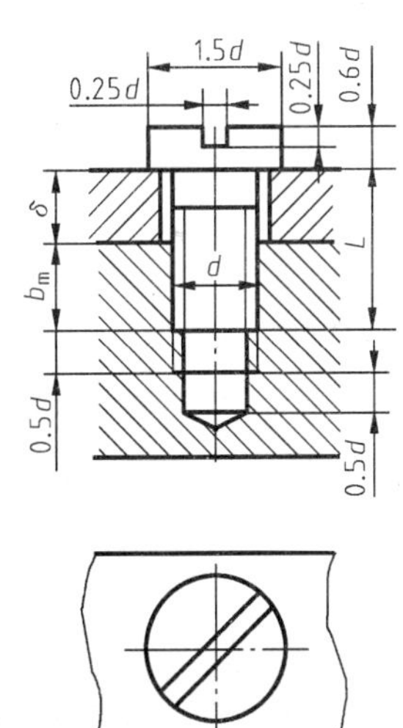

图 4-29　螺钉联接的画法

螺钉的公称长度按下式计算：$L=\delta+b_m$ 查标准，取最接近的标准长度值。

旋入端的长度 b_m 与被旋入零件的材料有关，与双头螺柱一样。

紧定螺钉联接画法（见图 4-30）：

紧定螺钉用于定位、防松而且受力较小的情况。

2. 键联接如图 4-31 所示

键通常用于联接轴与装在轴上

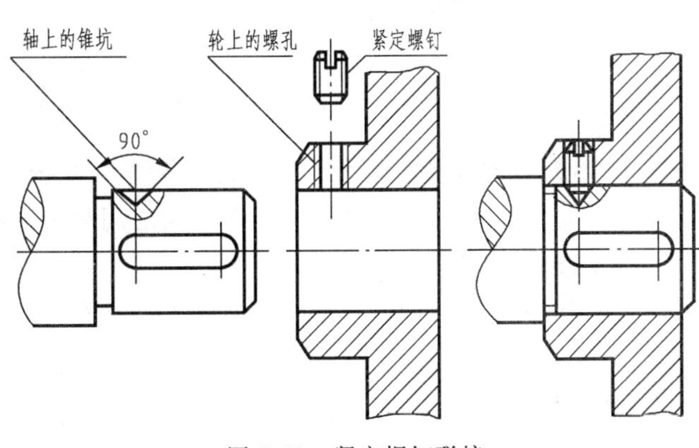

图 4-30　紧定螺钉联接

的传动零件（如齿轮、带轮等），起传递转矩的作用。

键槽的型式和尺寸，也随键的标准化而有相应的标准。设计或测绘中，键槽的宽度、深度和键的宽度、高度等尺寸，可根据被联接的轴径在标准中查得，轴上的键槽长和键长根据轮毂宽，在键的长度标准系列中选用（键长不超过轮毂宽）。

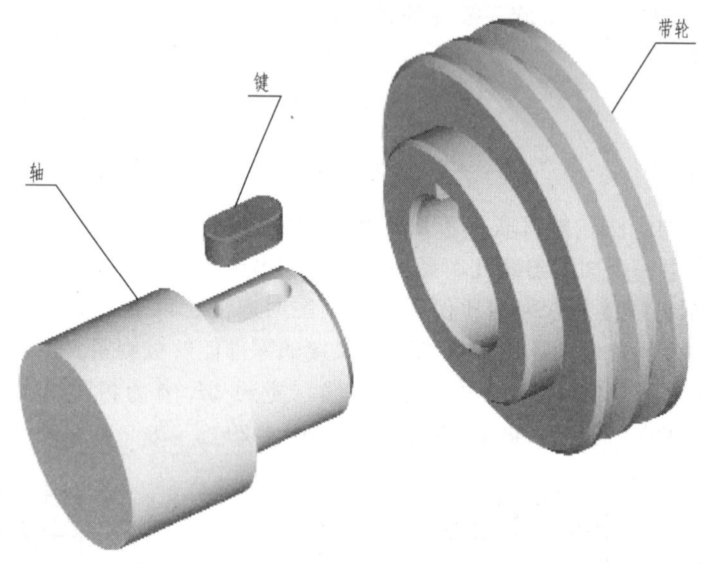

图 4-31 键联接

（1）普通平键联接的画法 普通平键两侧面是工作面，它与轴、轮毂的键槽两侧面相接触，分别只画一条线；键的上、下底面为非工作面，上底面与轮毂槽顶面之间留有一定的间隙，画两条线；在反映键长方向的剖视图中，轴采用局部剖视，键按不剖处理。键上的倒角、倒圆省略不画，如图 4-32 所示。

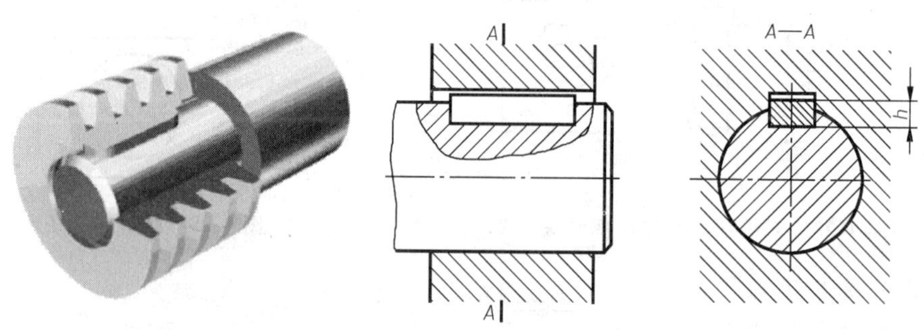

图 4-32 普通平键联接

（2）半圆形键联接的画法 与普通平键联接情况基本相同，作图也一样，只是键的形状为半圆形。在使用时，允许轴与轮毂轴线之间有少许倾斜，如图 4-33 所示。

（3）钩头楔键联接的画法 钩头楔键的上、下两面为工作面，上表面有 1:100 的斜度，可用来消除两零件间的径向间隙，作图时上下两面和侧面都不留间隙，画成接触形式，如图 4-34 所示。

3. 销联接

销主要用于两零件的定位，也可用于受力不大的联接和锁定。在画销联接的装配图时，

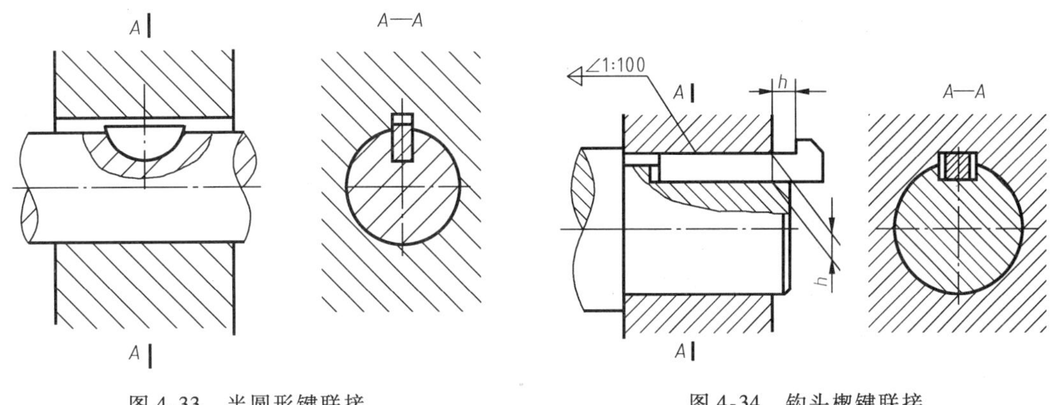

图 4-33　半圆形键联接　　图 4-34　钩头楔键联接

应注意在剖切面通过轴线的视图中，销按不剖画出，销联接的画法如图 4-35 所示。

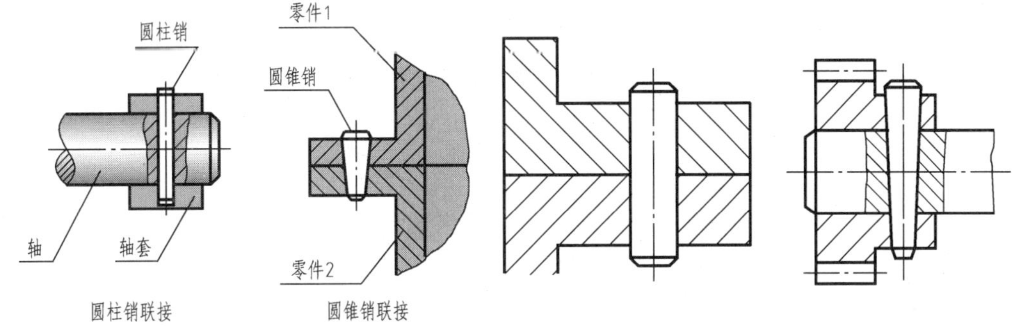

图 4-35　销联接与画法

【小试身手】

找一找图 4-36 中螺栓联接画法的错误。

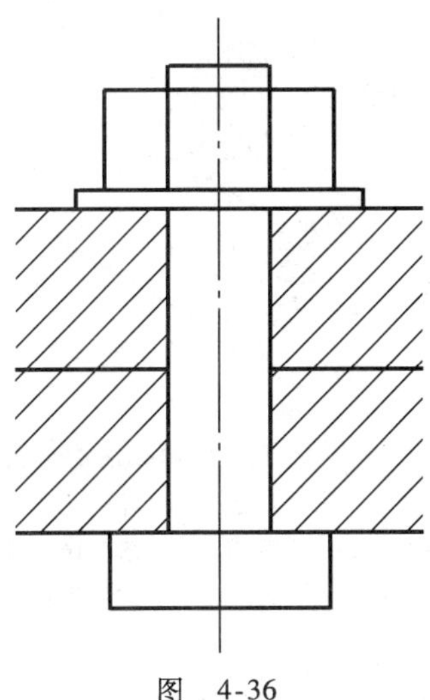

图　4-36

【评价】

学生互评，根据找错误过程中对判断速度、正确程度进行评价。

4.3 识读一级直齿圆柱齿轮减速器装配图

4.3.1 识读装配图的方法与步骤

一、教学场地的准备

(1) 制图测绘室，多媒体。

(2) 直齿圆柱齿轮减速器实物；直齿圆柱齿轮减速器直观图、装配图等有关课件、挂图。

二、活动安排及教学步骤

【活动安排】

(1) 课件演示直齿圆柱齿轮减速器的直观图（图 4-37）和装配图（图 4-38）。

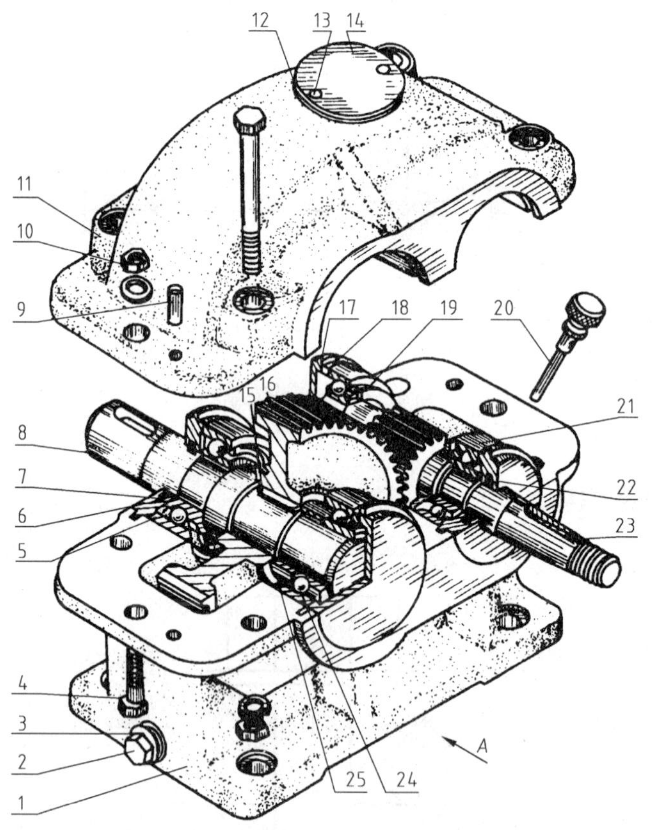

图 4-37 一级圆柱齿轮减速器直观图

1—机体 2—螺塞 3—垫圈 4—螺栓 5—轴承 6—油封 7—可通端盖 8—轴 9—销 10—螺母 11—机盖 12—垫片 13—螺钉 14—视孔盖 15—键 16—齿轮 17—端盖 18—调整环 19—挡油环 20—油尺 21—滚动轴承 22—油封 23—齿轮轴 24—调整环 25—支撑环

(2) 学生分析一级圆柱齿轮减速器装配图且回答问题。

1) 识读装配图的的基本要求。

2) 识读装配图的一般方法与步骤。

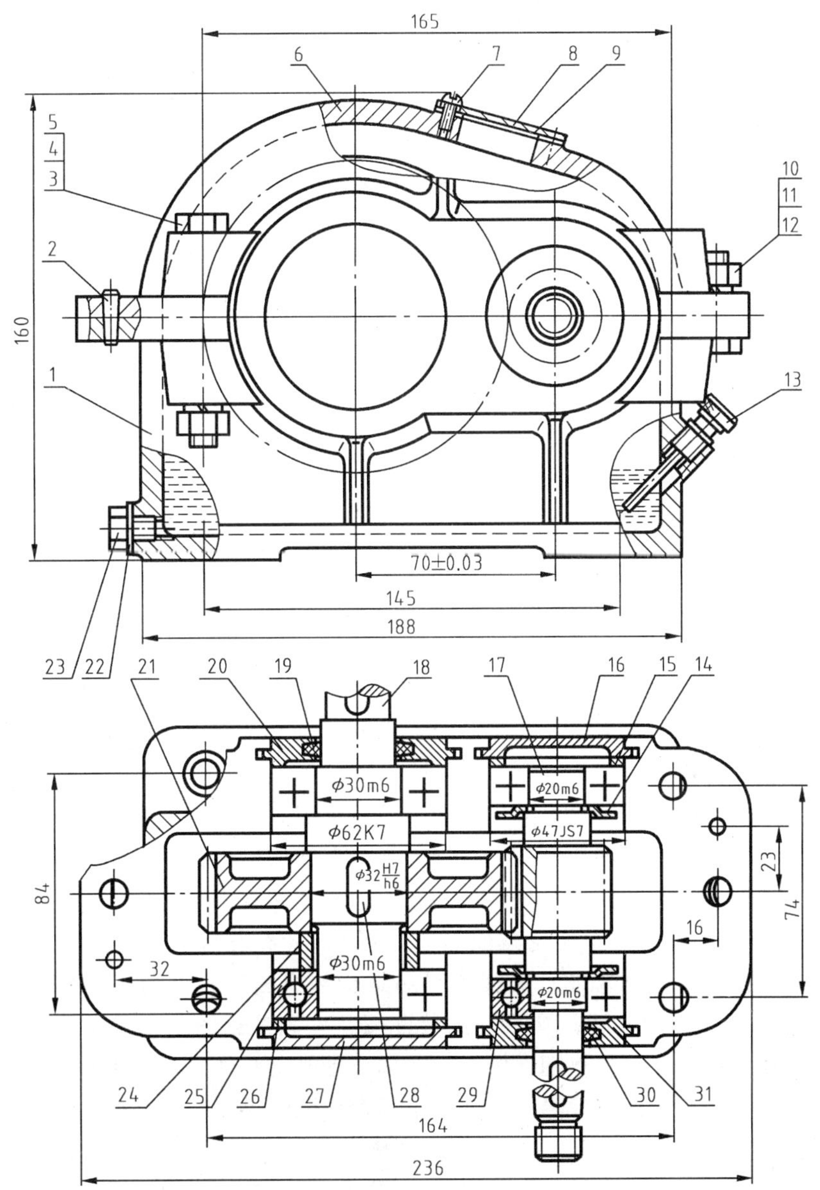

图 4-38　一级圆柱齿轮减速器装配图

1—箱体　2—销　3—螺栓　4—螺母　5—垫片　6—箱盖　7—螺钉　8—视孔盖　9—垫片　10—螺栓　11—螺母　12—垫片　13—油尺　14—挡圈　15—调整环　16—端盖　17—齿轮轴　18—轴　19—密封圈　20—可通端盖　21—齿轮　22—垫片　23—螺塞　24—支撑环　25—轴承　26—调整环　27—端盖　28—键　29—轴承　30—密封圈　31—可通端盖

【知识链接】

1. 识读装配图的的基本要求

（1）了解装配体的名称、规格、用途、性能和工作原理。

（2）了解各组成零件间的相对位置、联接形式、装配关系等。

（3）了解各组成零件的主要结构形状和在装配体中的作用。

（4）了解装配体的技术要求、装拆顺序。

2. 识读装配图的一般方法与步骤

（1）概括了解

1）从标题栏了解装配图的名称、比例、数量和用途。

2）看明细表并对照视图中的零件序号，了解各组成零件的名称、数量、规格及位置。

3）分析视图表达方法和各视图间的关系，弄清各视图的表达重点。

（2）了解装配关系和工作原理　通过对装配体的初步了解，分析各装配干线，弄清零件间的配合、定位、联接关系，分析装配体中各零件之间的装配关系，并读懂装配体的工作原理，这是识读装配图的重要环节。

（3）分析视图，读懂零件的结构形状　分析视图，从装配图的几个视图中分离出零件相应的轮廓，利用装配图特有的表达方法和投影关系，弄清零件的结构形状。分析零件应从主要视图中的主要零件开始，可按先简单，后复杂的顺序进行。

（4）分析尺寸和技术要求　认清装配图上标注的尺寸及技术要求，了解对装配体提出的装配、检验、使用等方面的要求，进行综合归纳。

3. 读图分析

（1）概括了解　从装配图标题栏、明细表及视图可知道，一级直齿圆柱齿轮减器是通过装在箱体内的一对啮合齿轮的转动，将动力从一轴传递至另一轴，以达到减速的目的。

结构特点：在减速器中采用了齿轮、键、向心球轴承、定位销、螺栓、螺钉、螺塞等常用件和紧固件；在箱体和箱盖上，为了满足结构和工艺上的需要，多处设有凸台和凹坑；并在轴承座处加大铸件壁厚，多处增设加强肋，以保证减速器外壳的强度和刚度；考虑到减速器的润滑及其密封，在箱体和箱盖的结合面处均开有油槽以及挡油圈和毡圈；为了满足其工作时的需要，减速器设有油面指示杆、放油孔、通气孔和观察孔。

（2）视图分析　一级圆柱齿轮减速器装配图图 4-38 采用主视、俯视两个基本视图表达，主视图采用四处局部剖视图；俯视图采用是全剖视图和一处局部剖视图、轴的截断画法、拆卸 2、3、4、5、10、11、12 零件的装配图特殊画法；图中还采用了齿轮及其啮合的规定画法；螺栓、螺母、键、垫圈、销、滚动体、轴等实心件以及肋板、轮齿等剖切时均不剖处理；还有螺栓联接、六角螺母、滚动轴承的简化画法等。

（3）分析尺寸和技术要求　一级圆柱齿轮减速器装配图两轴中心距 70mm ± 0.03mm 为性能规格尺寸，反映部件或机器的规格和工作性能；装配尺寸有：ϕ32H7/h6，轴两端 ϕ30m6、ϕ62K7、齿轮轴两端 ϕ20m6、ϕ47js7 等，表明了轴与轴承、轴承与箱体、端盖与箱体装配关系；尺寸 164 × 74，148 × 84，32，23，16 是表明零件间的安装位置尺寸，属装配尺寸；总体尺寸为 160mm、236mm；安装尺寸为 84mm、145mm 表明一级圆柱齿轮减速器的在外部零、部件或地基上的安装定位；其他为重要尺寸。

【小试身手】

试根据一级圆柱齿轮减速器装配图，列出明细表（标准件尺寸找有关设计手册自行确定）。

【评价】

学生互评，根据识读装配图的熟练程度，积极参与的学习态度，找资料的能力，及数据的正确率进行评价。

4.3.2　画滚动轴承

一、教学场地的准备

（1）多媒体教室。

（2）滚动轴承的实物，滚动轴承直观图、视图等有关课件、挂图。

二、活动安排及教学步骤

【活动安排】

课件演示滚动轴承直观图，如图4-39所示。

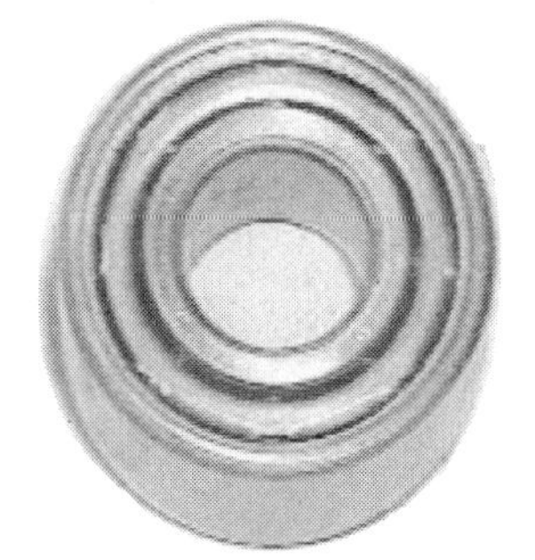
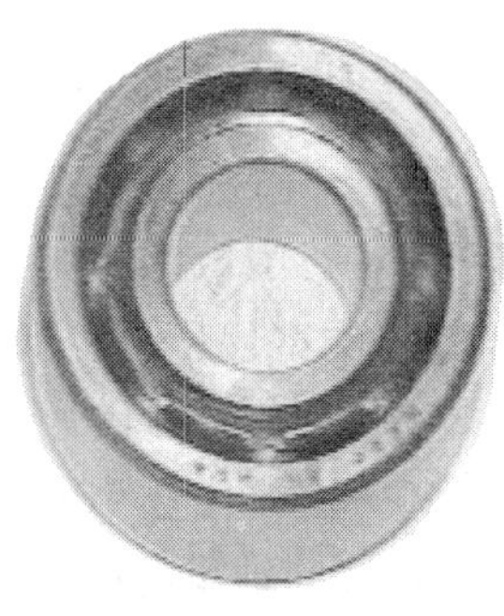

图4-39　滚动轴承直观图

【知识链接】

滚动轴承是用来支承轴的标准部件。其结构形式和尺寸均已标准化，并由专业产家生产，需要时，可根据设计要求选型。轴承的种类很多，本节仅作简介。

1. 滚动轴承的结构与类型

滚动轴承的结构　滚动轴承一般由外圈、内圈、滚动体及保持架组成，如图4-40所示。内圈套在轴上与轴一起转动，外圈装在机座孔中。类型如图4-41所示。

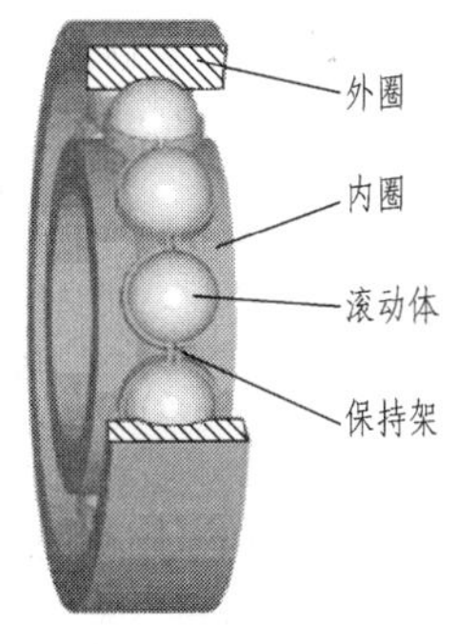

图4-40　滚动轴承的结构

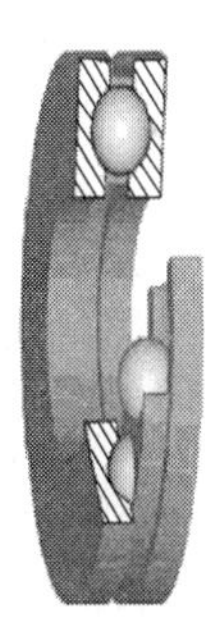
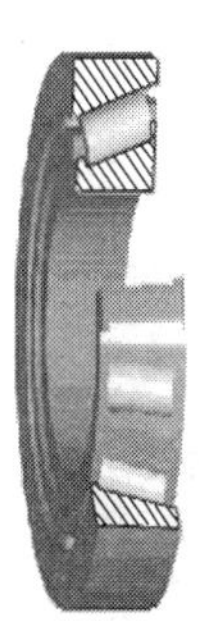

图4-41　滚动轴承的种类

2. 滚动轴承的基本代号

基本代号用来表明轴承的内径、直径系列、宽度系列和类型，一般最多为五位数，分述如下：

（1）轴承内径用基本代号右起第一、二位数字表示。对常用内径 $d=20\sim480\text{mm}$ 的轴承内径一般为5的倍数，这两位数字表示轴承内径尺寸被5除得的商数，如04表示 $d=20\text{mm}$；12表示 $d=60\text{mm}$ 等等。对于内径为10mm、12mm、15mm和17mm的轴承，内径代号依次为00、01、02和03。对于内径小于10mm和大于500mm轴承，内径表示方法另有规定，可参看GB/T 272—1993。

（2）轴承的直径系列（即结构相同、内径相同的轴承在外径和宽度方面的变化系列）用基本代号右起第三位数字表示。

（3）轴承的宽度系列（即结构、内径和直径系列都相同的轴承宽度方面的变化系列）用基本代号右起第四位数字表示。直径系列代号和宽度系列代号统称为尺寸系列代号。

（4）轴承类型代号用基本代号右起第五位数字表示。如3表示圆锥滚子轴承，5表示推力球轴承，6 表示深沟球轴承等等。

除基本代号外，还可加前置代号和后置代号，进一步表示轴承的结构形状、尺寸、公差和技术要求等。

滚动轴承的标记

标记示例：滚动轴承 30210 GB/ 297—1994

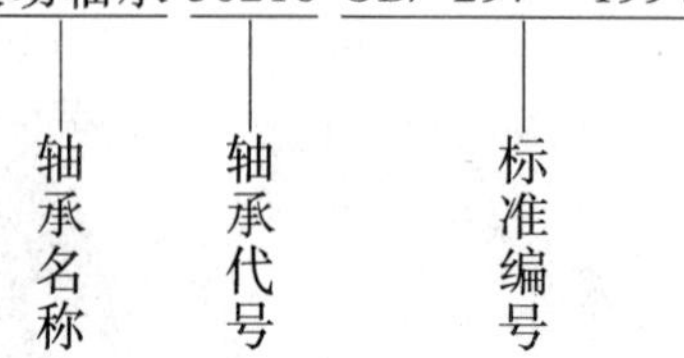

3—类型代号，表示圆锥滚子轴承

02—尺寸系列代号

10—内径代号

3. 滚动轴承的画法

（1）规定画法见表 4-5，表 4-6，表 4-7。

表 4-5　深沟球轴承的规定画法

代号、结构	由标准中查出数据	规　定　画　法
深沟球轴承 (GB/T 276—1998) 6000 型	D d B	1. 由 D、B 画出轴承外廓 2. 由 $(D-d)/2=A$ 画出内外圈剖面 3. 由 $A/2$、$B/2$ 定出滚球的球心，以 $A/2$ 为直径画出滚珠 4. 由球心向上、向下作 60 斜线交滚球外形于两点 5. 自所求两点即可作出外(内)圈的内(外)轮廓

表 4-6　圆锥滚子轴承的规定画法

代号、结构	由标准中查出数据	规　定　画　法
圆锥滚子轴承 (GB/T 297—1998) 30000 型	D d T B C	1. 由 D、d、T、B、C 画出轴承外廓 2. 由 $(D-d)/2=A$ 画出内外圈剖面 3. 由 $A/2$，$T/2$ 定出滚锥的中心，再作倾斜 15° 线画出滚锥的轴线 4. 由 $A/2$，$A/4$，C 作滚锥的外形线 5. 最后作出内外圈的轮廓

表 4-7　推力球轴承的规定画法

代号、结构	由标准中查出数据	规定画法
推力球轴承 (GB/T 301—1998) 51000 型 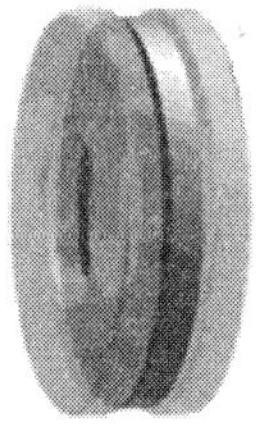	D d T	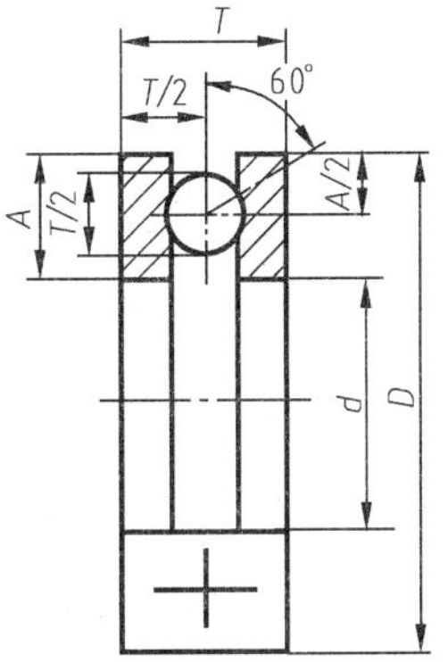 1. 由 D、T 画出轴承外廓 2. 由 $(D-d)/2=A$ 画出内外圈剖面 3. 由 A/2, T/2 定出滚球的球心，以 T/2 为直径画出滚珠 4. 由球心向上、向下作 60 斜线交滚珠外形于两点 5. 自所求两点即可作出左右圈的轮廓线

(2) 通用画法与特征画法见表 4-8。

表 4-8　滚动轴承的通用画法和特征画法

类型名称 标准号	基本尺寸	通用画法	特征画法
深沟球轴承 (GB/T 276—1998) 60000 型	D d B	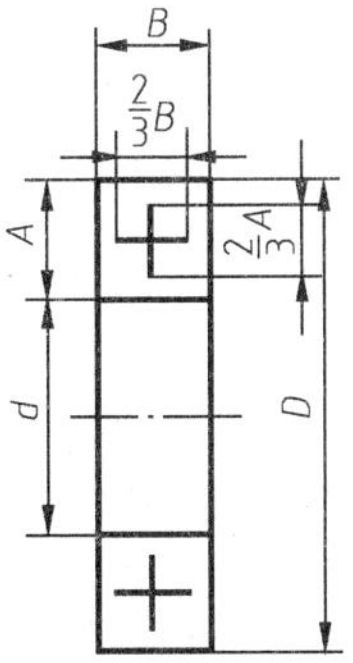	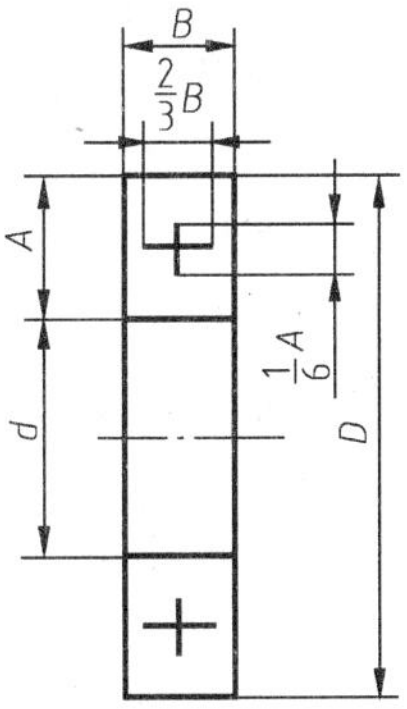
圆柱滚子轴承 (GB/T 283—1998) N 型	D d B		
圆锥滚子轴承 (GB/T 297—1998) 3000 型	D d B T C		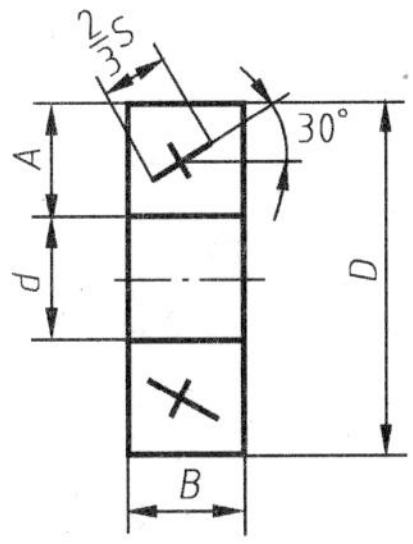
推力球轴承 (GB/T 301—1998) 51000 型	D d T		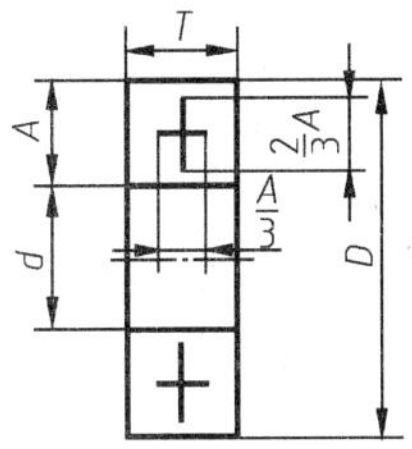

在通用画法中，使用粗实线矩形和十字形符号简单地表示滚动轴承。在不需要表示滚动轴承的外形轮廓、载荷特性、结构特征时采用通用画法。

在特征画法中，矩形框内十字形符号的方向及长短较形象地反映了轴承的结构特征和载荷特征。在需要较形象地表示滚动轴承的结构特征时采用特征画法。

在滚动轴承的规定画法中，其中一半较形象地画出其结构特征和载荷特性，滚子按不剖画出，另一半采用通用画法绘制。在滚动轴承的产品样图、样本、标准、用户手册和使用说明中可采用规定画法绘制。

【小试身手】

试查表求 6206、51310、30312 的轴承类别、轴承的内径、外径和宽度尺寸。

【评价】

学生自评，针对查表过程对国家标准轴承类别的识别、查表速度和正确程度进行评价。

4.3.3 画弹簧

一、教学场地的准备

(1) 多媒体教室。

(2) 各种弹簧的实物和装有弹簧的装配体；各种弹簧直观图、视图等有关课件、挂图。

二、活动安排及教学步骤

【活动安排】

课件演示弹簧直观图，如图 4-42 所示。

【知识链接】

(1) 弹簧的作用和种类　弹簧的用途很广，在机械中主要用来减振、夹紧、储存能量和测力等。弹簧的特点是去掉外力后，能立即恢复原状。弹簧的类型有螺旋弹簧、蜗卷弹簧、板弹簧等。如图 4-43 为圆柱螺旋弹簧，圆柱螺旋弹簧按承受载荷的不同分为压缩弹簧、拉力弹簧、扭力弹簧。

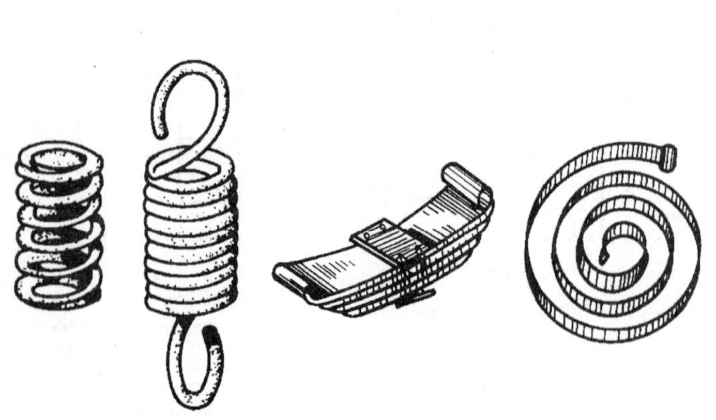

图 4-42　弹簧直观图

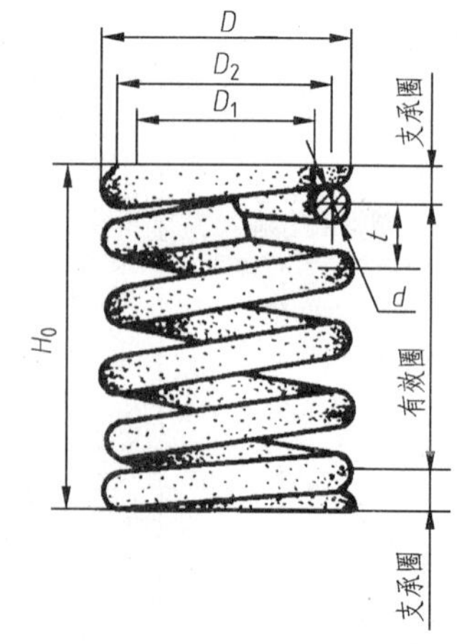

图 4-43　圆柱螺旋弹簧

(2) 圆柱螺旋压力弹簧的结构尺寸　本节主要介绍圆柱螺旋压缩弹簧各部分的名称、尺寸关系及其画法，如图 4-43 所示。

1）弹簧直径 d　制造弹簧用的金属丝直径。

2）弹簧的外径 D　弹簧的最大直径。

3）弹簧的内径 D_1　弹簧的最小直径。

4）弹簧的中径 D_2　过弹丝中心假想圆柱面的直径，$D_2=D-d$。

5）节距 t　相邻两有效圈上对应间的轴向距离。

6）圈数　弹簧中间节距相同的部分圈数称为有效圈数（n）；为使弹簧平衡、端面受力均匀，弹簧两端应磨平并紧，磨平并紧部分的圈数称为支承圈数（n_2），有1.5，2及2.5圈三种。

弹簧的总圈数
$$n_1=n+n_2$$

7）自由高度 H_0　在弹簧不受力的情况下，弹簧的高度。

$$H_0=nt+(n_2-0.5)d$$

8）弹簧展开长度 L　即制造弹簧用的簧丝长度，可按螺旋线展开。

$$L\approx n_1\sqrt{(\pi D_2)^2+t^2}$$

9）旋向　分为左旋和右旋两种，常用右旋。

（3）圆柱螺旋压缩弹簧的画图方法和步骤

1）规定画法如下所述。

① 在平行于弹簧轴线的视图中，各圈的螺旋轮廓线画成直线。

② 有效圈数在四圈以上的螺旋弹簧，允许每端只画两圈（不包括支承圈），中间各圈可省略不画，只画通过簧丝剖面中心的两条点划线，当中间部分省略后，也可适当地缩短图形的长度。

③ 不论是左旋还是右旋弹簧，均画成右旋，但左旋弹簧一律要标注出“左”字。

④ 不论螺旋压缩弹簧的支承圈多少，以及并紧情况如何，支承圈数据按2.5圈、磨平圈数按1.5圈画出。图4-44所示为螺旋弹簧的画图步骤。

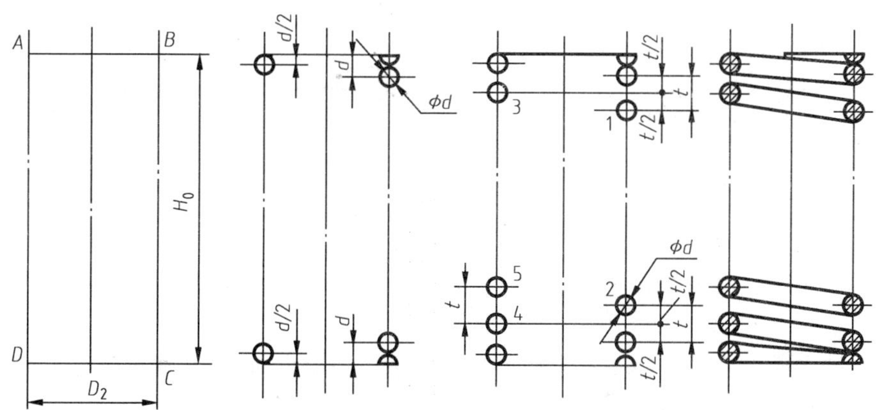

图4-44　弹簧的画图步骤

国家标准（GB/T 4459.4—2003）对弹簧画法的规定中，也可画成视图，如图4-45所示。

2）圆柱螺旋压缩弹簧弹簧在装配图中的画法　装配图中弹簧的画法如图4-46所示，画图时应注意以下几点。

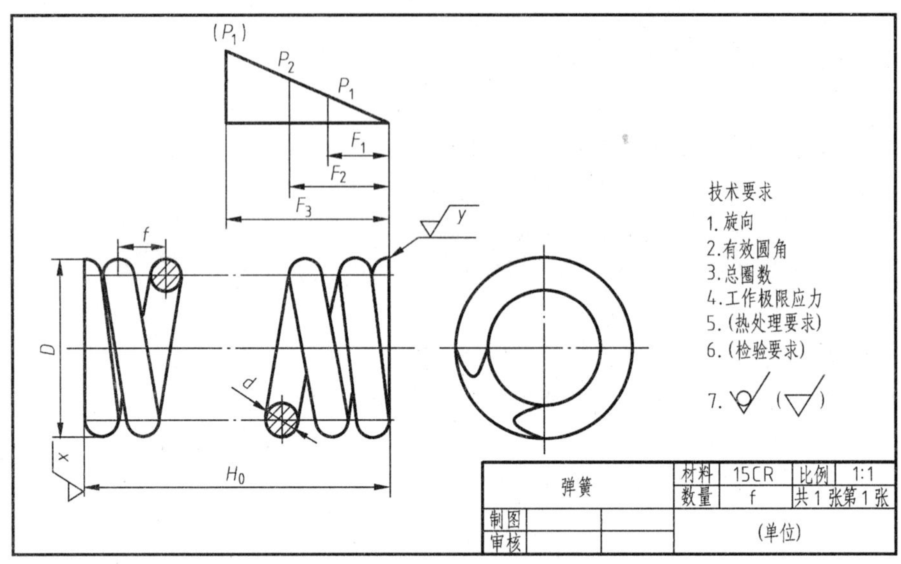

图 4-45　弹簧的零件图

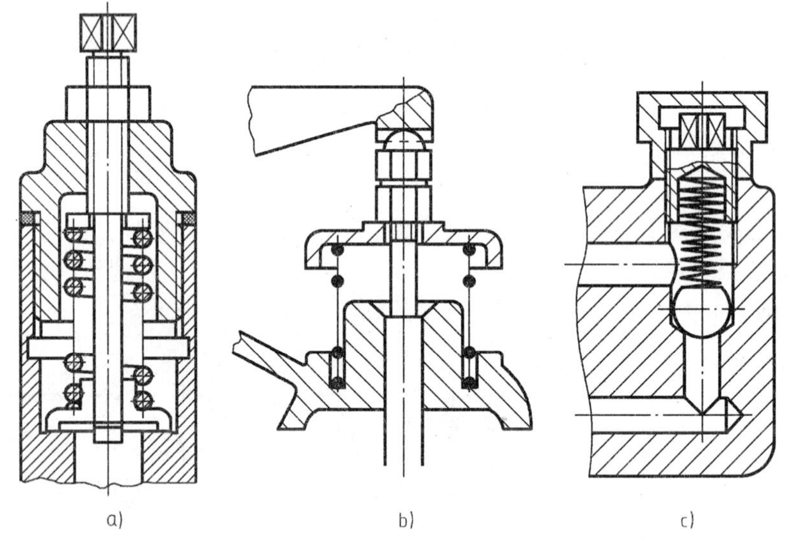

图 4-46　螺旋弹簧装配图画法

① 在装配图中，将弹簧看成一个实体，弹簧后面被遮挡住的零件轮廓不必画出，如图 4-46a 所示。

② 在剖视图中，若弹簧的簧丝直径小于或等于 2mm 时，断面不画剖面线，可以将其涂黑表示，如图 4-46b 所示。

③ 簧丝直径或厚度在图形上小于或等于 2mm 时，允许用单线（粗实线）示意画法画出，如图 4-46c 所示。

【小试身手】

用 A4 的图幅，画一张圆柱螺旋压缩弹簧的视图，并标注尺寸（已知弹簧丝直径 $d=6$mm，弹簧外径 $D=50$mm，节距 $t=12.3$mm，支承圈数 $n_2=2.5$，有效圈数 $n=6$，右旋）。

【评价】

教师根据学生所画图形质量进行评价。

4.3.4　画装配图工艺结构和密封装置

一、教学场地的准备

（1）多媒体教室。

（2）机用虎钳、球阀、齿轮泵、减速器等装配体。

二、活动安排及教学步骤

【活动安排】

学生动手用虎钳拆、装、球阀、齿轮泵、减速器，分析装配结构的合理性

【知识链接】

在设计和绘制装配图的过程中，必须考虑装配结构的合理性

1. 接触面结构

（1）轴肩面和孔端面相接触时，应在孔边倒角或在轴的根部切槽，以保证轴肩与孔的端面接触良好，如图 4-47 所示。

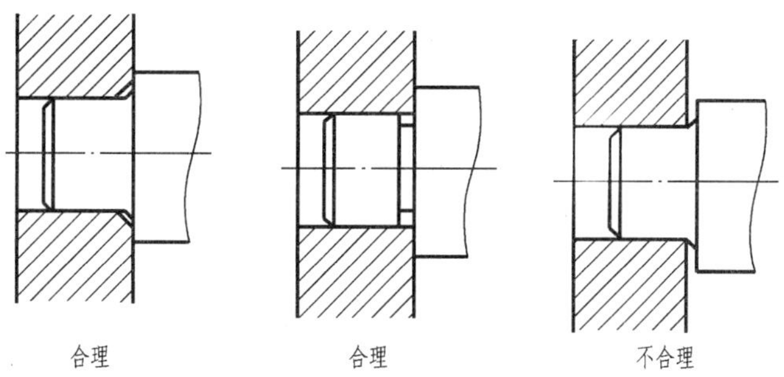

图 4-47　轴肩与孔接触面结构

（2）当两个零件接触时，同一个方向上的接触面只能有一个，如图 4-48 所示。

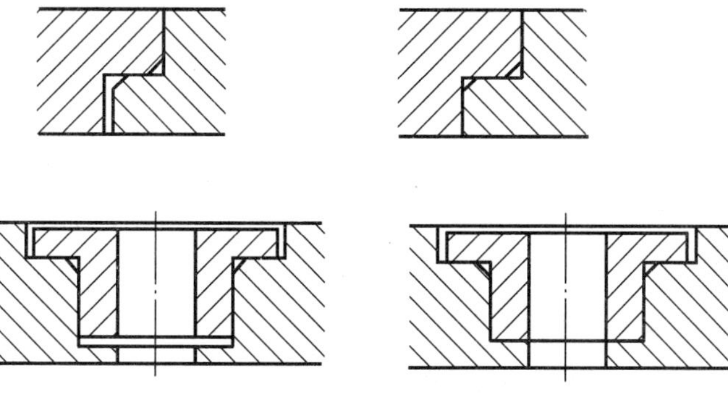

图 4-48　同一方向的接触面结构

（3）为了使螺栓、螺钉、垫圈等紧固件与被联接表面接触良好，减少加工面积，应把被联接表面加工成凸台或凹坑，如图 4-49 所示。

2. 便于装拆结构

（1）要留出扳手活动空间，如图 4-50 所示。

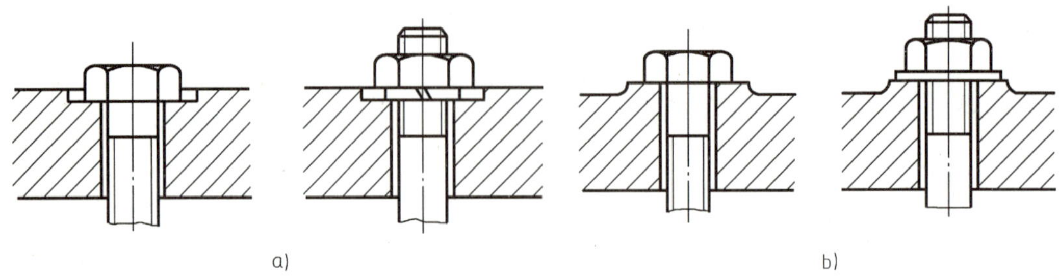

图 4-49 做成凸台或凹坑与被联接表面接触

a）沉孔 b）凸台

（2）要留出螺钉装、拆空间，如图 4-51 所示。

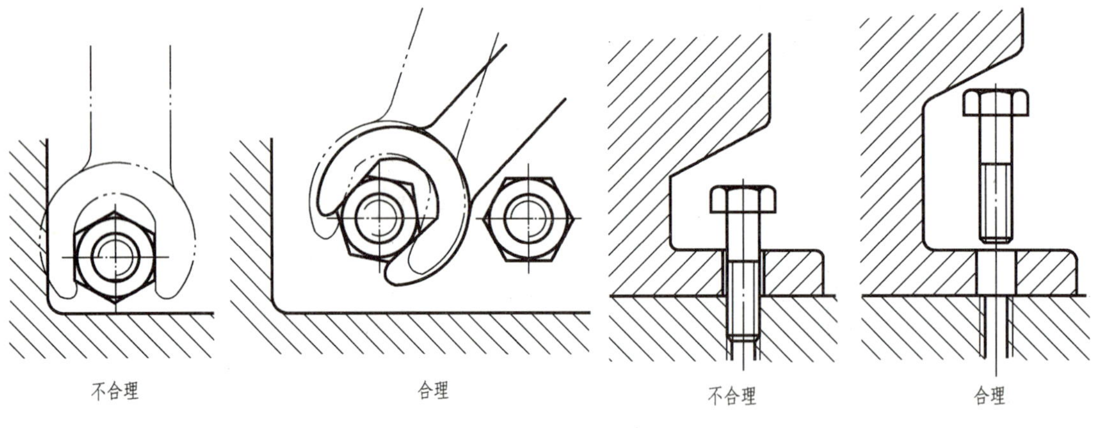

图 4-50 留出扳手活动空间

图 4-51 留出螺钉装、拆空间

3. 防松定位结构

（1）定位结构 在安装滚动轴承时，为防止其轴向窜动，有必要采用一些轴向定位结构来固定其内圈、外圈。常用的结构有：轴肩、台肩、圆螺母和各种挡圈，如图 4-52 所示。

1）用轴肩固定轴承内、外圈，如图 4-52a 所示。

2）用弹性挡圈固定轴承内、外圈，如图 4-52b 所示。

3）轴端挡圈固定轴承内圈，如图 4-52c 所示。

4）用套筒固定轴承内、外圈，如图 4-52d 所示。

（2）螺纹紧固件的防松结构 大部分机器在工作时常会产生振动或冲击，因而导致螺纹紧固件松动，影响机器的正常工作，甚至诱发严重事故，所以螺纹联接中一定要设计防松装置。常用的防松装置有：双螺母、弹簧垫圈、止退垫圈和开口销等，如图 4-53 所示。

4. 密封结构

密封结构主要是对油进行的密封，采用油封装置时，油封材料应紧套在轴颈上，而轴承盖上的孔应大于轴颈，以防止转动时把轴颈损坏。轴承的密封和防漏主要有毡圈式、沟槽式、橡胶式、挡片式四种方式，其结构如图 4-54 ~ 图 4-57 所示。

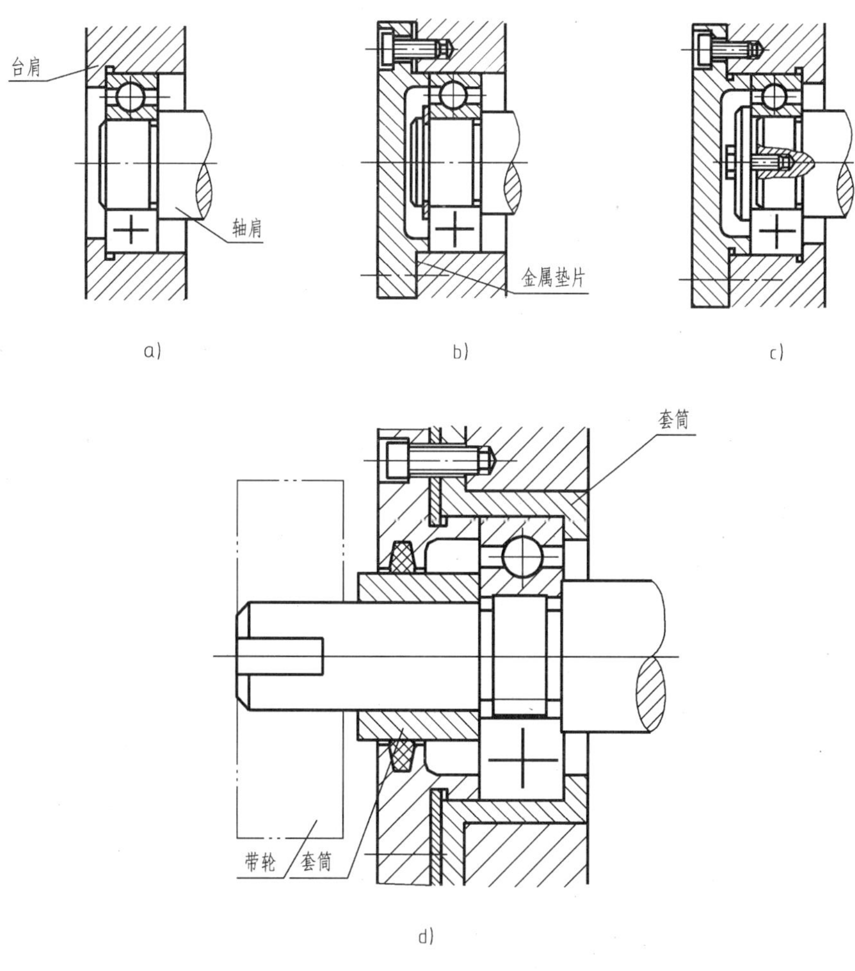

图 4-52　定位结构

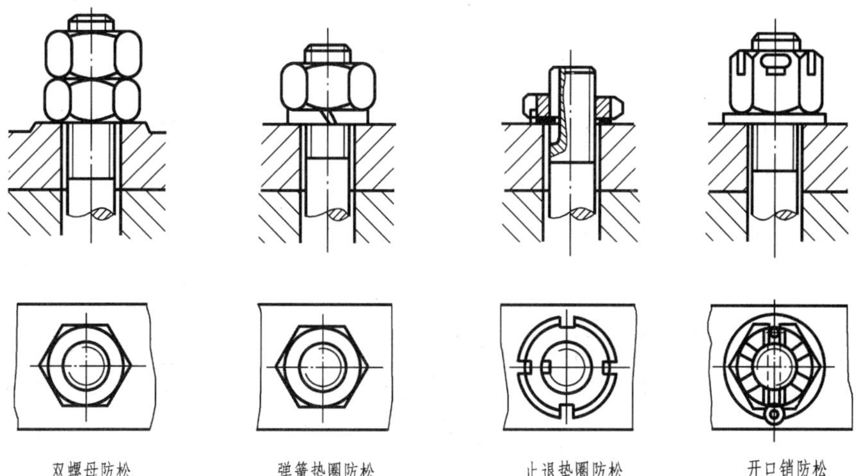

图 4-53　防松结构

滚动轴承的密封有如下几种。

（1）毡圈式如图 4-54 所示。

（2）油沟式如图 4-55 所示。

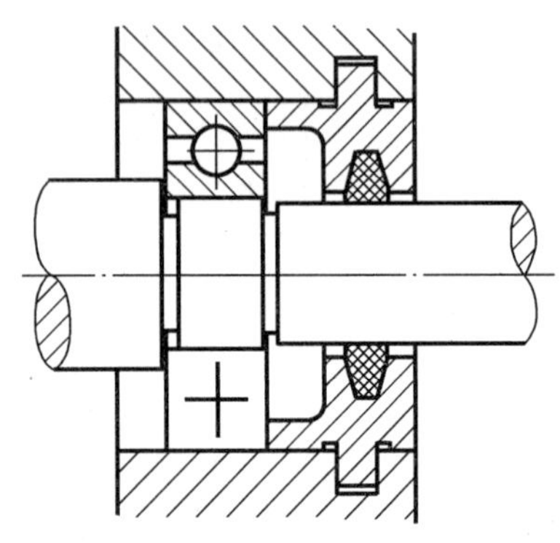

图 4-54 毡圈式密封结构

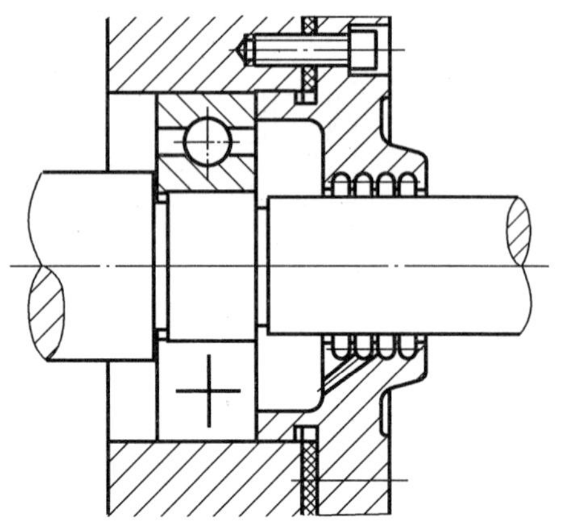

图 4-55 油沟式密封结构

（3）橡胶式 如图 4-56 所示。

（4）挡片式 如图 4-57 所示。

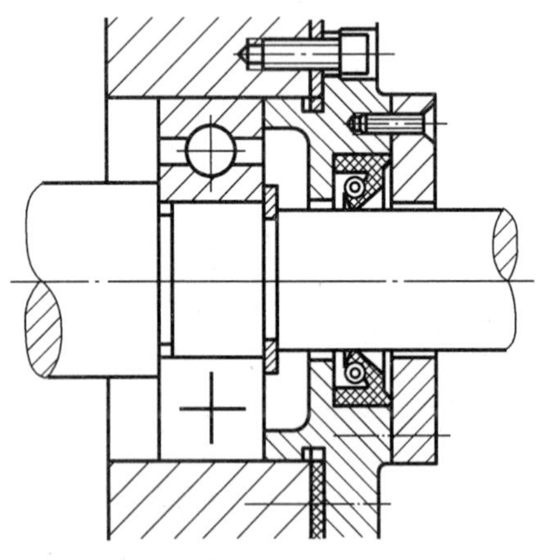

图 4-56 橡胶式密封结构

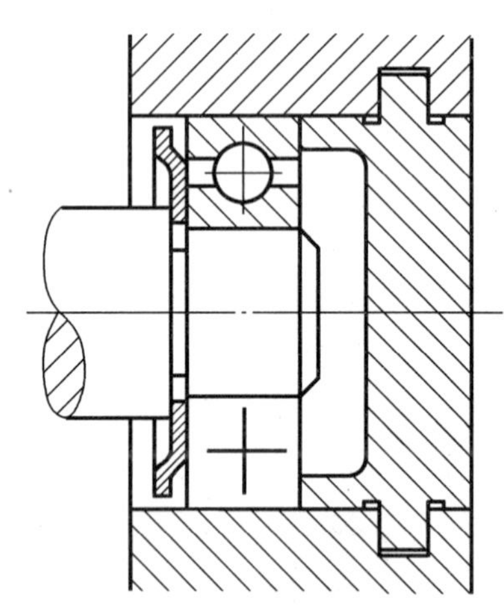

图 4-57 挡片式密封结构

【小试身手】

试判断下列结构图 4-58 是否合理。

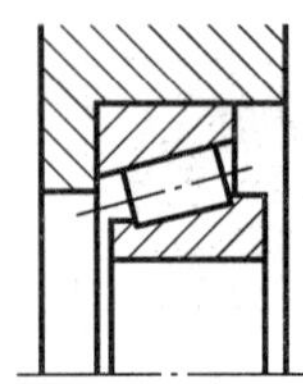
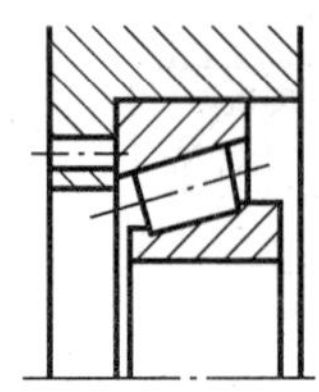
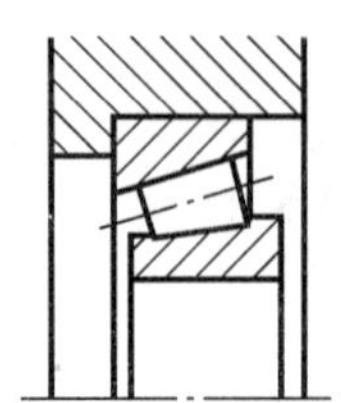
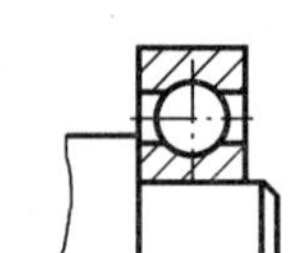
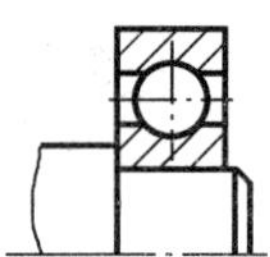

图 4-58 滚动轴承装配图

【评价】

学生互评，针对分析思路，操作能力方面进行评价。

4.4　测绘一级直齿圆柱齿轮减速器

一、教学场地的准备

（1）参考资料。

1）测绘指导书：每人一份。

2）教科书：《机械制图》、《公差配合与技术测量基础》和《机械图样识读与测绘》。

3）国家标准：《机械制图》国家标准。

4）参考书：机械设计手册、机械零件课程设计图册。

（2）制图测绘室　多媒体。

（3）测绘装配体　每组一台，一周之前应进行清理、检查。

（4）测绘仪器、设备清单（见表4-9）。

表4-9　测绘仪器设备清单

序号	名称	规格/型号	数量	序号	名称	规格/型号	数量
1	图板	3号	1块/人	8	扳手		2把/组
2	游标卡尺	0～150mm	1把/组	9	尖子钳		1把/组
3	螺纹规		1把/组	10	活动扳手		1把/组
4	测绘部件		1件/组	11	螺钉旋具		2把/组
5	绘图仪器		1套/人	12	锤子		1把/组
6	丁字尺		1把/人	13	量角器		1只/组
7	钢卷尺		1根/组	14	图纸	自备	

二、活动安排及教学步骤

【活动安排】

（1）课件演示一级圆柱齿轮减速器结构图，如图4-59所示。

（2）学生分组测绘。

1）一个班级人数为50人左右，每一小组以5～10人为宜。

2）分组时，应考虑能力的均衡，根据学生的学习成绩、独立工作能力、组织能力等，使每组内学生能互相交流、互相学习、取长补短，使测绘工作顺利进行。

3）每组应指定一个组长，负责组织管理工作，并能起到带头的作用。测绘体、量具、工具、资料由组长分配专人负责保管，并督促组员遵守工作纪律，保持工作场地的整洁。

（3）布置测绘工作任务。

1）分析并拆卸装配体，画装配示意图。

2）完成全部非标准件的测绘，画零件草图。

3）统计标准件，查表核对，写出代号，记下主要尺寸，列入统计表。

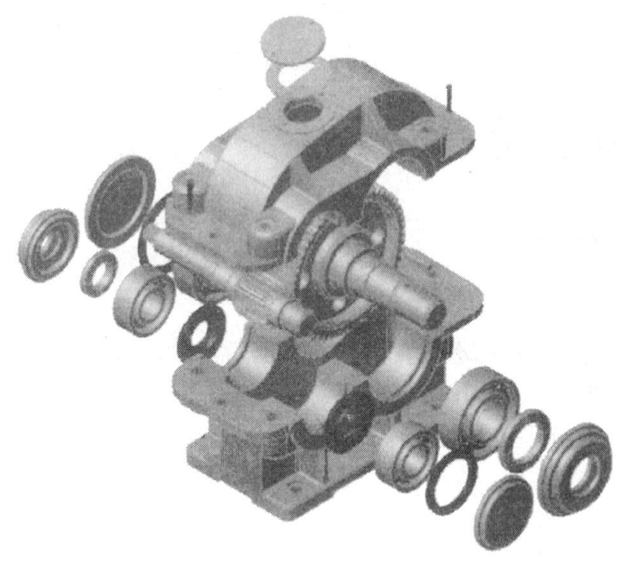

图 4-59 一级圆柱齿轮减速器结构图

4）画过渡装配图（A1 或 A2 一张）。

5）画装配图（A1 或 A2 一张）。

6）画主要零件工作图（3 ~5 张）。

7）写测绘工作小结。

【知识链接】

（一）装配体测绘过程与要求

（1）拆卸装配体，画装配示意图 第一步，先将联接螺栓、螺钉拆下，使盖与体分离，即可画装配示意图，此时不必全部拆散；第二步，对于看不清楚的内部结构，再逐步拆开，边拆边画，完成整个装配示意图。注意在拆卸过程中，强调零件的妥善保管。

（2）画非标准零件的零件草图 强调画草图的步骤与方法：零件分析——确定表达方案——徒手目测绘草图——注上尺寸界线及尺寸线——测量——注上尺寸数值。

技术要求可暂不确定。

（3）列出标准件统计表 对于拆下的标准件，应查阅手册进行核对，写出名称、标记代号、数量。必要时应记下主要尺寸，供画装配图时用。对于测绘体上选用不当的标准件，应重新选用或修改，使之合理。

（4）画装配草图 这是第一次进行的较大型的测绘工作，装配图正确与否非常重要，为防止不必要的返工，先画一张非正式的装配图，相当于草图，但要严格按照比例，注意布图，对线型、字体等不作严格要求，图面应清楚，便于教师审阅。

1）表达方案应经过小组讨论，教师应予以归纳指导。

2）强调画装配图的步骤和方法，要提高画装配图的技能和速度，并严格按照比例画。

3）标注必要的尺寸

① 性能、规格尺寸标注如下：装配体的性能、规格尺寸，由指导教师提供，并对性能、

规格尺寸作出解释。

② 主要配合尺寸标注：机械制图课程中对公差与配合仅作简单的介绍，主要要求能正确标注，为了使配合的选用不出现大的失误，对于一般机械（如减速器）中的滚动轴承的配合，齿轮、带轮与轴的配合，定位销的配合，普通平键的配合等从机械零件课程设计图册或国家标准中摘抄下来，供参考选用。

（5）画装配图　装配草图须经指导教师审阅后方能进行改正，画正式的装配图，主要内容在前面已讲述过，技术要求由指导教师给出3~5条。

对装配图的表达方案、图面布置、尺寸标注、序号编排、明细表、标题栏、技术要求的书写、线型、字体、图面整洁、清晰等都应该按规定提出严格要求。

（6）画主要零件工作图　绘制主要零件图（标准件除外）。

（7）写测绘工作小结　简明扼要写出此次测绘的收获、不足及建议。

（二）测绘方法和步聚

1. 了解测绘对象并拆卸零、部件

（1）了解测绘对象、工作原理、装配关系　一级圆柱齿轮减速器是通过装在箱体内的一对啮合齿轮的传动，动力从一轴传至另一轴，实现减速的。图4-60所示为一级圆柱齿轮减速器结构示意图。动力由电动机通过带轮（图中未画出）传送到齿轮轴，然后通过两啮合齿轮（小齿轮带动大齿轮）传送到轴，从而实现减速之目的。由于传动比 $i=n_1/n_2$，则从动轴的转速 $n_2=\dfrac{z_1}{z_2}\times n_1$。

减速器有两轴分别由滚动轴承支承在箱体上，采用过渡配合，有较好的同轴度，从而保证齿轮啮合的稳定性。端盖可嵌入箱体内，从而确定了轴和轴上零件的轴向位置。装配时只要修磨调整环的厚度，就可使轴向间隙达到设计要求。

箱体采用分离式，沿两轴线平面分为箱座和箱盖，二者采用螺栓联接，这样便于装修。为了保证箱体上安装轴承和端盖的孔的正确形状，两零件上的孔是合在一起加工的。装配时，它们之间采用两锥销定位，销孔钻成通孔，便于拔销。

箱座下部为油池，内装润滑油，供齿轮润滑。齿轮和轴承采用飞溅润滑方式，油面高度通过油面观察结构观察。通气塞是为了排放箱体内的挥发气体，拆去小盖可观察齿轮磨损情况或加油。油池底部应有斜度，放油螺塞用于清洗放油，其螺孔应低于油池底面，以便放尽润滑油。

箱体前后对称，两啮合齿轮安置在该对称平面上，轴承和端盖对称分布在齿轮的两侧。箱体的左右两边有四个成钩状的加强肋板，作用为起吊运输。

（2）拆卸零、部件　拆卸零、部件时应注意以下几个问题。

1）在拆卸之前应测量一些必要的原始尺寸，比如某些零件之间的相对位置等。

2）要制订周密的拆卸计划，合理地选用工具，采用正确的拆卸方法，按照一定的拆卸顺序依次拆卸，严禁胡乱敲打，避免损坏原有零件。

3）对于有较高精度的配合或过盈配合，应尽量少拆或不拆，避免降低原有配合精度或损坏零件。

4）减速器的拆卸顺序　箱体和箱盖通过六个螺栓联接，拆下六个螺栓即可将箱盖取下，对于两轴系零件，整个取下该轴，即可一一拆下各零件。其他各部分拆卸比较简单。

2. 减速器的装配示意图

装配示意图是通过目测徒手或用绘图工具运用简单的线条绘制出装配体的轮廓、装配关系、工作原理及传动路线的图样，是绘制装配图和重新进行装配的依据。

在全面了解后，可以画出部分装配示意图。只有在拆卸之后才能显示出零件间的装配关系，因此应该一边拆卸，一边补充、完成装配示意图。装配示意图的画法：通常用简单的线条画出零件的大致轮廓，画装配示意图时，对零件的表达一般不受前后层次的限制，其顺序可以从主要零件着手，依此按装配顺序把其他零件逐个画出。装配示意图画好后，对各个零件编上序号并列表登记。应注意图、表、零件标签上的序号、名称要一致。图 4-60 给出了减速器的装配示意图，可供参考。零件序号横线上方的为零件序号和名称（或标准件规格尺寸）。

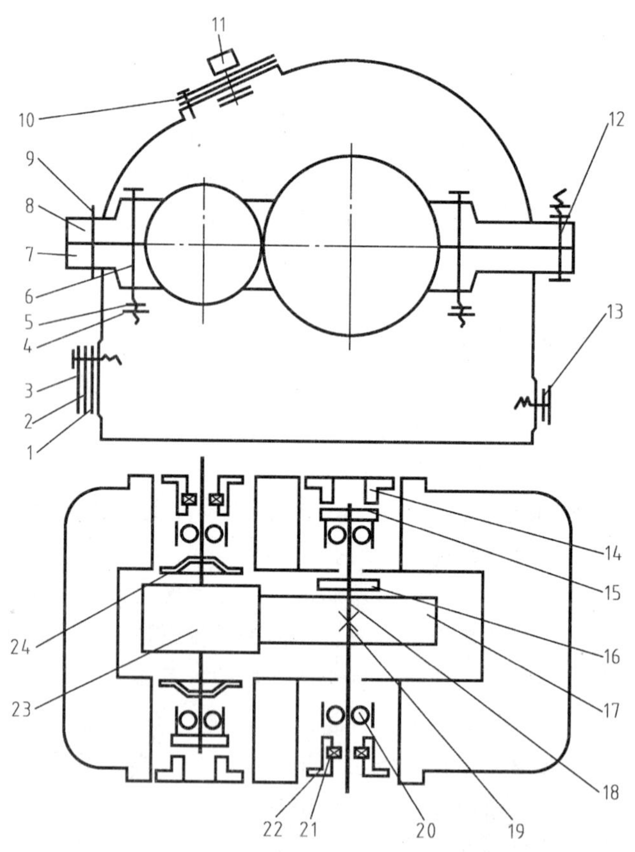

图 4-60 一级圆柱齿轮减速器结构示意图

1—垫片 2—油标面板 3—油标压盖 4—螺母 5—垫圈 6—螺钉 7—箱体 8—箱盖 9—销 10—视孔盖 11—通气螺塞 12—螺栓 13—螺塞 14—闷盖 15—调整环 16—轴套 17—齿轮 18—轴 19—键 20—轴承 21—密封圈 22—透盖 23—齿轮轴 24—挡油环

3. 绘制零件草图

零件草图一般是在生产现场目测大小、徒手绘制的，它是画装配图和零件图的原始资料，必须做到视图正确、尺寸完整。在装配体测绘中，画零件草图应注意以下两点。

（1）标准件不必画零件草图，但应测量其主要规格尺寸，其他数据可查阅相对应的《国家标准》获取，并在明细表中登记。所有非标准件都必须画出零件草图，并要准确、完整地标注测量尺寸，不得遗漏。

（2）零件草图可以按照装配关系或拆卸顺序依次画出，以便随时校对和协调各零件之间的相关尺寸。

4. 绘制装配图，如下述

（1）仔细分析，了解测绘对象　装配图之前，要对现有资料进行整理和分析，进一步搞清装配体的用途、性能、结构特点以及各组成部分的相互位置和装配关系，对其他完整形状做到完全了解。

（2）确定表达方案　根据装配图的视图选择原则，确定表达方案。对该减速器其表达方案可考虑为：

主视图应符合其工作位置，重点表达外形，同时对右边螺栓联接及放油螺塞联接采用局部剖视，这样不但表达了这两处的装配联接关系，同时对箱体右边和下边壁厚进行了表达，而且油面高度及大齿轮的浸油情况也一目了然；左边可对销钉联接及油标结构进行局部剖视，表达出这两处的装配联接关系；上边可对透气装置采用局部剖视，表达出各零件的装配联接关系及该结构的工作情况。

俯视图采用沿结合面剖切的画法，将内部的装配关系以及零件之间的相互位置清晰地表达出来，同时也表达出齿轮的啮合情况、回油槽的形状以及轴承的润滑情况。

左视图可采用外形图或局部视图，主要表达外形。可以考虑在其上作局部剖视，表达出安装孔的内部结构，以便于标注安装尺寸。

另外，还可用局部视图表达出螺栓台的形状。

建议用 A1 图幅，1:1 绘制。

画装配图时应搞清装配体上各个结构及零件的装配关系，下面介绍该减速器的有关结构。

1）两轴系结构　由于采用直齿圆柱齿轮，不受轴向力，因此两轴均由滚动轴承支承。轴向位置由端盖确定，而端盖嵌入箱体上对应槽中，两槽对应轴上装有八个零件，如图4-61

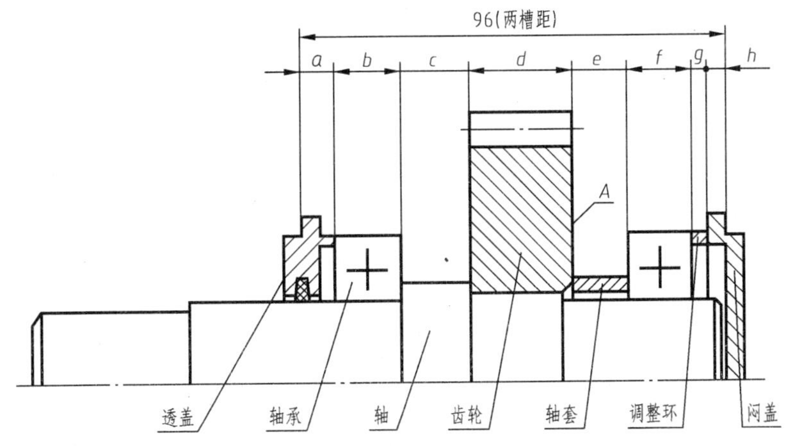

图 4-61　轴向相关尺寸

所示，其尺寸 96 等于各零件尺寸之和。为了避免积累误差过大，保证装配要求，轴上各装有一个调整环，装配时修磨该环的厚度 g 使其总间隙达到要求 0.1mm ±0.02mm。因此，几台减速器之间零件不要互换，测绘过程中各组零件切勿放乱。

2）油面观察结构　通过油面指示片上透明玻璃的刻线，可看到油池中储油的高度。当储油不足时，应加油补足，保证齿轮的下部浸入油内，从而满足齿轮啮合和轴承的润滑。油面观察结构的画法如图 4-62 所示，垫片厚 1mm，剖面可涂黑。箱体上安装油面指示片结构的螺孔不能钻通，避免润滑油向外渗漏。

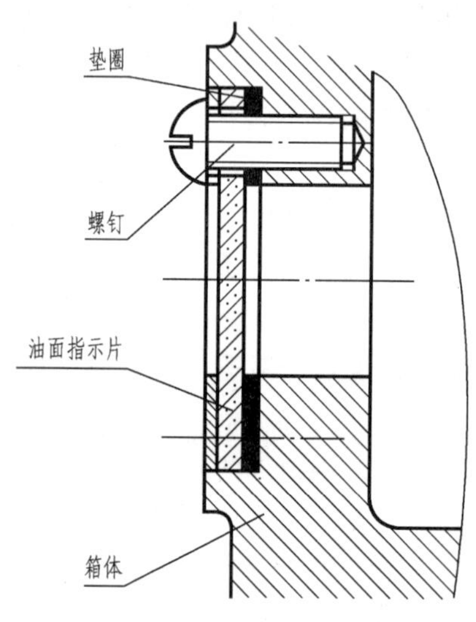

图 4-62　油面观察结构

3）油封装置　轴从透盖孔中伸出，该孔与轴之间留有一定间隙。为了防止油向外渗漏和灰尘进入箱体内，端盖内装有毛毡密封圈，此圈紧紧套在轴上，其尺寸和装配关系如图 4-63 所示。

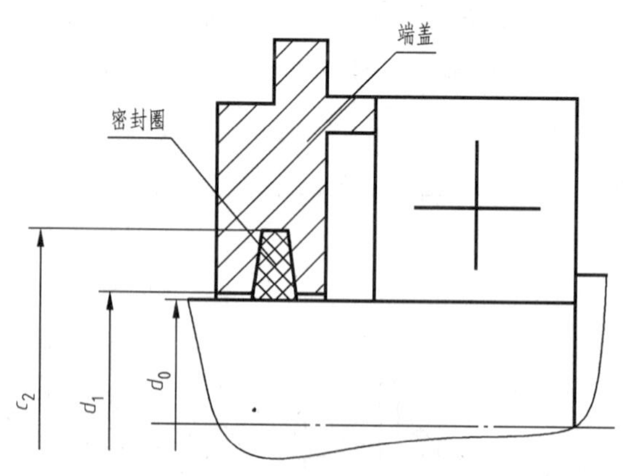

图 4-63　端盖内油封结构

4）透气装置　当减速器工作时，由于摩擦而产生热，箱体内温度就会升高而引起挥发气体和热膨胀，导致箱体内压力增高。因此，在顶部设计有透气装置，通过通气塞的小孔使箱体内的热量能够排出，从而避免箱体内的压力增高。透气装置的装配关系如

图 4-64所示。

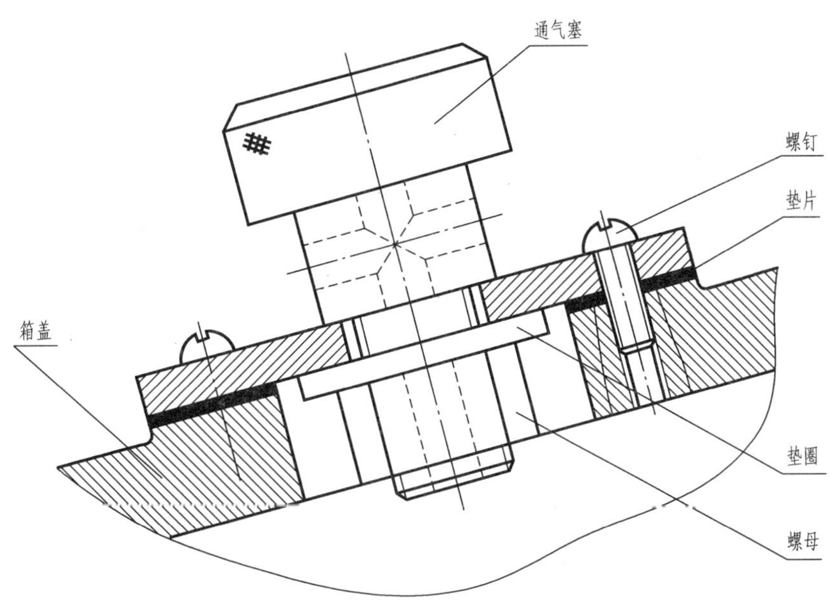

图 4-64　透气装置

5）轴套的作用及尺寸　轴套用于齿轮的轴向定位，它是空套在轴上的，因此内孔应大于轴径。齿轮端面必须超出轴肩，以确定齿轮与轴套接触，从而保证齿轮轴向位置的固定，如图 4-61 所示。

6）输入轴锥体上键槽的画法（见图 4-65），注意 *A-A* 剖切平面位置取在槽长度方向的中间位置。

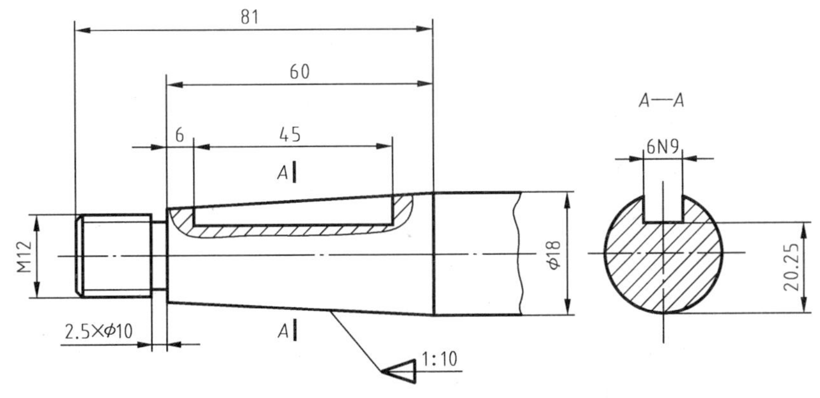

图 4-65　锥轴上键槽的画法

7）螺塞的作用及尺寸　放油螺塞用于清洗放油，其螺孔应低于油池底面，以便放尽润滑油。其结构及尺寸如图 4-66 所示。

（3）装配图上应注明的尺寸　装配图上应考虑注出以下五类尺寸如下所述。

1）规格、性能确定的尺寸及公差：两轴线中心距　±0.08

中心高　±0.1

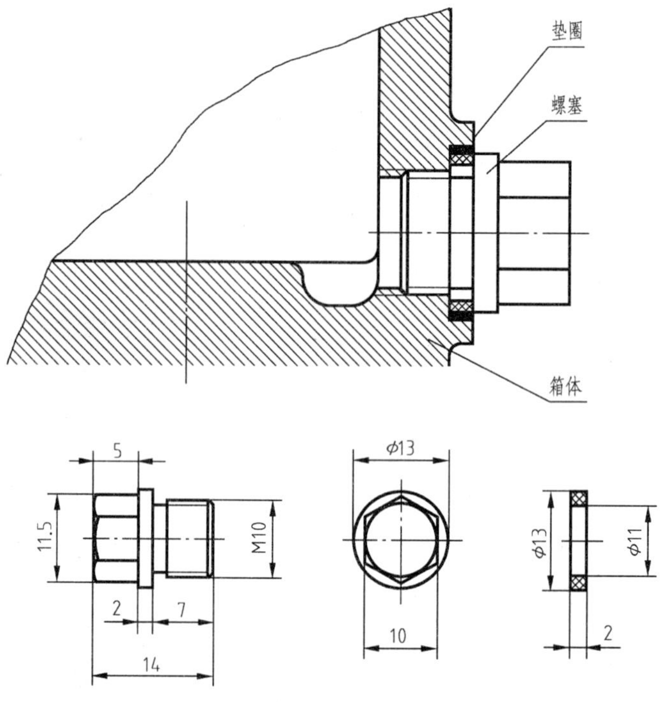

图 4-66 螺塞结构的画法

2）装配配合尺寸：安装向心轴承、向心推力轴承的轴可选 K6 或 K7

安装向心轴承、向心推力轴承的孔可选 H7

齿轮孔与轴配合可选 H7/k6

销联接可选 H7/k6

键联接可选 N9/js9

3）外形尺寸 长：测量得到

宽：两轴端距中心

高：通过计算或从图中量取

4）安装尺寸 孔的定位尺寸：x 和 y 孔径 $4\times\phi$

5）其他重要尺寸 如齿轮宽度等。

（4）装配图上的技术要求

1）轴向间隙应调整在 0.10mm ±0.02mm 范围内。

2）运转平稳，无松动现象，无异常响声。

3）各联接与密封处不应有漏油现象。

（5）画装配图的步骤

1）合理布局，画出作图基准线 按选择的表达方案，并考虑图形尺寸、比例、明细表、技术要求等因素，选定图纸幅面。画出图框、标题栏、明细表的底稿线，再画各视图的基准线，即轴线、对称平面迹线及其他作图线，最后画主要零件的部分外形线。

2）依此画出装配线上的各个零件 按先画装配线上起定位作用的零件和由里到外的顺序画出各个零件。对该减速器，在画图时应从俯视图入手，从俯视图一对啮合齿轮画起（齿

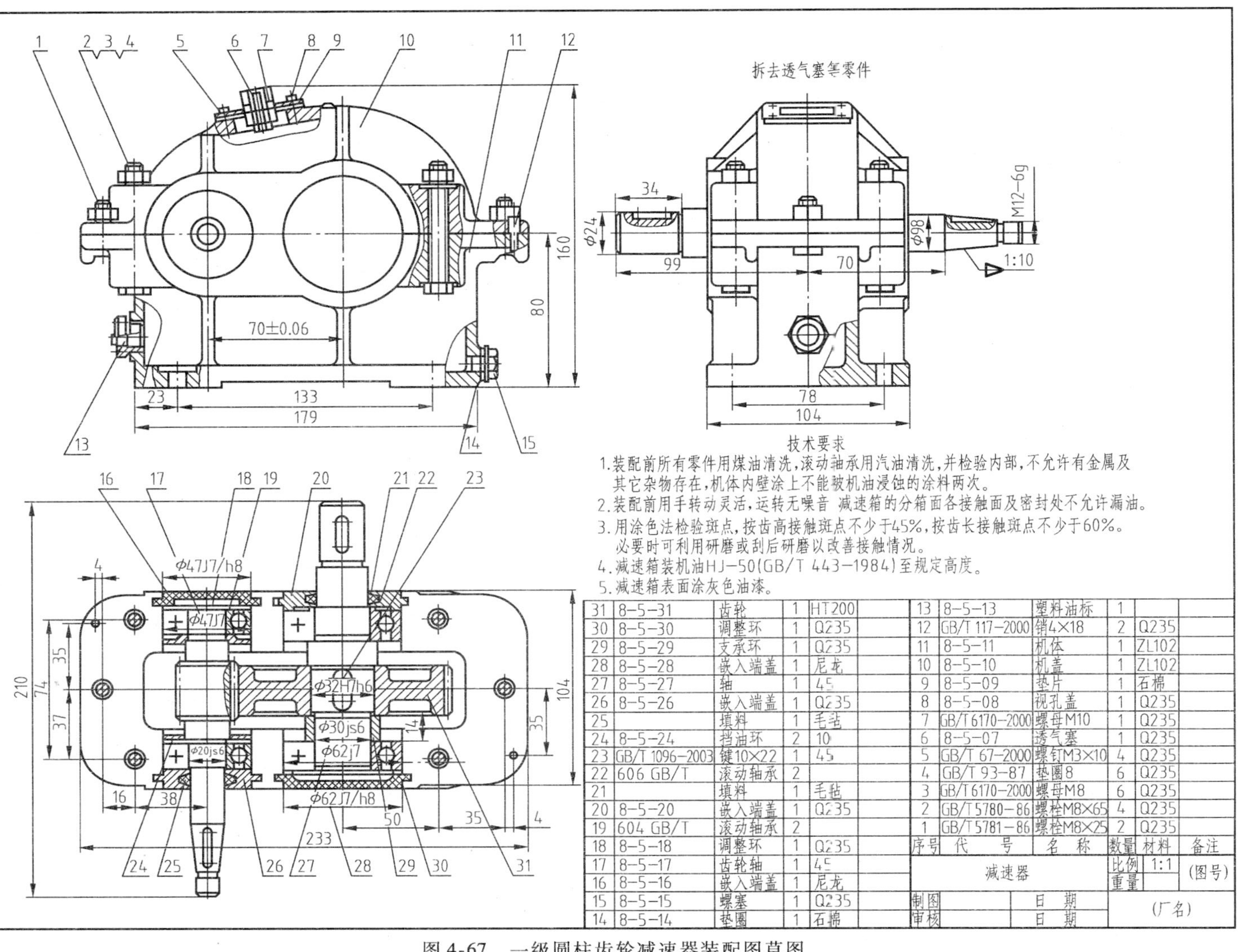

31	8-5-31	齿轮	1	HT200		13	8-5-13	塑料油标	1		
30	8-5-30	调整环	1	Q235		12	GB/T 117-2000	销4×18	2	Q235	
29	8-5-29	支承环	1	Q235		11	8-5-11	机体	1	ZL102	
28	8-5-28	嵌入端盖	1	尼龙		10	8-5-10	机盖	1	ZL102	
27	8-5-27	轴	1	45		9	8-5-09	垫片	1	石棉	
26	8-5-26	嵌入端盖	1	Q235		8	8-5-08	视孔盖	1	Q235	
25		填料	1	毛毡		7	GB/T 6170-2000	螺母M10	1	Q235	
24	8-5-24	挡油环	2	10		6	8-5-07	透气塞	1	Q235	
23	GB/T 1096-2003	键10×22	1	45		5	GB/T 67-2000	螺钉M3×10	4	Q235	
22	606 GB/T	滚动轴承	2			4	GB/T 93-87	垫圈8	6	Q235	
21		填料	1	毛毡		3	GB/T 6170-2000	螺母M8	6	Q235	
20	8-5-20	嵌入端盖	1	Q235		2	GB/T 5780-86	螺栓M8×65	4	Q235	
19	604 GB/T	滚动轴承	2			1	GB/T 5781-86	螺栓M8×25	2	Q235	
18	8-5-18	调整环	1	Q235		序号	代号	名称	数量	材料	备注
17	8-5-17	齿轮轴	1	45		减速器			比例	1:1	(图号)
16	8-5-16	嵌入端盖	1	尼龙					重量		
15	8-5-15	螺塞	1	Q235		制图		日期		(厂名)	
14	8-5-14	垫圈	1	石棉		审核		日期			

图4-67 一级圆柱齿轮减速器装配图草图

轮对称面与箱体对称面重合)。以此为基准,按照各个零件的尺寸前后对称地画出各个零件,最后应使前后两个端盖正好嵌入箱体上厚度为3mm±0.1mm的槽。如发现某个零件尺寸有误,一定要查找原因,同时应对零件草图上的尺寸进行修改,这也是对各零件草图上尺寸的一次校核。两轴系结构画完后,开始画箱体,此时应三个视图配合起来画。这样思路明、概念清、投影准、速度快。

3) 补画装配细节。

4) 画剖面线、编排序号、画尺寸界线等。

5) 检查、加深 经检查校对后,擦去多余的图线,然后按线型加深。

6) 画箭头,填写尺寸数值、标题栏、明细表及技术要求等。

7) 全面检查,完成作图。图4-67为一级圆柱齿轮减速器装配图草图,可供参考。

5. 绘制零件工作图

零件图是用来制造和检验零件的图样,是指导生产的重要技术文件,应根据装配图和修改后的零件草图绘制出零件工作图。零件图的数量以及画哪几张零件图由指导教师指定,建议画轴和齿轮的零件图。在标注尺寸时,注意和装配图的一致性,对于零件图上的技术要求可参照同类零件采用类比法确定。

【评价】

教师对学生并且学生互评

(1) 评价方面

1) 测绘能力

2) 对所学知识的运用能力

3) 绘图质量及完成情况

4) 运用资料能力

5) 口头答辩

(2) 评分细则

《机械制图》测绘评分结构表

序号	项目		成绩比例(%)	审评成绩(%)
1	装配示意图 零件草图	图形与序号编排	10	
		零件数量齐全		
		零件表达方案正确		
		尺寸标注		
2	装配草图	布图、表达方案	20	
		标题栏明细表序号		
		典型结构画法:齿轮联接、滚动轴承、键销联接、润滑与密封等		
		视图剖视剖面线		
		尺寸及配合		

（续）

序号	项　　目		成绩比例(%)	审评成绩(%)
3、4	装配图	装配表达方案、装配关系正确	30	
		线型及字体		
		图面整洁清晰		
5	零件图	表达方案图面	20	
		尺寸及公差		
		技术要求		
		线型及字体		
6	工作态度	教师随时记录出勤、表现	10	
7	答辩、小结	教师根据装配图、零件图情况提问并记录	10	

附　录

附录 A　螺　纹

表 A-1　普通螺纹直径与螺距系列（GB/T 193—2003）、**基本尺寸**（GB/T 196—2003）　（mm）

公称直径 D、d		螺距 P		粗牙中径 D_2、d_2	粗牙小径 D_1、d_1
第一系列	第二系列	粗牙	细牙		
3		0.5	0.35	2.675	2.459
	3.5	(0.6)		3.110	2.850
4		0.7	0.5	3.545	3.242
	4.5	(0.75)		4.013	3.688
5		0.8		4.480	4.134
6		1	0.75,(0.5)	5.350	4.917
8		1.25	1,0.75,(0.5)	7.188	6.647
10		1.5	1.25,1,0.75,(0.5)	9.026	8.376
12		1.75	1.5,1.25,1,(0.75),(0.5)	10.863	10.106
	14	2	1.5,(1.25)*,1,(0.75),(0.5)	12.701	11.835
16		2	1.5,1,(0.75),(0.5)	14.701	13.835
	18	2.5	2,1.5,1,(0.75),(0.5)	16.376	15.294
20		2.5		18.376	17.294
	22	2.5	2,1.5,1,(0.75),(0.5)	20.376	19.294
24		3	2,1.5,1,(0.75)	22.051	20.752
	27	3	2,1.5,1,(0.75)	25.051	23.752
30		3.5	(3),2,1.5,1,(0.75)	27.727	26.211
	33	3.5	(3),2,1.5,(1),(0.75)	30.727	29.211
36		4	3,2,1.5,(1)	33.402	31.670
	39	4		36.402	34.670
42		4.5	(4),3,2,1.5,(1)	39.077	37.129
	45	4.5		42.077	40.129
48		5		44.752	42.587
	52	5		48.752	46.587
56		5.5	4,3,2,1.5,(1)	52.428	50.046
	60	5.5		56.428	54.046
64		6		60.103	57.505
	68	6		64.103	61.505

注：1. 优先选用第一系列，括号内尺寸尽可能不用，第三系列未列入。

2. * M14×1.25 仅用于火花塞。

表 A-2　55°密封管螺纹（GB/T 7306.1～.2—2000）　　（mm）

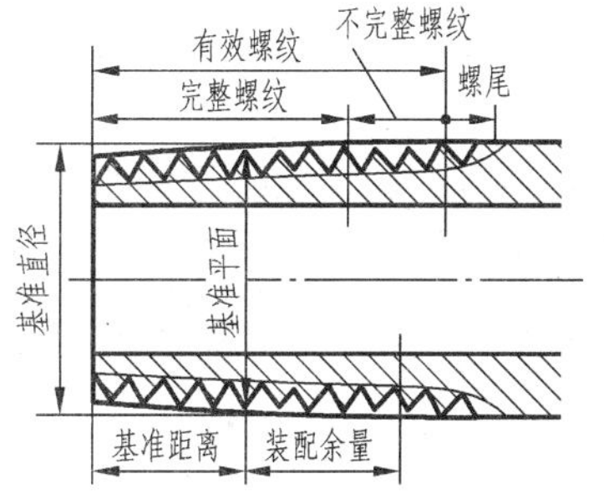

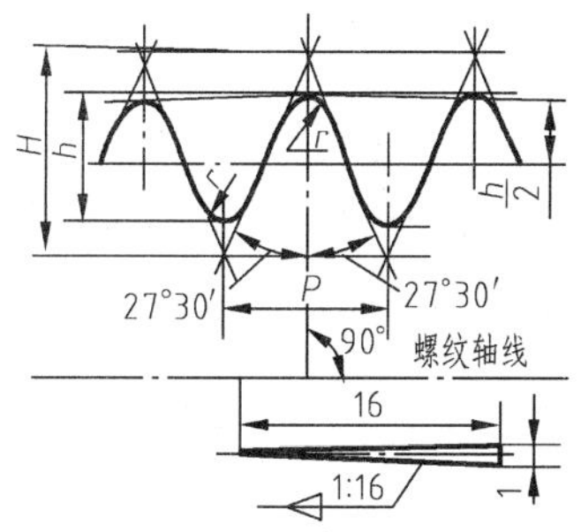

圆锥螺纹的设计牙型

圆柱内螺纹的设计牙型

标记示例

GB/T 7306.1—2000

尺寸代号 3/4，右旋，圆柱内螺纹：$R_p3/4$

尺寸代号 3，右旋，圆锥外螺纹：R_13

尺寸代号 3/4，左旋，圆柱内螺纹：$R_p3/4LH$

右旋圆锥外螺纹、圆柱内螺纹螺纹副：R_p/R_13

GB/T 7306.2—2000

尺寸代号 3/4，右旋，圆锥内螺纹：$R_c3/4$

尺寸代号 3，右旋，圆锥外螺纹：R_23

尺寸代号 3/4，左旋，圆锥内螺纹：$R_c3/4LH$

右旋圆锥内螺纹、圆锥外螺纹副：R_c/R_23

尺寸代号	每 25.4mm 内所含的牙数 n/个	螺距 P	牙高 h	基准平面内的基本直径			基准距离（基本）	外螺纹的有效螺纹不小于
				大径（基准直径）$d=D$	中径 $d_2=D_2$	小径 $d_1=D_1$		
1/16	28	0.907	0.581	7.723	7.142	6.561	4	6.5
1/8	28	0.907	0.581	9.728	9.147	8.566	4	6.5
1/4	19	1.337	0.856	13.157	12.301	11.445	6	9.7
3/8	19	1.337	0.856	16.662	15.806	14.950	6.4	10.1
1/2	14	1.814	1.162	20.955	19.793	18.631	8.2	13.2
3/4	14	1.814	1.162	26.441	25.279	24.117	9.5	14.5
1	11	2.309	1.479	33.249	31.770	30.291	10.4	16.8
1¼	11	2.309	1.479	41.910	40.431	38.952	12.7	19.1
1½	11	2.309	1.479	47.803	46.324	44.845	12.7	19.1
2	11	2.309	1.479	59.614	58.135	56.656	15.9	23.4
2½	11	2.309	1.479	75.184	73.705	72.226	17.5	26.7
3	11	2.309	1.479	87.884	86.405	84.926	20.6	29.8
4	11	2.309	1.479	113.030	111.551	110.072	25.4	35.8
5	11	2.309	1.479	138.430	136.951	135.472	28.6	40.1
6	11	2.309	1.479	163.830	162.351	160.872	28.6	40.1

表 A-3 55°非密封管螺纹（GB/T 7307—2001） （mm）

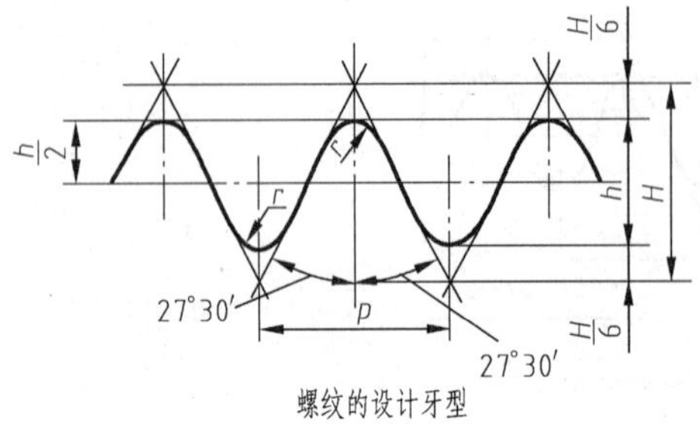

螺纹的设计牙型

标记示例
尺寸代号 2,右旋,圆柱内螺纹:G2
尺寸代号 3,右旋,A 级圆柱外螺纹:G3A
尺寸代号 2,左旋,圆柱内螺纹:G2 LH
尺寸代号 4,左旋,B 级圆柱外螺纹:G4B LH

尺寸代号	每 25.4mm 内所含的牙数 n/个	螺距 P	牙高 h	基本直径		
				大径 $d=D$	中径 $d_2=D_2$	小径 $d_1=D_1$
1/16	28	0.907	0.581	7.723	7.142	6.561
1/8	28	0.907	0.581	9.728	9.147	8.566
1/4	19	1.337	0.856	13.157	12.301	11.445
3/8	19	1.337	0.856	16.662	15.806	14.950
1/2	14	1.814	1.162	20.955	19.793	18.631
3/4	14	1.814	1.162	26.441	25.279	24.117
1	11	2.309	1.479	33.249	31.770	30.291
1¼	11	2.309	1.479	41.910	40.431	38.952
1½	11	2.309	1.479	47.803	46.324	44.845
2	11	2.309	1.479	59.614	58.135	56.656
2½	11	2.309	1.479	75.184	73.705	72.226
3	11	2.309	1.479	87.884	86.405	84.926
4	11	2.309	1.479	113.030	111.551	110.072
5	11	2.309	1.479	138.430	136.951	135.472
6	11	2.309	1.479	163.830	162.351	160.872

附录 B　螺纹紧固件

表 B-1　六角螺栓（GB/T 5782—2000）　（mm）

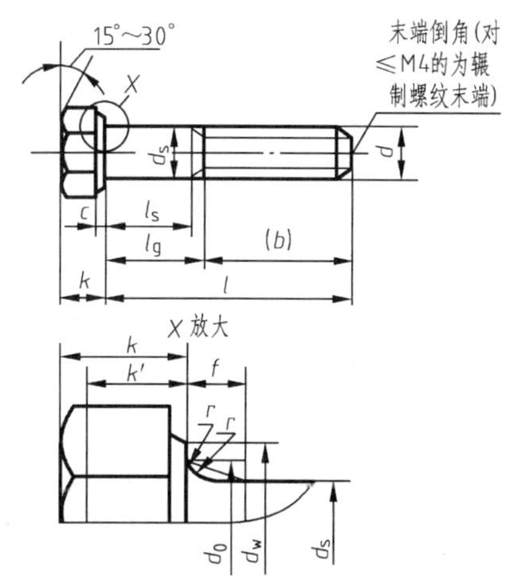

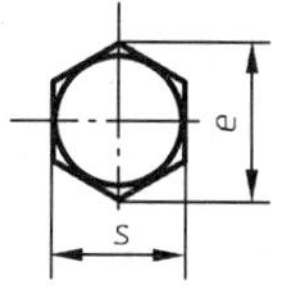

标记示例

螺纹规格 d = M12、公称长度 l = 80mm、性能等级为 8.8 级、表面氧化、产品等级为 A 级的六角头螺栓：

螺栓 GB/T 5782 M12 × 80

螺纹规格 d				M3	M4	M5	M6	M8	M10	M12	M16	M20	M24	M30	M36	M42	M48
螺距 P				0.5	0.7	0.8	1	1.25	1.5	1.75	2	2.5	3	3.5	4	4.5	5
$b_{参考}$	$l_{公称} \leqslant 125$			12	14	16	18	22	26	30	38	46	54	66	—	—	—
	$125 < l_{公称} \leqslant 200$			18	20	22	24	28	32	36	44	52	60	72	84	96	108
	$l_{公称} > 200$			31	33	35	37	41	45	49	57	65	73	85	97	109	121
c	max			0.4	0.4	0.5	0.5	0.6	0.6	0.60	0.8	0.8	0.8	0.8	0.8	1.0	1.0
	min			0.15	0.15	0.15	0.15	0.15	0.15	0.15	0.2	0.2	0.2	0.2	0.2	0.3	0.3
d_a	max			3.6	4.7	5.7	6.8	9.2	11.2	13.7	17.7	22.4	26.4	33.4	39.4	45.6	52.6
d_0	公称 = max			3.00	4.00	5.00	6.00	8.00	10.00	12.00	16.00	20.00	24.00	30.00	36.00	42.00	48.00
	min	产品等级	A	2.86	3.82	4.82	5.82	7.78	9.78	11.73	15.73	19.67	23.67	—	—	—	—
			B	2.75	3.70	4.70	5.70	7.64	9.64	11.57	15.57	19.48	23.48	29.48	35.38	41.38	47.38
d_w	min	产品等级	A	4.57	5.88	6.88	8.88	11.63	14.63	16.63	22.49	28.19	33.61	—	—	—	—
			B	4.45	5.74	6.74	8.74	11.47	14.47	16.47	22	27.7	33.25	42.75	51.11	59.95	69.45
e	min	产品等级	A	6.01	7.66	8.79	11.05	14.38	17.77	20.03	26.75	33.53	39.98	—	—	—	—
			B	5.88	7.50	8.63	10.89	14.20	17.59	19.85	26.17	32.95	39.55	50.85	60.79	71.3	82.6
l_f	max			1	1.2	1.2	1.4	2	2	3	3	4	4	6	6	8	10
k	公称			2	2.8	3.5	4	5.3	6.4	7.5	10	12.5	15	18.7	22.5	26	30
	产品等级	A	max	2.125	2.925	3.65	4.15	5.45	6.58	7.68	10.18	12.715	15.215	—	—	—	—
			min	1.875	2.675	3.35	3.85	5.15	6.22	7.32	9.82	12.285	14.785	—	—	—	—
		B	max	2.2	3.0	3.74	4.24	5.54	6.69	7.79	10.29	12.85	15.35	19.12	22.92	26.42	30.42
			min	1.8	2.6	3.26	3.76	5.06	6.11	7.21	9.71	12.15	14.65	18.28	22.08	25.58	29.58

（续）

螺纹规格 d				M3	M4	M5	M6	M8	M10	M12	M16	M20	M24	M30	M36	M42	M48
k_w	min	产品等级	A	1.31	1.87	2.35	2.70	3.61	4.35	5.12	6.87	8.6	10.35	—	—	—	—
			B	1.26	1.82	2.28	2.63	3.54	4.28	5.05	6.8	8.51	10.26	12.8	15.46	17.91	20.71
r	min			0.1	0.2	0.2	0.25	0.4	0.4	0.6	0.6	0.8	0.8	1	1	1.2	1.6
s	公称 = max			5.50	7.00	8.00	10.00	13.00	16.00	18.00	24.00	30.00	36.00	46	55.0	65.0	75.0
	min	产品等级	A	5.32	6.78	7.78	9.78	12.73	15.73	17.73	23.67	29.67	35.38	—	—	—	—
			B	5.20	6.64	7.64	9.64	12.57	15.57	17.57	23.16	29.16	35.00	45	53.8	63.1	73.1
l(商品规格范围)				20 ~ 30	25 ~ 40	25 ~ 50	30 ~ 60	40 ~ 80	45 ~ 100	50 ~ 120	65 ~ 160	80 ~ 200	90 ~ 240	110 ~ 300	140 ~ 360	160 ~ 440	180 ~ 480
l(系列)				20,25,30,35,40,45,50,55,60,65,70,80,90,100,110,120,130,140,150,160,180,200,220,240,260,280,300,320,340,360,380,400,420,440,460,480													

注：l_g 与 l_s 表中未列出。

表 B-2 双头螺柱 （mm）

$b_m = 1d$(GB/T 897—1988) $b_m = 1.25d$(GB/T 898—1988)

$b_m = 1.5d$(GB/T 899—1988) $b_m = 2d$(GB/T 900—1988)

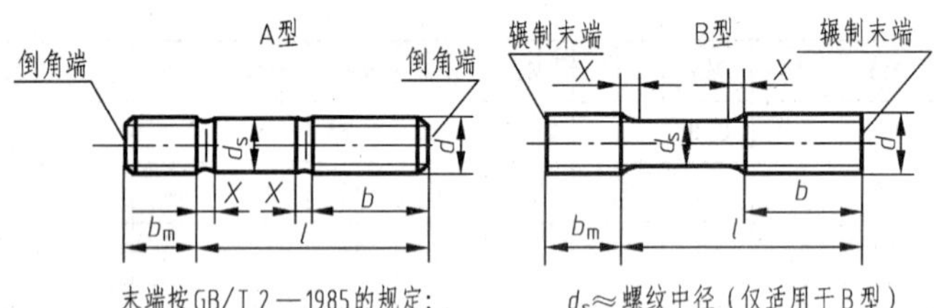

标记示例

两端均为粗牙普通螺纹，d = 10mm、l = 50mm、性能等级为 4.8 级、不经表面处理、B 型、$b_m = 1d$ 的双头螺柱：

螺柱 GB/T 897 M10 × 50

旋入机件一端为粗牙普通螺纹，旋螺母一端为螺距 P = 1mm 的细牙普通螺纹，d = 10mm、l = 50mm，性能等级为 4.8 级、不经表面处理、A 型、$b_m = 1d$ 的双头螺柱：

螺柱 GB/T 897 AM10 - M10 × 1 × 50

螺纹规格 d	b_m(公称)				l/b
	GB/T 897—1988	GB/T 898—1988	GB/T 899—1988	GB/T 900—1988	
M2			3	4	12 ~ 16/6、20 ~ 25/10
M2.5			3.5	5	16/8、20 ~ 30/11
M3			4.5	6	16 ~ 20/6、25 ~ 40/12
M4			6	8	16 ~ 20/8、25 ~ 40/14
M5	5	6	8	10	(16 ~ 20)/10、(25 ~ 50)/16
M6	6	8	10	12	20/10、(25 ~ 30)/14、(35 ~ 70)/18
M8	8	10	12	16	20/12、(25 ~ 30)/16、(35 ~ 90)/22
M10	10	12	15	20	25/14、(30 ~ 35)/16、(40 ~ 120)/26、130/32
M12	12	15	18	24	(25 ~ 30)/16、(35 ~ 40)/20、(45 ~ 120)/30、(130 ~ 180)/36

（续）

螺纹规格 d	b_m（公称）				l/b
	GB/T 897—1988	GB/T 898—1988	GB/T 899—1988	GB/T 900—1988	
M16	16	20	24	32	(30～35)/20、(40～50)/30、(60～120)/38、(130～200)/44
M20	20	25	30	40	(35～40)/25、(45～60)/35、(70～120)/46、(130～200)/52
M24	24	30	36	48	(45～50)/30、(60～70)/45、(80～120)/54、(130～200)/60
M30	30	38	45	60	60/40、(70～90)/50、(100～120)/66、(130～200)/72、(210～250)/85
M36	36	45	54	72	70/45、(80～110)/60、120/78、(130～200)/84、(210～300)/97
M42	42	52	63	84	(70～80)/50、(90～110)/70、120/90、(130～200)/96、(210～300)/109
M48	48	60	72	96	(80～90)/60、(100～110)/80、120/102、(130～200)/108、(210～300)/121
l（系列）	12、16、20、25、30、35、40、45、50、60、70、80、90、100、110、120、130、140、150、160、170、180、190、200、210、220、230、240、250、260、280、300				

表 B-3　I 型六角螺母（GB/T 6170—2000）　　（mm）

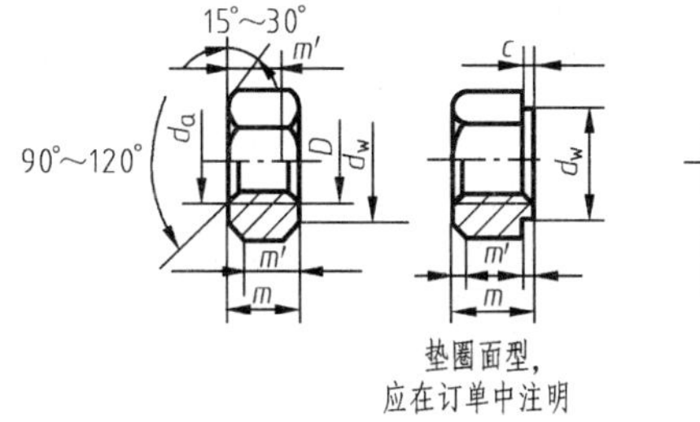

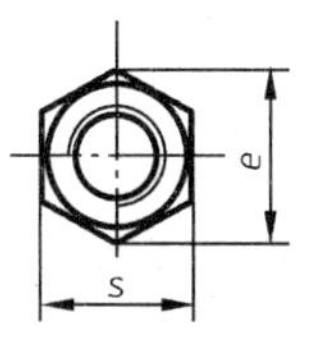

垫圈面型，
应在订单中注明

标记示例

螺纹规格 D = M12、性能等级为 8 级、不经表面处理、产品等级为 A 级的 I 型六角螺母：

螺母　GB/T 6170　M12

螺纹规格 D		M1.6	M2	M2.5	M3	M4	M5	M6	M8	M10	M12
螺距 P		0.35	0.4	0.45	0.5	0.7	0.8	1	1.25	1.5	1.75
c	max	0.2	0.2	0.3	0.4	0.4	0.5	0.5	0.6	0.6	0.6
d_a	max	1.84	2.3	2.9	3.45	4.6	5.75	6.75	8.75	10.8	13
	min	1.60	2.0	2.5	3.00	4.0	5.00	6.00	8.00	10.0	12
d_w	min	2.4	3.1	4.1	4.6	5.9	6.9	8.9	11.6	14.6	16.6
e	min	3.41	4.32	5.45	6.01	7.66	8.79	11.05	14.38	17.77	20.03
m	max	1.30	1.60	2.00	2.40	3.2	4.7	5.2	6.80	8.40	10.80
	min	1.05	1.35	1.75	2.15	2.9	4.4	4.9	6.44	8.04	10.37
m_w	min	0.8	1.1	1.4	1.7	2.3	3.5	3.9	5.2	6.4	8.3
s	公称 = max	3.20	4.00	5.00	5.50	7.00	8.00	10.00	13.00	16.00	18.00
	min	3.02	3.82	4.82	5.32	6.78	7.78	9.78	12.73	15.73	17.73

（续）

螺纹规格 D		M16	M20	M24	M30	M36	M42	M48	M56	M64
螺距 P		2	2.5	3	3.5	4	4.5	5	5.5	6
c	max	0.8	0.8	0.8	0.8	0.8	1.0	1.0	1.0	1.0
d_a	max	17.3	21.6	25.9	32.4	38.9	45.4	51.8	60.5	69.1
	min	16.0	20.0	24.0	30.0	36.0	42.0	48.0	56.0	64.0
d_w	min	22.5	27.7	33.3	42.8	51.1	60	69.5	78.7	88.2
e	min	26.75	32.95	39.55	50.85	60.79	72.02	82.6	93.56	104.86
m	max	14.8	18.0	21.5	25.6	31.0	34.0	38.0	45.0	51.0
	min	14.1	16.9	20.2	24.3	29.4	32.4	36.4	43.4	49.1
m_w	min	11.3	13.5	16.2	19.4	23.5	25.9	29.1	34.7	39.3
s	公称 = max	24.00	30.00	36	46	55.0	65.0	75.0	85.0	95.0
	min	23.67	29.16	35	45	53.8	63.1	73.1	82.8	92.8

注：1. A 级用于 $D \leqslant 16$ 的螺母；B 级用于 $D > 16$ 的螺母。本表仅按优选的螺纹规格列出。

2. 螺纹规格为 M8 ~ M64、细牙、A 级和 B 级的 I 型六角螺母，请查阅 GB/T 6171—2000。

表 B-4 I 型六角开槽螺母——A 和 B 级（GB/T 6178—1986） （mm）

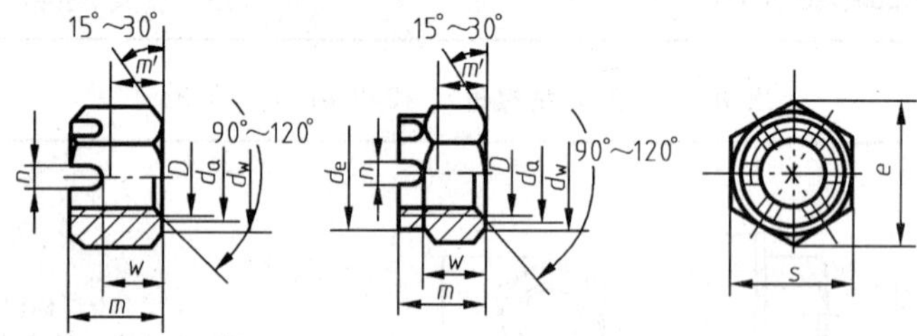

允许制造的形式

标记示例

螺纹规格 D = M12、性能等级为 8 级、表面氧化、A 级的 I 型六角开槽螺母：螺母 GB/T 6178 M12

螺纹规格 D		M4	M5	M6	M8	M10	M12	M16	M20	M24	M30	M36
d_a	max	4.6	5.75	6.75	8.75	10.8	13	17.3	21.6	25.9	32.4	38.9
	min	4	5	6	8	10	12	16	20	24	30	36
d_e	max	—	—	—	—	—	—	—	28	34	42	50
	min	—	—	—	—	—	—	—	27.16	33	41	49
d_w	min	5.9	6.9	8.9	11.6	14.6	16.6	22.5	27.7	33.2	42.7	51.1
e	min	7.66	8.79	11.05	14.38	17.77	20.03	26.75	32.95	39.55	50.85	60.79
m	max	5	6.7	7.7	9.8	12.4	15.8	20.8	24	29.5	34.6	40
	min	4.7	6.34	7.34	9.44	11.97	15.37	20.28	23.16	28.66	33.6	39
m'	min	2.32	3.52	3.92	5.15	6.43	8.3	11.28	13.52	16.16	19.44	23.52
n	min	1.2	1.4	2	2.5	2.8	3.5	4.5	4.5	5.5	7	7
	max	1.8	2	2.6	3.1	3.4	4.25	5.7	5.7	6.7	8.5	8.5

（续）

螺纹规格 *D*		M4	M5	M6	M8	M10	M12	M16	M20	M24	M30	M36
s	max	7	8	10	13	16	18	24	30	36	46	55
	min	6.78	7.78	9.78	12.73	15.73	17.73	23.67	29.16	35	45	53.8
w	max	3.2	4.7	5.2	6.8	8.4	10.8	14.8	18	21.5	25.6	31
	min	2.9	4.4	4.9	6.44	8.04	10.37	14.37	17.3	20.66	24.76	30
开口销		1×10	1.2×12	1.6×14	2×16	2.5×20	3.2×22	4×28	4×36	5×40	6.3×50	6.3×63

注：A 级用于 $D \leqslant 16$ 的螺母；B 级用于 $D > 16$ 的螺母。

表 B-5　小垫圈——A 级（GB/T 848—2002）、平垫圈——A 级（GB/T 97.1—2002）平垫圈—倒角型——A 级（GB/T 97.2—2002）、大垫圈——A 级（GB/T 96.1—2002）　（mm）

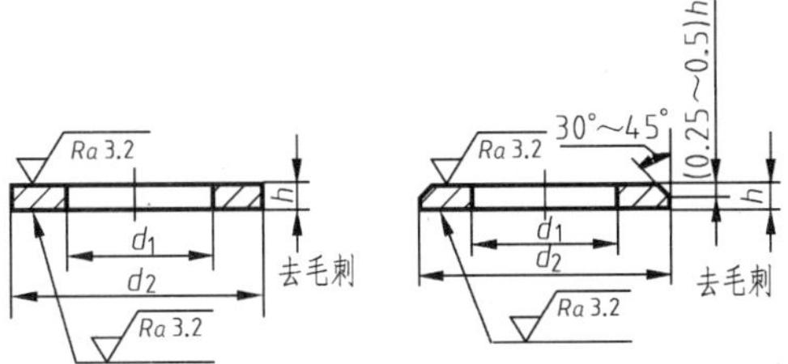

标记示例

标准系列、规格 8mm、性能等级为 140HV 级、不经表面处理的平垫圈：

垫圈　GB/T 97.18

规格（螺纹大径）			3	4	5	6	8	10	12	14	16	20	24	30	36
内径 d_1	公称（min）	GB/T 848—2002	3.2	4.3	5.3	6.4	8.4	10.5	13	15	17	21	25	31	37
		GB/T 97.1—2002													
		GB/T 97.2—2002	—	—											
		GB/T 96.1—2002	3.2	4.3								22	26	33	39
	max	GB/T 848—2002	3.38	4.48	548	6.62	8.62	10.77	13.27	15.27	17.27	21.33	25.33	31.39	37.62
		GB/T 97.1—2002													
		GB/T 97.2—2002	—	—											
		GB/T 96.1—2002	3.38	4.48								22.52	26.84	34	40
内径 d_2	公称（max）	GB/T 848—2002	6	8	9	11	15	18	20	24	28	34	39	50	60
		GB/T 97.1—2002	7	9	10	12	16	20	24	28	30	37	44	56	66
		GB/T 97.2—2002	—	—											
		GB/T 96.1—2002	9	12	15	18	24	30	37	44	50	60	72	92	110
	min	GB/T 848—2002	5.7	7.64	8.64	10.57	14.57	17.57	19.48	23.48	27.48	33.38	38.38	49.38	58.8
		GB/T 97.1—2002	6.64	8.64	9.64	11.57	15.57	19.48	23.48	27.48	29.48	36.38	43.38	55.26	64.8
		GB/T 97.2—2002	—	—											
		GB/T 96.1—2002	8.64	11.57	14.57	17.57	23.48	29.48	36.38	43.38	49.38	58.1	70.1	89.8	107.8

（续）

规格(螺纹大径)			3	4	5	6	8	10	12	14	16	20	24	30	36
厚度 h	公称	GB/T 848—2002	0.5	0.5	1	1.6	1.6	1.6	2	2.5	2.5	3	4	4	5
		GB/T 97.1—2002		0.8				2	2.5		3				
		GB/T 97.2—2002	—	—											
		GB/T 96.1—2002	0.8	1	1.2	1.6	2	2.5	3	3	3	4	5	6	8
	max	GB/T 848—2002	0.55	0.55	1.1	1.8	1.8	1.8	2.2	2.7	2.7	3.3	4.3	4.3	5.6
		GB/T 97.1—2002		0.9				2.2	2.7		3.3				
		GB/T 97.2—2002	—	—											
		GB/T 96.1—2002	0.9	1.1	1.4	1.8	2.2	2.7	3.3	3.3	3.3	4.6	6	7	9.2
	min	GB/T 848—2002	0.45	0.45	0.9	1.4	1.4	1.4	1.8	2.3	2.3	2.7	3.7	3.7	4.4
		GB/T 97.1—2002		0.7				1.8	2.3		2.7				
		GB/T 97.2—2002	—	—											
		GB/T 96.1—2002	0.7	0.9	1	1.4	1.8	2.3	2.7	2.7	2.7	3.4	4	5	6.8

表 B-6 标准型弹簧垫圈（GB/T 93—1987）、轻型弹簧垫圈（GB/T 859—1987） （mm）

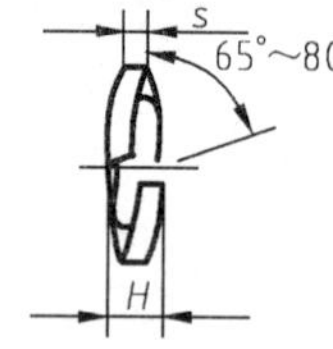

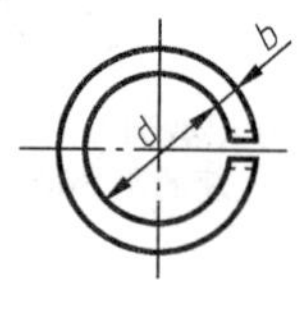

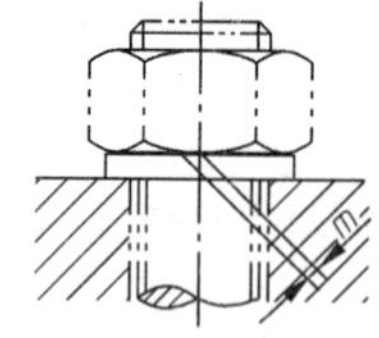

标记示例

规格 16mm、材料为 65Mn、表面氧化的标准型弹簧垫圈：

垫圈 GB/T 93 16

规格 16mm、材料为 65Mn、表面氧化的轻型弹簧垫圈：

垫圈 GB/T 859 16

规格(螺纹大径)			2	2.5	3	4	5	6	8	10	12	16	20	24	30	36	42	48
d	min		2.1	2.6	3.1	4.1	5.1	6.1	8.1	10.2	12.2	16.2	20.2	24.5	30.5	36.5	42.5	48.5
	max		2.35	2.85	3.4	4.4	5.4	6.68	8.68	10.9	12.9	16.9	21.04	25.5	31.5	37.7	43.7	49.7
$s(b)$ 公称	GB/T 93—1987		0.5	0.65	0.8	1.1	1.3	1.6	2.1	2.6	3.1	4.1	5	6	7.5	9	10.5	12
s 公称	GB/T 859—1987		—	—	0.6	0.8	1.1	1.3	1.6	2	2.5	3.2	4	5	6	—	—	—
b 公称	GB/T 859—1987		—	—	1	1.2	1.5	2	2.5	3	3.5	4.5	5.5	7	9	—	—	—
H	GB/T 93—1987	min	1	1.3	1.6	2.2	2.6	3.2	4.2	5.2	6.2	8.2	10	12	15	18	21	24
		max	1.25	1.63	2	2.75	3.25	4	5.25	6.5	7.75	10.25	12.5	15	18.75	22.5	26.25	30
	GB/T 859—1987	min	—	—	1.2	1.6	2.2	2.6	3.2	4	5	6.4	8	10	12	—	—	—
		max	—	—	1.5	2	2.75	3.25	4	5	6.25	8	10	12.5	15	—	—	—
$m\leqslant$	GB/T 93—1987		0.25	0.33	0.4	0.55	0.65	0.8	1.05	1.3	1.55	2.05	2.5	3	3.75	4.5	5.25	6
	GB/T 859—1987		—	—	0.3	0.4	0.55	0.65	0.8	1	1.25	1.6	2	2.5	3	—	—	—

注：m 应大于零。

表 B-7　开槽圆柱头螺钉（GB/T 65—2000）、开槽盘头螺钉（GB/T 67—2000）　(mm)

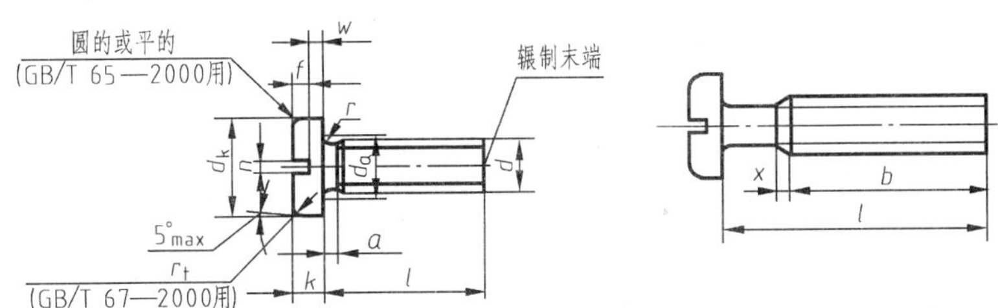

无螺纹部分杆径≈中径或=螺纹大径

标记示例

螺纹规格 d = M5、公称长度 l = 20mm、性能等级为 4.8 级、不经表面处理的 A 级开槽圆柱头螺钉：

螺钉　GB/T 65　M5 × 20

螺纹规格 d = M5、公称长度 l = 20mm、性能等级为 4.8 级、不经表面处理的 A 级开槽盘头螺钉：

螺钉　GB/T 67　M5 × 20

螺纹规格 d		M1.6	M2	M2.5	M3	M4		M5		M6		M8		M10	
类别		GB/T 67—2000				GB/T 65 —2000	GB/T 67 —2000	GB/T 65 —2000	GB/T 67 —2000	GB/T 65 —2000	GB/T 67 —2000	GB/T 65 —2000	GB/T 67 —2000	GB/T 65 —2000	GB/T 67 —2000
螺距 P		0.35	0.4	0.45	0.5	0.7		0.8		1		1.25		1.5	
a	max	0.7	0.8	0.9	1	1.4		1.6		2		2.5		3	
b	min	25	25	25	25	38		38		38		38		38	
d_k	max	3.2	4.0	5.0	5.6	7.00	8.00	8.50	9.50	10.00	12.00	13.00	16.00	16.00	20.00
	min	2.9	3.7	4.7	5.3	6.78	7.64	8.28	9.14	9.78	11.57	12.73	15.57	15.73	19.48
d_a	max	2	2.6	3.1	3.6	4.7		5.7		6.8		9.2		11.2	
k	max	1.00	1.30	1.50	1.80	2.60	2.40	3.30	3.00	3.9	3.6	5.0	4.8	6.0	
	min	0.86	1.16	1.36	1.66	2.46	2.26	3.12	2.86	3.6	3.3	4.7	4.5	5.7	
n	公称	0.4	0.5	0.6	0.8	1.2		1.2		1.6		2		2.5	
	min	0.46	0.56	0.66	0.86	1.26		1.26		1.66		2.06		2.56	
	max	0.60	0.70	0.80	1.00	1.51		1.51		1.91		2.31		2.81	
r	min	0.1	0.1	0.1	0.1	0.2		0.2		0.25		0.4		0.4	
r_f	参考	0.5	0.6	0.8	0.9		1.2		1.5		1.8		2.4		3
t	min	0.35	0.5	0.6	0.7	1.1	1	1.3	1.2	1.6	1.4	2	1.9	2.4	
w	min	0.3	0.4	0.5	0.7	1.1	1	1.3	1.2	1.6	1.4	2	1.9	2.4	
x	max	0.9	1	1.1	1.25	1.75		2		2.5		3.2		3.8	
l(商品规格范围公称长度)		2 ~ 16	2.5 ~ 20	3 ~ 25	4 ~ 30	5 ~ 40		6 ~ 50		8 ~ 60		10 ~ 80		12 ~ 80	
l(系列)		2,2.5,3,4,5,6,8,10,12,(14),16,20,25,30,35,40,45,50,(55),60,(65),70,(75),80													

注：1. 螺纹规格 d = M1.6 ~ M3、公称长度 l≤30mm 的螺钉，应制出全螺纹；螺纹规格 d = M4 ~ M10、公称长度 l≤40mm 的螺钉，应制出全螺纹（$b = l - a$）。

2. 尽可能不采用括号内的规格。

表 B-8 开槽沉头螺钉（GB/T 68—2000）、开槽半沉头螺钉（GB/T 69—2000） (mm)

GB/T 68—2000

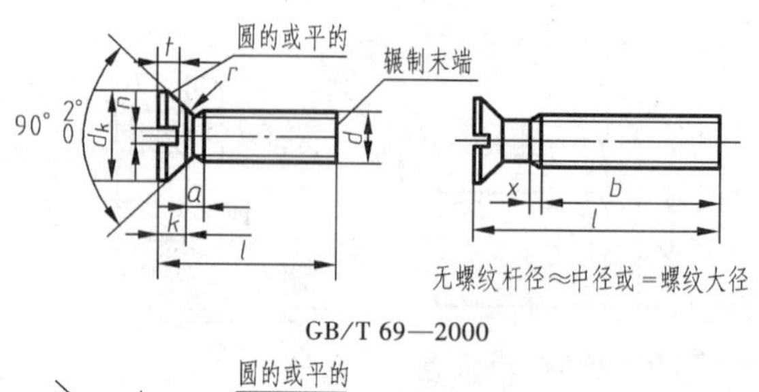

GB/T 69—2000

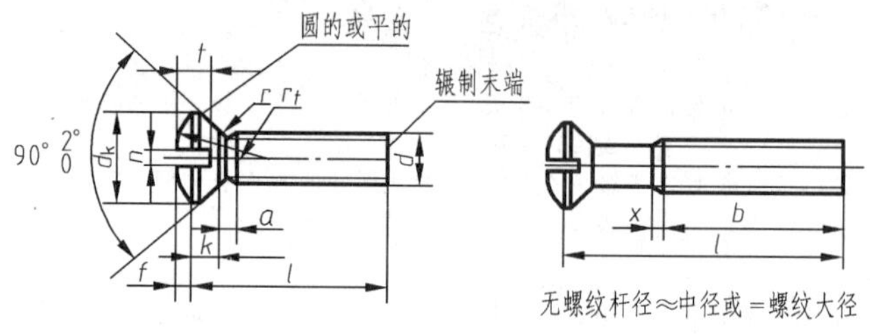

标记示例

螺纹规格 d = M5、公称长度 l = 20mm、性能等级为 4.8 级、不经表面处理的 A 级开槽沉头螺钉：

螺钉 GB/T 68 M5 × 20

螺纹规格 d			M1.6	M2	M2.5	M3	M4	M5	M6	M8	M10
螺距 P			0.35	0.4	0.45	0.5	0.7	0.8	1	1.25	1.5
a		max	0.7	0.8	0.9	1	1.4	1.6	2	2.5	3
b		min	25				38				
d_k	理论值	max	3.6	4.4	5.5	6.3	9.4	10.4	12.6	17.3	20
	实际值	公称 = max	3.0	3.8	4.7	5.5	8.40	9.30	11.30	15.80	18.30
		min	2.7	3.5	4.4	5.2	8.04	8.94	10.87	15.37	17.78
k		公称 = max	1	1.2	1.5	1.65	2.7	2.7	3.3	4.65	5
n		公称	0.4	0.5	0.6	0.8	1.2	1.2	1.6	2	2.5
		min	0.46	0.56	0.66	0.86	1.26	1.26	1.66	2.06	2.56
		max	0.60	0.70	0.80	1.00	1.51	1.51	1.91	2.31	2.81
r		max	0.4	0.5	0.6	0.8	1	1.3	1.5	2	2.5
x		max	0.9	1	1.1	1.25	1.75	2	2.5	3.2	3.8
f		≈	0.4	0.5	0.6	0.7	1	1.2	1.4	2	2.3
r_f		≈	3	4	5	6	9.5	9.5	12	16.5	19.5
t	max	GB/T 68—2000	0.50	0.6	0.75	0.85	1.3	1.4	1.6	2.3	2.6
		GB/T 69—2000	0.80	1.0	1.2	1.45	1.9	2.4	2.8	3.7	4.4
	min	GB/T 68—2000	0.32	0.4	0.50	0.60	1.0	1.1	1.2	1.8	2.0
		GB/T 69—2000	0.64	0.8	1.0	1.20	1.6	2.0	2.4	3.2	3.8
l(商品规格范围公称长度)			2.5 ~ 16	3 ~ 20	4 ~ 25	5 ~ 30	6 ~ 40	8 ~ 50	8 ~ 60	10 ~ 80	12 ~ 80
l(系列)			2.5,3,4,5,6,8,10,12,(14),16,20,25,30,35,40,45,50,(55),60,(65),70,(75),80								

注：1. 公称长度 l≤30mm，而螺纹规格 d 在 M1.6 ~ M3 的螺钉，应制出全螺纹；公称长度 l≤45mm，而螺纹规格在 M4 ~ M10 的螺钉也应制出全螺纹 [$b = l - (k + a)$]。

2. 尽可能不采用括号内的规格。

表 B-9　十字槽盘头螺钉（GB/T 818—2000）、十字槽沉头螺钉（GB/T 819.1—2000）　（mm）

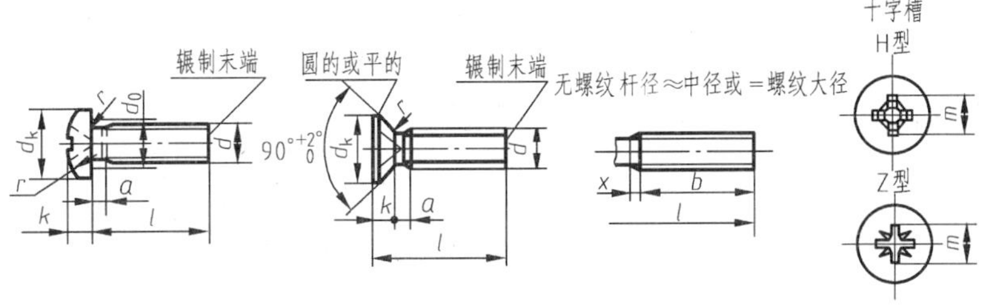

标记示例

螺纹规格 d = M5、公称长度 l = 20mm、性能等级为 4.8 级、H 型十字槽、不经表面处理的 A 级十字槽盘头螺钉：

螺钉　GB/T 818　M5 × 20

螺纹规格 d			M1.6	M2	M2.5	M3	M4	M5	M6	M8	M10
螺距 P			0.35	0.4	0.45	0.5	0.7	0.8	1	1.25	1.5
a	max		0.7	0.8	0.9	1	1.4	1.6	2	2.5	3
b	min		25	25	25	25	38	38	38	38	38
d_a	max		2	2.6	3.1	3.6	4.7	5.7	6.8	9.2	11.2
d_k	公称 = max	GB/T 818—2000	3.2	4.0	5.0	5.6	8.00	9.50	12.00	16.00	20.00
		GB/T 819.1—2000	3.0	3.8	4.7	5.5	8.40	9.30	11.30	15.80	18.30
	min	GB/T 818—2000	2.9	3.7	4.7	5.3	7.64	9.14	11.57	15.57	19.48
		GB/T 819.1—2000	2.7	3.5	4.4	5.2	8.04	8.94	10.87	15.37	17.78
k	公称 = max	GB/T 818—2000	1.30	1.60	2.10	2.40	3.10	3.70	4.6	6.0	7.50
		GB/T 819.1—2000	1	1.2	1.5	1.65	2.7	2.7	3.3	4.65	5
	min	GB/T 818—2000	1.16	1.46	1.96	2.26	2.92	3.52	4.3	5.7	7.14
r	min	GB/T 818—2000	0.1	0.1	0.1	0.1	0.2	0.2	0.25	0.4	0.4
	max	GB/T 819.1—2000	0.4	0.5	0.6	0.8	1	1.3	1.5	2	2.5
r_f	≈		2.5	3.2	4	5	6.5	8	10	13	16
x	max		0.9	1	1.1	1.25	1.75	2	2.5	3.2	3.8
十字槽	槽号	No.	0		1		2		3	4	
H型	m 参考	GB/T 818—2000	1.7	1.9	2.7	3	4.4	4.9	6.9	9	10.1
		GB/T 819.1—2000	1.6	1.9	2.9	3.2	4.6	5.2	6.8	8.9	10
	插入深度 max	GB/T 818—2000	0.95	1.2	1.55	1.8	2.4	2.9	3.6	4.6	5.8
		GB/T 819.1—2000	0.9	1.2	1.8	2.1	2.6	3.2	3.5	4.6	5.7
	插入深度 min	GB/T 818—2000	0.70	0.9	1.15	1.4	1.9	2.4	3.1	4.0	5.2
		GB/T 819.1—2000	0.6	0.9	1.4	1.7	2.1	2.7	3.0	4.0	5.1
Z型	m 参考	GB/T 818—2000	1.6	2.1	2.6	2.8	4.3	4.7	6.7	8.8	9.9
		GB/T 819.1—2000	1.6	1.9	2.8	3	4.4	4.9	6.6	8.8	9.8
	插入深度 max	GB/T 818—2000	0.90	1.42	1.50	1.75	2.34	2.74	3.46	4.50	5.69
		GB/T 819.1—2000	0.95	1.20	1.73	2.01	2.51	3.05	3.45	4.60	5.64
	插入深度 min	GB/T 818—2000	0.65	1.17	1.25	1.50	1.89	2.29	3.03	4.05	5.24
		GB/T 819.1—2000	0.70	0.95	1.48	1.76	2.06	2.60	3.00	4.15	5.19
l（商品规格范围）			3 ~ 16	3 ~ 20	3 ~ 25	4 ~ 30	5 ~ 40	6 ~ 45	8 ~ 60	10 ~ 60	12 ~ 60
l（系列）			3,4,5,6,8,10,12,(14),16,20,25,30,35,40,45,50,(55),60								

注：1. 公称长度 $l \leqslant 25$mm（GB/T 819.1—2000，$l \leqslant 30$mm），而螺纹规格 d 在 M1.6 ~ M3 的螺钉，应制出全螺纹；公称长度 $l \leqslant 40$mm（GB/T 819.1—2000，$l \leqslant 45$mm），而螺纹规格 d 在 M4 ~ M10 的螺钉，也应制出全螺纹（$b = l - a$）（GB/T 819.1—2000，$b = l - (k + a)$）。

2. 尽可能不采用括号内的规格。

3. GB/T 819.1—2000 的尺寸“d_k 理论值 max”未列入。

表 B-10　内六角圆柱头螺钉（GB/T 70.1—2000）　　（mm）

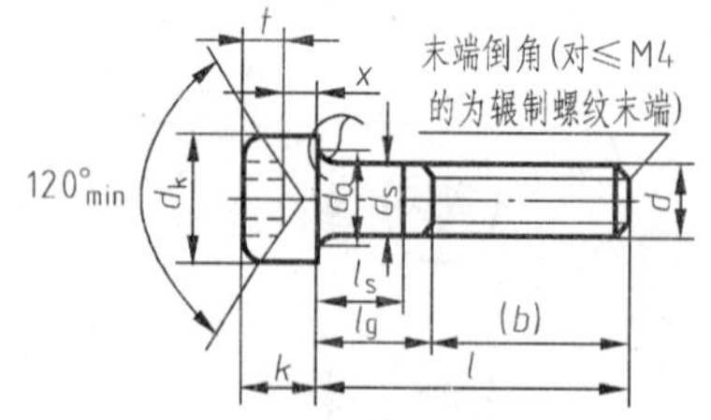

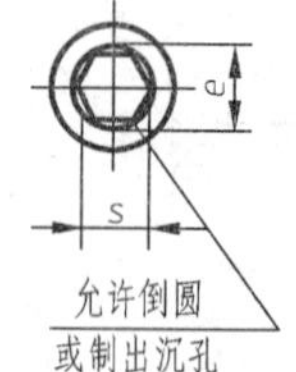

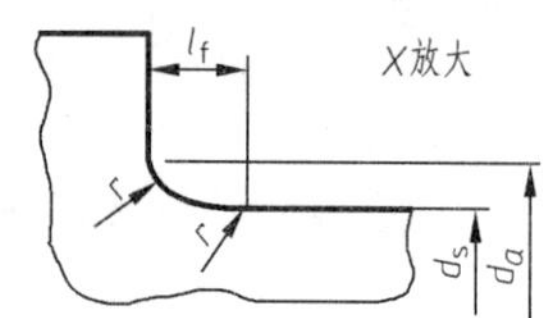

标记示例

螺纹规格 d = M5、公称长度 l = 20mm、性能等级为 8.8 级、表面氧化的 A 级内六角圆柱头螺钉：

螺钉 GB/T 70.1 M5 × 20

螺纹规格 d		M3	M4	M5	M6	M8	M10	M12	M16	M20	M24
螺距 P		0.5	0.7	0.8	1	1.25	1.5	1.75	2	2.5	3
$b_{参考}$		18	20	22	24	28	32	36	44	52	60
d_k	max	5.50	7.00	8.50	10.00	13.00	16.00	18.00	24.00	30.00	36.00
	min	5.32	6.78	8.28	9.78	12.73	15.73	17.73	23.67	29.67	35.61
d_a	max	3.6	4.7	5.7	6.8	9.2	11.2	13.7	17.7	22.4	26.4
d_s	max	3.00	4.00	5.00	6.00	8.00	10.00	12.00	16.00	20.00	24.00
	min	2.86	3.82	4.82	5.82	7.78	9.78	11.73	15.73	19.67	23.67
e	min	2.87	3.44	4.58	5.72	6.86	9.15	11.43	16	19.44	21.73
l_f	max	0.51	0.6	0.6	0.68	1.02	1.02	1.45	1.45	2.04	2.04
k	max	3.00	4.00	5.00	6.0	8.00	10.00	12.00	16.00	20.00	24.00
	min	2.86	3.82	4.82	5.7	7.64	9.64	11.57	15.57	19.48	23.48
r	min	0.1	0.2	0.2	0.25	0.4	0.4	0.6	0.6	0.8	0.8
s	公称	2.5	3	4	5	6	8	10	14	17	19
	max	2.58	3.080	4.095	5.140	6.140	8.175	10.175	14.212	17.23	19.275
	min	2.52	3.020	4.020	5.020	6.020	8.025	10.025	14.032	17.05	19.065
螺距 P		0.5	0.7	0.8	1	1.25	1.5	1.75	2	2.5	3
$b_{参考}$		18	20	22	24	28	32	36	44	52	60
s	公称	2.5	3	4	5	6	8	10	14	17	19
	max	2.58	3.080	4.095	5.140	6.140	8.175	10.175	14.212	17.23	19.275
	min	2.52	3.020	4.020	5.020	6.020	8.025	10.025	14.032	17.05	19.065
t	min	1.3	2	2.5	3	4	5	6	8	10	12
d_w	min	5.07	6.53	8.03	9.38	12.33	15.33	17.23	23.17	28.87	34.81
w	min	1.15	1.4	1.9	2.3	3.3	4	4.8	6.8	8.6	10.4
l(商品规格范围)		5 ~ 30	6 ~ 40	8 ~ 50	10 ~ 60	12 ~ 80	16 ~ 100	20 ~ 120	25 ~ 160	30 ~ 200	40 ~ 200
l≤表中数值时，螺纹制到距头部 3P 以内		20	25	25	30	35	40	50	60	70	80
l(系列)		5,6,8,10,12,16,20,25,30,35,40,45,50,55,60,65,70,80,90,100,110,120,130,140,150,160,180,200									

注：1. l_g 与 l_s 表中未列出。

2. s_{max} 用于除 12.9 级外的其他性能等级。

3. d_{kmax} 只对光滑头部，滚花头部未列出。

表 B-11　开槽锥端紧定螺钉（GB/T 71—1985）开槽平端紧定螺钉（GB/T 73—1985）开槽长圆柱端紧定螺钉（GB/T 75—1985）　（mm）

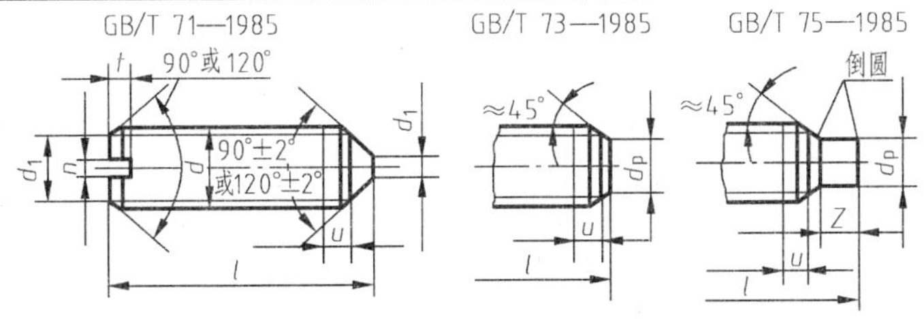

公称长度为短螺钉时，应制成120°，u为不完整螺纹的长度≤2P

标 记 示 例

螺纹规格 d = M5、公称长度 l = 12mm、性能等级为 14H 级、表面氧化的开槽平端紧定螺钉：

螺钉 GB/T 73　M5 × 12

螺纹规格 d		M1.2	M1.6	M2	M2.5	M3	M4	M5	M6	M8	M10	M12
螺距 P		0.25	0.35	0.4	0.45	0.5	0.7	0.8	1	1.25	1.5	1.75
d_f	≈	螺纹小径										
d_t	min	—	—	—	—	—	—	—	—	—	—	—
	max	0.12	0.16	0.2	0.25	0.3	0.4	0.5	1.5	2	2.5	3
d_p	min	0.35	0.55	0.75	1.25	1.75	2.25	3.2	3.7	5.2	6.64	8.14
	max	0.6	0.8	1	1.5	2	2.5	3.5	4	5.5	7	8.5
n	公称	0.2	0.25	0.25	0.4	0.4	0.6	0.8	1	1.2	1.6	2
	min	0.26	0.31	0.31	0.46	0.46	0.66	0.86	1.06	1.26	1.66	2.06
	max	0.4	0.45	0.45	0.6	0.6	0.8	1	1.2	1.51	1.91	2.31
t	min	0.4	0.56	0.64	0.72	0.8	1.12	1.28	1.6	2	2.4	2.8
	max	0.52	0.74	0.84	0.95	1.05	1.42	1.63	2	2.5	3	3.6
z	min	—	0.8	1	1.25	1.5	2	2.5	3	4	5	6
	max	—	1.05	1.25	1.5	1.75	2.25	2.75	3.25	4.3	5.3	6.3
GB/T 71—1985	l（公称长度）	2 ~ 6	2 ~ 8	3 ~ 10	3 ~ 12	4 ~ 16	6 ~ 20	8 ~ 25	8 ~ 30	10 ~ 40	12 ~ 50	14 ~ 60
	l（短螺钉）	2	2 ~ 2.5	2 ~ 2.5	2 ~ 3	2 ~ 3	2 ~ 4	2 ~ 5	2 ~ 6	2 ~ 8	2 ~ 10	2 ~ 12
GB/T 73—1985	l（公称长度）	2 ~ 6	2 ~ 8	2 ~ 10	2.5 ~ 12	3 ~ 16	4 ~ 20	5 ~ 25	6 ~ 30	8 ~ 40	10 ~ 50	12 ~ 60
	l（短螺钉）	—	2	2 ~ 2.5	2 ~ 3	2 ~ 3	2 ~ 4	2 ~ 5	2 ~ 6	2 ~ 6	2 ~ 8	2 ~ 10
GB/T 75—1985	l（公称长度）	—	2.5 ~ 8	3 ~ 10	4 ~ 12	5 ~ 16	6 ~ 20	8 ~ 25	8 ~ 30	10 ~ 40	12 ~ 50	14 ~ 60
	l（短螺钉）	—	2 ~ 2.5	2 ~ 3	2 ~ 4	2 ~ 5	2 ~ 6	2 ~ 8	2 ~ 10	2 ~ 14	2 ~ 16	2 ~ 20
l（系列）		2,2.5,3,4,5,6,8,10,12,(14),16,20,25,30,35,40,45,50,(55),60										

注：1. 公称长度为商品规格尺寸。

2. 尽可能不采用括号内的规格。

附录 C　键　与　销

表 C-1　普通平键键槽的尺寸与公差（GB/T 1095—2003）　（mm）

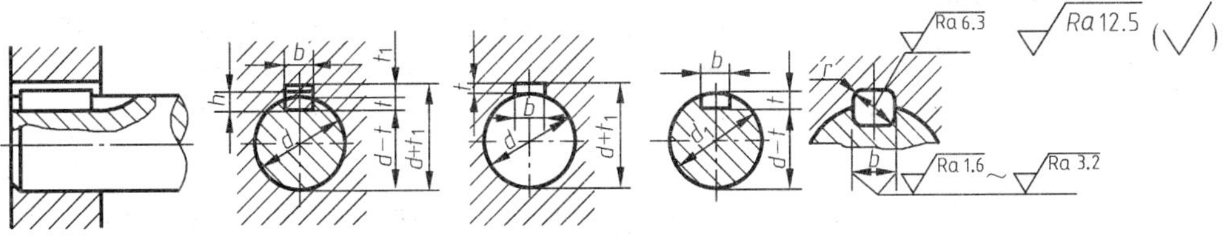

注：在工作图中、轴槽深用t_1或$(d-t_1)$标注，轮毂槽深用$(d+t_1)$标注。

（续）

轴的直径 d	键尺寸 $b \times h$	键槽 宽度 b 基本尺寸	宽度 b 极限偏差 正常连接 轴 N9	正常连接 毂 JS9	紧密连接 轴和毂 P9	松连接 轴 H9	松连接 毂 D10	深度 轴 t_1 基本尺寸	轴 t_1 极限偏差	毂 t_2 基本尺寸	毂 t_2 极限偏差	半径 r min	半径 r max
自 6 ~ 8	2 × 2	2	-0.004 -0.029	±0.0125	-0.006 -0.031	+0.025 0	+0.060 +0.020	1.2	+0.10	1	+0.10	0.08	0.16
> 8 ~ 10	3 × 3	3						1.8		1.4			
> 10 ~ 12	4 × 4	4	0 -0.030	±0.015	-0.012 -0.042	+0.030 0	+0.078 +0.030	2.5		1.8			
> 12 ~ 17	5 × 5	5						3.0		2.3		0.16	0.25
> 17 ~ 22	6 × 6	6						3.5		2.8			
> 22 ~ 30	8 × 7	8	0 -0.036	±0.018	-0.015 -0.051	+0.036 0	+0.098 +0.040	4.0	+0.20	3.3	+0.20		
> 30 ~ 38	10 × 8	10						5.0		3.3		0.25	0.40
> 38 ~ 44	12 × 8	12	0 -0.043	±0.026	+0.018 -0.061	+0.043 0	+0.120 +0.050	5.0		3.3			
> 44 ~ 50	14 × 9	14						5.5		3.8			
> 50 ~ 58	16 × 10	16						6.0		4.3			
> 58 ~ 65	18 × 11	18						7.0		4.4			
> 65 ~ 75	20 × 12	20	0 -0.052	±0.031	+0.022 -0.074	+0.052 0	+0.149 +0.065	7.5		4.9		0.40	0.60
> 75 ~ 85	22 × 14	22						9.0		5.4			
> 85 ~ 95	25 × 14	25						9.0		5.4			
> 95 ~ 110	28 × 16	28						10.0		6.4			
> 110 ~ 130	32 × 18	32	0 -0.062	±0.037	-0.026 -0.088	+0.062 0	+0.180 +0.080	11.0		7.4			
> 130 ~ 150	36 × 20	36						12.0	+0.30	8.4	+0.30	0.70	1.0
> 150 ~ 170	40 × 22	40						13.0		9.4			
> 170 ~ 200	45 × 25	45						15.0		10.4			

注：1. （$d-t_1$）和（$d+t_2$）两组组合尺寸的极限偏差按相应的 t_1 和 t_2 的极限偏差选取，但（$d-t_1$）极限偏差应取负号（-）。

2. 轴的直径不在本标准所列，仅供参考。

表 C-2 普通平键的尺寸与公差（GB/T 1096—2003） （mm）

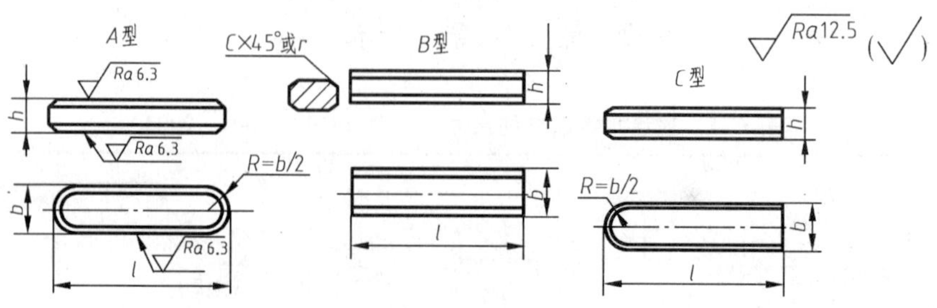

标记示例

圆头普通平键（A 型）、b = 18mm、h = 11mm、L = 100mm；GB/T 1096—2003 键 18 × 11 × 100

平头普通平键（B 型）、b = 18mm、h = 11mm、L = 100mm；GB/T 1096—2003 键 B 18 × 11 × 100

单圆头普通平键（C 型）、b = 18mm、h = 11mm、L = 100mm；GB/T 1096—2003 键 C 18 × 11 × 100

（续）

		2	3	4	5	6	8	10	12	14	16	18	20	22
宽度 b	基本尺寸	2	3	4	5	6	8	10	12	14	16	18	20	22
	极限偏差（h8）	0 -0.014		0 -0.018			0 -0.022		0 -0.027				0 -0.033	
高度 h	基本尺寸	2	3	4	5	6	7	8	8	9	10	11	12	14
	极限偏差 矩形（h11）	—		—			0 -0.090					0 -0.010		
	极限偏差 方形（h8）	0 -0.014		0 -0.018			—					—		
倒角或圆角 s		0.16～0.25			0.25～0.40			0.40～0.60					0.60～0.80	
长度 L 基本尺寸	长度 L 极限偏差（h14）													
6	0 -0.36			—	—	—	—	—	—	—	—	—	—	—
8					—	—	—	—	—	—	—	—	—	—
10						—	—	—	—	—	—	—	—	—
12	0 -0.48					—	—	—	—	—	—	—	—	—
14							—	—	—	—	—	—	—	—
16							—	—	—	—	—	—	—	—
18								—	—	—	—	—	—	—
20	0 -0.52							—	—	—	—	—	—	—
22		—			标准				—	—	—	—	—	—
25		—							—	—	—	—	—	—
28		—								—	—	—	—	—
32	0 -0.62	—								—	—	—	—	—
36		—									—	—	—	—
40		—	—								—	—	—	—
45		—	—				长度					—	—	—
50		—	—	—									—	—
56	0 -0.74	—	—	—										—
63		—	—	—	—									
70		—	—	—										
80		—	—	—	—	—								
90	0 -0.87	—	—	—	—	—				范围				
100		—	—	—	—	—	—							
110		—	—	—	—	—	—							
125	0 -1.00	—	—	—	—	—	—	—						
140		—	—	—	—	—	—	—						
160		—	—	—	—	—	—	—	—					
180		—	—	—	—	—	—	—	—	—				
200	0 -1.15	—	—	—	—	—	—	—	—	—	—			
220		—	—	—	—	—	—	—	—	—	—	—		
250		—	—	—	—	—	—	—	—	—	—	—	—	

表 C-3　圆柱销　不淬硬钢和奥氏体不锈钢（GB/T 119.1—2000）

圆柱销　淬硬钢和马氏体不锈钢（GB/T 119.2—2000）　　（mm）

末端形状，由制造者确定

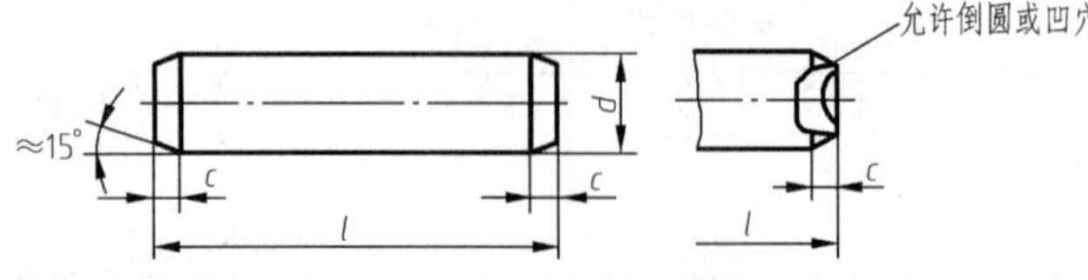

标记示例

公称直径 $d=6$mm、公差为 m6、公称长度 $l=30$mm、材料为钢、不经淬火、不经表面处理的圆柱销：

销　GB/T 119.1　6m6 × 30

公称直径 $d=6$mm、公差为 m6、公称长度 $l=30$mm、材料为钢、普通淬火（A 型）、表面氧化处理的圆柱销：

销　GB/T 119.2　6 × 30

d（公称）		1.5	2	2.5	3	4	5	6	8
c≈		0.3	0.35	0.4	0.5	0.63	0.8	1.2	1.6
l（商品长度范围）	GB/T 119.1	4 ~ 16	6 ~ 20	6 ~ 24	8 ~ 30	8 ~ 40	10 ~ 50	12 ~ 60	14 ~ 80
	GB/T 119.2	4 ~ 16	5 ~ 20	6 ~ 24	8 ~ 30	10 ~ 40	12 ~ 50	14 ~ 60	18 ~ 80
d（公称）		10	12	16	20	25	30	40	50
c≈		2	2.5	3	3.5	4	5	6.3	8
l（商品长度范围）	GB/T 119.1	18 ~ 95	22 ~ 140	26 ~ 180	35 ~ 200 以上	50 ~ 200 以上	60 ~ 200 以上	80 ~ 200 以上	95 ~ 200 以上
	GB/T 119.2	22 ~ 100 以上	26 ~ 100 以上	40 ~ 100 以上	50 ~ 100 以上	—	—	—	—
l（系列）		3,4,5,6,8,10,12,14,16,18,20,22,24,26,28,30,32,35,40,45,50,55,60,65,70,75,80,85,90,95,100,120,140,160,180,200,……							

注：1. 公称直径 d 的公差：GB/T 119.1—2000 规定为 m6 和 h8，GB/T 119.2—2000 仅有 m6。其他公差由供需双方协议。

2. GB/T 119.2—2000 中淬硬钢按淬火方法不同，分为普通淬火（A 型）和表面淬火（B 型）。

3. 公称长度大于 200mm，按 20mm 递增。

表 C-4　圆锥销（GB/T 117—2000）　　（mm）

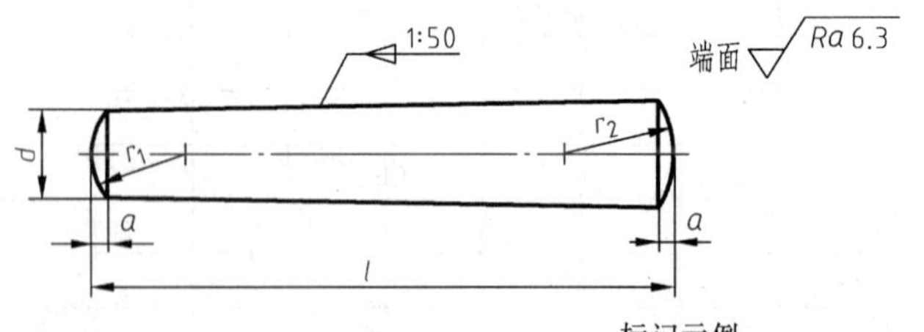

$r_1 \approx d$

$r_2 \approx \frac{a}{2} + d + \frac{(0.02l)^2}{8a}$

锥面粗糙度见附注

标记示例

公称直径 $d=6$mm、公称长度 $l=30$mm、材料为 35 钢、热处理硬度 28 ~ 38HRC、表面氧化处理的 A 型圆锥销：

销　GB/T 117　6 × 30

d（公称）	0.6	0.8	1	1.2	1.5	2	2.5	3	4	5
a≈	0.08	0.1	0.12	0.16	0.2	0.25	0.3	0.4	0.5	0.63
l（商品长度范围）	4 ~ 8	5 ~ 12	6 ~ 16	6 ~ 20	8 ~ 24	10 ~ 35	10 ~ 35	12 ~ 45	14 ~ 55	18 ~ 60
d（公称）	6	8	10	12	16	20	25	30	40	50
a≈	0.8	1	1.2	1.6	2	2.5	3	4	5	6.3
l（商品长度范围）	22 ~ 90	22 ~ 120	26 ~ 160	32 ~ 180	40 ~ 200 以上	45 ~ 200 以上	50 ~ 200 以上	55 ~ 200 以上	60 ~ 200 以上	65 ~ 200 以上
l（系列）	2,3,4,5,6,8,10,12,14,16,18,20,22,24,26,28,30,32,35,40,45,50,55,60,65,70,75,80,85,90,95,100,120,140,160,180,200,……									

注：1. 公称直径 d 的公差规定为 h10，其他公差如 a11、c11 和 f8 由供需双方协议。

2. 圆锥销有 A 型和 B 型。A 型为磨削，锥面表面粗糙度 $Ra=0.8\mu m$，B 型为切削或冷镦，锥面表面粗糙度 $Ra=3.2\mu m$。

3. 公称长度大于 200mm，按 20mm 递增。

表 C-5　开口销（GB/T 91—2000）摘编　(mm)

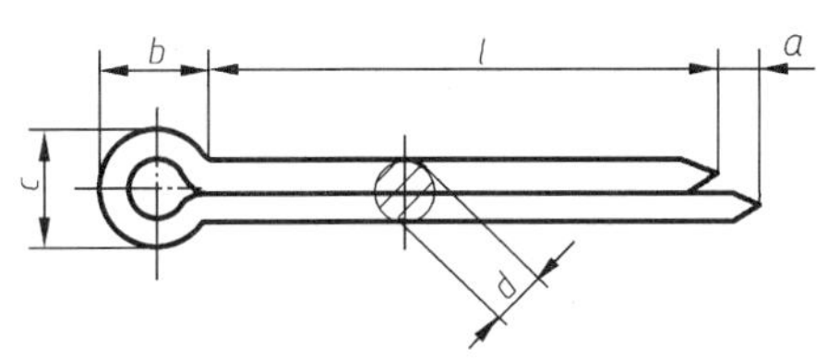

允许制造的形式

a

标记示例

公称规格为 5mm、公称长度 l = 50mm、材料为 Q215 或 Q235、不经表面处理的开口销：

销　GB/T 91　5×50

公称规格			0.6	0.8	1	1.2	1.6	2	2.5	3.2
d		max	0.5	0.7	0.9	1.0	1.4	1.8	2.3	2.9
		min	0.4	0.6	0.8	0.9	1.3	1.7	2.1	2.7
a		max	1.6	1.6	1.6	2.50	2.50	2.50	2.50	3.2
b		≈	2	2.4	3	3	3.2	4	5	6.4
c		max	1.0	1.4	1.8	2.0	2.8	3.6	4.6	5.8
适用的直径	螺栓	>	—	2.5	3.5	4.5	5.5	7	9	11
		≤	2.5	3.5	4.5	5.5	7	9	11	14
	U 形销	>	—	2	3	4	5	6	8	9
		≤	2	3	4	5	6	8	9	12
商品长度范围			4~12	5~16	6~20	8~25	8~32	10~40	12~50	14~63
公称规格			4	5	6.3	8	10	13	16	20
d		max	3.7	4.6	5.9	7.5	9.5	12.4	15.4	19.3
		min	3.5	4.4	5.7	7.3	9.3	12.1	15.1	19.0
a		max	4	4	4	4	6.30	6.30	6.30	6.30
b		≈	8	10	12.6	16	20	26	32	40
c		max	7.4	9.2	11.8	15.0	19.0	24.8	30.8	38.5
适用的直径	螺栓	>	14	20	27	39	56	80	120	170
		≤	20	27	39	56	80	120	170	—
	U 形销	>	12	17	23	29	44	69	110	160
		≤	17	23	29	44	69	110	160	—
商品长度范围			18~80	22~100	32~125	40~160	45~200	71~250	112~280	160~280
l(系列)			4,5,6,8,10,12,14,16,18,20,22,25,28,32,36,40,45,50,56,63,71,80,90,100,112,125,140,160,180,200,224,250,280							

注：1. 公称规格等于开口销孔的直径。对销孔直径推荐的公差为：

公称规格≤1.2：H13；公称规格>1.2：H14

根据供需双方协议，允许采用公称规格为 3mm、6mm 和 12mm 的开口销。

2. 用于铁道和在 U 形销中开口销承受交变横向力的场合，推荐使用的开口销规格应较本表规定的加大一档。

附录D 滚动轴承

表 D-1 深沟球轴承（GB/T 276—1994） （mm）

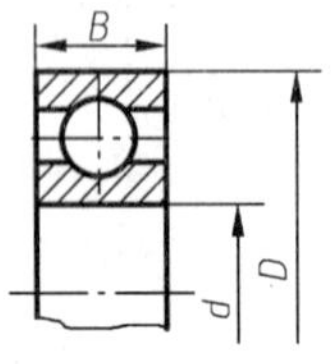

60000 型

轴承代号	尺寸		
	d	*D*	*B*
10 系列			
606	6	17	6
607	7	19	6
608	8	22	7
609	9	24	7
6000	10	26	8
6001	12	28	8
6002	15	32	9
6003	17	35	10
6004	20	42	12
60/22	22	44	12
6005	25	47	12
60/28	28	52	12
6006	30	55	13
60/32	32	58	13
6007	35	62	14
6008	40	68	15
6009	45	75	16
6010	50	80	16
6011	55	90	18
6012	60	95	18
02 系列			
623	3	10	4
624	4	13	5
625	5	16	5
626	6	19	6
627	7	22	7
628	8	24	8
629	9	26	8
6200	10	30	9
6201	12	32	10
6202	15	35	11
6203	17	40	12
6204	20	47	14
62/22	22	50	14
6205	25	52	15
62/28	28	58	16
6206	30	62	16
62/32	32	65	17
6207	35	72	17
6208	40	80	18
6209	45	85	19
6210	50	90	20
6211	55	100	21
6212	60	110	22
03 系列			
633	3	13	5
634	4	16	5
635	5	19	6
6300	10	35	11
6301	12	37	12
6302	15	42	13
6303	17	47	14
6304	20	52	15
63/22	22	56	16
6305	25	62	17
63/28	28	68	18
6306	30	72	19
63/32	32	75	20
6307	35	80	21
6308	40	90	23
6309	45	100	25
6310	50	110	27
6311	55	120	29
6312	60	130	31
6313	65	140	33
6314	70	150	35
6315	75	160	37
6316	80	170	39
6317	85	180	41
6318	90	190	43
04 系列			
6403	17	62	17
6404	20	72	19
6405	25	80	21
6406	30	90	23
6407	35	100	25
6408	40	110	27
6409	45	120	29
6410	50	130	31
6411	55	140	33
6412	60	150	35
6413	65	160	37
6414	70	180	42
6415	75	190	45
6416	80	200	48
6417	85	210	52
6418	90	225	54
6419	95	240	55
6420	100	250	58
6422	110	280	65

表 D-2　推力球轴承（GB/T 301—1995）　　（mm）

51000型

轴承代号	尺寸			
	d	d_1 min	D	T
11 系列				
51100	10	11	24	9
51101	12	13	26	9
51102	15	16	28	9
51103	17	18	30	9
51104	20	21	35	10
51105	25	26	42	11
51106	30	32	47	11
51107	35	37	52	12
51108	40	42	60	13
51109	45	47	65	14
51110	50	52	70	14
51111	55	57	78	16
51112	60	62	85	17
51113	65	67	90	18
51114	70	72	95	18
51115	75	77	100	19
51116	80	82	105	19
51117	85	87	110	19
51118	90	92	120	22
51120	100	102	135	25
12 系列				
51200	10	12	26	11
51201	12	14	28	11
51202	15	17	32	12
51203	17	19	35	12
51204	20	22	40	14
51205	25	27	47	15
51206	30	32	52	16
51207	35	37	62	18
51208	40	42	68	19
51209	45	47	73	20
51210	50	52	78	22
51211	55	57	90	25
51212	60	62	95	26
51213	65	67	100	27
51214	70	72	105	27
51215	75	77	110	27
51216	80	82	115	28
51217	85	88	125	31
51218	90	93	135	35
51220	100	103	150	38
13 系列				
51304	20	22	47	18
51305	25	27	52	18
51306	30	32	60	21
51307	35	37	68	24
51308	40	42	78	26
51309	45	47	85	28
51310	50	52	95	31
51311	55	57	105	35
51312	60	62	110	35
51313	65	67	115	36
51314	70	72	125	40
51315	75	77	135	44
51316	80	82	140	44
51317	85	88	150	49
51318	90	93	155	50
51320	100	103	170	55
14 系列				
51405	25	27	60	24
51406	30	32	70	28
51407	35	37	80	32
51408	40	42	90	36
51409	45	47	100	39
51410	50	52	110	43
51411	55	57	120	48
51412	60	62	130	51
51413	65	67	140	56
51414	70	72	150	60
51415	75	77	160	65
51416	80	82	170	68
51417	85	88	180	72
51418	90	93	190	77
51420	100	103	210	85

附录 E　常用标准数据和标准结构

表 E-1　零件倒圆与倒角（GB/T 6403.4—1986）　　（mm）

形式	
形式	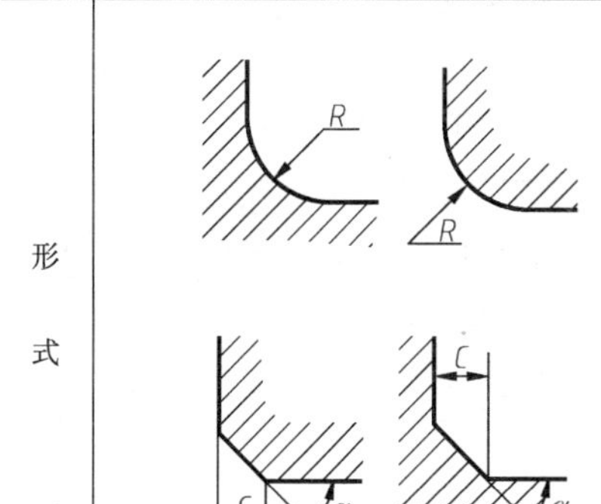 R、C 尺寸系列： 0.1,0.2,0.3,0.4,0.5,0.6,0.8,1.0,1.2,1.6,2.0,2.5,3.0,4.0,5.0,6.0,8.0,10,12,16,20,25,32,40,50

（续）

装配方式

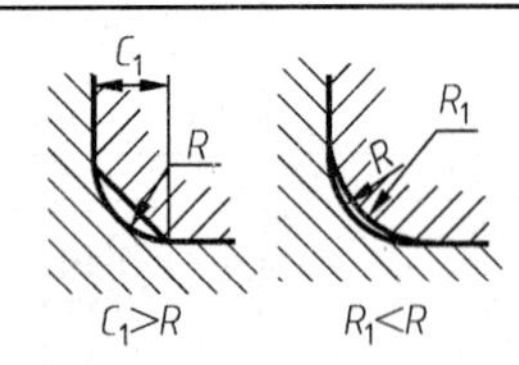

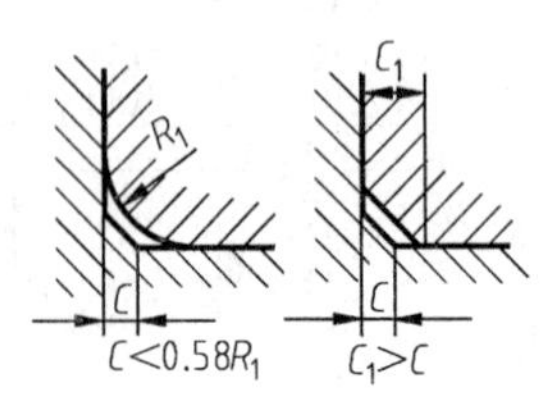

尺寸规定

1. R_1、C_1 的偏差为正；R、C 的偏差为负。
2. 左下的装配方式（$G<0.58R_1$），C 的最大值 C_{max} 与 R_1 的关系如下。

R_1	0.1	0.2	0.3	0.4	0.5	0.6	0.8	1.0	1.2	1.6	2.0	2.5	3.0	4.0	5.0	6.0	8.0	10	12	16	20	25
C_{max}	—	0.1	0.1	0.2	0.2	0.3	0.4	0.5	0.6	0.8	1.0	1.2	1.6	2.0	2.5	3.0	4.0	5.0	6.0	8.0	10	12

直径 ϕ 相应的倒角 C、倒圆 R 的推荐值

ϕ	~3	>3~6	>6~10	>10~18	>18~30	>30~50	>50~80	>80~120	>120~180
C 或 R	0.2	0.4	0.6	0.8	1.0	1.6	2.0	2.5	3.0
ϕ	>180~250	>250~320	>320~400	>400~500	>500~630	>630~800	>800~1000	>1000~1250	>1250~1600
C 或 R	4.0	5.0	6.0	8.0	10	12	16	20	25

表 E-2 砂轮越程槽（用于回转面及端面）（GB/T 6403.5—1986） （mm）

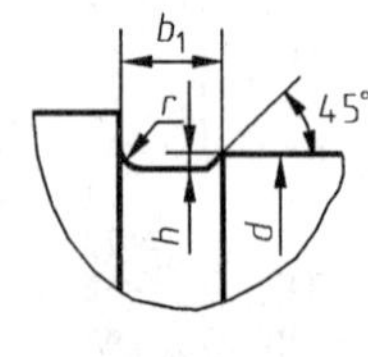

磨外圆

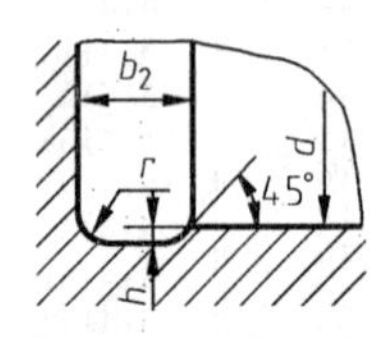

磨内圆

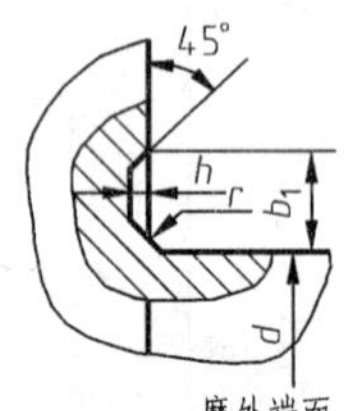

磨外端面

磨内端面

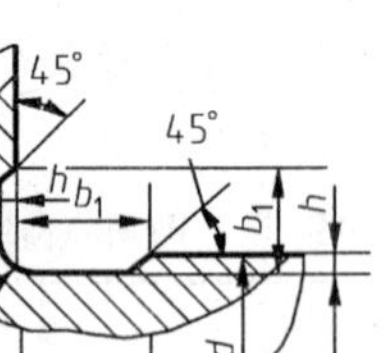

磨外圆及端面

磨内圆及端面

b_1	0.6	1.0	1.6	2.0	3.0	4.0	5.0	8.0	10
b_2	2.0	3.0		4.0		5.0		8.0	10
h	0.1	0.2		0.3	0.4		0.6	0.8	1.2
r	0.2	0.5		0.8	1.0		1.6	2.0	3.0
d	~10			>10~15		>50~100		>100	

注：1. 越程槽内两直线相交处，不允许产生尖角。

2. 越程槽深度 h 与圆弧半径 r 要满足 $r\leqslant 3h$。

3. 磨削具有数个直径的工件时，可使用同一规格的越程槽。

4. 直径 d 值大的零件，允许选择小规格的砂轮越程槽。

表 E-3 中心孔的形式与尺寸（GB/T 145—2001）、中心孔表示法（GB/T 4459.5—1999）

（mm）

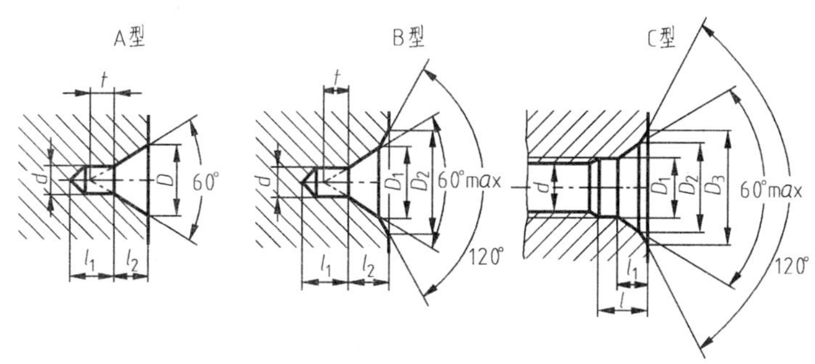

（D_1、l_2 制造厂可任选其一） （D_2、l_2 制造厂可任选其一）

中心孔尺寸

A 型				B 型					C 型					
d	D	l_2	t 参考	d	D_1	D_2	l_2	t 参考	d	D_1	D_2	D_3	l	l_1 参考
2.00	4.25	1.95	1.8	2.00	4.25	6.30	2.54	1.8	M4	4.3	6.7	7.4	3.2	2.1
2.50	5.30	2.42	2.2	2.50	5.30	8.00	3.20	2.2	M5	5.3	8.1	8.8	4.0	2.4
3.15	6.70	3.07	2.8	3.15	6.70	10.00	4.03	2.8	M6	6.4	9.6	10.5	5.0	2.8
4.00	8.50	3.90	3.5	4.00	8.50	12.50	5.05	3.5	M8	8.4	12.2	13.2	6.0	3.3
(5.00)	10.60	4.85	4.4	(5.00)	10.60	16.00	6.41	4.4	M10	10.5	14.9	16.3	7.5	3.8
6.30	13.20	5.98	5.5	6.30	13.20	18.00	7.36	5.5	M12	13.0	18.1	19.8	9.5	4.4
(8.00)	17.00	7.79	7.0	(8.00)	17.00	22.40	9.36	7.0	M16	17.0	23.0	25.3	12.0	5.2
10.00	21.20	9.70	8.7	10.00	21.20	28.00	11.66	8.7	M20	21.0	28.4	31.3	15.0	6.4

注：1. 尺寸 l_1 取决于中心钻的长度，此值不应小于 t 值（对 A 型、B 型）。

2. 括号内的尺寸尽量不采用。

3. R 型中心孔未列入。

中心孔表示法

要 求	符 号	表示法示例	说 明
在完工的零件上要求保留中心孔		GB/T4459.5—B2.5/8	采用 B 型中心孔 d = 2.5mm D_2 = 8mm 在完工的零件上要求保留
在完工的零件上可以保留中心孔		GB/T4459.5—A4/8.5	采用 A 型中心孔 d = 4mm D = 8.5mm 在完工的零件上是否保留都可以
在完工的零件上不允许保留中心孔		GB/T4459.5—A1.6/3.35	采用 A 型中心孔 d = 1.6mm D = 3.35mm 在完工的零件上不允许保留

注：在不致引起误解时，可省略标记中的标准编号。

附录 F 轴和孔的极限偏差

表 F-1 轴的基本偏差

基本尺寸/mm		基本偏差															
		上偏差 es															
		所有标准公差等级												IT5 和 IT6	IT7	IT8	IT4 至 IT7
大于	至	a	b	c	cd	d	e	ef	f	fg	g	h	js	j			
—	3	-270	-140	-60	-34	-20	-14	-10	-6	-4	-2	0	偏差 = ±$\frac{ITn}{2}$，式中 ITn 是 IT 值数	-2	-4	-6	0
3	6	-270	-140	-70	-46	-30	-20	-14	-10	-6	-4	0		-2	-4		+1
6	10	-280	-150	-80	-56	-40	-25	-18	-13	-8	-5	0		-2	-5		+1
10	14	-290	-150	-95		-50	-32		-16		-6	0		-3	-6		+1
14	18																
18	24	-300	-160	-110		-65	-40		-20		-7	0		-4	-8		+2
24	30																
30	40	-310	-170	-120		-80	-50		-25		-9	0		-5	-10		+2
40	50	-320	-180	-130													
50	65	-340	-190	-140		-100	-60		-30		-10	0		-7	-12		+2
65	80	-360	-200	-150													
80	100	-380	-220	-170		-120	-72		-36		-12	0		-9	-15		+3
100	120	-410	-240	-180													
120	140	-460	-260	-200		-145	-85		-43		-14	0		-11	-18		+3
140	160	-520	-280	-210													
160	180	-580	-310	-230													
180	200	-660	-340	-240		-170	-100		-50		-15	0		-13	-21		+4
200	225	-740	-380	-260													
225	250	-820	-420	-280													
250	280	-920	-480	-300		-190	-110		-56		-17	0		-16	-26		+4
280	315	-1050	-540	-330													
315	355	-1200	-600	-360		-210	-125		-62		-18	0		-18	-28		+4
355	400	-1350	-680	-400													
400	450	-1500	-760	-440		-230	-135		-68		-20	0		-20	-32		+5
450	500	-1650	-840	-480													
500	560					-260	-145		-76		-22	0					0
560	630																
630	710					-290	-160		-80		-24	0					0
710	800																
800	900					-320	-170		-86		-26	0					0
900	1000																
1000	1120					-350	-195		-98		-28	0					0
1120	1250																
1250	1400					-390	-220		-110		-30	0					0
1400	1600																
1600	1800					-430	-240		-120		-32	0					0
1800	2000																
2000	2240					-480	-260		-130		-34	0					0
2240	2500																
2500	2800					-520	-290		-145		-38	0					0
2800	3150																

注：1. 基本尺寸小于或等于 1mm 时，基本偏差 a 和 b 均不采用。

2. 公差带 js7 至 js11，若 ITn 值数是奇数，则取偏差 = ±$\frac{ITn-1}{2}$。

数值（GB/T 1800.3—1998）摘编　　（μm）

差数值														
下偏差 ei														
≤IT3 >IT7	所有标准公差等级													
k	m	n	p	r	s	t	u	v	x	y	z	za	zb	zc
0	+2	+4	+6	+10	+14		+18		+20		+26	+32	+40	+60
0	+4	+8	+12	+15	+19		+23		+28		+35	+42	+50	+80
0	+6	+10	+15	+19	+23		+28		+34		+42	+52	+67	+97
0	+7	+12	+18	+23	+28		+33		+40		+50	+64	+90	+130
								+39	+45		+60	+77	+108	+150
0	+8	+15	+22	+28	+35		+41	+47	+54	+63	+73	+98	+136	+188
						+41	+48	+55	+64	+75	+88	+118	+160	+218
0	+9	+17	+26	+34	+43	+48	+60	+68	+80	+94	+112	+148	+200	+274
						+54	+70	+81	+97	+114	+136	+180	+242	+325
0	+11	+20	+32	+41	+53	+66	+87	+102	+122	+144	+172	+226	+300	+405
				+43	+59	+75	+102	+120	+146	+174	+210	+274	+360	+480
0	+13	+23	+37	+51	+71	+91	+124	+146	+178	+214	+258	+335	+445	+585
				+54	+79	+104	+144	+172	+210	+254	+310	+400	+525	+690
0	+15	+27	+43	+63	+92	+122	+170	+202	+248	+300	+365	+470	+620	+800
				+65	+100	+134	+190	+228	+280	+340	+415	+535	+700	+900
				+68	+108	+146	+210	+252	+310	+380	+465	+600	+780	+1000
0	+17	+31	+50	+77	+122	+166	+236	+284	+350	+425	+520	+670	+880	+1150
				+80	+130	+180	+258	+310	+385	+470	+575	+740	+960	+1250
				+84	+140	+196	+284	+340	+425	+520	+640	+820	+1050	+1350
0	+20	+34	+56	+94	+158	+218	+315	+385	+475	+580	+710	+920	+1200	+1550
				+98	+170	+240	+350	+425	+525	+650	+790	+1000	+1300	+1700
0	+21	+37	+62	+108	+190	+268	+390	+475	+590	+730	+900	+1150	+1500	+1900
				+114	+208	+294	+435	+530	+660	+820	+1000	+1300	+1650	+2100
0	+23	+40	+68	+126	+232	+330	+490	+595	+740	+920	+1100	+1450	+1850	+2400
				+132	+252	+360	+540	+660	+820	+1000	+1250	+1600	+2100	+2600
0	+26	+44	+78	+150	+280	+400	+600							
				+155	+310	+450	+660							
0	+30	+50	+88	+175	+340	+500	+740							
				+185	+380	+560	+840							
0	+34	+56	+100	+210	+430	+620	+940							
				+220	+470	+680	+1050							
0	+40	+66	+120	+250	+520	+780	+1150							
				+260	+580	+840	+1300							
0	+48	+78	+140	+300	+640	+960	+1450							
				+330	+720	+1050	+1600							
0	+58	+92	+170	+370	+820	+1200	+1850							
				+400	+920	+1350	+2000							
0	+68	+110	+195	+440	+1000	+1500	+2300							
				+460	+1100	+1650	+2500							
0	+76	+135	+240	+550	+1250	+1900	+2900							
				+580	+1400	+2100	+3200							

表 F-2　孔的基本偏差数值

基本尺寸/mm		基本偏差																					
		下偏差 EI																					
		所有标准公差等级												IT6	IT7	IT8	≤IT8	>IT8	≤IT8	>IT8	≤IT8	>IT8
大于	至	A	B	C	CD	D	E	EF	F	FG	G	H	JS	J			K		M		N	
—	3	+270	+140	+60	+34	+20	+14	+10	+6	+4	+2	0	偏差 = ± $\frac{ITn}{2}$，式中 ITn 是 IT 值数	+2	+4	+6	0	0	-2	-2	-4	-4
3	6	+270	+140	+70	+46	+30	+20	+14	+10	+6	+4	0		+5	+6	+10	-1+Δ		-4+Δ	-4	-8+Δ	0
6	10	+280	+150	+80	+56	+40	+25	+18	+13	+8	+5	0		+5	+8	+12	-1+Δ		-6+Δ	-6	-10+Δ	0
10	14	+290	+150	+95		+50	+32		+16		+6	0		+6	+10	+15	-1+Δ		-7+Δ	-7	-12+Δ	0
14	18																					
18	24	+300	+160	+110		+65	+40		+20		+7	0		+8	+12	+20	-2+Δ		-8+Δ	-8	-15+Δ	0
24	30																					
30	40	+310	+170	+120		+80	+50		+25		+9	0		+10	+14	+24	-2+Δ		-9+Δ	-9	-17+Δ	0
40	50	+320	+180	+130																		
50	65	+340	+190	+140		+100	+60		+30		+10	0		+13	+18	+28	-2+Δ		-11+Δ	-11	-20+Δ	0
65	80	+360	+200	+150																		
80	100	+380	+220	+170		+120	+72		+36		+12	0		+16	+22	+34	-3+Δ		-13+Δ	-13	-23+Δ	0
100	120	+410	+240	+180																		
120	140	+460	+260	+200		+145	+85		+43		+14	0		+18	+26	+41	-3+Δ		-15+Δ	-15	-27+Δ	0
140	160	+520	+280	+210																		
160	180	+580	+310	+230																		
180	200	+660	+310	+240		+170	+100		+50		+15	0		+22	+30	+47	-4+Δ		-17+Δ	-17	-31+Δ	0
200	225	+740	+380	+260																		
225	250	+820	+420	+280																		
250	280	+920	+480	+300		+190	+110		+56		+17	0		+25	+36	+55	-4+Δ		-20+Δ	-20	-34+Δ	0
280	315	+1050	+540	+330																		
315	355	+1200	+600	+360		+210	+125		+62		+18	0		+29	+39	+60	-4+Δ		-21+Δ	-21	-37+Δ	0
355	400	+1350	+680	+400																		
400	450	+1500	+760	+440		+230	+135		+68		+20	0		+33	+43	+66	-5+Δ		-23+Δ	-23	-40+Δ	0
450	500	+1650	+840	+480																		
500	560					+260	+145		+76		+22	0					0		-26		-44	
560	630																					
630	710					+290	+160		+80		+24	0					0		-30		-50	
710	800																					
800	900					+320	+170		+86		+26	0					0		-34		-56	
900	1000																					
1000	1120					+350	+195		+98		+28	0					0		-40		-65	
1120	1250																					
1250	1400					+390	+220		+110		+30	0					0		-48		-78	
1400	1600																					
1600	1800					+430	+240		+120		+32	0					0		-58		-92	
1800	2000																					
2000	2240					+480	+260		+130		+34	0					0		-68		-110	
2240	2500																					
2500	2800					+520	+290		+145		+38	0					0		-76		-135	
2800	3150																					

注：1. 基本尺寸小于或等于 1mm 时，基本偏差 A 和 B 及大于 IT8 的 N 均不采用。

2. 公差带 JS7 至 JS11，若 ITn 值数是奇数，则取偏差 = ± $\frac{ITn-1}{2}$。

3. 对小于或等于 IT8 的 K、M、N 和小于或等于 IT7 的 P 至 ZC，所需 Δ 值从表内右侧选取。例如：18 ~ 30mm 段

4. 特殊情况：250 ~ 315mm 段的 M6，ES = -9μm（代替 -11μm）。

（GB/T 1800.3—1998）　（μm）

数　值													Δ值					
上偏差 ES																		
≤IT7	标准公差等级大于 IT7												标准公差等级					
P 至 ZC	P	R	S	T	U	V	X	Y	Z	ZA	ZB	ZC	IT3	IT4	IT5	IT6	IT7	IT8
在大于IT7的相应数值上增加一个Δ值	-6	-10	-14		-18		-20		-26	-32	-40	-60	0	0	0	0	0	0
	-12	-15	-19		-23		-28		-35	-42	-50	-80	1	1.5	1	3	4	6
	-15	-19	-23		-28		-34		-42	-52	-67	-97	1	1.5	2	3	6	7
	-18	-23	-28		-33		-40		-50	-64	-90	-130	1	2	3	3	7	9
						-39	-45		-60	-77	-108	-150						
	-22	-28	-35		-41	-47	-54	-63	-73	-98	-136	-188	1.5	2	3	4	8	12
				-41	-48	-55	-64	-75	-88	-118	-160	-218						
	-26	-34	-43	-48	-60	-68	-80	-94	-112	-148	-200	-274	1.5	3	4	5	9	14
				-54	-70	-81	-97	-114	-136	-180	-242	-325						
	-32	-41	-53	-66	-87	-102	-122	-144	-172	-226	-300	-405	2	3	5	6	11	16
		-43	-59	-75	-102	-120	-146	-174	-210	-274	-360	-480						
	-37	-51	-71	-91	-124	-146	-178	-214	-258	-335	-445	-585	2	4	5	7	13	19
		-54	-79	-104	-144	-172	-210	-257	-310	-400	-525	-690						
	-43	-63	-92	-122	-170	-202	-248	-300	-365	-470	-620	-800	3	4	6	7	15	23
		-65	-100	-134	-190	-228	-280	-340	-415	-535	-700	-900						
		-68	-108	-146	-210	-252	-310	-380	-465	-600	-780	-1000						
	-50	-77	-122	-166	-236	-284	-350	-425	-520	-670	-880	-1150	3	4	6	9	17	26
		-80	-130	-180	-258	-310	-385	-470	-575	-740	-960	-1250						
		-84	-140	-196	-284	-340	-425	-520	-640	-820	-1050	-1350						
	-56	-94	-158	-218	-315	-385	-475	-580	-710	-920	-1200	-1550	4	4	7	9	20	29
		-98	-170	-240	-350	-425	-525	-650	-790	-1000	-1300	-1700						
	-62	-108	-190	-268	-390	-475	-590	-730	-900	-1150	-1500	-1900	4	5	7	11	21	32
		-114	-208	-294	-435	-530	-660	-820	-1000	-1300	-1650	-2100						
	-68	-126	-232	-330	-490	-595	-740	-920	-1100	-1450	-1850	-2400	5	5	7	13	23	34
		-132	-252	-360	-540	-660	-820	-1000	-1250	-1600	-2100	-2600						
	-78	-150	-280	-400	-600													
		-155	-310	-450	-660													
	-88	-175	-340	-500	-740													
		-185	-380	-560	-840													
	-100	-210	-430	-620	-940													
		-220	-470	-680	-1050													
	-120	-250	-520	-780	-1150													
		-260	-580	-840	-1300													
	-140	-300	-640	-960	-1450													
		-330	-720	-1050	-1600													
	-170	-370	-820	-1200	-1850													
		-400	-920	-1350	-2000													
	-195	-440	-1000	-1500	-2300													
		-460	-1100	-1650	-2500													
	-240	-550	-1250	-1900	-2900													
		-580	-1400	-2100	-3200													

的 K7：$\Delta = 8\mu m$，所以 $ES = -2 + 8 = +6\mu m$；18～30mm 段的 S6：$\Delta = 4\mu m$，所以 $ES = -35 + 4 = -31\mu m$。

表 F-3 轴的极限偏差

基本尺寸/mm \ 代号	a*	b*		c			d				e		
等级	11	11	12	9	10	11	8	9	10	11	7	8	9
≤3	-270 -330	-140 -200	-140 -240	-60 -85	-60 -100	-60 -120	-20 -34	-20 -45	-20 -60	-20 -80	-14 -24	-14 -28	-14 -39
>3～6	-270 -345	-140 -215	-140 -260	-70 -100	-70 -118	-70 -145	-30 -48	-30 -60	-30 -78	-30 -105	-20 -32	-20 -38	-20 -50
>6～10	-280 -370	-150 -240	-150 -300	-80 -116	-80 -138	-80 -170	-40 -62	-40 -76	-40 -98	-40 -130	-25 -40	-25 -47	-25 -61
>10～14	-290 -400	-150 -260	-150 -330	-95 -138	-95 -165	-95 -205	-50 -77	-50 -93	-50 -120	-50 -160	-32 -50	-32 -59	-32 -75
>14～18													
>18～24	-300 -430	-160 -290	-160 -370	-110 -162	-110 -194	-110 -240	-65 -98	-65 -117	-65 -149	-65 -195	-40 -61	-40 -73	-40 -92
>24～30													
>30～40	-310 -470	-170 -330	-170 -420	-120 -182	-120 -220	-120 -280	-80 -119	-80 -142	-80 -180	-80 -240	-50 -75	-50 -89	-50 -112
>40～50	-320 -480	-180 -340	-180 -430	-130 -192	-130 -230	-130 -290							
>50～60	-340 -530	-190 -380	-190 -490	-140 -214	-140 -260	-140 -330	-100 -146	-100 -174	-100 -220	-100 -290	-60 -90	-60 -106	-60 -134
>65～80	-360 -550	-200 -390	-200 -500	-150 -224	-150 -270	-150 -340							
>80～100	-380 -600	-220 -440	-220 -570	-170 -257	-170 -310	-170 -390	-120 -174	-120 -207	-120 -260	-120 -340	-72 -107	-72 -126	-72 -159
>100～120	-410 -630	-240 -460	-240 -590	-180 -267	-180 -320	-180 -400							
>120～140	-460 -710	-260 -510	-260 -660	-200 -300	-200 -360	-200 -450	-145 -208	-145 -245	-145 -305	-145 -395	-85 -125	-85 -148	-85 -185
>140～160	-520 -770	-280 -530	-280 -680	-210 -310	-210 -370	-210 -460							
>160～180	-580 -830	-310 -560	-310 -710	-230 -330	-230 -390	-230 -480							
>180～200	-660 -950	-340 -630	-340 -800	-240 -355	-240 -425	-240 -530	-170 -242	-170 -285	-170 -355	-170 -460	-100 -146	-100 -172	-100 -215
>200～225	-740 -1030	-380 -670	-380 -840	-260 -375	-260 -445	-260 -550							
>225～250	-820 -1110	-420 -710	-420 -880	-280 -395	-280 -465	-280 -570							
>250～280	-920 -1240	-480 -800	-480 -1000	-300 -430	-300 -510	-300 -620	-190 -271	-190 -320	-190 -400	-190 -510	-110 -162	-110 -191	-110 -240
>280～315	-1050 -1370	-540 -860	-540 -1060	-330 -460	-330 -540	-330 -650							
>315～335	-1200 -1560	-600 -960	-600 -1170	-360 -500	-360 -590	-360 -720	-210 -299	-210 -350	-210 -440	-210 -570	-125 -182	-125 -214	-125 -265
>355～400	-1350 -1710	-680 -1040	-680 -1250	-400 -540	-400 -630	-400 -760							
>400～450	-1500 -1900	-760 -1160	-760 -1390	-440 -595	-440 -690	-440 -840	-230 -327	-230 -385	-230 -480	-230 -630	-135 -198	-135 -232	-135 -290
>450～500	-1650 -2050	-840 -1240	-840 -1470	-480 -635	-480 -730	-480 -880							

(GB/T 1800.4—1999)　(μm)

f					g			h							
5	6	7	8	9	5	6	7	5	6	7	8	9	10	11	12
-6 -10	-6 -12	-6 -16	-6 -20	-6 -31	-2 -6	-2 -8	-2 -12	0 -4	0 -6	0 -10	0 -14	0 -25	0 -40	0 -60	0 -100
-10 -15	-10 -18	-10 -22	-10 -28	-10 -40	-4 -19	-4 -12	-4 -16	0 -5	0 -8	0 -12	0 -18	0 -30	0 -48	0 -75	0 -120
-13 -19	-13 -22	-13 -28	-13 -35	-13 -49	-5 -11	-5 -14	-5 -20	0 -6	0 -9	0 -15	0 -22	0 -36	0 -58	0 -90	0 -150
-16 -24	-16 -27	-16 -34	-16 -43	-16 -59	-6 -14	-6 -17	-6 -24	0 -8	0 -11	0 -18	0 -27	0 -43	0 -70	0 -110	0 -180
-20 -29	-20 -33	-20 -41	-20 -53	-20 -72	-7 -16	-7 -20	-7 -28	0 -9	0 -13	0 -21	0 -33	0 -52	0 -84	0 -130	0 -210
-25 -36	-25 -41	-25 -50	-25 -64	-25 -87	-9 -20	-9 -25	-9 -34	0 -11	0 -16	0 -25	0 -39	0 -62	0 -100	0 -160	0 -250
-30 -43	-30 -49	-30 -60	-30 -76	-30 -104	-10 -23	-10 -29	-10 -40	0 -13	0 -19	0 -30	0 -46	10 -74	0 -120	0 -190	0 -300
-36 -51	-36 -58	-36 -71	-36 -90	-36 -123	-12 -27	-12 -34	-12 -47	0 -15	0 -22	0 -35	0 -54	0 -87	0 -140	0 -220	0 -350
-43 -61	-43 -68	-43 -83	-43 -106	-43 -143	-14 -32	-14 -39	-14 -54	0 -18	0 -25	0 -40	0 -63	0 -100	0 -160	0 -250	0 -400
-50 -70	-50 -79	-50 -96	-50 -122	-50 -165	-15 -35	-15 -44	-15 -61	0 -20	0 -29	0 -46	0 -72	0 -115	0 -185	0 -290	0 -460
-56 -79	-56 -88	-56 -108	-56 -137	-56 -186	-17 -40	-17 -49	-17 -69	0 -23	0 -32	0 -52	0 -81	0 -130	0 -210	0 -320	0 -520
-62 -87	-62 -98	-62 -119	-62 -151	-62 -202	-18 -43	-18 -54	-13 -75	0 -25	0 -36	0 -57	0 -89	0 -140	0 -230	0 -360	0 -570
-68 -95	-68 -108	-68 -131	-68 -165	-68 -223	-20 -47	-20 -60	-20 -83	0 -27	0 -40	0 -63	0 -97	0 -155	0 -250	0 -400	0 -630

代号 \ 等级 \ 基本尺寸/mm	js			k			m			n			p		
	5	6	7	5	6	7	5	6	7	5	6	7	5	6	7
≤3	±2	±3	±5	+4 0	+6 0	+10 0	+6 +2	+8 +2	+12 +2	+8 +4	+10 +4	+14 +4	+10 +6	+12 +6	+16 +6
>3~6	±2.5	±4	±6	+6 +1	+9 +1	+13 +1	+9 +4	+12 +4	+16 +4	+13 +8	+16 +8	+20 +8	+17 +12	+20 +12	+24 +12
>6~10	±3	±4.5	±7	+7 +1	+10 +1	+16 +1	+12 +6	+15 +6	+21 +6	+16 +10	+19 +10	+25 +10	+21 +15	+24 +15	+30 +15
>10~14 >14~18	±4	±5.5	±9	+9 +1	+12 +1	+19 +1	+15 +7	+18 +7	+25 +7	+20 +12	+23 +12	+30 +12	+26 +18	+29 +18	+36 +18
>18~24 >24~30	±4.5	±6.5	±10	+11 +2	+15 +2	+23 +2	+17 +8	+21 +8	+29 +8	+24 +15	+28 +15	+36 +15	+31 +22	+35 +22	+43 +22
>30~40 >40~50	±5.5	±8	±12	+13 +2	+18 +2	+27 +2	+20 +9	+25 +9	+34 +9	+28 +17	+33 +17	+42 +17	+37 +26	+42 +26	+51 +26
>50~65 >65~80	±6.5	±9.5	±15	+15 +2	+21 +2	+32 +2	+24 +11	+30 +11	+41 +11	+33 +20	+39 +20	+50 +20	+45 +32	+51 +32	+62 +32
>80~100 >100~120	±7.5	±11	±17	+18 +3	+25 +3	+38 +3	+28 +13	+35 +13	+48 +13	+38 +23	+45 +23	+58 +23	+52 +37	+59 +37	+72 +37
>120~140 >140~160 >160~180	±9	±12.5	±20	+21 +3	+28 +3	+43 +3	+33 +15	+40 +15	+55 +15	+45 +27	+52 +27	+67 +43	+61 +43	+68 +43	+83 +43
>180~200 >200~225 >225~250	±10	±14.5	±23	+24 +4	+33 +4	+50 +4	+37 +17	+46 +17	+63 +17	+51 +31	+60 +31	+77 +31	+70 +50	+79 +50	+96 +50
>250~280 >280~315	±11.5	±16	±26	+27 +4	+36 +4	+56 +4	+43 +20	+52 +20	+72 +20	+57 +34	+66 +34	+86 +34	+79 +56	+88 +56	+108 +56
>315~355 >355~400	±12.5	±18	±28	+29 +4	+40 +4	+61 +4	+46 +21	+57 +21	+78 +21	+62 +37	+73 +37	+94 +37	+87 +62	+98 +62	+119 +62
>400~450 >450~500	±13.5	±20	±31	+32 +5	+45 +5	+68 +5	+50 +23	+63 +23	+86 +23	+67 +40	+80 +40	+103 +40	+95 +68	+108 +68	+131 +68

注：1. * 基本尺寸小于 1mm 时，各级的 a 和 b 均不采用。

2. 黑体字为优先公差带。

（续）

r			s			t			u		v	x	y	z
5	6	7	5	6	7	5	6	7	6	7	6	6	6	6
+14 +10	+16 +10	+20 +10	+18 +14	+20 +14	+24 +14	—	—	—	+24 +18	+28 +18	—	+26 +20	—	+32 +26
+20 +15	+23 +15	+27 +15	+24 +19	+27 +19	+31 +19	—	—	—	+31 +23	+35 +23		+36 +28	—	+43 +35
+25 +19	+28 +19	+34 +19	+29 +23	+32 +23	+38 +23	—	—	—	+37 +28	+43 +28	—	+43 +34	—	+51 +42
+31 +23	+34 +23	+41 +23	+36 +28	+39 +28	+46 +28	—	—	—	+44 +33	+51 +33	—	+51 +40	—	+61 +50
						—	—	—			+50 +39	+56 +45	—	+71 +60
+37 +28	+41 +28	+49 +28	+44 +35	+48 +35	+56 +35	—	—	—	+54 +41	+62 +41	+60 +47	+67 +54	+76 +63	+86 +73
						+50 +41	+54 +41	+62 +41	+61 +48	+69 +48	+68 +55	+77 +64	+88 +75	+101 +88
+45 +34	+50 +34	+59 +43	+54 +43	+59 +43	+68 +43	+59 +48	+64 +48	+73 +48	+76 +60	+85 +60	+84 +68	+96 +80	+110 +94	+128 +112
						65 +54	+70 +54	+79 +54	+86 +70	+95 +70	+97 +81	+113 +97	+130 +114	+152 +136
+54 +41	+60 +41	+71 +41	+66 +53	+72 +53	+83 +53	+79 +66	+85 +66	+96 +66	+106 +87	+117 +87	+121 +102	+141 +122	+163 +144	+191 +172
+56 +43	+62 +43	+73 +43	+72 +59	+78 +59	+89 +59	+88 +75	+94 +75	+105 +75	+121 +102	+132 +102	+139 +120	+165 +146	+193 +174	+229 +210
+66 +51	+73 +51	+86 +51	+86 +71	+93 +71	+106 +71	+106 +91	+113 +91	+126 +91	+146 +124	+159 +124	+168 +146	+200 +178	+236 +214	+280 +258
+69 +54	+76 +54	+89 +54	+94 +79	+101 +79	+114 +79	+119 +104	+126 +104	+139 +104	+166 +144	+179 +144	+194 +172	+232 +210	+276 +254	+332 +310
+81 +63	+88 +63	+103 +63	+110 +92	+117 +92	+132 +92	+140 +122	+147 +122	+162 +122	+195 +170	+210 +170	+227 +202	+273 +248	+325 +300	+390 +365
+83 +65	+90 +65	+105 +65	+118 +100	+125 +100	+140 +100	+152 +134	+159 +134	+174 +134	+215 +190	+230 +190	+253 +228	+305 +280	+365 +340	+440 +415
+86 +68	+93 +68	+108 +68	+126 +108	+133 +108	+148 +108	+164 +146	+171 +146	+186 +146	+235 +210	+250 +210	+277 +252	+335 +310	+405 +380	+490 +465
+97 +77	+106 +77	+123 +77	+142 +122	+151 +122	+168 +122	+186 +166	+195 +166	+212 +166	+265 +236	+282 +236	+313 +284	+379 +350	+454 +425	+549 +520
+100 +80	+109 +80	+126 +80	+150 +130	+159 +130	+176 +130	+200 +180	+209 +180	+226 +180	+287 +258	+304 +258	+339 +310	+414 +385	+449 +470	+604 +575
+104 +84	+113 +84	+130 +84	+160 +140	+169 +140	+186 +140	+216 +196	+225 +196	+242 +196	+313 +284	+330 +284	+369 +340	+454 +425	+549 +520	+669 +640
+117 +94	+126 +91	+146 +94	+181 +158	+190 +158	+210 +158	+241 +218	+250 +218	+270 +218	+347 +315	+367 +315	+417 +385	+507 +475	+612 +580	+742 +710
+121 +98	+130 +98	+150 +98	+198 +170	+202 +170	+222 +170	+263 +240	+272 +240	+292 +240	+382 +350	+402 +350	+457 +425	+557 +525	+682 +650	+822 +790
+133 +108	+144 +108	+165 +108	+215 +190	+226 +190	+247 +190	+293 +268	+304 +268	+325 +268	+426 +390	+447 +390	+511 +475	+626 +590	+766 +730	+936 +900
+139 +114	+150 +114	+171 +114	+233 +208	+244 +208	+265 +208	+319 +294	+330 +294	+351 +294	+471 +435	+492 +435	+566 +530	+696 +660	+856 +820	+1036 +1000
+153 +126	+166 +126	+189 +126	+259 +232	+272 +232	+295 +232	+357 +330	+370 +330	+393 +330	+530 +490	+553 +490	+635 +595	+780 +740	+980 +920	+1140 +1100
+159 +132	+172 +132	+195 +132	+279 +252	+292 +252	+315 +252	+387 +360	+400 +360	+423 +360	+580 +540	+603 +540	+700 +660	+860 +820	+1040 +1000	+1290 +1250

表 F-4 孔的极限偏差

代号 / 等级 / 基本尺寸/mm	A*	B*		C		D				E		F			
	11	11	12	11	12	8	9	10	11	8	9	6	7	8	9
≤3	+330 +270	+200 +140	+240 +140	+120 +60	+160 +60	+34 +20	+45 +20	+60 +20	+80 +20	+28 +14	+39 +14	+12 +6	+16 +6	+20 +6	+31 +6
>3~6	+345 +270	+215 +140	+260 +140	+145 +70	+190 +70	+48 +30	+60 +30	+78 +30	+105 +30	+38 +20	+50 +20	+18 +10	+22 +10	+28 +10	+40 +10
>6~10	+370 +280	+240 +150	+300 +150	+170 +80	+230 +80	+62 +40	+76 +40	+98 +40	+130 +40	+47 +25	+61 +25	+22 +13	+28 +13	+35 +13	+49 +13
>10~14 >14~48	+400 +290	+260 +150	+330 +160	+205 +95	+275 +95	+77 +50	+93 +50	+120 +50	+160 +50	+59 +32	+75 +32	+27 +16	+34 +16	+43 +16	+59 +16
>18~24 >24~30	+430 +300	+290 +160	+370 +160	+240 +110	+320 +110	+98 +65	+117 +65	+149 +65	+195 +65	+73 +40	+92 +40	+33 +20	+41 +20	+53 +20	+72 +20
>30~40	+470 +310	+330 +170	+420 +170	+280 +120	+370 +120	+119 +80	+142 +80	+180 +80	+240 +80	+89 +50	+112 +50	+41 +25	+50 +25	+64 +25	+87 +25
>40~50	+480 +320	+340 +180	+430 +180	+290 +130	+380 +130										
>50~65	+530 +340	+380 +190	+490 +190	+330 +140	+440 +140	+146 +100	+174 +100	+220 +100	+290 +100	+106 +60	+134 +60	+49 +30	+60 +30	+76 +30	+104 +30
>65~80	+550 +360	+390 +200	+500 +200	+340 +150	+450 +150										
>80~100	+600 +380	+440 +220	+570 +220	+390 +170	+520 +170	+174 +120	+207 +120	+260 +120	+340 +120	+126 +72	+159 +72	+58 +36	+71 +36	+90 +36	+123 +36
>100~120	+630 +410	+460 +240	+590 +240	+400 +180	+530 +180										
>120~140	+710 +460	+510 +260	+660 +260	+450 +200	+600 +200	+208 +145	+245 +145	+305 +145	+395 +145	+148 +85	+185 +85	+68 +43	+83 +43	+106 +43	+143 +43
>140~160	+770 +520	+530 +280	+680 +280	+460 +210	+610 +210										
>160~180	+830 +580	+560 +310	+710 +310	+480 +230	+630 +230										
>180~200	+950 +660	+630 +340	+800 +340	+530 +240	+700 +240	+242 +170	+285 +170	+355 +170	+460 +170	+172 +100	+215 +100	+79 +50	+96 +50	+122 +50	+165 +50
>200~225	+1030 +740	+670 +380	+840 +380	+550 +260	+720 +260										
>225~250	+1110 +820	+710 +420	+880 +420	+570 +280	+740 +280										
>250~280	+1240 +920	+800 +480	+1000 +480	+620 +300	+820 +300	+271 +190	+320 +190	+400 +90	+510 +190	+191 +110	+240 +110	+88 +56	+108 +56	+137 +56	+186 +56
>280~315	+1370 +1050	+860 +540	+1060 +540	+650 +330	+850 +330										
>315~355	+1560 +1200	+960 +600	+1170 +600	+720 +360	+930 +360	+299 +210	+350 +210	+440 +210	+570 +210	+214 +125	+265 +125	+98 +62	+119 +62	+151 +62	+202 +62
>355~400	+1710 +1350	+1040 +680	+1250 +680	+760 +400	+970 +400										
>400~450	+1900 +1500	+1160 +760	+1390 +760	+840 +440	+1070 +440	+327 +230	+385 +230	+480 +230	+630 +230	+232 +135	+290 +135	+108 +68	+131 +68	+165 +68	+223 +68
>450~500	+2050 +1650	+1240 +840	+1470 +840	+880 +480	+1110 +488										

(GB/T 1800.4—1999) (μm)

G		H							JS			K		
6	7	6	7	8	9	10	11	12	6	7	8	6	7	8
+8 +2	+12 +2	+6 0	+10 0	+14 0	+25 0	+40 0	+60 0	+100 0	±3	±5	±7	0 −6	0 −10	0 −14
+12 +4	+16 +4	+8 0	+12 0	+18 0	+30 0	+48 0	+75 0	+120 0	±4	±6	±9	+2 −6	+3 −9	+5 −13
+14 +5	+20 +5	+9 0	+15 0	+22 0	+36 0	+58 0	+90 0	+150 0	±4.5	±7	±11	+2 −7	+5 −10	+6 −16
+17 +6	+24 +6	+11 0	+18 0	+27 0	+43 0	+70 0	+110 0	+180 0	±5.5	±9	±13	+2 −9	+6 −12	+8 −19
+20 +7	+28 +7	+13 0	+21 0	+33 0	+52 9	+84 0	+130 0	+210 0	±6.5	±10	±16	+2 −11	+6 −15	+10 −23
+25 +9	+34 +9	+16 0	+25 0	+39 0	+62 0	+100 0	+160 0	+250 0	±8	±12	±19	+3 −13	+7 −18	+12 −27
+29 +10	+40 +10	+19 0	+30 0	+46 0	+74 0	+120 0	+190 0	+300 0	±9.5	±15	±23	+4 −15	+9 −21	+14 −32
+34 +12	+47 +12	+22 0	+35 0	+54 0	+87 0	+140 0	+220 0	+350 0	±11	±17	±27	+4 −18	+10 −25	+16 −38
+39 +14	+54 +14	+25 0	+40 0	+63 0	+100 0	+160 0	+250 0	+400 0	±12.5	±20	±31	+4 −21	+12 −28	+20 −43
+44 +15	+61 +15	+29 0	+46 0	+72 0	+115 0	+185 0	+290 0	+460 0	±14.5	±23	±36	+5 −24	+13 −33	+22 −50
+49 +17	+69 +17	+32 0	+52 0	+81 0	+130 0	+210 0	+320 0	+520 0	±16	±26	±40	+5 −27	+16 −36	+25 −56
+54 +18	+75 +18	+36 0	+57 0	+89 0	+140 0	+230 0	+360 0	+570 0	±18	±28	±44	+7 −29	+17 −40	+28 −61
+60 +20	+83 +20	+40 0	+63 0	+97 0	+155 0	+250 0	+400 0	+630 0	±20	±31	±48	+8 −32	+18 −45	+29 −68

（续）

代号 \ 等级 基本尺寸/mm	M			N			P		R		S		T		U
	6	7	8	6	7	8	6	7	6	7	6	7	6	7	7
≤3	-2 -8	-2 -12	-2 -16	-4 -10	-4 -14	-4 -18	-6 -12	-6 -16	-10 -16	-10 -20	-14 -20	-14 -24	—	—	-18 -28
>3~6	-1 -9	0 -12	+2 -16	-5 -13	-4 -16	-2 -20	-9 -17	-8 -20	-12 -20	-11 -23	-16 -24	-15 -27	—	—	-19 -31
>6~10	-3 -12	0 -15	+1 -21	-7 -16	-4 -19	-3 -25	-12 -21	-9 -24	-16 -25	-13 -28	-20 -29	-17 -32	—	—	-22 -37
>10~14 >14~18	-4 -15	0 -18	+2 -25	-9 -20	-5 -23	-3 -30	-15 -26	-11 -29	-20 -31	-16 -34	-25 -36	-21 -39	—	—	-26 -44
>18~24	-4 -17	0 -21	+4 -29	-11 -24	-7 -28	-3 -31	-18 -31	-14 -35	-24 -37	-20 -41	-31 -44	-27 -48	—	—	-33 -54
>24~30													-37 -50	-33 -54	-40 -61
>30~40	-4 -20	0 -25	+5 -34	-12 -28	-8 -33	-3 -42	-21 -37	-17 -42	-29 -45	-25 -50	-38 -54	-34 -59	-43 -59	-39 -64	-51 -76
>40~50													-49 -65	-45 -70	-61 -86
>50~65	-5 -24	0 -30	+5 -41	-14 -33	-9 -39	-4 -50	-26 -45	-21 -51	-35 -54	-30 -60	-47 -66	-42 -72	-60 -79	-55 -85	-76 -106
>65~80									-37 -56	-32 -62	-53 -72	-48 -78	-69 -88	-64 -94	-91 -121
>80~100	-6 -28	0 -35	+6 -48	-16 -38	-10 -45	-4 -58	-30 52	-24 -59	-44 -66	-38 -73	-64 -86	-58 -93	-84 -106	-78 -113	-111 -146
>100~120									-47 -69	-41 -76	-72 -94	-66 -101	-97 -119	-91 -126	-131 -166
>120~140	-8 -33	0 -40	+8 -55	-20 -45	-12 -52	-4 -67	-36 -61	-28 -68	-56 -81	-48 -88	-85 -110	-77 -117	-115 -140	-107 -147	-155 -195
>140~160									-58 -83	-50 -90	-93 -118	-85 -125	-127 -152	-119 -159	-175 -215
>160~180									-61 -86	-53 -93	-101 -126	-93 -133	-139 -164	-131 -171	-195 -235
>180~200	-8 -37	0 -46	+9 -63	-22 -51	-14 -60	-5 -77	-41 -70	-33 -79	-68 -97	-60 -106	-113 -142	-105 -151	-157 -186	-149 -195	-219 -265
>200~225									-71 -100	-63 -109	-121 -150	-113 -159	-171 -200	-163 -209	-241 -287
>225~250									-75 -104	-67 -113	-131 -160	-123 -169	-187 -216	-179 -225	-267 -313
>250~280	-9 -41	0 -52	+9 -72	-25 -57	-14 -66	-5 -86	-47 -79	-36 -88	-85 -117	-74 -126	-149 -181	-138 -190	-209 -241	-198 -250	-295 -347
>280~315									-89 -121	-78 -130	-161 -193	-150 -202	-231 -263	-220 -272	-330 -382
>315~355	-10 -46	0 57	+11 -78	-26 -62	-16 -73	-5 -94	-51 -87	-41 98	-97 -133	-87 -144	-179 -215	-169 -226	-257 -293	-247 -304	-369 -426
>355~400									-103 -139	-93 -150	-197 -233	-187 -244	-283 -319	-273 -330	-414 -471
>400~450	-10 -50	0 63	+11 -86	-27 -67	-17 -80	-6 -103	-55 -95	-45 -108	-113 -153	-1~03 -166	-219 -259	-209 -272	-317 -357	-307 -370	-467 -530
>450~500									-119 -159	-109 -172	-239 -279	-229 -292	-347 -387	-337 -400	-517 -580

注：1. * 基本尺寸小于 1mm 时，各级的 A 和 B 均不采用。

2. 黑体字为优先公差带。

表 F-5　标准公差数值（GB/T 1800.3—1998）

基本尺寸/mm		标准公差等级																	
		IT1	IT2	IT3	IT4	IT5	IT6	IT7	IT8	IT9	IT10	IT11	IT12	IT13	IT14	IT15	IT16	IT17	IT18
大于	至	μm											mm						
—	3	0.8	1.2	2	3	4	6	10	14	25	40	60	0.1	0.14	0.25	0.4	0.6	1	1.4
3	6	1	1.5	2.5	4	5	8	12	18	30	48	75	0.12	0.18	0.3	0.48	0.75	1.2	1.8
6	10	1	1.5	2.5	4	6	9	15	22	36	58	90	0.15	0.22	0.36	0.58	0.9	1.5	2.2
10	18	1.2	2	3	5	8	11	18	27	43	70	110	0.18	0.27	0.43	0.7	1.1	1.8	2.7
18	30	1.5	2.5	4	6	9	13	21	33	52	84	130	0.21	0.33	0.52	0.84	1.3	2.1	3.3
30	50	1.5	2.5	4	7	11	16	25	39	62	100	160	0.25	0.39	0.62	1	1.6	2.5	3.9
50	80	2	3	5	8	13	19	30	46	74	120	190	0.3	0.46	0.74	1.2	1.9	3	4.6
80	120	2.5	4	6	10	15	22	35	54	87	140	220	0.35	0.54	0.87	1.4	2.2	3.5	5.4
120	180	3.5	5	8	12	18	25	40	63	100	160	250	0.4	0.63	1	1.6	2.5	4	6.3
180	250	4.5	7	10	14	20	29	46	72	115	185	290	0.46	0.72	1.15	1.85	2.9	4.6	7.2
250	315	6	8	12	16	23	32	52	81	130	210	320	0.52	0.81	1.3	2.1	3.2	5.2	8.1
315	400	7	9	13	18	25	36	57	89	140	230	360	0.57	0.89	1.4	2.3	3.6	5.7	8.9
400	500	8	10	15	20	27	40	63	97	155	250	400	0.63	0.97	1.55	2.5	4	6.3	9.7
500	630	9	11	16	22	32	44	70	110	175	280	440	0.7	1.1	1.75	2.8	4.4	7	11
630	800	10	13	18	25	36	50	80	125	200	320	500	0.8	1.25	2	3.2	5	8	12.5
800	1000	11	15	21	28	40	56	90	140	230	360	560	0.9	1.4	2.3	3.6	5.6	9	14
1000	1250	13	18	24	33	47	66	105	165	260	420	660	1.05	1.65	2.6	4.2	6.6	10.5	16.5
1250	1600	15	21	29	39	55	78	125	195	310	500	780	1.25	1.95	3.1	5	7.8	12.5	19.5
1600	2000	18	25	35	46	65	92	150	230	370	600	920	1.5	2.3	3.7	6	9.2	15	23
2000	2500	22	30	41	55	78	110	175	280	440	700	1100	1.75	2.8	4.4	7	11	17.5	28
2500	3150	26	36	50	68	96	135	210	330	540	860	1350	2.1	3.3	5.4	8.6	13.5	21	33

注：1. 基本尺寸大于 500mm 的 IT1 至 IT5 的标准公差数值为试行的。

2. 基本尺寸小于或等于 1mm 时，无 IT14 至 IT18。

参 考 文 献

［1］ 全国技术产品文件标准化技术委员会．技术产品文件标准汇编　机械制图卷［S］．北京：中国标准出版社，2007.

［2］ 金大鹰．机械制图［M］．北京：机械工业出版社，2004.

［3］ 刘力．机械制图［M］．北京：高等教育出版社，2008.

［4］ 梁东晓．机械制图［M］．北京：中国劳动社会保障出版社，2005.

［5］ 姚民雄，华红芳．机械制图［M］．北京：电子工业出版社，2009.